Python
プロフェッショナルプログラミング 第4版

株式会社ビープラウド 著

Python
Professional
Programming
Fourth Edition

秀和システム

本書サポートページ

■秀和システムのウェブサイト

https://www.shuwasystem.co.jp/

■本書ウェブページ

本書の学習用サンプルデータなどをダウンロード提供しています。

https://www.shuwasystem.co.jp/support/7980html/7054.html

・本書で紹介しているソフトウェアのバージョンやURLは、執筆時点のものです。変更される可能性をご留意ください。

◉注　意

・本書は著者が独自に調査した結果を出版したものです。
・本書は内容において万全を期して製作しましたが、万一不備な点や誤り、記載漏れなどお気づきの点がございましたら、出版元まで書面にてご連絡ください。
・本書の内容の運用による結果の影響につきましては、上記二項にかかわらず責任を負いかねます。あらかじめご了承ください。
・本書の内容は執筆時点のものです。ソフトウェアのバージョンやURLは変更される可能性があります。バージョン変更によってプログラムの仕様が変わる可能性があります。ご留意ください。

◉商標等

まえがき

ビープラウドでは、Pythonを使って多くの開発を経験してきました。その実践の中で培ってきたノウハウを伝えるために私たちは本書を書きました。

新しい会社のメンバーに早く仕事に慣れてもらいたいという願いもあり、ビープラウドでの仕事に必要な知識をこの本に詰め込みました。

そのため本書は作業環境の構築からはじまり、Webアプリケーションやデータサイエンスプログラムの作り方、課題管理やレビュー、ソースコード管理、ドキュメントや単体テストの書き方、本番環境構築やデプロイの効率化、結合テスト、監視、機能追加やバージョンアップなど、Pythonで仕事をするときの一連のプロセスを網羅する内容になっています。書名の「プロフェッショナル」という言葉には、「プログラミングの専門家として仕事をする」という意味を込めました。

本書に書かれているノウハウを私たちはPythonでの開発を通して学んできました。

本編に移る前に、私たちの日頃の考え方について話しておきたいとおもいます。

◉Geek/Nerdと日常を過ごす会社

ビープラウドはGeekやNerdの多い会社です。ある分野について異常なまでに詳しい人がたくさんいます。

何かに興味を持ったら、自分の時間を使って勉強したり、実際に試したりしています。GeekやNerdはそういうことに時間や労力を惜しみません。

GeekやNerdという言葉のイメージ通り、変わり者もたくさんいるところですが、ビープラウドのメンバーは全員がこんな共通意識を持っています。

- **やりたくないことをやらずに済ませたい。**
- **良い手法を身につけて実践したい。**
- **良い気分で楽しく仕事をしたい。**

◉やりたくないことをやらずに済ませたい

仕事をする上で、単調な作業の繰り返しはつまらないものです。だから一度で済むことならそうしたいと考えます。また、複雑な手順だったり、失敗しやすい作業も嫌なものです。だから単純な手順に変えたり、失敗をなるべく減らすために頭を使います。

◉良い手法を身につけて実践したい

世間一般に良い手法と言われているものや、新しい考え方や方法。そういうものを実際に試して、実践したいと考えます。

良い手法を実践すればきっとやりたくないことは減るはずです。しかし同時に、単に他人が良いと言っているから実践するのではなく、本当に役に立つものだけを選別しなければなりません。そして、学んだことを実際の業務で応用しようとします。

◉良い気分で楽しく仕事をしたい

このように、良い手法を身につけて、やりたくないことは減らして、良い気分で楽しく仕事をしたいと思っています。遊び心あふれるSlackのbotを作ったり、定時後や昼休みにミーティングスペースに集まってLT(ライトニングトーク)をやったり。会社を単に仕事をする場所ではなく、ちゃんと仕事をしながら楽しく時間を過ごす場所にしたい。そんな風に考えています。

本書は、ビープラウドのメンバーが実際に試したこと、実践していることに基づいて書かれています。難しい知識をただ単に覚えるのではなく、実際に使ってみて役に立つ知識の提供を重視した内容になっています。本書で紹介した知識が実際の業務で役に立って、みなさんが楽しく仕事ができるようになれば私たちもとても嬉しく思います。

◉第3版からの改訂ポイント

2018年6月に発売した本書第3版から5年半が経過し、本改訂では全ての章をアップデートしています。具体的には以下のポイントを新たに説明しています。

- **Docker/Docker Composeによる環境構築**
- **SPA(Single Page Application)構成によるWebアプリケーションの開発例**
- **機械学習に限定しない、データサイエンスプログラムの実践例**
- **各種チーム開発ツールの最新事情**
- **開発に必要なドキュメントの具体例**
- **pytestを使用したユニットテストの実践例**
- **GitHub Actionsによる継続的インテグレーション**
- **AWS CloudFormationを使用したインフラ構築**
- **pyproject.tomlを使用したパッケージの設定**
- **自動E2Eテストツールの利用**
- **アプリケーション監視、バージョンアップ、追加開発といった開発後のノウハウ**

◉謝辞

本書は、多数のビープラウドメンバーにレビューをしてもらいました。多忙な中、レビューを快く引き受けてくれたdelhi09, hajimo, haru, komo_fr, nibu, shimizukawa, tell-k, tsutomuに感謝します。

そして、全ビープラウドメンバーに感謝します。メンバー同士、日々の切磋琢磨がなければ本書は生まれませんでした。

このように、皆様の協力を得て誕生した本書が、IT業界の一助となることを願います。

2024年2月　執筆者一同

はじめに

◉本書でカバーしている内容

本書は4部構成で全体で14章あります。

第1部「Pythonで開発しよう」では、個人の開発に焦点をあてています。Docker、Docker Composeを使用したPython開発環境とツールのセットアップ(第1章)、簡単なWebアプリケーションの開発方法(第2章)とデータサイエンスプログラム開発の実践方法(第3章)について説明しています。

第2部「チーム開発の手法」では、複数人によるチーム開発について説明しています。チーム開発のための環境整備(第4章)、課題管理とレビュー（第5章)、ソースコード管理(第6章)、ドキュメント(第7章)、単体テスト(第8章)、継続的インテグレーション(第9章)など、チーム開発を効率的に進める上で欠かせないさまざまな技術やノウハウをテーマとして取り上げています。

第3部「サービス公開」では、パッケージの利用と開発への適用(第10章)、Webサービスを公開する本番環境を効率的に構築し、デプロイを自動化するためのノウハウ(第11章)について説明しています。また、リリース前に必要な結合テストを含め、開発プロセス全般にテストの視点を導入することによりプロジェクトを効率的に進めること(第12章)についても説明します。

第4部「リリース後を見据えて」では、Webアプリケーションの監視(第13章)、システムのバージョンアップや、アプリケーションの機能追加(第14章)など、リリース後のシステム保守や追加開発に必要なことについて説明します。

◉本書を読むにあたって必要なもの

▼環境およびバージョン

- **コンテナアプリケーション: Docker Engine 24.0.x、Docker Compose 2.23.x**

- **Python: 3.11.x**

- **OSについて**

  マシンはWindows/macOSを使い、Docker公式Pythonイメージを元に作成したコンテナ上で開発する前提で説明します。

- **Python公式ドキュメント**

  https://docs.python.org/ja/3/

  Python公式ドキュメントに書かれている内容については最低限のみ紹介するか、説明を省略している場合があります。常に公式ドキュメントを参照しながら読み進めることをおすすめします。

  特に、Python公式のチュートリアルはPythonの一般的なインストール手順や、Pythonの文法や用語、クラスやモジュールについての学習に適しています。本書では、このチュートリアルで扱っている話題については知っている前提で説明しています。

- **Unix/Linuxのコマンド操作一般**

  本書ではmacOS Sonomaおよび、Docker公式Pythonイメージがベースとしている Debian Linuxを前提としていますが、一般的なコマンド操作については説明しません。

- **PyPI：Python Package Index について**

  PyPI（https://pypi.org/）は、pipなどの自動パッケージインストールツールで利用されるパッケージ集約サイトです。本書ではPyPIにあるパッケージを利用しています。

- **アジャイルプロセスやエクストリームプログラミングについて**

  本書ではアジャイルプロセスやエクストリームプログラミング(XP)について個別に説明していません。これらについては多くの書籍やサイトで紹介されていますので、そちらをご参照ください。

◉本書が想定する読者

- **「個人」の開発環境を改善したい方**
- **「チーム」の開発を改善したい方**
- **仕事で使えるPythonのノウハウを学びたい方**
- **ビープラウド社のプロジェクトに新しく参加するメンバー**

◉本書の表記方法

本文中のメソッドやコマンド、コマンド引数、ディレクトリー、ファイルなどの名称は、網掛け等幅フォントを使っています(例: `pip` コマンド)。

パッケージやツール、ライブラリなどの名称、その章で重要と思われるトピックスに関連する用語は、太字フォントで強調しています(例: **PyPI** で公開する)。

目　次

Part 2 チーム開発の手法

Chapter 08 アプリケーションの単体テスト 206

Part 2 チーム開発の手法

Chapter 09 GitHub Actionsで継続的インテグレーション 237

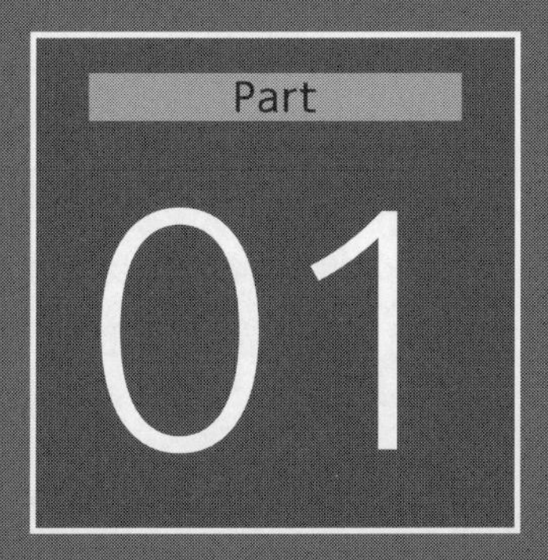

Pythonで開発しよう

第1部では基本的なPythonの環境を整え、簡単なWebアプリケーションと、データサイエンスのプログラムの作成方法を紹介します。

Chapter

01 Pythonをはじめよう

Pythonの学習を始める際の最初のステップは、開発環境の構築です。本章では、Dockerを基盤とした一般的な開発環境の構築方法について、初学者の方でもなるべくつまずかないように手順を追って説明します。具体的な手順を示しながら、実際の出力例も掲載します。さらに、Pythonでの開発に必要なツールについても紹介します。

01-01 Pythonのセットアップ

本節ではDockerをベースにしたPythonのセットアップ方法について解説します。Dockerのセットアップについては「Appendix A:開発環境のセットアップ」を参照してください。

01-01-01 Dockerイメージの選択

Dockerをベースに Pythonの開発環境を構築するにあたり、適切なDockerイメージの選択が重要です。Docker社が管理するPythonのDockerイメージは、大きく分けて4種類あります。

- **公式Dockerイメージ**
  https://hub.docker.com/_/python

● python:<version>

Debian Linuxをベースに構築されたDockerイメージです。デファクトスタンダードとなっており、本書では、基本的にこのDockerイメージを選択します。

● python:<version>-slim

Pythonを実行するのに必要な最小限のパッケージのみが含まれるDockerイメージです。ディスク容量が少ない環境下で動かす必要があるといった動作環境に制約がある場合に向いていますが、制約がなければ、デファクトスタンダードである`python:<version>`のイメージを使いましょう。

● python:<version>-alpine

軽量なLinuxディストリビューションAlpine Linuxをベースに構築された軽量なDockerイメージです。内部で使われている標準Cライブラリが`libc`ではなく`musl`であり、Pythonのパッケージ管理ツール`pip`との相性がよくありません。どうしてもイメージサイズを削減する必要がなければデファクトスタンダードである`python:<version>`のイメージを使いましょう。

● python:<version>-windowsservercore

Windows Server Core(`microsoft/windowsservercore`)イメージをベースに構築されたDockerイメージです。Windows 10 Professional/Enterprise(Anniversary Edition)やWindows Server 2016など、特定の環境でのみ動作します。

01-01-02 Dockerコンテナの起動

今回は執筆時点でPython 3系の最新バージョンであるDockerイメージ`python:3.11`を選択します。まずは`library/python`レポジトリからDockerイメージをプルします。

▼Docker イメージをプルする

```
$ docker pull python:3.11
3.11: Pulling from library/python
... 省略 ...
Status: Downloaded newer image for python:3.11
docker.io/library/python:3.11
```

`docker images`でイメージがプルできたかを確かめましょう。

▼プルされたイメージの一覧

```
$ docker images
REPOSITORY                    TAG      IMAGE ID       CREATED       SIZE
python                        3.11     de90e45b6a7d   13 days ago   1.01GB
```

準備が整いました。さっそく、Pythonコンテナを起動しましょう。せっかくなので、Pythonコンテナを起動した後にThe Zen of Pythonを表示してみます。

▼Python コンテナの起動

```
$ docker run --rm -it python:3.11
Python 3.11.6 (main, Oct 12 2023, 10:04:56) [GCC 12.2.0] on linux
Type "help", "copyright", "credits" or "license" for more information.
>>> import this
The Zen of Python, by Tim Peters

Beautiful is better than ugly.
Explicit is better than implicit.
Simple is better than complex.
Complex is better than complicated.
Flat is better than nested.
Sparse is better than dense.
Readability counts.
Special cases aren't special enough to break the rules.
```

```
Although practicality beats purity.
Errors should never pass silently.
Unless explicitly silenced.
In the face of ambiguity, refuse the temptation to guess.
There should be one-- and preferably only one --obvious way to do it.
Although that way may not be obvious at first unless you're Dutch.
Now is better than never.
Although never is often better than *right* now.
If the implementation is hard to explain, it's a bad idea.
If the implementation is easy to explain, it may be a good idea.
Namespaces are one honking great idea -- let's do more of those!
```

01-01-03 パッケージ管理ツール(pip)

pip はサードパーティパッケージを管理するためのツールです。サードパーティパッケージとは、最初からPythonに組み込まれてるパッケージとは違い、第三者が作成・提供しているPythonパッケージのことを指します。ここではpipの簡単な利用方法について紹介します。

サードパーティパッケージは **PyPI**(Python Package Index)と呼ばれる共有リポジトリに登録されています。PyPIには誰でもパッケージを登録でき、自由にダウンロードができます。開発者は必要なときに必要なPythonパッケージをPyPIからインストールできます。

- pip
  https://pip.pypa.io/en/stable/
- PyPI
  https://pypi.org/

● Dockerコンテナ上でpipを使う

さて、Dockerコンテナ上で`pip`を使ってみましょう。まずは、`chap01`という名前を持つPythonコンテナを立ち上げます。今回は`pip`でパッケージをインストールしたいので、`bash`を起動します。

▼chap01 という名前の Python コンテナを立ち上げる

```
$ docker run -it --name chap01 python:3.11 bash
root@272851c8d929:/#
```

次に`pip`コマンドを実行します。今回は`requests`モジュールをインストールします。

▼requests をインストール

```
root@272851c8d929:/# pip install requests
... 省略 ...
```

```
Installing collected packages: urllib3, idna, charset-normalizer, certifi, reques
ts
Successfully installed certifi-2023.7.22 charset-normalizer-3.2.0 idna-3.4 reques
ts-2.31.0 urllib3-2.0.5
WARNING: Running pip as the 'root' user can result in broken permissions and conf
licting behaviour with the system package manager. It is recommended to use a vir
tual environment instead: https://pip.pypa.io/warnings/venv
```

requestsモジュールが正しくインストールができているか確認してみましょう。

▼requests のバージョンを確認する

```
root@272851c8d929:/# python
Python 3.11.6 (main, Oct 12 2023, 10:04:56) [GCC 12.2.0] on linux
Type "help", "copyright", "credits" or "license" for more information.
>>> import requests
>>> requests.__version__
'2.31.0'
```

インストールしたrequestsモジュールをインポートして、そのバージョンを表示できました。

● requirements.txt

必要なパッケージを1つずつ、毎回インストールするのは手間がかかります。せっかく作成したコンテナをうっかり壊したら最初からやり直しです。pipでは、必要なパッケージの情報を記載したファイルを使ってまとめてインストールできます。また、pip freezeコマンドを使用すると、現在インストールされているパッケージの情報を出力できます。この出力結果を標準出力にリダイレクトし、テキストファイルに保存します。一般的に、テキストファイルはrequirements.txtという名称にします。

▼pip freeze でインストール済みパッケージの確認

```
root@272851c8d929:/# pip freeze
certifi==2023.7.22
charset-normalizer==3.2.0
idna==3.4
requests==2.31.0
urllib3==2.0.5
```

requestsパッケージをインストールしましたが、それ以外にもrequestsの依存パッケージがインストールされています。この情報をrequirements.txtに保存します。requirements.txtがあれば、pip install -r requirements.txtでファイルで指定したパッケージをインストールできます。今回は、requirements.txtを活用してパッケージのインストールを済ませたPythonコンテナを作成します。

まずは、`Dockerfile`を作成します。

▼Dockerfile

```
FROM python:3.11

WORKDIR /code

COPY requirements.txt ./
RUN pip install -r requirements.txt
```

次に、Docker Composeファイルを作成します。ファイル名は`compose.yaml`です。

▼compose.yaml

```
services:
  myapp:
    build:
      dockerfile: ./Dockerfile
    volumes:
      - ./:/code
```

`Dockerfile`や`compose.yaml`、`requirements.txt`が同じディレクトリにあると仮定します。つまり、以下のようなディレクトリ構造であると仮定します。

▼ディレクトリ構造

```
.
├─── Dockerfile
├─── compose.yaml
└─── requirements.txt
```

Docker ComposeでDockerイメージをビルドします。

▼Docker イメージのビルド

```
$ docker compose build
```

Docker Composeでコンテナを立ち上げます。

▼Docker コンテナで Python を実行

```
$ docker compose run --rm myapp python
Python 3.11.6 (main, Oct 12 2023, 10:04:56) [GCC 12.2.0] on linux
Type "help", "copyright", "credits" or "license" for more information.
>>> import requests
>>> requests.__version__
```

```
'2.31.0'
```

`Dockerfile`に書かれた`pip install`コマンドにより、最初から`requests`がインストールされた状態になっているのがわかります。

01-02 Gitのセットアップ

ソフトウェアを開発する際はバージョン管理システムを利用するのが一般的です。バージョン管理システムはソースコードを複数人で管理するために利用しますが、個人で利用しても十分なメリットがあります。たとえば、コードにバグや問題があった場合、バージョンを遡ればどのタイミングで問題が発生したかがわかり、問題が起こる直前のバージョンにまで簡単に戻せます。

現在、広く使われるバージョン管理システムは**Git**です。過去にはバージョン管理システムとしてCVSやSubversion、Mercurialなどが広く使われていました。そのため、歴史のあるプロジェクトではGitと異なるバージョン管理システムが今でも使われていることがあります。

ここではGitの基本的な使い方について説明します。

01-02-01 Gitの概要

GitはLinuxカーネルの生みの親でもあるLinus Torvalds氏によって2005年頃に開発が開始されたオープンソースのバージョン管理システムです。元々、Linuxカーネルの開発ではプロプライエタリなバージョン管理システムであるBitKeeperが使われていました。その後、Linuxカーネルの開発者コミュニティとBitKeeperの間の協力関係が崩れ、新たなバージョン管理システムが必要になりました。そして、2005年にGitが開発されました。また、GitリポジトリホスティングサービスGitHubが開発者の間に浸透し、Gitはバージョン管理システムとしてデファクトスタンダードとなりました。

- GitHub
  https://github.com/

01-02-02 Gitのインストール

GitはOSごとにインストール方法は異なりますが、いずれのOSでも簡単にインストール可能です。下記のURLにあるドキュメントを参考にインストールしてみてください。

- macOS
  https://git-scm.com/download/mac

- Linux
  https://git-scm.com/download/linux

- Windows
  https://git-scm.com/download/win

01-02-03 Gitの動作確認

Gitをインストールしたら、正しくインストールされたことを確かめてみましょう。`git --version`でインストールされたGitのバージョンを表示できます。インストールしたタイミングによってバージョンは異なるので、紙面のバージョンと異なる場合でも揃える必要はありません。

▼Git のバージョン確認

```
$ git --version
git version 2.42.0
```

01-02-04 Gitの環境設定

まずはGitの環境を設定します。ホームディレクトリに`.gitconfig`ファイルを作成して、下記のように記述します。括弧で囲まれた部分を**セクション**と呼びます。`[user]`セクションには`name`と`email`という2つのパラメータを設定します。自分自身の名前とメールアドレスを記載してください。

▼.gitconfig の名前とメールアドレスの設定

```
[user]
name = pypro_taro
email = test@example.com
```

次に、バージョン管理の対象から外すファイルの設定を追加します。開発を進めていく内に不要な一時ファイルがリポジトリのディレクトリに残ることがあります。一時ファイルは管理する必要がないのでバージョン管理の対象から外します。

ホームディレクトリに`.gitignore_global`ファイルを作成して、下記のように記述します。

▼.gitignore_global の除外設定

```
.DS_Store
~
```

上記例では、macOSで自動的に作成されることがある`.DS_Store`ファイルを除外しています。また、エディター等がバックアップとして作成する、ファイルの末尾に「`~`」があるファイルも除外しています。次に、ここで作成した`.gitignore_global`を`.gitconfig`に設定します。`.gitconfig`を開いて以下の内容を追記してください。

▼.gitconfig に excludesfile を設定

```
[core]
excludesfile = ~/.gitignore_global
```

Gitの環境設定は以上です。より詳細な設定方法を知りたい場合は公式ドキュメントを参照してください。

01-02-05 リポジトリの作成

Gitの環境設定が完了したら、リポジトリを作成します。リポジトリとはバージョン管理の対象になるファイル、ディレクトリ、更新履歴などをまとめたデータ構造です。まず、リポジトリとなる作業ディレクトリを作成して、そのディレクトリに移動します。そして、`git init`でGitリポジトリを作成します。

▼git init（リポジトリの初期化）

```
$ mkdir ~/gittest
$ cd ~/gittest
$ git init
```

これでリポジトリができました。

01-02-06 ファイルの操作

次にリポジトリにファイルを追加してみましょう。テスト用のファイルを作成して、現在のリポジトリの状態を確認します。

リポジトリの状態を確認するときは、`git status`コマンドを使用します。`touch`コマンドで`test.txt`というファイルを生成して、リポジトリの状態を確認してください。

▼git status（状態の確認）

```
$ touch test.txt
$ git status
On branch master

No commits yet

Untracked files:
  (use "git add <file>..." to include in what will be committed)
    test.txt

nothing added to commit but untracked files present (use "git add" to track)
```

「Untracked files」という項目に`test.txt`が表示されました。これはファイルがバージョン管

Chapter 01 Chapter 02 Chapter 03 Chapter 04 Chapter 05 Chapter 06 Chapter 07 Chapter 08 Chapter 09 Chapter 10 Chapter 11 Chapter 12 Chapter 13 Chapter 14 A Part 1 Part 2 Part 3 Part 4 Appendix

理下に入っていないことを意味しています。ファイルをバージョン管理の対象として追加しましょう。ファイルを追加するときは`git add`コマンドを使用します。

▼git add（ファイルの追加）

```
$ git add test.txt
$ git status
On branch master

No commits yet

Changes to be committed:
  (use "git rm --cached <file>..." to unstage)
    new file:   test.txt
```

`git add`コマンドを実行した後に状態を確認すると「`new file: test.txt`」という表示に変わっています。これは、バージョン管理下にファイルが新規追加されたことを表しています。

リポジトリにファイルの追加を反映するためにはコミットが必要です。`git commit`コマンドを実行してください。`git commit`コマンドを実行しない場合、そのファイルはリポジトリには反映されずに、作業している場所にしかファイルが存在しないことになります。

▼git commit（コミット）

```
$ git commit -m 'Add test.txt'
```

`-m 'Add test.txt'`というオプションはコミットメッセージで、コミットした際に修正内容などをメッセージとして残せます。メッセージは履歴として確認できます。

MEMO

`-m`オプションなしで`git commit`コマンドを実行するとコミットメッセージを書くためのエディターが開きます。そのエディターを変更する場合には「`.gitconfig`」の`[core]`セクションに、「`editor`」というパラメーターを追加しましょう。

▼editor パラメーターの追加

```
[core]
editor = vim
```

これは、エディターにvimを利用するという意味です。

ファイルをコミットした後は、`git status`コマンドで確認してください。以下のように、結果が何も表示されません。

▼コミット後の確認

```
$ git status
On branch master
nothing to commit, working tree clean
```

次は、編集したファイルに対するGitの操作について説明します。
空の「`test.txt`」ファイルにテキストを書き込んで編集します。

▼test.txt の編集

```
$ echo "Hello World" > test.txt
```

この状態で`git status`コマンドを入力すると、状態が「`modified:test.txt`」になっていることが確認できます。これはファイルが最後にコミットされた状態から「変更(Modify)」されていることを意味します。`git diff`コマンドで、変更前の状態(コミットされているファイル)と現在の差分が確認できます。

▼git diff(差分の確認)

```
$ git status
On branch master
Changes not staged for commit:
  (use "git add <file>..." to update what will be committed)
  (use "git restore <file>..." to discard changes in working directory)
    modified:   test.txt

no changes added to commit (use "git add" and/or "git commit -a")

$ git diff
diff --git a/test.txt b/test.txt
index e69de29..557db03 100644
--- a/test.txt
+++ b/test.txt
@@ -0,0 +1 @@
+Hello World
```

コミットする前であれば、編集した作業を`git restore`コマンドで取り消せます。

▼git restore(編集の取り消し)

```
$ git restore test.txt
$ git diff  # 取り消したので差分が表示されない
```

MEMO

`git restore`コマンドはコミット前の内容を取り消せますが、既にコミットしたものは取り消せません。

その場合は、`git reset`コマンド等を利用してコミットを取り消すことが可能です。

ここまで、Gitの基本的な操作方法について説明してきましたが、取り扱っていない話題もいくつかあります。

- ブランチの操作
- リモートリポジトリの取り扱い
- GitHubの使い方
- チームでの開発を想定した、Gitの利用方法

これらについては**6章 Git/GitHubによるソースコード管理**にて詳しく扱います。

01-03 エディターと開発ツールのセットアップ

Pythonに限らず、現代のプログラミング言語はテキストファイルにコードを記述します。テキストファイルを扱えるエディターならばその選択は自由です。しかし、Pythonプログラミングに適したエディターを使えばより効率的に作業ができます。また、効率的に作業を進めるためのツールも併せて紹介します。

01-03-01 エディター

Pythonを書くために必要となる主な機能を列挙すると以下の通りになります。

- **シンタックスハイライト**
  構文をハイライトする機能は重要です。予約語を特別な文字色やフォントで表示していれば、タイプミスなどの間違いを素早く発見できます。プログラムを書いた瞬間に間違いに気づき、修正できます。

- **賢いインデント**
  自動でインデントを合わせてくれる機能です。インデントが重要な意味を持つ言語では、手動でスペースを挿入するよりもエディターが自動でインデントを制御してくれるほうが生産性が向上します。

- **デバッグ実行**
  エディター上で、デバッグ実行できる機能です。プログラミングに何か問題があった場合に、デバッグ実行できれば、素早く原因を特定し、解決するために大いに役立ちます。

- 静的解析系プラグイン
  エディター上で、静的解析系のプラグインを実行できる機能です。シンタックスハイライトだけではわからないタイプミスや文法エラー、コーディングスタイルのチェックなどが、エディター上ですぐに実行できれば、毎回エディターを開き直すよりも修正にかかる手間を大幅に減らせます。

- タグジャンプ
  エディター上で、ソースコード内の関数名や変数名など、特定の文字列を選択して、その定義元や参照先に直接移動できる機能です。単に文字列を検索するよりも定義元や参照先に素早く確実に移動できるので、コードのロジックを追う際やデバッグの際に便利です。

- ファイラ
  エディター上で、プロジェクトのファイルやディレクトリを管理できる機能です。ファイルやディレクトリの作成、変更、削除や複数ファイルに対する検索などがあります。エディターによってはプログラミング言語に特化した表示機能などもあります。

ここでは、上記の機能を備える代表的な3つのエディター（Vim、VSCode、PyCharm）を簡単に紹介します。自分の手に馴染むエディターを見つけるための参考にしてください。

● Vim

Vimは高機能なテキストエディターで、プログラマを中心に広く利用されています。Vim scriptやVim9 scriptというVimに組み込まれたスクリプト言語で機能を拡張できます。またVim自体の情報は公式サイトや有志のコミュニティサイトが充実しています。

● Visual Studio Code

Visual Studio Code(VSCode)はMicrosoft社が提供するオープンソースのエディターです。IDE(Integrated Development Environment、統合開発環境)と遜色ないほど豊富な機能を備えつつ高速に動作するので、人気のエディターとして利用されています。Python向けの拡張機能をインストールするとデバッグ実行や静的解析機能などが利用できます。

● PyCharm

PyCharmはJetBrains社が提供するIDEです。有料のProfessional版、無料のCommunity版など、複数のライセンス形態があります。インストールして起動した直後から特に設定しなくてもPythonに特化した機能が使えます。

● どのエディターやIDEを選択するべきか

Pythonを書くために必要な機能を備えたエディターならば、Vim、VSCode、PyCharmに限らず自分に馴染むものが必ずあるはずです。どちらかといえば、自分で自由にカスタマイズしたい場合はVimやVSCode、最初から整ったエディターを使いたい場合はPyCharmを最初に選択するとよいでしょう。

01-03-02 開発に便利なツール

今回紹介するツールは、既にPythonに入っているツールもあれば、`pip`でインストールする必要があるツールもあります。必要なツールを`pip`でインストールします。

▼ツールのインストール

```
$ docker compose run myapp bash
root@cc58d8d31f19:/code# pip install black ruff mypy
Collecting black
... 省略 ...
```

ツールのインストールに成功しました。しかし、イメージはインストール前のままなので、コンテナを破棄してしまうとインストールしたツールが消えてしまいます。そのため、`pip freeze > requirements.txt`を実行してローカルファイルの`requirements.txt`を更新します。

▼requirements.txt の更新

```
root@f2b1b2dd10ac:/code# pip freeze > requirements.txt
root@f2b1b2dd10ac:/code# cat requirements.txt
black==23.10.0
certifi==2023.7.22
charset-normalizer==3.2.0
click==8.1.7
idna==3.4
mypy==1.6.1
mypy-extensions==1.0.0
packaging==23.2
pathspec==0.11.2
platformdirs==3.11.0
requests==2.31.0
ruff==0.1.0
typing_extensions==4.8.0
urllib3==2.0.5
```

更新した後は、再びイメージをビルドすれば、ツールがインストールされたイメージができあがります。

▼イメージの再ビルド

```
$ docker compose build
 ... 省略 ...
 => [myapp 4/4] RUN pip install -r requirements.txt
 ... 省略 ...
```

これで準備が整いました。

● Black

Blackはコード整形ツールです。コード整形ツールはコードの読みやすさを向上させるためのツールです。

Blackの主な特徴は、設定項目がほとんどないことです。そのため、各エンジニアの好みや主張をコードのレイアウト(カッコの位置、インデント数など)に反映できません。その代わり、BlackはPEP 8に準拠した、一貫性と可読性を重視した形式にコードを整形します。個人の好みを排除すれば、エンジニアがコードのレイアウトについて悩むことなく、より本質的な課題に集中できます。

例えば、次のコードを整形したいとします。ファイル名は`black_sample.py`とします。

▼black_sample.py

```
def add(x, y): return x + y;
y = add(1,2
)
```

コードを整形するには以下のコマンドを実行します。

▼black の実行

```
$ docker compose run --rm myapp black black_sample.py
```

Blackで整形したコードは以下の通りです。

▼整形したコード

```
def add(x, y):
    return x + y


y = add(1, 2)
```

上記の例では単一のファイルを整形しましたが、フォルダ単位で指定も可能です。また、`--check`オプションでBlackのスタイルに準拠しているのかをチェックできます。

● Ruff

RuffはRust製の高速なPythonリンターです。**リンター** とは、ソースコードの構文やバグをチェックするツールです。リンターという名前はC言語向けのツール`lint`に由来します。Ruffにはisortやflake8など、既存のリンターから影響を受けたルールを備えています。従来のリンターはPythonで実装されていましたが、RuffはRustで実装されているので高速に動作します。そのため、Ruffは従来のリンターを置き換える目的で採用が進んでいます。

MEMO

Rustは Webブラウザー Firefoxを開発しているMozillaが支援するオープンソースのプログラミング言語です。

実際にRuffを使ってみましょう。以下のコードを持つ`ruff_sample.py`を考えます。

▼ruff_sample.py

```
import os, sys

from __future__ import absolute_import



def add(x, y): return x + y;
y = add(1,2
)
print(y)
```

使い方は対象のファイルを指定して`ruff`コマンドを実行するだけです。

▼ruffの実行例

```
$ docker compose run --rm myapp ruff ruff_sample.py
ruff_sample.py:2:1: E401 Multiple imports on one line
ruff_sample.py:2:8: F401 [*] `os` imported but unused
ruff_sample.py:2:12: F401 [*] `sys` imported but unused
ruff_sample.py:4:1: F404 `from __future__` imports must occur at the beginning of
the file
ruff_sample.py:7:28: E703 [*] Statement ends with an unnecessary semicolon
Found 5 errors.
[*] 3 potentially fixable with the --fix option.
```

上記の出力結果にある通り、`ruff`コマンドの実行時に`--fix`をつけると、Ruffが自動的に修正できる箇所を修正してくれます。

デフォルト設定のままでも十分活用できますが、チームやプロジェクトに応じてルールを細かく制御できます。詳しくは公式ドキュメントを参照してください。

● mypy

mypyは静的型チェッカーです。型チェッカーは静的解析ツールの一種であり、関数の引数や返り値の型ヒントに基づいて適切な実装かどうかをチェックできます。

実際にmypyを使ってみましょう。以下のコードを持つ`mypy_sample.py`を考えます。

▼mypy_sample.py

```
def read_file(filename: str) -> str:
    with open(filename) as f:
        return f.read().encode("utf8")
```

使い方は対象のファイルを指定してmypyコマンドを実行するだけです。

▼mypyの実行例

```
$ docker compose run --rm myapp mypy mypy_sample.py
mypy_sample.py:3: error: Incompatible return value type (got "bytes", expected "s
tr")  [return-value]
```

型ヒントではstr型を期待していましたが、実際に返される型はbytesでした。mypyを使うと、気づきにくいバグが見つかることもあります。

デフォルト設定のままでも十分活用できますが、チームやプロジェクトに応じてルールを細かく制御できます。詳しくは公式ドキュメントを参照してください。

● pdb

最後に、Pythonのデバッガーpdbを紹介します。C言語のデバッガーとして有名なgdbなどを利用したことのある方や、IDEなどに付属しているデバッガーを利用したことがある方にとっては、ブレークポイント挿入、ステップ実行など、馴染み深い機能を提供しています。

pdbはPythonの標準モジュールですので、インストール操作は必要ありません。

一番簡単な使い方は、プログラムを停止したい位置にbreakpoint()というコードを埋め込む方法です。以下の内容を持つdebug.pyファイルがあるとします。

▼breakpoint()を埋め込む

```
def add(x, y):
    return x + y


breakpoint()
x = 0
x = add(1, 2)
```

埋め込んだPythonスクリプトを実行すると、上記のコードが埋め込まれた場所で停止し、対話型のインタフェースが立ち上がります。

▼pdb 実行例

```
$ docker compose run --rm myapp python debug.py
> debug.py(6)<module>()
-> x = 0
(Pdb)
```

インタープリタで、「s」を入力すると1行ずつステップ実行します。その時の変数の中身を確認するときは、「p <変数名>」と入力します。

▼ステップ実行と変数の確認

```
$ docker compose run --rm myapp python debug.py
> debug.py(6)<module>()
-> x = 0
(Pdb) s # プログラムを1行進める
> debug.py(7)<module>()
-> x = add(1, 2)
(Pdb) p x # この時点での変数xの中身を確認する
0
```

pdbを終了する場合は「q」と入力してください。詳しい操作方法は公式ドキュメントを参照してください。

01-04 まとめ

本章では、PythonやDocker、Gitなど開発に欠かせないツールやそのセットアップ方法について紹介しました。開発環境のベストプラクティスは日々進化していきます。常に情報をキャッチアップして、自分に合った使いやすい環境を構築していきましょう。

Chapter

02 Webアプリケーションを作る

この章では、Webアプリケーションの作り方について説明します。まずはWebアプリケーションとはどのようなものかをおさらいし、次に、簡単な読書記録「読みログ」を実際に作りながら Web アプリケーション開発の基本的な流れが学べるように説明します。

読みログは、ある人がいつどんな本を読んだかを記録する、簡単な Web アプリケーションです。本文中で HTML、CSS、Python コードや Linux のコマンドを掲載していますが、本書ではこれらの文法の解説は省略しています。

この章は Appendix で説明した Docker、Python 3、PostgreSQL での開発環境が構築済みであることを前提に説明します。

02-01 Webアプリケーション入門

まず始めに、Webアプリケーションとはどういうものかを説明していきます。

02-01-01 Webアプリケーションとはどういうものか

名前に「Web」とつくことからわかるように、Webアプリケーションとはインターネット経由で利用できるアプリケーションのことです。例をあげると、Google検索、Gmail、YouTube、Wikipedia、各種ブログサービス、X(旧Twitter)などのソーシャルネットワーキングサービス(SNS)はすべてWebアプリケーションです。Webアプリケーションを利用するには、Webブラウザーを使って、サービスにアクセス(接続)します。

では、**Webブラウザー** で閲覧するWebサイトはどうでしょうか？単純に画面を表示するだけのWebサイトは、Webアプリケーションと呼べるのでしょうか？「わからない」が適切でしょう。もしかしたらWebアプリケーションかもしれません。なぜなら、閲覧者からはWebサイトのように見えても、裏では実はCMS(コンテンツマネジメントシステム)などのWebアプリケーションで構成されているかもしれないからです。

Webブラウザーはアクセスした先のコンピューター（サーバー)からHTMLやCSS、画像などの各種コンテンツをダウンロードし、画面に表示します。もし、Webサイトのコンテンツを配信するサーバーが、配置されたコンテンツをそのまま返すだけのWebサーバーであれば、それはWebアプリケーションとは呼びません。Webブラウザーからユーザーの入力を受け取るなどして、動的にコンテンツを生成して配信するシステムのことをWebアプリケーションと呼びます。

MEMO

CMS(コンテンツマネジメントシステム)は、文章や画像や動画などのコンテンツを管理・配信するためのシステムです。Wikiやブログシステムも CMSの一種です。

また、**Webアプリケーション** に対して、コンピューターやスマートフォンにソフトウェアをインストールして使用する **ネイティブアプリケーション** があります。

かつてWebアプリケーションとネイティブアプリケーションはOS機能の使用有無やソフトウェアの更新方法で差がありましたが、昨今ではこれらの違いは小さくなりつつあります。具体的には、Webアプリケーションはインターネット接続が必須であったものが、オフラインで動作させる仕組みが出てきています。また、ネイティブアプリケーションのバージョンアップについてもGoogle Chromeなどは自動的にアップデートされますし、ストアアプリを使用している場合はアプリ使用時に更新が必須になるなど、利用者は気にしなくてよくなりました。WASM(WebAssembly)のようにブラウザー内部で高速に動作する処理を組み込む試みも増えつつあります。Webアプリケーションとネイティブアプリケーションの距離は、急速に縮まってきています。

02-01-02 Webアプリケーションの仕組み

次に、Webアプリケーションの仕組みについて説明します。

WebブラウザーにURLを入力し、画面が表示されるまでの一連の処理は以下のようになります。

1. ユーザーがWebブラウザーに **URL** を入力する。
2. Webブラウザーは入力されたURL中の **ドメイン名** を **DNSサーバー** に問い合わせ、**IPアドレス** を取得する。
3. Webブラウザーは取得したIPアドレスの **Webサーバー** に接続し、**HTTP/HTTPS** での通信を開始する。
4. WebサーバーはWebブラウザに要求された情報に対してWebアプリケーションを実行してコンテンツを得る。
5. WebサーバーはWebアプリケーションの実行で得た **HTML** 、**CSS** 、**JavaScript** 、画像ファイルなどのコンテンツをHTTP/HTTPSの応答として返す。
6. Webブラウザーは受信したコンテンツを画面に表示する。

上記の一連の処理内に出てくる重要な用語を以下の図と表にまとめておきます。

▼Webアプリケーションの処理フロー

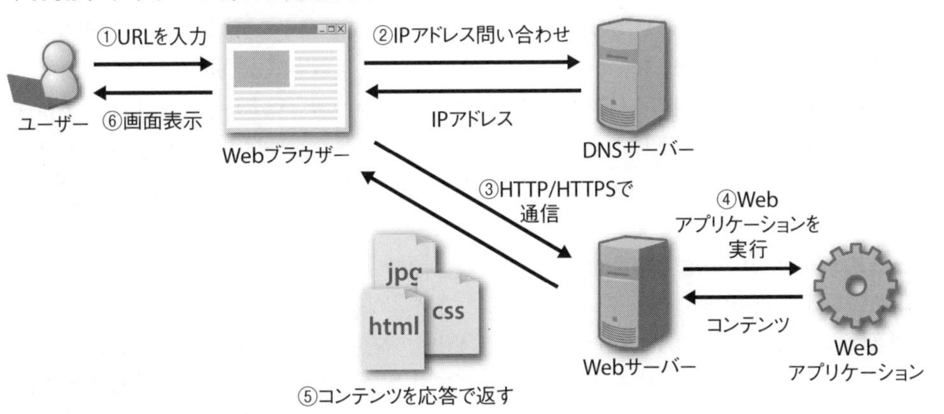

Webブラウザー	HTTPなどでURLの示す先のコンピューターと通信し、HTMLやCSS、画像などのコンテンツを画面に表示するソフトウェア
URL	Uniform Resource Locatorの略。ドメイン名を含んでいて、インターネット上のどのコンテンツにアクセスするかを示すための文字列
ドメイン名	IPアドレスと関連づけられた文字列(URLに含まれる www.beproud.jp のような文字列)
DNSサーバー	ドメイン名からIPアドレスを照会することのできるサーバー
IPアドレス	接続先のコンピューターをネットワーク上で識別するための値(IPv4アドレスの場合 192.168.0.1 のような0～255までの数値をピリオドで繋いで表記する)
HTTP	Hypertext Transfer Protocolの略、接続先コンピューターとの通信規約
HTML	HyperText Markup Languageの略、文字や画像などを含むドキュメントの構造を記述するマークアップ言語
CSS	Cascading Style Sheetsの略、HTMLの体裁や見栄えを表現するために用いられるスタイルシート言語
JS	JavaScriptの略、Webブラウザー上で動作するプログラミング言語
Webサーバー	HTTPで通信するサーバーソフトウェア
Webアプリケーション	Webサーバーで動作するプログラム

02-01-03 WebアプリケーションサーバーとWebAPI

Webアプリケーションサーバー は、Webアプリケーションの機能を実行し、Webサーバーと通信できるサーバーのことを言います。起動中はWebサーバーからのリクエストを待ち続け、リクエストを受け取るとWebアプリケーションを実行して応答を返します。WebサーバーとWebアプリケーションサーバー間の通信プロトコルはHTTPなどが使われます。

Webアプリケーションを作成するためのライブラリとして、Webフレームワークが存在します。長らく、WebフレームワークではユーザーのWebブラウザーからのHTTP/HTTPSリクエストを受け、結果となるHTMLをテンプレートで動的に生成する方式が主流でした。

しかし最近は、サーバー側でHTMLを返却せず、ブラウザーが実行するJavaScriptでHTMLを生成する方式が増えました。このとき、データの取得や処理はJavaScriptで扱いますが、アプリケーションで使用したいデータ自体をサーバーに問い合わせる必要があります。そこでWeb APIを使用します。

APIとは**Application Programming Interface**の略語です。これはプログラムの中で他のプログラムを呼び出すためのインターフェースのことです。Web APIはWebアプリケーションの機能を外部から利用できるようにしたものです。WebアプリケーションサーバーがWeb APIを提供することで、ブラウザーやスマートフォンアプリなどのクライアントから利用できます。また、ブラウザーではJavaScriptを使用しているため、JSONというデータ形式でやりとりする場合が大半です。

これらが必要となる背景として、Webブラウザーやインターネット環境の関連技術の変化が大きいことや、リッチな体験のアプリを構築するのに適しているという理由も挙げられます。さらに、サーバー側ではビジネスロジックを実行しWeb APIでJSONの返却に専念することで、設計を疎結合にできるという開発上のメリットがあります。

これらの説明を図にすると以下になります。

▼Djangoでのアプリの構成

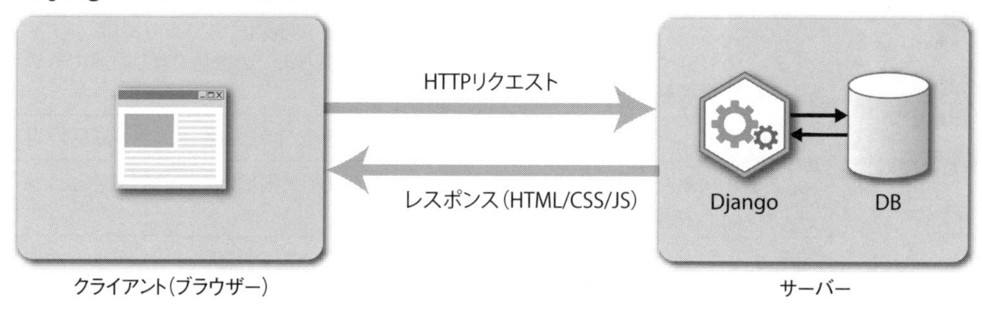

Column

CGI

CGI (Common Gateway Interface) は、WebサーバーがWebアプリケーションを実行する仕組みの1つです。Webサーバーは **CGIプログラム** (CGIスクリプト)を実行し、そのプログラムの標準出力の結果をHTTP通信の応答として返します。

かつてはCGIを用いたWebアプリケーションが多数作られましたが、昨今では性能問題などの都合でほとんど使われません。

▼SPA アプリの構成

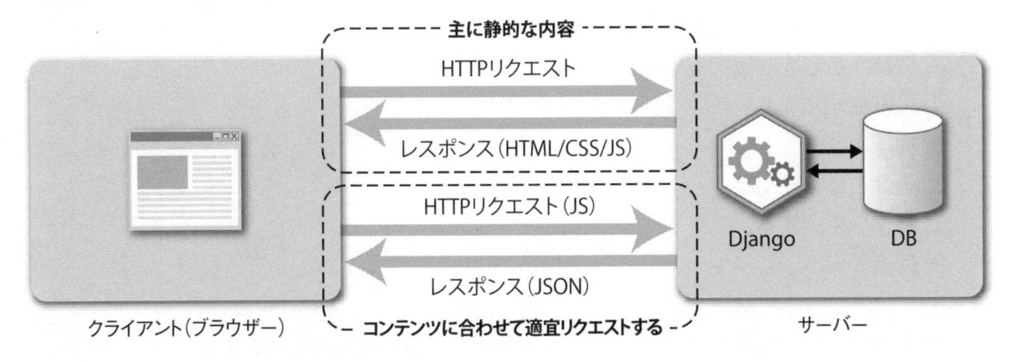

02-02 Webアプリケーション開発の流れ

Webアプリケーションの開発はどのような手順で進めていけばよいでしょうか?

現時点では「読みログ」というアプリケーションを作ることしか決まっていません。まずは作るWebアプリケーションの**要件(何を実現するか)**を決めることが必要です。要件の決定から始まり、画面や機能をどのように作るかを考え、プログラムをコーディングします。そして、コーディングが終わったらアプリケーションの動作を確認します。

手順をまとめると次のようになります。

Column

SPA

SPA(Single Page Application)は主にJavaScriptのみで構成されるフロントエンドのアプリケーションです。SPAを実現するNext.jsやNuxt.jsなどのJavaScriptフレームワークでは、以下のような目的に応じたHTMLの生成手法があります。

- SSR(Server Side Rendering): 初期描画ではサーバーでHTMLを生成し、その後クライアントとやり取りをする。データは別途Web APIで取得する。
- CSR(Client Side Rendering): すべてクライアントでHTMLを生成する。データは別途WebAPIで取得する。
- SSG(Server Side Generation): ビルド時にHTMLを生成する。データはビルド時に取得する。

また、本章での実装は完全な静的なHTMLではなく、Djangoのサーバーサイドテンプレートの上で描画しているため、ハイブリッドな構成ともいえます。

1. 要件を決める(何を実現するか決める)
2. 要件から必要な機能を明らかにする
3. 機能から必要な画面を明らかにする
4. 設計をする
5. 機能を作る
6. 画面を作る
7. 動作を確認する
8. 完成

各項目について、実際にアプリケーションを作成しながら説明していきます。

02-02-01 要件を決める

まずは、読みログがどのようなものなのか、何を作るのか(**要件**)を決定します。

要件 と **仕様** をあらかじめ決めておかないと、プログラミング途中で「何を作ろうとしていたのか」、「この機能は必要なのか」などの混乱が生じます。仕様とは、要件を満たすための画面や機能などの内容をまとめたものです。

ここで作成する読みログアプリケーションの要件は以下の通りです。

・読了記録

- 名前
- カテゴリ(技術書/ビジネス書)
- 書籍名
- 価格
- 読了日
- 公開するか(公開/非公開)
- 評価(高/低/未)

・入力保存

- (1) Webブラウザーで読了記録の入力フォームを含む画面が表示される
- (2) 入力フォームでは読了記録の項目を入力できる
- (3) 入力フォームで入力した内容が保存される

・一覧表示

- (4) 保存された公開してもよい読了記録のみ、項目が画面に表示される

- (5) 1つの画面で構成し、上部に入力フォーム、下部に記録された内容を表示する
- (6) 記録された内容は、記録日時の新しい順に表示する

・その他の条件

- (7) ネットワーク(インターネット)経由でシステムを利用できる
- (8) 複数のコンピューターで投稿された内容を表示できる

Part 1 Chapter 01 Chapter 02 Chapter 03 Part 2 Chapter 04 Chapter 05 Chapter 06 Chapter 07 Chapter 08 Chapter 09 Part 3 Chapter 10 Chapter 11 Chapter 12 Part 4 Chapter 13 Chapter 14 Appendix A

02-02-02 機能を決める

作成するアプリケーションの要件が決まったら、要件を満たすためにどのような機能が必要か考えます。

今回作成するのはWebアプリケーションなので、Webアプリケーション開発用のフレームワークを使用します。そのため、要件のうち、(1)の『Webブラウザーで表示』、(7)の『ネットワーク経由で利用』、(8)の『複数のコンピューターで表示』の部分はフレームワークで実現可能です。

作成するアプリケーションの要件から、必要な機能を考えると次のようになります。

機能	説明	要件の番号
読了記録保存機能	各種項目の入力フォームの表示、フォームから送信されたデータの保存	(1)、(2)、(3)
読了記録表示機能	保存したデータの取り出し(記録日時の新しいものが優先)、取り出したデータを画面へ表示	(4)、(6)
Webアプリケーション	Webブラウザーで表示、インターネット経由で複数のコンピューターから利用可能	(1)、(7)、(8)

要件のうち、(5)については、次節で説明します。ここで明らかにした機能で要件を満たせるか、確認しておきましょう。

02-02-03 画面を決める

作成するアプリケーションの機能から、必要な画面要素を考えると、次のようになります。

機能	必要な画面要素
読了記録保存機能	名前、カテゴリ、書籍名、価格、読了日、公開するか、評価 の入力フォーム
読了記録表示機能	名前、カテゴリ、書籍名、価格、読了日、評価 の一覧表示

要件では1画面で構成する(要件の(5))と決めてあるため、この2つの画面要素を持った1つの画面を作成する必要があります。必要な画面は次のようになります。

必要な画面	画面要素
読了記録保存+表示画面	各種項目を入力するフォーム、各種項目(公開フラグ除く)の一覧表示

これを元に、画面のモックをGoogle Sheets(スプレッドシート)で作成した例が以下になります。

▼読了記録保存 + 表示画面

読みログ

名前	書籍名	種類	価格	評価	日付	公開するか	
(セレクトボタン)	(テキスト欄)	(セレクトボタン)	(数値入力)	(ラジオボタン)	(テキスト欄)	(ラジオボタン)	(送信ボタン)
furi	PyPro4	技術書	3000	高	2023/12/01		
altnight	ビジネスマナー本	ビジネス書	1200	未	2023/11/01		

MEMO

モック画面を作成するツールにはFigma※1、Balsamiq Wireframes※2、TRACERY※3などがあります。場合によっては紙に書いてもよいでしょう。

02-02-04 設計する

ここまでで機能と画面が明らかになりました。この後実装に入るのですが、コードを書き始めるためには、設計や使用するフレームワークを決める必要があります。

設計ではどのような要素から検討すればよいか、そして今回のアプリでは何を前提とするかを表にまとめました。

検討項目	今回のアプリの前提
画面やビジネスロジックが複雑かどうか。また、複雑になり得る箇所はどこか	ビジネスロジックは単純なCRUD(Create Read Update Delete)のデータ操作のみ。 画面の複雑性は高くないが、将来的に機能が増える可能性があり、操作性を良くしたい
変更が多いまたは少ないと予想される要素はどこか	データベースに保存する内容や画面に表示する項目が変わる可能性がある
アプリの開発規模はどのくらいの大きさか	機能が2つ、画面が1つのため、規模は小さめ
性能を求められる箇所はあるか	アプリを利用する人数は数人のため、性能は求めなくてよい
どのような体制で開発するか	バックエンドもフロントエンドも合わせて、1人で開発する

※1 Figma：https://www.figma.com/
※2 Balsamiq Wireframes：https://balsamiq.com/wireframes/
※3 TRACERY：https://tracery.jp/

今回はWebアプリケーションの作成なので、Webアプリケーションを取り扱うライブラリやフレームワークが必要です。そして、読了記録の保存のためにデータベースを使用します。画面は、一つの画面内に多数の項目を表示しつつ表示を絞り込めるようにするなど、将来的に多数の機能が要求されると仮定します。そのため、今回はSPA+Web APIの構成とします。

設計方針が固まりました。次の節で、実装時に使用するライブラリを決めます。

02-03 Webアプリケーションの作成のためのフレームワーク選定

Webアプリケーションの作成にはWebフレームワークが有用です。しかし、そもそもWebフレームワークはどういったものなのでしょうか？ また、Webフレームワークをどういった基準で決めればよいのでしょうか？

02-03-01 Webフレームワークの概要

Webフレームワークとは、以下のような機能をまとめて提供するライブラリです。

機能	説明
リクエスト処理(URLルーティングやディスパッチャ)	あるURLにきたWebリクエストをどの処理に渡すかを決める
データベース管理	各種RDBMSとの接続や、データベースの定義や操作を行う。データベースのスキーマ定義やマイグレーションを実施できる
ORM(Object Relational Mapping)	RDBMSで定義したスキーマとPythonのオブジェクトをマッピングし、Python上でSQLに相当する操作を行えるようにする
認証機構	指定したユーザーとパスワードによる認証や権限
フォームバリデーション	Webリクエストの検証を行い、データを正規化する
テンプレートエンジン	画面をテンプレートを使用して描画する。条件分岐や細やかな表示制御が可能
国際化(i18n)や地域化(l10n)	言語や地域に応じた表示制御
開発用サーバー	開発用にホットリロードに対応したWebサーバーの起動
CLIコマンド実行	CLIでアプリの状態を対話環境で確認したり、コマンドを実行できる
セキュリティ	XSSやSQLインジェクションなどに対してあらかじめ対策されていたり、簡単に設定できる

Webアプリケーションはあらゆるセキュリティの脅威にさらされ、さらにインターネットをとりまく環境は変化を続けています。そのため、セキュリティ対策を常に最新状態に保つことは必須です。このとき、現在広く使われているフレームワークであればセキュリティ対応がされていることが期待できます。

もし、Webフレームワークを使用せずに、自前でHTTPリクエストをパースするところから共通処理を挟みレスポンスを返す場合、開発工数が膨大になり現実的ではありません。そのため、既存のWebフレームワークの利用をするケースがほとんどでしょう。

02-03-02 フレームワークの比較紹介

Web開発のフレームワークには2つの種類があります。1つは、便利な機能とツールが一通り揃っているフレームワークです。もう1つは、Web開発に必要最低限の機能のみを提供するシンプルなフレームワークです。PythonでWeb開発をするために、その2種類のフレームワークとして **Django**(ジャンゴ)と **FastAPI**(ファストエーピーアイ)の特徴を説明し、フレームワークを決める方法について説明します。

● Djangoについて

Django※1は「締切がある完璧主義者のためフレームワーク」というスローガンを持つフルスタックフレームワークです。データベース管理・ユーザー認証機構・フォーム検証・テンプレートエンジン・国際化の機構・管理画面などたくさんの機能を標準でサポートしています。元々、アメリカの新聞社が開発し、2005年に公開されました。Instagram、NASA、Mozillaなどが使用しています。

● FastAPIについて

FastAPI※2は2018年に公開されたWeb開発のフレームワークです。Fastという言葉が入っているように、高速なパフォーマンスを念頭に作成されています。また、APIサーバーの作成に特化した要素で構成され、APIドキュメントの生成もできる反面、その他の画面を作成するための機構などは省かれています。内部的にはStarletteやPydanticなどのライブラリを組み合わせたフレームワークです。用途に合えば簡単にアプリを作成でき、比較的学習コストが低い傾向にあります。近年各種サービスで採用が増えています。

● DjangoとFastAPIの比較

DjangoとFastAPIは目的・得意とするユースケースが異なります。ここではDjangoとFastAPIの機能の違いを以下の表で示します。

機能	Django	FastAPI
リクエスト処理(URLルーティングやディスパッチャ)	o	o
データベース管理	o	x
ORM(Object Relational Mapping)	o	x
認証機構	o	x
フォームバリデーション	o	o

※1 Django : https://www.djangoproject.com/
※2 FastAPI : https://fastapi.tiangolo.com/

テンプレートエンジン	o	x
国際化(i18n)や地域化(l10n)	o	x
開発用サーバー	o	o
CLIコマンド実行	o	x

上の表を見ると、Djangoはたくさんの機能があり、機能が少ないFastAPIはあまり使えないと思われるかもしれません。しかし、機能を含まないから開発できないというわけではありません。必要な機能は別のライブラリを利用する事で補完できます。また、単機能なライブラリはライブラリ自体の方向性に特化した発展を期待できます。他にも、Djangoの機能を使用しない場合は、FastAPIでシンプルに開発できる場合もあります。

とはいえ、FastAPIのような比較的機能の少ないフレームワークを使用しても、要件が肥大化し開発を進めていくと、最終的にフルスタックフレームワーク相当の機能が必要となる場合もあります。単機能のライブラリを組み合わせると、ライブラリを選定したり、ライブラリ間の調整が必要になるといったコストが発生します。そうすると、最初からフルスタックフレームワークであるDjangoを選択したほうが、最終的な学習コストやライブラリの更新が簡単なこともあります。

この章で作成する「読みログ」アプリケーションでは、画面数は少なく認証機構も使用せずAPIサーバーのみを提供するため、FastAPIを使ってシンプルに書くことができます。そのためDjangoを使うには大げさに思われるかもしれません。しかし、1つのライブラリ選定で済み、今後の機能拡張を踏まえ、今回はDjangoを採用することにします。

02-04 Web APIの実装

いよいよPythonプログラムのコーディングに入ります。まずは、フロントエンドにJSONを返すためのWeb APIサーバーを作成します。

ソースコードはホストマシンで編集し、Docker(Docker Compose)を使用してホストマシンとコンテナ間でソースコードを同期しつつ、コンテナ内でコマンドを実行しています。Dockerについての説明はAppendixを参照してください。

02-04-01 開発環境設定とプロジェクト構成の確認

今回作成する開発環境についてまとめると以下の通りです。

項目	値
実行環境	Docker(docker compose)
Dockerイメージ	library/python:3.11
Pythonバージョン	3.11
Djangoバージョン	4.2.5

開発サーバーのポート	8000
開発サーバーのDocker内のパス	/code
PostgreSQLバージョン	15
DB名	yomilog
DBユーザー	postgres
DBパスワード	example
DBホスト	db
DBポート	5432

先に最終的なディレクトリ構成を示しておきます。Docker関係で使用するファイルの内容など、本章では抜粋して説明するため、詳細は本書サポートページにて配布しているサンプルコードを参照してください。

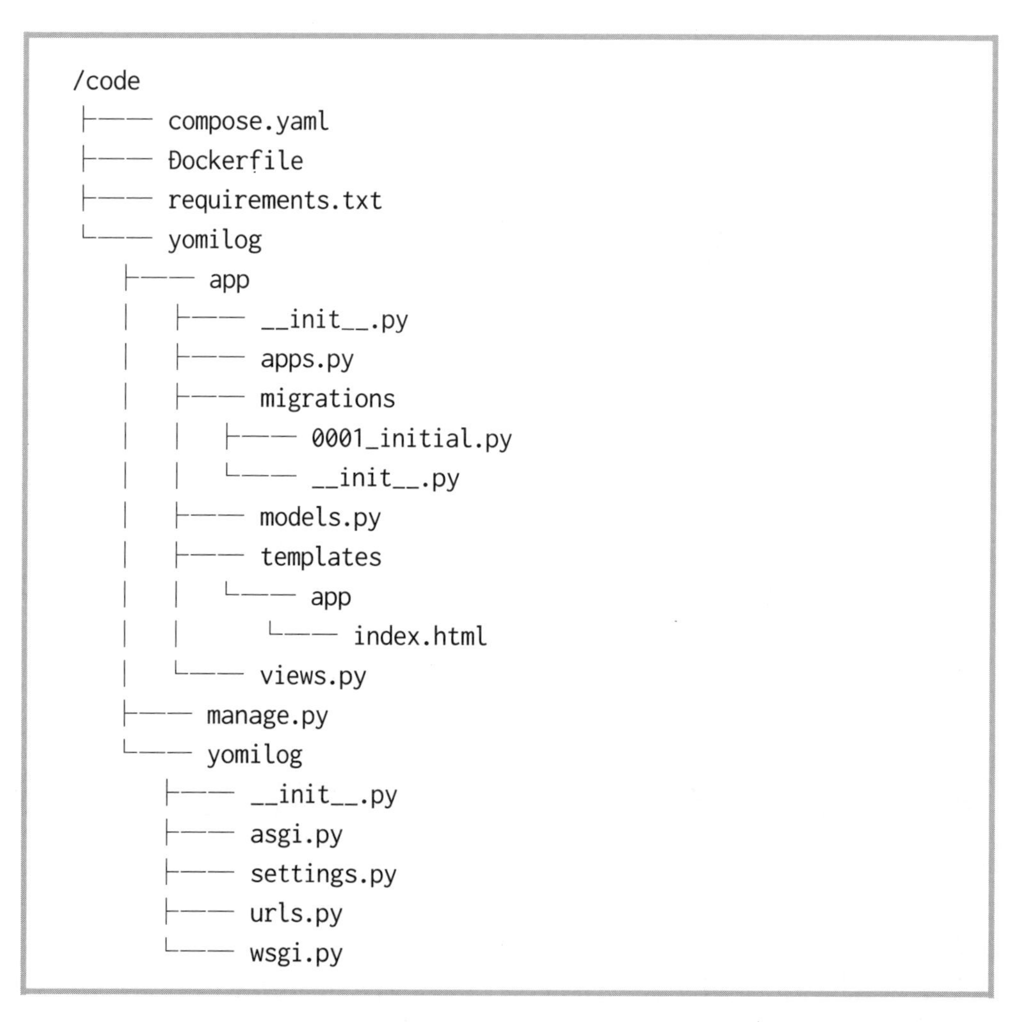

```
/code
├── compose.yaml
├── Dockerfile
├── requirements.txt
└── yomilog
    ├── app
    │   ├── __init__.py
    │   ├── apps.py
    │   ├── migrations
    │   │   ├── 0001_initial.py
    │   │   └── __init__.py
    │   ├── models.py
    │   ├── templates
    │   │   └── app
    │   │       └── index.html
    │   └── views.py
    ├── manage.py
    └── yomilog
        ├── __init__.py
        ├── asgi.py
        ├── settings.py
        ├── urls.py
        └── wsgi.py
```

02-04-02 アプリのベースを作る

まずはDjangoとデータベース接続用のライブラリをインストールします。djangoは執筆時点の最新LTS(Long-Term Support)であるバージョンの 4.2.5 を使用します。

```
# django==4.2.5, psycopg2==2.9.7 の記述を含んでいる
$ pip install -r requirements.txt
```

次に、プロジェクトの雛形を作成します。djangoをインストールすることで使用可能となるコマンド django-admin コマンドの startproject というサブコマンドを使用します。今回は yomilog というプロジェクト名とします。

```
$ django-admin startproject yomilog
```

次に、djangoプロジェクト内で今回作成するアプリケーション(機能グループの単位)を作成します。先ほど作成したプロジェクトファイル内に移動し、django-admin コマンドの startapp というサブコマンドを実行します。今回は app という名前にします。

```
$ cd yomilog
$ django-admin startapp app
```

次に、いま作成した app というDjangoアプリを有効にするため、設定ファイルを以下のように変更します。また、日本での利用を想定し、タイムゾーンや言語を設定します。

▼/code/yomilog/yomilog/settings.py

```
# INSTALLED_APPS に先ほど追加した `app` を追加
INSTALLED_APPS = [
    ...
    'app',
]
# 'en-us' から 'ja-jp' に変更
LANGUAGE_CODE = ja-jp
# 'UTC' から 'Asia/Tokyo' に変更
TIME_ZONE = 'Asia/Tokyo'
```

ここまでできたら、開発用サーバーを起動してみましょう。ホストマシンから閲覧できるよう、IPアドレスをどこからでも許可する 0.0.0.0 にして、ポートはデフォルトで指定されている 8000 とします

```
$ python manage.py runserver 0.0.0.0:8000
# ログ(一部省略)
...
Django version 4.2.5, using settings 'yomilog.settings'
Starting development server at http://0.0.0.0:8000/
Quit the server with CONTROL-C.
```

この状態でブラウザーから `http://localhost:8000` にアクセスすると、「It worked!」というDjangoが動作していることを示す画面が表示されます。

02-04-03 モデル定義

データベースに保存するスキーマ(データ構造)を定義します。models.py に以下のように記述します。読了記録に必要な項目をそれぞれ定義しています。

▼/code/yomilog/app/models.py

```
from django.db import models

class ReadHistory(models.Model):
    name = models.CharField("名前", max_length=255, choices=(
        ("altnight", "あるとな"),
        ("furi", "ふり")
    ))
    category = models.CharField("カテゴリ", max_length=255, choices=(
        ("tech", "技術書"),
        ("business", "ビジネス書"),
    ))
    title = models.CharField("書籍名", max_length=255)
    price = models.IntegerField("価格")
    read_at = models.DateField("読了日")
    is_public = models.BooleanField("公開するかどうか")
    is_favorite = models.BooleanField("評価", blank=True, null=True)

    class Meta:
        db_table = "read_history"
```

以下はデータベースの接続設定の記述です。

▼/code/yomilog/yomilog/settings.py

```
# docker compose で起動しているデータベースへ接続する
DATABASES = {
    'default': {
```

```
        'ENGINE': 'django.db.backends.postgresql',
        'NAME': 'yomilog',
        'USER': 'postgres',
        "PASSWORD": 'example',
        "HOST": 'db',
        "PORT": '5432',
    }
}
```

次にマイグレーションファイルを作成します。マイグレーションファイルとは、Djangoのモデル定義からどんなテーブルやカラムを作ったり更新するのかという、操作内容が記述されたファイルです。マイグレーションファイルをデータベースに適用することで、データベースにテーブルやカラムが作られます。

```
$ python manage.py makemigrations
# app/migrations/0001_initial.py が生成される
Migrations for 'app':
  app/migrations/0001_initial.py
    - Create model ReadHistory
```

先ほど生成したマイグレーションファイルをデータベースに適用します。

```
$ python manage.py migrate
# ログ（一部省略）
...
Running migrations:
  Applying sessions.0001_initial... OK
```

これでマイグレーションが適用され、モデルに定義した内容がデータベースに反映されました。次に、APIを実装します。

02-04-04 読了記録保存機能のWeb APIを実装する

まずは、urls.pyに読了記録を作成するinsert_logという名前のview関数を登録します。

▼/code/yomilog/yomilog/urls.py

```
from app import views

urlpatterns = [
    ...
    path('api/insert', views.insert_log),
]
```

次に、views.pyにinsert_log関数を記述します。画面から受け取ったJSONのリクエストをパースし、ORMを通してデータベースに保存します。レスポンスは空のJSONを返します。また、キー名はフロントエンドのJavaScriptから送信されることを想定しcamelCaseにしています。セキュリティ的に問題がありますが、リクエストデータのバリデーションは行わず、簡易的にPOSTのリクエストを受けつけるためcsrf_exemptデコレーターを付与しています。

▼/code/yomilog/app/views.py

```
import json
from django.http import JsonResponse
from django.views.decorators.csrf import csrf_exempt
from app.models import ReadHistory

@csrf_exempt
def insert_log(request):
    d = json.loads(request.body)
    ReadHistory.objects.create(
        name=d["name"],
        category=d["category"],
        title=d["title"],
        price=d["price"],
        read_at=d["readAt"],
        is_public=d["isPublic"],
        is_favorite=d["isFavorite"],
    )
    return JsonResponse({})
```

開発サーバーを起動した後、簡単な動作確認をします。別のターミナルからcurlで以下の内容でサーバーにリクエストを送りましょう。正常に空のJSONレスポンスが返却されることが確認できます。

```
$ curl -X POST -H "Content-Type: application/json" http://localhost:8000/api/inse
rt -d '{"name": "altnight", "category": "tech", "title": "PyPro4", "price": 3000,
"readAt": "2023-10-01", "isPublic": true, "isFavorite": true }'
# ログ
{}
```

次に、保存したデータを取り出す機能を作りましょう。

02-04-05 読了記録取得機能のWeb APIを実装する

まずは、urls.pyに読了記録を取得するreal_logという名前のview関数を登録します。

▼/code/yomilog/yomilog/urls.py

```
from app import views

urlpatterns = [
    ...
    path('api/read', views.read_log),
]
```

次に、views.pyにread_log関数を記述します。ORMを通して公開フラグがオンである公開中の読了履歴をidの降順で取得し、辞書に格納しJSONで返却します。キー名はJavaScriptで使うことを想定してcamelCaseにしています。

▼/code/yomilog/app/views.py

```
from django.http import JsonResponse
from app.models import ReadHistory

def read_log(request):
    qs = ReadHistory.objects.filter(is_public=True).order_by("-id")
    d = [{
        "id": obj.id,
        "name": obj.name,
        "category": obj.category,
        "title": obj.title,
        "price": obj.price,
        "readAt": obj.read_at.strftime("%Y-%m-%d"),
        "isFavorite": obj.is_favorite,
    } for obj in qs]
    return JsonResponse({"result": d})
```

開発サーバーを起動した後、簡単な動作確認をします。別のターミナルからcurlで以下の内容でサーバーにリクエストを送りましょう。先ほどの読了記録保存APIで保存した内容がJSONで返却されることを確認できます。

```
$ curl -X GET -H "Content-Type: application/json" http://localhost:8000/api/read
{"result": [{"id": 2, "name": "altnight", "category": "tech", "title": "PyPro4",
"price": 3000, "readAt": "2023-10-01", "isFavorite": true}]}
```

ここまでで、Web APIの実装が完了しました。次節からは画面の実装にはいります。

02-05 画面の作成

要件定義時に画面仕様としてモック画面を作成しました。このイメージをもとに画面を作成します。

02-05-01 Vue.jsの紹介

フロントエンドのSPAでの実装にあたって、JavaScriptのライブラリを選定する必要があります。今回はビルドが不要でライブラリ単体で使用でき、比較的習得がしやすいVue.js※1を使用して実装します。

Vue.jsはJavaScriptのユーザーインターフェース構築のためのライブラリです。JavaScriptで管理した状態に基づき、HTMLのテンプレート構文を使用してHTMLの出力を宣言的に記述できます。他に似たようなことをするライブラリとしてReact※2, Angular※3, Svelte※4などがあります。

02-05-02 フロントエンドの実装

それではフロントエンドの実装にはいります。まずは、urls.pyに読了記録を取得するview関数を登録します。

▼/code/yomilog/yomilog/urls.py

```
from app import views

urlpatterns = [
    ...
    path('', views.index),
]
```

次に、views.pyにテンプレートを返却する関数を記述します。

▼/code/yomilog/app/views.py

```
from django.shortcuts import render

def index(request):
    context = {}
    return render(request, "app/index.html", context)
```

次に、HTMLファイルに記述します。HTMLファイルを作成し、CDN(Contents Delivery Network)のunpkg.comからVueを読み込みます。読了記録をテーブルタグで構成し、入力

※1 Vue(Vue.js)：https://ja.vuejs.org/
※2 React：https://react.dev/
※3 Angular：https://angular.io/
※4 Svelte：https://svelte.dev/

欄はVueのデータバインド機構を使用しています。Vueの機能の詳細な解説は省きますが、v-modelで記述した部分を状態として持つようにしており、履歴(histories)をループで回して行ごとに表示させるようにしています。

▼/code/yomilog/app/templates/app/index.html

```
<!DOCTYPE html>
<html lang="ja">
  <head>
    <meta charset="UTF-8" />
    <title>読みログ</title>
  </head>
  <body>
    <script src="https://unpkg.com/vue@3/dist/vue.global.js"></script>
    <div id="app">
      <h1>読みログ</h1>
      <table>
        <thead>
          <tr>
            <th>名前</th>
            <th>書籍名</th>
            <th>種類</th>
            <th>価格</th>
            <th>評価</th>
            <th>日付</th>
            <th></th>
          </tr>
        </thead>
        <tbody>
          <!-- 入力行 -->
          <tr>
            <td>
              <select v-model="form.name">
                <option value="altnight">altnight</option>
                <option value="furi">furi</option>
              </select>
            </td>
            <td>
              <input type="text" v-model="form.title">
            </td>
            <td>
              <select v-model="form.category">
                <option value="tech" label="技術書">tech</option>
                <option value="business" label="ビジネス書">business</option>
              </select>
```

```
          </td>
          <td>
            <input type="number" v-model="form.price">
          </td>
          <td>
            高<input type="radio" v-model="form.isFavorite" :value="true">
            低<input type="radio" v-model="form.isFavorite" :value="false">
            未<input type="radio" v-model="form.isFavorite" :value="null">
          </td>
          <td>
            <input type="date" v-model="form.readAt">
          </td>
          <td>
            公開<input type="radio" v-model="form.isPublic" :value="true">
            非公開<input type="radio" v-model="form.isPublic" :value="false">
            <button @click="submit">送信</button>
          </td>
        </tr>
        <!-- 表示行 -->
        <tr v-for="history in histories" :key="history.id">
          <td>[[ history.name ]]</td>
          <td>[[ history.title ]]</td>
          <td v-if="history.category === 'tech'">技術書</td>
          <td v-else-if="history.category === 'business'">ビジネス書</td>
          <td>[[ history.price ]]円</td>
          <td v-if="history.isFavorite === true">高</td>
          <td v-else-if="history.isFavorite === false">低</td>
          <td v-else-if="history.isFavorite === null">未</td>
          <td>[[ history.readAt ]]</td>
          <td></td>
        </tr>
      </tbody>
    </table>
  </div>
  <script>(ここにJSが記述される)</script>
  <style>(ここにCSSが記述される)</style>
 </body>
</html>
```

JavaScriptの実装は以下になります。Djangoテンプレートのタグは `{{` と `}}` のため、競合しないよう `[[` と `]]` にする設定をいれています。また、読了履歴をリストで持ち、入力状態を `form` で持つようにしています。その後、クリックイベントでフォームの値をfetch関数を使用してAPIサーバーと通信しています。また、読了記録取得APIを呼び出した結果を `histories` に代入し、HTMLテンプレート側で表示できるようにしています。

▼/code/yomilog/app/templates/app/index.html

```
const { createApp, onMounted, ref, reactive } = Vue

createApp({
  setup() {
    const histories = ref([])
    const form = reactive({
      name: 'altnight',
      title: '',
      category: 'tech',
      price: 0,
      isFavorite: null,
      readAt: '2023-12-01',
      isPublic: true,
    })
    const getHistories = async () => {
      const res = await fetch('/api/read')
      const json = await res.json()
      histories.value = json.result
    }
    const submit = async () => {
      await fetch('/api/insert', {
        method: 'POST',
        headers: {
          'Content-Type': 'application/json'
        },
        body: JSON.stringify(form),
      })
      await getHistories()
    }
    onMounted(async () => {
      await getHistories()
    })
    return { histories, form, submit }
  },
  delimiters: ['[[', ']]']
}).mount('#app')
```

CSSの記述は以下のとおりです。今回は中央寄せとヘッダーの色づけのみを記述しています。

▼/code/yomilog/app/templates/app/index.html

```
body {
    display: flex;
    justify-content: center;
```

```
    align-items: center;
}
table thead {
    background-color: lightgray;
}
```

▼読みログの画面

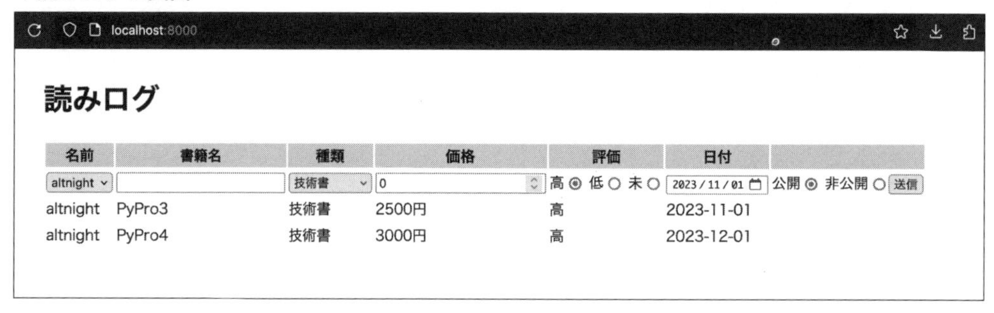

これで一通り実装が終わりました。最後は要件通りにできているか動作を確認します。

02-06 Webアプリケーション全体の動作確認

02-06-01 要件を満たしているかどうかの確認

作成したプログラムが最初に決めた要件を満たしているか、また動作に問題がないかを確認します。「動作確認しながら実装したのだから、要件を満たしているはず」と考えて確認を省略したくなるかもしれません。しかし、後半に変更した箇所が、最初の方に作った機能にバグを埋め込んでしまっていたり、もしかしたらどこか実装漏れがあるかもしれません。この最終的な動作確認は品質の良いアプリケーションを作るには必要な工程です。

再掲になりますが、今回作成した「読みログ」アプリケーションの要件は次の通りです。

・読了記録

- 名前
- カテゴリ(技術書/ビジネス書)
- 書籍名
- 価格
- 読了日
- 公開するか(公開/非公開)
- 評価(高/低/未)

・入力保存

- (1) Webブラウザーで読了記録の入力フォームを含む画面が表示される
- (2) 入力フォームでは読了記録の項目を入力できる
- (3) 入力フォームで入力した内容が保存される

・一覧表示

- (4) 保存された公開してもよい読了記録のみ、項目が画面に表示される
- (5) 1つの画面で構成し、上部に入力フォーム、下部に記録された内容を表示する
- (6) 記録された内容は、記録日時が新しい順に表示する

・その他の条件

- (7) ネットワーク(インターネット)経由でシステムを利用できる
- (8) 複数のコンピューターで投稿された内容を表示できる

以下のように、この8つの要件を満たしているか確認しましょう。

(1)は、Webブラウザーで `http://localhost:8000/` にアクセスすれば確認できます。また、この時点で(7)、(8)は仮想マシンとローカルマシンの間でネットワーク経由になっているので問題ありません。

(2)の確認は、画面に表示されたフォームに各種項目を入力できれば大丈夫です。各種項目のうち公開設定は「公開」を選択し、その他の各種項目を入力した状態で送信ボタンをクリックします。これで画面が更新され、記録した内容が画面に表示されるため、(5)と(6)も確認できます。

一度開発サーバーを停止させ、再度実行します。Webブラウザーで再読み込みを行い、送信内容が問題なく表示されれば、(3)、(4)は確認できたことになります。もう一度、画面からデータの入力と送信を行い、後に登録したものが上部に表示されれば、(6)の確認ができたことになります。

MEMO

今回作成したアプリの仕様では、公開設定を「非公開」にした場合、フォームの送信が完了しても結果が画面に反映されません。すべての読了記録のデータを確認したい場合、データベースに直接アクセスするか、管理画面を作成する必要があります。管理画面をモデル定義から簡単に作成できる機能がDjangoに標準で用意されているため、普段の開発では管理画面機能を活用するとよいでしょう。

02-06-02 セキュリティの確認

今回作成したアプリケーションは、利用者が書籍名に任意の文字列を入力でき、入力された内容をHTMLに埋め込んで表示するものです。クロスサイトスクリプティングの脆弱性がないか確認しておきましょう。

MEMO

クロスサイトスクリプティング(Cross Site Scripting、XSS)は、ユーザーからの入力をそのままHTMLに埋め込んで表示するようなアプリケーションにおいて、HTMLタグやJavaScriptなどの攻撃用のスクリプトを埋め込むことができてしまう脆弱性です。

XSSの脆弱性は、セッションハイジャックやフィッシングなどに利用される可能性があります。

XSSの脆弱性が含まれていないかを検証するには、コメントの入力欄に次のようにJavaScriptコードを含むHTMLのタグを入力し、送信します。

▼クロスサイトスクリプティングの検証で入力する内容

```
<script>alert('NG')</script>
```

書籍名が表示される領域に入力した文字列は表示されましたか？もしアプリケーションにXSSの脆弱性がある場合、「NG」という文字列がWebブラウザーのアラートで表示されます。

今回利用しているVueのテンプレート記法では、文字列をレンダリングする際に自動的にエスケープします。そのためXSSを回避できています。

このように、セキュリティ上問題になりうる脆弱性がアプリケーションに含まれていないかどうかを動作確認で検証しておくとよいでしょう。Webアプリケーションが考慮すべきセキュリティをまとめた資料としてIPAが公開している『安全なWebサイトの作り方』※1が参考になります。

▼自動でエスケープされているか確認

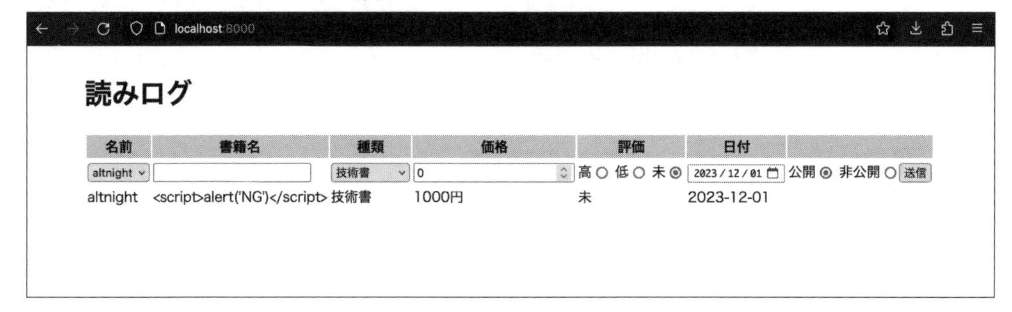

※1 『安全なWebサイトの作り方』: https://www.ipa.go.jp/security/vuln/websecurity/about.html

MEMO

XSSと同様に有名な脆弱性としてクロスサイトリクエストフォージェリ(Cross Site Request Forgery、CSRF)があります。

アプリケーションとは関係のない外部の攻撃用の入力フォームから送信されたデータをアプリケーションで処理してしまい、利用者の意図しない操作を引き起こす脆弱性です。

CSRFの脆弱性は、利用者の意図しないアプリケーションの操作(オンラインショップで買い物をさせられたり、個人情報を外部へ公開されたり)に利用される可能性があります。

今回作成したアプリケーションでは、CSRFへの対策をしていません。XSSとCSRFを組み合わせた攻撃手法もあるので、対策はしておいたほうがよいでしょう。

すべて問題がなければ、これで完成です。

02-07 まとめ

Webアプリケーション開発は、作るものを決めることから始まります。作ろうとしているものが何も決まっていない状態で、開発を進めることはできません。また、必要な画面や機能などが曖昧な場合も、プログラムのコードを作成することはとても難しいものです。開発をスムーズに進めるためには、こうした不確定な部分を明らかにし、どのように作るのかを決めることが大切です。

本章ではWebアプリケーションが動的なコンテンツを配信するものであり、Webブラウザーを介して利用できるものであること、Webブラウザー/サーバー/アプリケーション間の基本的な通信の仕組みについて解説しました。また、「読みログ」を題材にして、要件を決めるところから始まり、設計をして、完成させるまでのアプリケーション開発の流れを解説しました。ここで解説した開発の流れは、さまざまなアプリケーション開発に適用できます。

Chapter

03 データサイエンスのプログラムを書く

機械学習、数理最適化、データ可視化、統計分析など、Python は様々なデータサイエンスの分野で利用されています。データサイエンスに関するプログラムの開発では環境構築や設計の進め方において、Web システムとは異なる部分があります。この章では初めてデータサイエンスのプログラムを業務として作成する人のために、Python における一般的なデータサイエンスのライブラリと環境構築、設計・開発の基本的な考え方を説明します。

03-01 データサイエンスライブラリの基本

この節ではデータサイエンスの分野でよく使われるJupyterLabの環境を構築し、基本的なライブラリであるpandas、Matplotlibの利用方法を説明します。

03-01-01 データサイエンス用のDocker環境を作成する

まずは、Dockerで環境を構築しましょう。

新しいディレクトリを作り、次の `Dockerfile` と `compose.yaml` を作成します。

▼Dockerfile

```
FROM python:3.11
RUN pip install jupyterlab pandas matplotlib
```

MEMO

今回はバージョンを指定せずにライブラリをインストールしているため、`pip` コマンドを実行した時点での最新バージョンが入ります。ライブラリのバージョンアップによってコードの互換性がなくなっている場合もあるので、動作しない場合は、ライブラリのドキュメントを参照して現在の書き方を確認してください。

なお、執筆時点で確認した主要なライブラリのバージョンは以下の通りです。

- jupyterlab: 4.0.9
- pandas: 2.1.3
- matplotlib: 3.8.2
- scikit-learn: 1.3.2
- mip: 1.15.0

また、本書サポートページにて配布しているサンプルコードには後述の requirements.lock を含めているため、同じディレクトリに含まれている README.md に従って構築すれば、互換性の問題なく動作します。

▼compose.yaml

```
version: "3.9"

services:
  jupyterlab:
    build:
      dockerfile: ./Dockerfile
    ports:
      - "8880:8880"
    command: "jupyter lab  --allow-root --ip=0.0.0.0
      --port=8880 --no-browser --notebook-dir=/work"
    volumes:
      - .:/work
```

MEMO

通常 JupyterLab のサーバーポートは 8888 を使いますが、Visual Studio Codeなど一部のテキストエディターが自動で起動するJupyterサーバーとの競合を防ぐため、ここでは 8880 に割り当てています。

これらのファイルを用意したら、docker compose up コマンドを実行してDockerコンテナを起動しましょう。

▼JupyterLab コンテナを起動

```
$ docker compose up
```

03-01-02 JupyterLab

JupyterLab※1はWebブラウザー上で動作する対話型プログラミング環境です。**Notebook**と呼ばれるドキュメントを作成し、コード、Markdownテキスト、実行結果、グラフ出力などを一ヶ所にまとめることができます。コードはセルという小さな単位ごとに実行し、その場で結果を確認できます。そのため、試行錯誤を行い、その結果をレポートとして共有するのに便利です。Notebookは`.ipynb`という拡張子のファイルに保存します。

● JupyterLabの起動

コンテナを起動すると、次のようなログが表示されます。`http://127.0.0.1:8880/lab?token=`から始まるURLを行の最後まで(tokenパラメータの値を含めて)コピーして、Webブラウザーのアドレスバーに貼りつけてアクセスしてください。URLにアクセスすると、Webブラウザー上にはJupyterLabのトップページが表示されます。

▼JupyterLab 起動時のコンソール出力例(一部)

```
To access the server, open this file in a browser:
    file:///root/.local/share/jupyter/runtime/jpserver-1-open.html
Or copy and paste one of these URLs:
    http://76f32c0f9622:8880/lab?token=2769d59fffb69c759a19e52a516fc366376255d3cae47905
    http://127.0.0.1:8880/lab?token=2769d59fffb69c759a19e52a516fc366376255d3cae47905
```

Column

データサイエンスではAnacondaを使用するべきか?

データ分析といえばAnacondaの名を聞いたことがある方も多いでしょう。Anaconda※2は、データサイエンスのためのPythonおよびRのディストリビューションです。確かに、Anacondaを使用すれば、Pythonを使ったデータ分析環境を簡単に作成することができます。

データ分析を専業とするデータサイエンティストやアナリストにとってはAnacondaは便利なツールとなるでしょう。しかし、私たちのようにシステム開発を行うプログラマーがデータサイエンスのライブラリも活用するケースでは、Anacondaを使うことが必須ではありません。

公式DockerイメージのPython(標準Python)でも、必要なライブラリを`pip`コマンドでインストールすることで、pandasやscikit-learn、Matplotlibなどを使えます。Anacondaは`pip`の代わりに`conda`を使用するなど、パッケージ管理の仕組みが標準Pythonとは異なるため、システムを構成する上でトラブルの原因になることもあります。

本書はデータ分析のみではなくアプリケーションの作成も想定しているので、Anacondaを使用せず標準Pythonで環境を構築します。

※1 JupyterLab : https://jupyter.org/
※2 Anaconda : https://www.anaconda.com/

● Notebookの作成

右側のタブで、**[Notebook]** - **[Python (ipykernel)]** アイコンをクリックすると新しいNotebookが作られます。

▼JupyterLab のトップページ

▼新しく作成されたばかりの Notebook

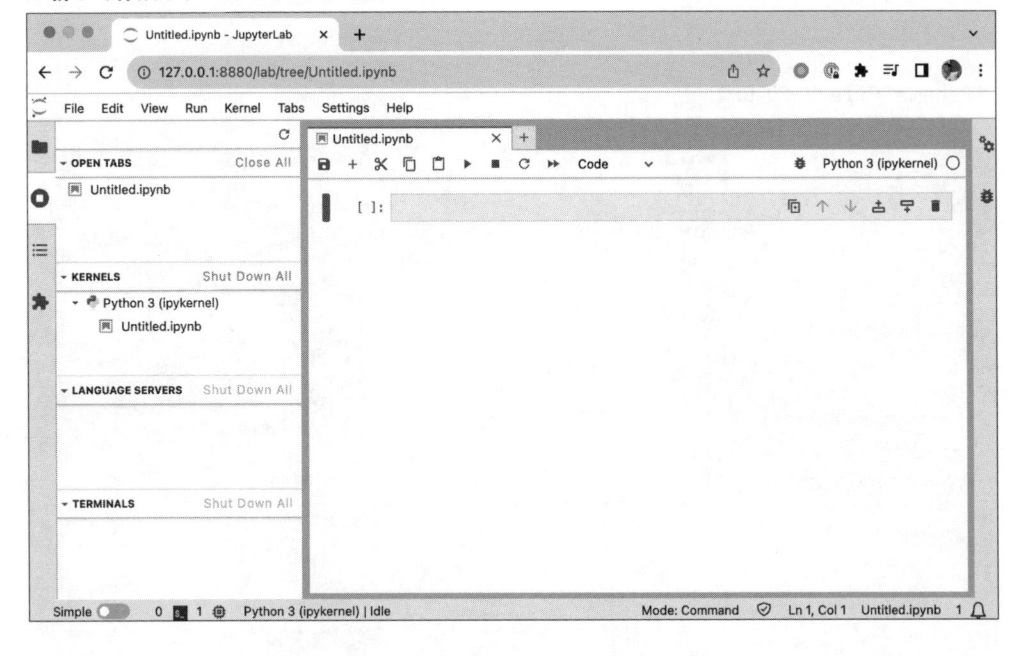

作成されたばかりのNotebookは、`Untitled`という名前が付いた状態になっているので、適当な名前に変更しましょう。メニューから **[File]** - **[Rename Notebook...]** をクリックすると`Rename File`というダイアログが表示されるので、ここでは `JupyterLabの練習` という名前に変更します。

▼[File] - [Rename Notebook...] をクリックする

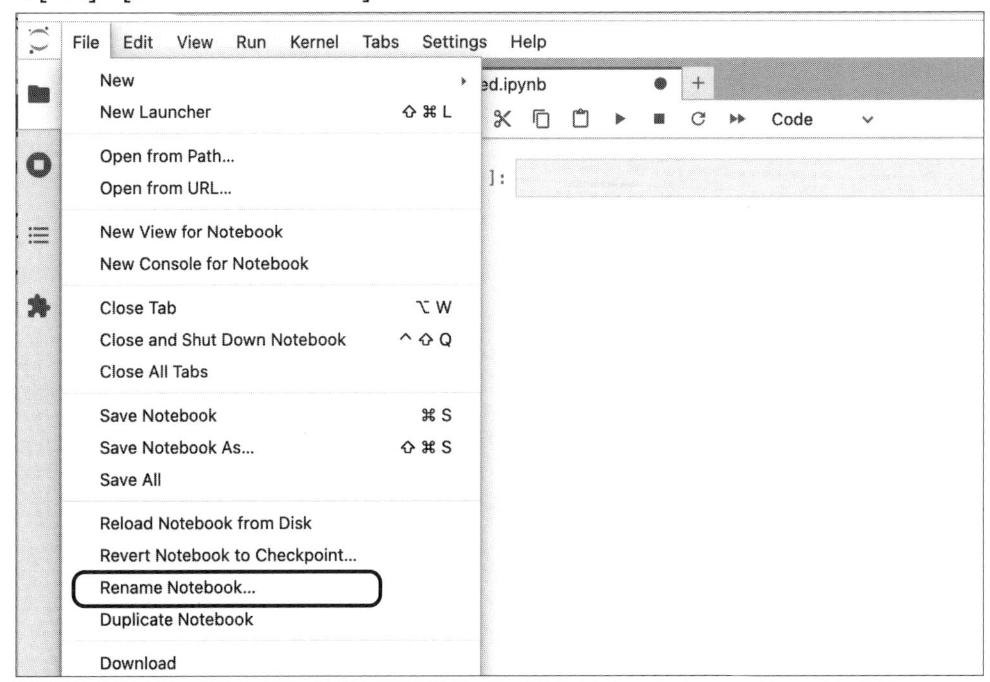

▼`Rename File` ダイアログ

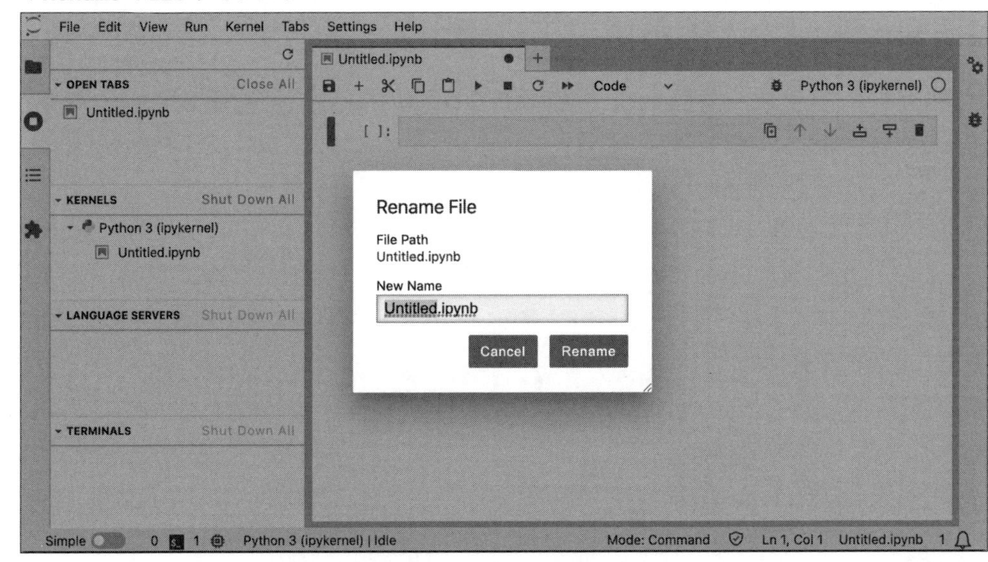

● セルの作成と実行

Notebookを作成したら、セル(Cell)と呼ばれる領域にコードを入力していきます。

▼Notebook のセル

```
[ ]:
```

それでは、最初のセルに以下のコードを書いて実行してみてください。

セルの実行は、Shift + Enter キーで行えます。

▼以下のコードを実行

```
a = 1
a
```

セルが実行されると、JupyterLabは最後に評価した式の結果をすぐ下に表示します。今回は、最後の行が a なので、a の値である 1 が表示されます。このように、JupyterLabを使えば、結果を逐次確認しながらプログラムを作成することができます。

▼セル [1] 実行後の表示

```
[1]: a = 1
     a

[1]: 1
```

セルおよび結果の左側に表示されている [1]: はセルの実行順序を示しており、このセルがNotebook上で1番目に実行されたことを示しています。

セルの実行時に代入された変数はカーネルと呼ばれる領域に記憶され、次にセルを実行するときに使用できます。先ほど実行したセルの下に新たなセルが作成されるので、次のように書いて実行しましょう。

▼以下のコードを実行

```
a += 2
a
```

すると 3 が表示され、セルと結果の左側に[2]:と表示されます。これは、[1]のセルの実行後に1だった変数aが、[2]のセルの実行によって2が加算されて3になったことを示しています。

Chapter 01 Chapter 02 Chapter 03 Chapter 04 Chapter 05 Chapter 06 Chapter 07 Chapter 08 Chapter 09 Chapter 10 Chapter 11 Chapter 12 Chapter 13 Chapter 14 A
Part 1 Part 2 Part 3 Part 4 Appendix

▼セル [2] 実行後の表示

```
[2]: a += 2
     a
[2]: 3
```

セルの実行順序は任意です。例えば上記[2]のセルにカーソルを合わせて再度 Shift + Enter キーを押すと、5 と出力され、実行順序の表示は[2]から[3]に変わります。

MEMO

なお、実行済みのセルを再実行した場合、前回の結果表示は上書きされます。一度しか取得できない情報や、時間がかかる処理が実行結果に表示されている場合、再実行によって消えてしまうので注意しましょう。

03-01-03 JupyterLabの終了

JupyterLabを終了するには、コンソール上で Control + C キーを押します。

▼JupyterLab の終了

```
^CGracefully stopping... (press Ctrl+C again to force)
[+] Running 1/1
   Container jupyter-jupyterlab-1  Stopped        0.5s
```

JupyterLabが終了し、コンテナが停止します。JupyterLabを終了すると実行中のカーネルは破棄されます。

再度起動してNotebookを開くと、セルの実行結果表示は保持されていますが、カーネル上の変数はリセットされています。セルを実行し直すと [1]: から番号が振り直されます。

03-01-04 pandas

pandas※1はデータ解析を支援するライブラリです。表形式データの処理に長けているため、データの変換や複数のデータソースの統合など、データの前処理で大変重宝します。数値だけではなく、文字列や日付時刻型が格納されたデータも一括で操作できるので便利です。まずは簡単なコードで体験してみましょう。

先ほど終了したJupyterLabを再び起動し、Notebookを開いてください。

※1 pandas : https://pandas.pydata.org/

● pandasをインポートする

pandasを使うためにはpandasモジュールをインポートする必要があります。pandasはpdという省略名でインポートするのが慣例です。

以下の1行だけを書いてセルを実行しましょう。

▼pandas のインポート

```
import pandas as pd
```

これで、このカーネルではpdという名前でpandasのモジュールにアクセスできます。

MEMO

この他にnumpyをインポートするときはnp、matplotlib.pyplotをインポートするときはpltと省略名をつける慣例があります。

● DataFrameを作成

pandasでは**DataFrame**という2次元の構造と、**Series**という1次元の構造を使用してデータを処理します。

以下のコードを実行してDataFrameを作成してみましょう。

▼DataFrame の作成

```
df = pd.DataFrame(
    {
        "employee_id": [101, 102, 103, 104],
        "name": ["Tom", "Brian", "Lisa", "Roy"],
        "score1": [587, 725, 962, 997],
        "score2": [901, 690, 933, 982],
    }
)
df
```

すると以下のように、列名と行番号を持った、4行4列の表が表示されます。DataFrameは表をイメージするとよいでしょう。

▼DataFrame の出力例

	employee_id	name	score1	score2
0	101	Tom	587	901
1	102	Brian	725	690
2	103	Lisa	962	933
3	104	Roy	997	982

Chapter 01 Part 1 Chapter 02 Chapter 03 Chapter 04 Part 2 Chapter 05 Chapter 06 Chapter 07 Chapter 08 Chapter 09 Chapter 10 Part 3 Chapter 11 Chapter 12 Chapter 13 Part 4 Chapter 14 A Appendix

pandasのDataFrameは列の集まりとして構成されています。DataFrameに`.`をつけて列名を記述するか、辞書のように`["列名"]`を記述することで列を取り出すことができます。例えばDataFrame `df`の列`name`の情報を取得するには、`df.name` または `df["name"]` のように記述します。

列の内容を出力すると、1次元のデータと、名前、インデックス(要素を識別するラベル)、dtype(Seriesに格納できるデータの型)が表示されます。

▼列の出力例

```
df.name

0      Tom
1    Brian
2     Lisa
3      Roy
Name: name, dtype: object
```

列の型を調べるとSeries型であることがわかります。

▼列の型を確認

```
type(df.name)

pandas.core.series.Series
```

● pandasによるデータ処理

pandasでは、列同士の演算が簡単にできます。例えば、列 `score1` と列 `score2` の合計を求めて新しい列 `score3` を作成するには次のように書きます。

▼列単位での計算

```
df["score3"] = df["score1"] + df["score2"]
df
```

▼列単位での計算例

	employee_id	name	score1	score2	score3
0	101	Tom	587	901	1488
1	102	Brian	725	690	1415
2	103	Lisa	962	933	1895
3	104	Roy	997	982	1979

また、グループ集計やフィルタリングなども簡単にできます。慣れるまでは戸惑うかもしれませんが、少ないコード量で様々な処理ができます。初めは以下の記事を読んで一通り試してみるとよいでしょう。

- 10 minutes to pandas - pandas User Guide
  https://pandas.pydata.org/pandas-docs/stable/user_guide/10min.html

● ファイル入出力

実務では、データはCSVファイルなどの外部のデータソースから入力することが多いです。また、結果をCSVファイルとして出力して、別のプログラムの入力に使うこともよくあります。

先ほど作った DataFrame をCSVファイルとして出力してみましょう。以下のコードを実行すると、`employees.csv` が作成されます。

▼DataFrame を CSV ファイルとして出力

```
df.to_csv("employees.csv", index=False)
```

作成したCSVファイルから DataFrame を作ってみましょう。以下のコードを実行すると `employees.csv` の内容を元に `df1` というDataFrame が作成されます。

▼csv 読み込みで DataFrame 生成

```
df1 = pd.read_csv("employees.csv")
```

これで、JupyterLab上でpandasを使い、CSVファイルにデータを入出力する方法がわかりました。

03-01-05 Matplotlib

Matplotlib※1はグラフ描画ライブラリです。棒グラフや折れ線グラフや箱ひげ図といった基本的なグラフから、3Dグラフなどの多彩なグラフも作成でき、細かな表示のカスタマイズも可能です。

● Matplotlibをインポートする

Matplotlibを使うときは以下のインポート文を実行します。

▼Matplotlib のインポート

```
import matplotlib.pyplot as plt
```

※1 Matplotlib : https://matplotlib.org/

MEMO

以前はグラフをNotebook上に出力するために、`%matplotlib inline` というコマンドを実行する必要がありました。

最新のJuputerLabを使用している場合、このコマンドは省略できます。

● Matplotlibによるグラフの描画

まずは、折れ線グラフを出力してみましょう。

▼Matplotlib で折れ線グラフを出力

```
x = [1, 2, 3, 4]
y = [10, 12, 15, 20]
plt.plot(x, y);
```

このコードを実行すると、以下のようなグラフがセルの下に出力されます。

▼折れ線グラフ出力結果

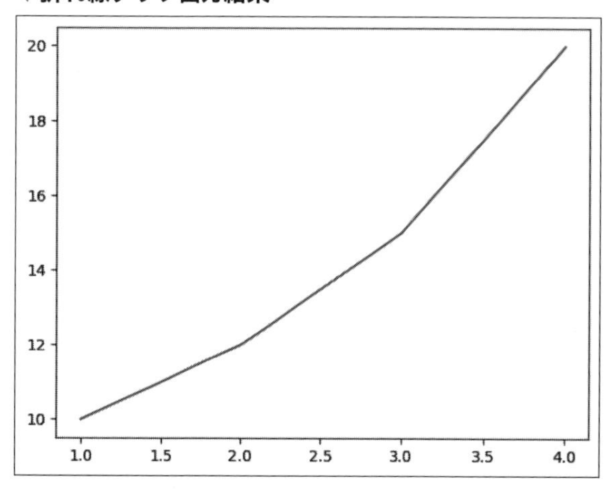

MEMO

`plt.plot(x, y)` のあとに `;` を書いているのはセルの下に `[<matplotlib.lines.Line2D at 0x7f88c95ffad0>]` のような文字列が出力されるのを抑制するためのテクニックです。

折れ線グラフの他にもヒストグラムや散布図、ヒートマップ、円グラフ、3Dグラフなど様々なグラフを描画できます。詳しくは以下を参照してください。

- **Plot types - Matplotlib documentation**
  https://matplotlib.org/stable/plot_types/index.html

03-01-06 scikit-learn

次に、JupyterLab上で機械学習を体験してみましょう。機械学習は既知の学習データを使って、未知のデータを予測する手法です。

● scikit-learnをインストールする

ここでは**scikit-learn**※1というライブラリを使います。scikit-learnはオープンソースの機械学習ライブラリです。scikit-learnを使うことで、主要なアルゴリズムを用いて分類、回帰、クラスタリングなどの機械学習モデルを簡単に作成できます。

scikit-learnは`pip`コマンドでインストールします。Dockerfileを次のように書き換えましょう。

▼Dockerfile

```
FROM python:3.11
RUN pip install jupyterlab pandas matplotlib scikit-learn
```

Dockerfileを保存したらDockerイメージを再ビルドしてからコンテナを立ち上げます。なお、JupyterLabが起動中の場合は`Control` + `C` で一旦コンテナを停止してからコマンドを実行してください。

▼Docker イメージを再ビルドしてコンテナを立ち上げ

```
$ docker compose build
$ docker compose up
```

● データをロードする

機械学習を行うにはデータが必要です。幸いscikit-learnでは `datasets` モジュールに著名なサンプルデータが含まれているため、今回はその中の `diabetes` というデータを使います。これは442人分の糖尿病患者の基礎項目(age、sex、bmi、平均血圧)と6つの血液検査項目(s1～s6)、そして1年後の疾患進行状況(`target`)を数値で表したデータです。

▼糖尿病患者データをロード

```
from sklearn import datasets

diabetes = datasets.load_diabetes()
```

このデータを元にDataFrameを作成します。

▼糖尿病患者データをもとに DataFrame を作成

```
df = pd.DataFrame(
    diabetes.data,
```

※1 scikit-learn：https://scikit-learn.org/

```
    columns=diabetes.feature_names
)
# 1年後の疾患進行状況
df["target"] = diabetes.target
df.head()
```

`df.head()` は先頭5件のデータを表示するメソッドです。データ量によっては画面一杯に表示されてしまうことがあるので、このように先頭のデータのみを表示するとよいでしょう。実行すると以下のようになります。

▼糖尿病患者データの表示

	age	sex	bmi	bp	s1	s2	s3	s4	s5	s6	target
0	0.038076	0.050680	0.061696	0.021872	-0.044223	-0.034821	-0.043401	-0.002592	0.019907	-0.017646	151.0
1	-0.001882	-0.044642	-0.051474	-0.026328	-0.008449	-0.019163	0.074412	-0.039493	-0.068332	-0.092204	75.0
2	0.085299	0.050680	0.044451	-0.005670	-0.045599	-0.034194	-0.032356	-0.002592	0.002861	-0.025930	141.0
3	-0.089063	-0.044642	-0.011595	-0.036656	0.012191	0.024991	-0.036038	0.034309	0.022688	-0.009362	206.0
4	0.005383	-0.044642	-0.036385	0.021872	0.003935	0.015596	0.008142	-0.002592	-0.031988	-0.046641	135.0

● データを学習用とテスト用に分ける

機械学習では学習に使う項目を特徴量と呼び、予測対象の項目を目的変数と呼びます。どの特徴量を学習に利用するかは機械学習において重要ですが、今回はひとまずすべての基礎項目、血液検査項目(`df`の`target`以外すべての列)を学習に使用し、病気の進行を目的変数とした予測モデルを作ってみましょう。

▼特徴量と目的変数

```
from sklearn.model_selection import train_test_split

# X: 特徴量
X = df.drop(columns="target")
# y: 目的変数
y = df["target"]
```

機械学習で予測モデルを作成する際は、予測の精度を評価することがセオリーです。そこで、まず既知のデータを学習用とテスト用に分割して使います。そして、学習用データを使って学習したモデルを使って、テスト用データの特徴量に対する目的変数を予測します。予測した結果が、各テスト用データに対する本来の目的変数とどの程度乖離しているかを見ることでモデルの精度を評価します。

scikit-learn には `train_test_split` という関数が用意されているので、これを使って分離します。今回は全体の20%をテスト用データとし、残りを学習用に使用します。

```
# 学習用とテスト用のデータに分ける
X_train, X_test, y_train, y_test = train_test_split(
    X, y, test_size=0.2, random_state=1
)
```

データが準備できたので予測してみましょう。

● 線形回帰モデルで学習・予測をする

データが準備できたら学習と予測をしてみましょう。今回は線形回帰モデルという基本的なモデルを使ってみます。

▼線形回帰モデルで学習・予測

```
from sklearn import linear_model

# 線形回帰モデルを作成
regr = linear_model.LinearRegression()

# 学習用データで学習
regr.fit(X_train, y_train)

# テスト用データを使って、ターゲットを予測
y_pred = regr.predict(X_test)
```

これで`y_pred`に予測結果が代入されました。

● 予測の精度を検証する

機械学習の予測結果が妥当かどうかを検証しましょう。

以下のように予測値と実際の値を格納したDataFrameを作成すると、結果の差異が確認しやすくなります。

▼予測結果と実際のデータを比較

```
pd.DataFrame(
    {
        "pred": y_pred,
        "test": y_test
    }
)
```

実行すると以下のようになります。個別のデータの予測結果の差異はわかりますが、モデルがどの程度の精度で予測できているのかは判断しにくいですね。

▼予測値と実際の値の比較

	pred	test
48	81.411822	75.0
100	189.101033	128.0
245	175.059304	125.0
290	237.929117	332.0
57	128.070725	37.0
...	...	...
352	150.840049	77.0
419	94.365458	42.0
261	256.133367	103.0
178	158.801975	81.0
278	98.862280	102.0

398 rows × 2 columns

そこで、数値的指標や視覚的表現を用いて評価しましょう。

線形回帰モデルを評価する数値的な指標の1つとして決定係数(R2スコア)を求めてみます。決定係数は0以上1以下で表される値で、今回のような回帰モデルの当てはまりの良さのチェックに使用されます。

▼決定係数を求める

```
from sklearn.metrics import r2_score

r2_score(y_test, y_pred)
```

実行すると結果はおよそ `0.438...` となりました。

▼決定係数

```
from sklearn.metrics import r2_score

r2_score(y_test, y_pred)

0.4384316213369278
```

決定係数は `0.5` を超えると当てはまりが良いとされます。残念ながら、わずかに超えていないようです。

視覚的なアプローチも大切です。

以下は横軸を予測結果、縦軸を実際の値としたグラフを出力するコードです。

▼予測値と実測値の関係を比較

```
# グラフを正方形にする
plt.axes().set_aspect("equal", adjustable="box")

# 実測値をX軸、予測値をY軸とする散布図を描画
plt.scatter(y_test, y_pred, color="black")

# X軸とY軸の表示範囲を揃える
max_value = max([max(y_pred), max(y_test)])
plt.xlim(-10, max_value+10)
plt.ylim(-10, max_value+10)

# 対角線を引く
plt.plot([0, max_value+10], [0, max_value+10])

#各種ラベルをつける
plt.xlabel("test")
plt.ylabel("pred")
plt.title("test and pred")
plt.grid(which="both")
plt.show()
```

実行すると以下のように表示されます。

▼予測値と実測値の分布

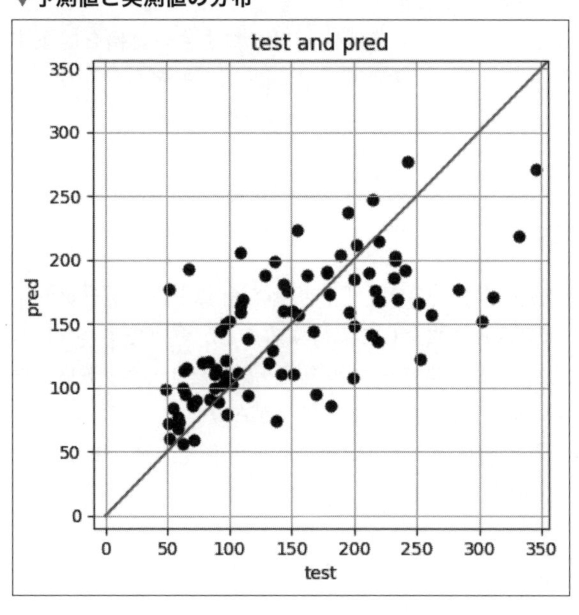

対角線の上または下どちらに点が集中しているかによって、予測値が実測値に上振れをしているか下振れをしているか大まかな傾向を確認できます。また、対角線から大きく外れているサンプルを調べることで新たな発見が得られることもあるでしょう。

このように図を利用すると、予測の有効性だけでなく、様々な情報を得ることができます。

03-02 データサイエンスのプログラムを作ってみる

前節ではJupyterLabの環境構築とデータサイエンス用ライブラリの基本的な使い方を確認したので、もう少し実用的なプログラムを作る流れを見ていきましょう。

03-02-01 仮説を立てる

今回は**2章 Webアプリケーションを作る**で作成した「読みログ」アプリのデータを使って何か有益なことができないか考えてみましょう。「読みログ」は誰がいつどんな本を読んだかを記録するWebアプリケーションでしたね。このWebアプリケーションを、ある会社のメンバー全員で使用しているとします。そして、例えば「今月はどの書籍を読んだら良いかわからない」という人のために「おすすめの書籍」を提案してくれたら便利かもしれません。

「おすすめの書籍」と言っても評価が難しいのでここでは問題を簡単にしましょう。同僚の読了履歴を見ると「同僚の多くが読んでいる書籍で、自分がまだ読んでいない書籍」を読んでみたいと感じるのではないでしょうか。しかしながら、書籍を買う予算には限りがあります。そこで予算の範囲内でという条件が必要です。

「予算」、「まだ読んでいない書籍」という制約の中で、「同僚の多くが読んでいる書籍を、なるべく多くおすすめする」ならば、それは数理最適化問題の一種です。数理最適化問題であればPython-MIP[※1]、PuLP[※2]を使えば解くことができます。

今回は「Python-MIPを使って数理最適化プログラムを作成すれば、おすすめ書籍を提案するツールが作れる」という技術的仮説を立ててみます。数理最適化問題は、モデルの作り方によって解が出せる場合と出せない場合があります。実際にプログラムを作ってみて、本当に仮説が正しいかどうかを検証します。

03-02-02 データを取得する

まずはデータを取得しましょう。大量のデータを読み書きし、複雑な計算を行うデータサイエンスのプログラムは、本番稼働中のシステムとは独立して実行することが重要です。もし本番稼働中のデータベースに直接接続した場合、長時間テーブルをロックしたり、ネットワークに負荷をかけたりして、システムのパフォーマンスを劣化させる恐れがあります。

そこで、あらかじめシステムとは独立した場所にデータをエクスポートして作業しましょう。今回は、以下の `yomilog.csv` を読み込んで使用します。

※1 Python-MIP：https://www.python-mip.com/
※2 PuLP：https://coin-or.github.io/pulp/

▼yomilog.csv

```
name,title,price
yukie,たのしいPython,3000
altnight,たのしいPython,3000
furi,たのしいPython,3000
mtb,たのしいPython,3000
susumuis,おいしいPython,1000
altnight,やさしいNumPy,4000
yukie,やさしいNumPy,4000
mtb,やさしいNumPy,4000
yukie,難しい機械学習,2000
mtb,難しい機械学習,2000
yukie,かんたんDjango,2500
susumuis,かんたんDjango,2500
```

MEMO

yomilog.csv は2章のサンプルコードである yomilog のディレクトリで以下のコマンドを実行することで取得できます。yomilog は2章の手順に従って作成するか、サポートサイトからダウンロードしてください。

▼データを取得して yomilog.csv を取得する

```
$ docker compose up -d
$ docker compose exec db psql yomilog -U postgres -c "SELECT name, title, pr
ice FROM read_history WHERE is_public = true;" -A -F , > yomilog.csv
$ docker compose stop
```

取得した yomilog.csv は3章のJupyterLabを実行しているディレクトリに移動してください。

以下のコードでデータを読み込んでDataFrameを作成しましょう。

▼データを読み込む

```
import pandas as pd

df = pd.read_csv("yomilog.csv")
df
```

▼データを読み込んだ結果の例

	name	title	price
0	yukie	たのしいPython	3000
1	altnight	たのしいPython	3000
2	furi	たのしいPython	3000
3	mtb	たのしいPython	3000
4	susumuis	おいしいPython	1000
5	altnight	やさしいNumPy	4000
6	yukie	やさしいNumPy	4000
7	mtb	やさしいNumPy	4000
8	yukie	難しい機械学習	2000
9	mtb	難しい機械学習	2000
10	yukie	かんたんDjango	2500
11	susumuis	かんたんDjango	2500

03-02-03 Python-MIPをインストールする

Python-MIPは数理最適化問題の一種である混合整数線形最適化問題(Mixed Integer Programming)のモデル化と解決のための道具を集めたライブラリです。

Dockerfileを次のように書き換えましょう。

▼Dockerfile

```
FROM python:3.11
RUN pip install jupyterlab pandas matplotlib mip
```

Dockerfileを保存したらDockerイメージを再ビルドし、コンテナを再起動しましょう。

▼Docker イメージを再ビルド

```
$ docker compose build
$ docker compose up
```

MEMO

Appleシリコン搭載のMacを使用している場合、(執筆時点では)この節のサンプルコードは途中でエラーになります。これは、現時点では、ARMプロセッサ用のPython-MIPパッケージにCBCがバンドルされていないためです。

対象のMacを使用している場合は、Rosetta2を有効にした状態で、Dockerfileの1行目を次のように書き換えてください(サポートサイトからダウンロードできるサンプルコードでは書き換え済みです)。Rosetta2を有効にする方法についてはAppendixを参照してください。

▼Dockerfileの1行目を書き換える

```
FROM --platform=linux/amd64 python:3.11
```

エミュレーションを伴うため若干速度が低下しますが、本書のサンプルを実行する範囲では問題ないでしょう。

03-02-04 モデルを考える

最適化問題では決めたい対象である **変数**、最大化または最小化したい対象である **目的関数**、必ず守る必要がある **制約条件** を考えてモデルを作成します。今回の問題では、次のようになります。

Column

Python-MIPとソルバーの関係

本文では説明を簡単にするため「Python-MIP を使って数理最適化問題を解く」と説明していますが、正確な表現ではありません。

Python-MIPは、問題を記述し、結果を取得するためのインターフェースを提供するライブラリです。実際に問題を解くモジュールは **ソルバー** と呼ばれ、Python-MIPはそのソルバーを内部で呼び出して使っています。ソルバーにはフリーのCBC※1、商用のGurobi※2などがあります。Python-MIPのx86-64版バイナリにはCBCがバンドルされているため、x86-64版のプロセッサを搭載したPCにPython-MIPをインストールすればすぐにCBCを使って数理最適化を解くことができます。

※1 CBC：https://github.com/coin-or/Cbc
※2 Gurobi：https://www.gurobi.com/

変数　　：$x_1, ..., x_n$
目的関数：$r_1 x_1 + r_2 x_2 + ... r_n x_n$ → 最大化
制約条件：$p_1 x_1 + p_2 x_2 + ... + p_n x_n \leqq$ 予算

ただし、

$1, ..., n$：未購入の書籍の番号
$x_1, ..., x_n$：書籍番号1からnまでの書籍をおすすめするかどうか(おすすめする=1、しない=0)
$r_1, ..., r_n$：書籍番号1からnまでの書籍を読んだ人数
$p_1, ..., p_n$：書籍番号1からnまでの書籍の金額

03-02-05 データの前処理

モデルを実装できるようにデータを前処理します。まずは「ある人が読んでいない書籍の一覧」を取得する必要があります。例えば `"susumuis"` が読んでいない書籍のリストを以下のように作成します。

▼"susumuis" が読んでいない書籍のリスト

```
# 既読の書籍
titles_set = df.loc[df["name"] == "susumuis", "title"].unique()
# 未読の書籍
df_filtered = df[~df["title"].isin(titles_set)]
```

未読の書籍に対して、書籍ごとのタイトルや価格、読んだ人数を集計したDataFrameを作成します。

▼書籍ごとのタイトル、価格、読んだ人数を集計

```
df_books = (
    df_filtered.groupby("title")
    .agg({"name": "nunique", "price": "first"})
    .reset_index()
    .rename(columns={"name": "n_readers"})
)
df_books
```

前処理済みのDataFrameは以下の通りです。

▼df_books の例

	title	n_readers	price
0	たのしいPython	4	3000
1	やさしいNumPy	3	4000
2	難しい機械学習	2	2000

03-02-06 モデルの実装

次にモデルを作成して変数を定義します。変数は複数の要素があるので `add_var_tensor` メソッドで作成します。第1引数には変数として必要な要素数を指定します。今回の場合は対象となる書籍数になるので、`df_books`の行数を指定します。第2引数には変数名のプレフィックスとして `"x"` を指定します。引数`var_type` には、変数の型としてバイナリ(B: 0または1)を指定します。作成した変数を`df_books`の `Var_x` 列に設定します。

▼モデルの作成と変数定義

```
from mip import Model

m = Model()
# 変数: 書籍をおすすめする=1, しない=0
df_books["Var_x"] = m.add_var_tensor((len(df_books),), "x", var_type="B")
df_books
```

`df_books`は次のようになっています。

▼Var_x 列に変数を設定した直後の df_books

	title	n_readers	price	Var_x
0	たのしいPython	4	3000	x_0
1	やさしいNumPy	3	4000	x_1
2	難しい機械学習	2	2000	x_2

続いて、モデルに目的関数と制約条件を追加します。予算は仮に5,000円とします。今回の目的関数は最大化なので `maximize` をモデルの `objective` プロパティに設定します。制約条件はモデルに `+=` 演算子で追加します。

▼目的関数と制約条件の設定

```
from mip import maximize, xsum

# 目的関数: 同僚の多くが読んでいる書籍をなるべく多くおすすめする
m.objective = maximize(xsum(df_books["n_readers"] * df_books["Var_x"]))
# 制約条件: 金額が予算以内
m += xsum(df_books["price"] * df_books["Var_x"]) <= 5000
```

03-02-07 解を得る

モデルを定義できたので問題を解いてみましょう。

▼最適化問題を解く

```
m.optimize()
```

ログが出力されて最適化が実行されます。

最適化処理が正常に終了すると、結果は変数 `df_books["Var_x"]` の中に格納されます。そのままでは確認できないので、`astype()`で型を変換して新しい列`Val_x`に格納しましょう。

▼最適化問題を解く

```
df_books["Val_x"] = df_books["Var_x"].astype(float)
df_books
```

次のように、おすすめする書籍の行の `Val_x` 列に `1.0` が設定されます。

▼最適化実行後の df_books の例

	title	n_readers	price	Var_x	Val_x
0	たのしいPython	4	3000	x_0	1.0
1	やさしいNumPy	3	4000	x_1	0.0
2	難しい機械学習	2	2000	x_2	1.0

おすすめする書籍のタイトルの一覧だけを取得したい場合は、次のように記述します(誤差による不具合を防ぐため0.5を境界として比較します)。

▼おすすめする書籍のタイトルを抽出

```
df_books[df_books["Val_x"] > 0.5]["title"].to_list()
```

結果は次のように出力されます。

▼おすすめする書籍のタイトルを抽出した結果

```
['たのしいPython', '難しい機械学習']
```

これで、"susumuis" におすすめする書籍は "たのしいPython" と "難しい機械学習" の2冊であることがわかりました。

03-02-08 コードを一般化する

"susumuis"に対する予算5,000円以内のおすすめ書籍を確認しただけでは、おすすめする相手や予算が変わった場合でもうまく提示できるのか確信がもてません。コードを関数化して様々な人・予算で試すことで、うまく提示できるかを確認してみましょう。

▼最適化処理を関数化

```
def optimize_book_to_buy(name, money):
    # 既読の書籍
    name_titles_set = df.loc[df["name"] == name, "title"].unique()
    # 未読の書籍
    df_filtered = df[~df["title"].isin(name_titles_set)]

    # 書籍ごとのタイトル、価格、読んだ人数を集計
    df_books = (
        df_filtered.groupby("title")
        .agg({"name": "nunique", "price": "first"})
        .reset_index()
        .rename(columns={"name": "n_readers"})
    )

    # モデルの作成と変数定義
    m = Model()
    # 変数: 書籍をおすすめする=1, しない=0
    df_books["Var_x"] = m.add_var_tensor((len(df_books),), "x", var_type="B")
    # 目的関数: 同僚の多くが読んでいる書籍をなるべく多くおすすめする
    m.objective = maximize(xsum(df_books["n_readers"] * df_books["Var_x"]))
    # 制約条件: 金額が予算以内
    m += xsum(df_books["price"] * df_books["Var_x"]) <= money

    # 最適化の実行
    m.optimize()

    # 結果の取得
    df_books["Val_x"] = df_books["Var_x"].astype(float)
    # 誤差による不具合を防ぐため0.5を境界に比較
    return df_books[df_books["Val_x"] > 0.5]["title"].to_list()
```

作成した関数を使って、全員に対して1,000円刻みの予算で、おすすめ書籍を取得してみましょう。

▼全員に対して、1,000 円刻みの予算で結果を取得

```
results = []
for name in df["name"].unique():
    for money in [1000, 2000, 3000, 4000, 5000]:
        book_to_buy = optimize_book_to_buy(name, money)
        results.append((name, money, book_to_buy))
result_df = pd.DataFrame(results, columns=["name", "money", "book_to_buy"])
result_df
```

結果は長いのでここでは一部を掲載します(全行確認したい方はサポートサイトからサンプルコードをダウンロードしてください)。

▼全員に対しての 1000 円刻みの予算で結果を出力

	name	money	book_to_buy
0	yukie	1000	[おいしいPython]
1	yukie	2000	[おいしいPython]
2	yukie	3000	[おいしいPython]
3	yukie	4000	[おいしいPython]
4	yukie	5000	[おいしいPython]
5	altnight	1000	[おいしいPython]
6	altnight	2000	[難しい機械学習]
7	altnight	3000	[おいしいPython, 難しい機械学習]
8	altnight	4000	[おいしいPython, かんたんDjango]
9	altnight	5000	[かんたんDjango, 難しい機械学習]
10	furi	1000	[おいしいPython]
11	furi	2000	[難しい機械学習]
12	furi	3000	[おいしいPython, 難しい機械学習]
13	furi	4000	[おいしいPython, かんたんDjango]

以下省略

ここではいくつかピックアップして、結果の妥当性を確認しましょう。`"altnight"` さんに対して、予算1,000円のときは `"おいしいPython"` (1人が既読)をおすすめしているのに対し、予算2,000円のときはより読者が多い `"難しい機械学習"` (2人が既読)をおすすめしています。このことから、予算の範囲内でより多くの同僚が読んでいる本を優先しておすすめしているという条件を満たしていることがわかります。

03-02-09 仮説の検証と試行錯誤、そして次に

ここまでのステップによって「Python-MIPを使って最適化プログラムを作成すれば、予算内でおすすめ書籍を提案できる」という技術的仮説を検証しました。今回は最適化の解が得られましたが、実際には、プログラムを実行しても解が求められなかったり、計算時間がかかりすぎて実用的ではなかったり、精度が著しく悪かったりすることもあります。そのような場合は、目的関数や制約条件、プログラムコードを見直したり、ライブラリ、実行環境、データの前処理方法といった条件を変更したりして、再度チャレンジしましょう。

今回の例では、仮説は「正しい」と考えてよいでしょう。しかし、まだプログラマーの手元の環境で確認したに過ぎません。次の節では、検証結果や作成したプログラムを関係者に共有する方法について説明します。

03-03 作成したNotebookを配布する

JupyterLabを使って実験をした結果や、作成したプログラムは、一人で確認するだけでなく、関係者に共有して様々な視点で検討することが大事です。JupyterLabで作成したNotebookには、コードと実行結果が記載されているため、メンバーへの情報共有に利用できます。

しかし、試行錯誤をしたままの状態のNotebookはセルの前後関係がバラバラであったり、説明が不足していたりするので、そのままでは配布に向きません。そこで、Notebookを配布できるように整理し、関係者に共有する方法を説明します。

03-03-01 セルの順序を整理する

Notebook上で試行錯誤しながらプログラムを書いていると、セルの実行順序がバラバラになることがあります。順序がバラバラだと、Notebookを最初から実行し直したときにエラーになることがあります。そこで、上から下に実行できるようにセルの順序を整理しましょう。

セルを選択すると右上にツールボタンが表示されます。この中にある矢印ボタン **[↑]**、**[↓]** を押すとそのセルを上下に移動できます。

▼JupyterLab セルの上下移動

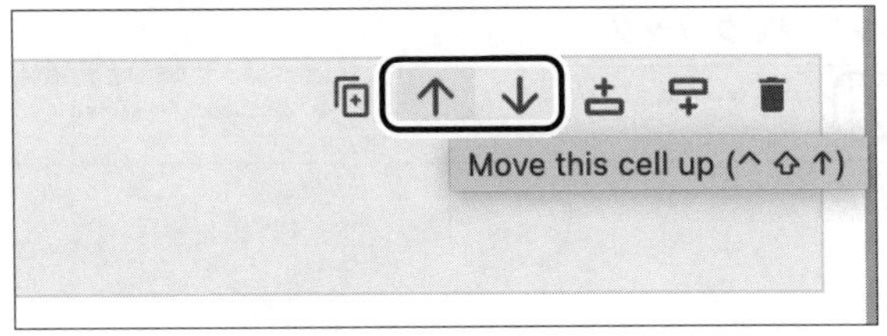

セルの順序を整理したら、カーネルを再起動し、先頭から実行し直しましょう。メニューから **[Kernel]** - **[Restart Kernel and Run All Cells...]** をクリックすると先頭から最後まで一度に実行できるので便利です。

▼カーネルの再起動と実行

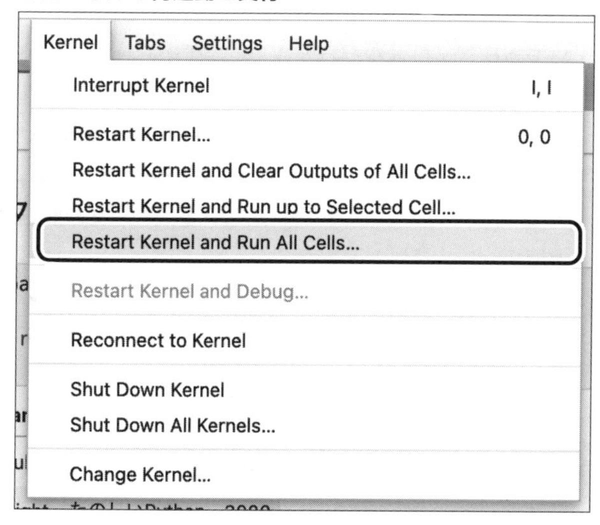

03-03-02 Markdownセルで説明を書く

セルとセルの間に説明を書きましょう。画面上部のツールバーで **[+]** ボタンを押すと、現在選択しているセルの下に新たなセルを追加できます。

▼セルの追加

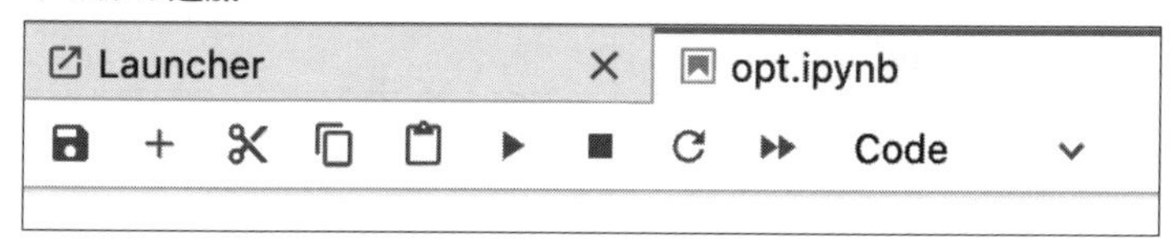

作成したばかりのセルは `Code` タイプになっています。タイプを `Markdown` に設定すると、セルにMarkdownで説明を記入できるようになります。ツールバーの `Code` をクリックするとプルダウンが表示されるので `Markdown` を選択します。

▼ツールバーから Code と書かれたプルダウンをクリック

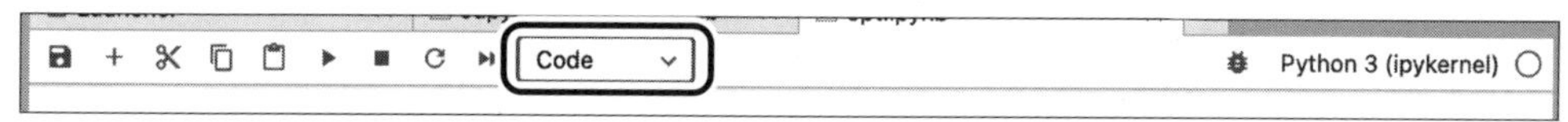

▼Markdown を選択

Notebookを読む人が理解しやすいように説明を書きましょう。`#`、`##`、`###` のようなヘッダー記法を活用して、適切に見出しを入れていくと読みやすくなります。

▼Markdownを記入

`Shift` + `Enter` キーで実行するとMarkdownの書式を適用したテキストが表示されます。

▼Markdown書式を適用したテキスト

最適化の確認

まずは最適化が実行できるか検証。

説明を書き終わったら、上から下まで読み直して、説明、コード、実行結果によって伝えたいことが十分に伝えられているか確認しましょう。

03-03-03 環境構築方法を示す

Notebookは読むだけでなく、実行できる資料です。自分以外のプログラマーがNotebookを実行・編集できるように、環境構築方法を整えましょう。

まずは必要なライブラリをDockerfileに列挙するのをやめて `requirements.txt` を作成します。`requirements.txt`には、pipコマンドでインストールするライブラリ名を記述します。

▼requirements.txt

```
jupyterlab
pandas
matplotlib
mip
scikit-learn
```

しかしこれだけでは、バージョンを固定していないという問題があります。Python-MIPなどのライブラリは日々バージョンアップされるので、環境構築をしたタイミングによってはバージョンが異なって上手く動かないことがあります。そこで、次のコマンドで`requirements.lock`ファイルを作ってバージョンを固定します。

JupyterLabのコンテナを実行した状態で、別途ターミナルを立ち上げて以下のコマンドを入力してください。

Chapter 01 Chapter 02 Chapter 03 Chapter 04 Chapter 05 Chapter 06 Chapter 07 Chapter 08 Chapter 09 Chapter 10 Chapter 11 Chapter 12 Chapter 13 Chapter 14 A
Part 1 Part 2 Part 3 Part 4 Appendix

▼requirements.lock の作成

```
$ docker compose exec jupyterlab pip freeze > requirements.lock
```

このコマンドを実行すると、現在の環境にインストールされているすべてのライブラリとそのバージョンが `requirements.lock` に記載されます。`jupyterlab`、`pandas`、`matplotlib`、`mip` など、明示的にインストールしたライブラリ以外の依存ライブラリも含まれています。

内容は実行するタイミングによっても異なりますが、例えば以下のように出力されているでしょう。

▼requirements.lock の内容例

```
anyio==4.0.0
    :
    :
jupyterlab==4.0.9
    :
    :
pandas==2.1.3
    :
    :
matplotlib==3.8.2
matplotlib-inline==0.1.6
mip==1.15.0
    :
    :
```

この状態で `$ pip install -r requirements.txt -c requirements.lock` を実行すれば「`requirements.lock`に指定したバージョンを使って`requirements.txt`のライブラリをインストールする」という意味になります。

`Dockerfile` を書き換えましょう。あわせて、配布先のマシンがAppleシリコンなどARMプロセッサ使用環境であっても動作するように `--platform` も指定しておきます。

▼Dockerfile

```
FROM --platform=linux/amd64 library/python:3.11
COPY requirements.txt requirements.lock ./
RUN pip install -r requirements.txt -c requirements.lock
```

`README.md` を作成し、必要環境と、セットアップ・実行方法を記載します。

▼README.md

```
# 数理最適化による書籍おすすめプログラムの概念実証

## 必要環境

- docker version 20.10.x 以上

## セットアップ・実行方法

```console
$ docker compose build
$ docker compose up
```
```

`Dockerfile`、`compose.yaml`、`requirements.txt`、`requiremnets.lock`、`README.md`を`.ipynb`ファイルとともに配布すれば、受け取ったプログラマーは同様の実行環境を再現できるでしょう。

この状態でGitリポジトリにプッシュすれば、チームメンバーのプログラマー同士で円滑にNotebookの共有ができるはずです。

03-03-04 Notebookをエクスポートして共有する

共有先がプログラマーである場合は上記の方法で環境を構築し、Notebookを閲覧・編集できるでしょう。

しかし、プログラマー以外の相手にNotebookの結果を配布する場合や、プログラマーであっても編集はせず閲覧だけできれば良いという場合、わざわざライブラリのインストールを要求するのは煩雑です。

そのような場合は、実行済みのNotebookをHTMLにエクスポートするとよいでしょう。NotebookをHTMLにエクスポートするにはメニューから**[File]** - **[Save and Export Notebook As...]** - **[HTML]**を選びます。

▼Notebook を HTML にエクスポートする

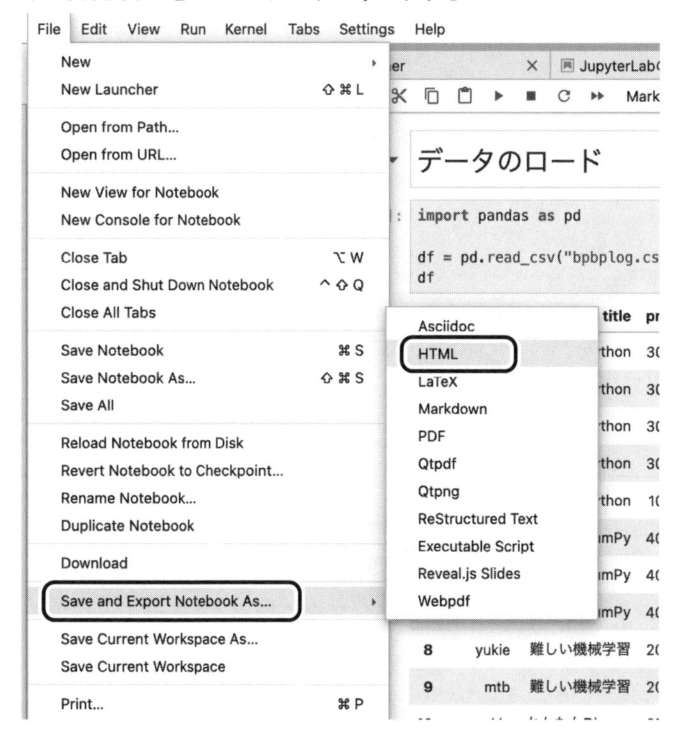

03-04 データサイエンスのプログラムを製品化する

JupyterLabを使って仮説が正しいことを示せたら、次に取りかかるのは試行錯誤の知見をもとに製品を作ることです。ここでは製品版のプログラムとして、繰り返し使えるコマンドラインアプリケーションを作成する方法を説明します。

03-04-01 製品版に必要な設計

製品版のプログラムは、試行錯誤段階とは異なり、プログラマー以外のユーザーによって実行されます。そのため、何かあったらその場でコードを直して対応するということができません。そこで、以下の要件について考慮する必要があります。

- 実行環境の定義
- データの流れと形式の定義
- 適切なメッセージの表示
- 不具合が起きたときに対応するためのログ出力

これらは開発の前に設計しましょう。

● 実行環境を定義する

まずは実行環境の定義をしましょう。特に重要なのが以下の4点です。

- 実行環境のOS: Windows、macOS、Debian Linux など
- CPUのアーキテクチャ : x86_64なのか、ARMなのか
- メモリ容量: 4GBなのか、8GBなのか、64GB以上の大容量も使えるのかなど
- ストレージ: 容量に制限があるか。入出力にアクセス制限はあるかなど

OSとCPUアーキテクチャによっては、一部のライブラリが使用できなかったり制限を受けたりします。また、多くのメモリやストレージを使う処理では、容量が足りないとプログラムがクラッシュする恐れがあります。Amazon EC2などのクラウド環境を利用できる場合は柔軟に環境を選べますが、費用の見積もりと予算の確保が必要になります。

● データの流れと形式を定義

データサイエンスのプログラムではデータの流れが重要です。データの流れに注目すると、今回作成する「書籍おすすめプログラム」の場合は以下のようになります。

▼書籍おすすめプログラムのデータ入出力

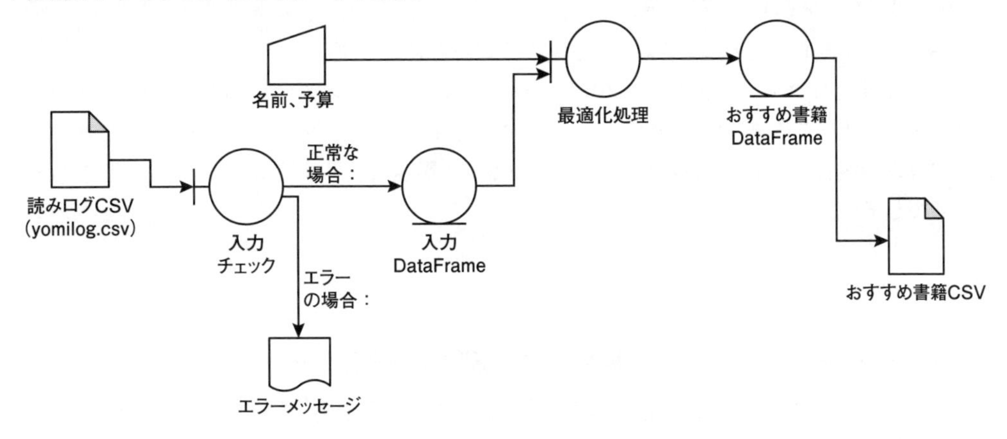

データは正常な場合のみ次の処理の入力とします。つまり「読みログCSV」のような外部からの入力データは入力チェックを行って、不正な場合は修復するか、エラーメッセージを表示します。今回の「読みログCSV」は自分たちである程度制御できるので、不正(エラー)の場合はメッセージを表示して中断するのみとしましょう。

データの流れを把握したら、それぞれのデータ形式を定義します。上記の図では「読みログCSV」「入力DataFrame」「おすすめ書籍DataFrame」「おすすめ書籍CSV」という4種類のデータが存在します。このうち「入力DataFrame」「おすすめ書籍DataFrame」はプログラム内部のデータ、「読みログCSV」「おすすめ書籍CSV」はプログラムの外部との接点です。より重要なのは外部との接点となるデータです。外部との接点の定義が曖昧だと、不正なデータ入出力による不具合の元になります。

データ形式はGoogleスプレッドシートなどでまとめておくとよいでしょう。例えば、以下は「読みログCSV」のデータ形式をまとめた例です。

▼入出力データ定義シートの記入例

	A	B	C	D	E	F
1	名称	読みログCSV			ファイル名	yomilog.csv
2	説明	読みログの履歴データ。データベースからエクスポートして取得する				
3	列No	列名	型	必須	ユニーク	説明
4	1	name	文字列	yes	no	書籍を読んだ人の名前
5	2	title	文字列	yes	no	書籍のタイトル
6	3	price	整数	yes	no	書籍の金額。0以上の値を取る
7						
8						
9						

+ ≡ 読みログCSV ▾ おすすめ書籍CSV ▾

中間の「入力DataFrame」「おすすめ書籍DataFrame」などは必要に応じて定義します。今回これらはプログラム内部の変数に格納する予定なので、この段階での定義は保留します。

● メッセージとログの考慮

メッセージやログをどのように出すかという観点も必要です。

今回は小さなコマンドラインアプリケーションなので、コンソール上にメッセージとログを出力することとします。Webアプリケーションや、自動実行バッチ、オンラインで連動するプログラムの場合は、**13章 Webアプリケーションの監視**で説明するような考慮も必要になってくるでしょう。

Column

試行錯誤による知見を活用して設計する

実行環境やデータの流れと入出力形式、メッセージを定義するステップはWebアプリケーションにおける基本設計に相当します。Webアプリケーションで扱う処理は検索やデータ登録といった比較的結果がイメージしやすい処理が多いため、UIとデータベースが設計の中心になります。

一方、データサイエンスのプログラムでは、複雑な処理を行います。そのため、処理そのものについても、実現可能性、必要なメモリ量、想定される実行時間といった知見が設計時に必要になります。これら知見は、事前の試行錯誤によって得られます。処理に対する知見が足りず設計が進められない場合は、処理を改修したり、パラメータを変えるなど試行錯誤して知見を増やしましょう。

Column

入出力データはCSVファイルを初めに検討する

プログラムの入出力データのデータ形式や入出力方法は様々です。例えば、ファイル入出力、SQLを利用したデータベースアクセス、APIやスクレイピングを利用して外部Webサービスにアクセスすることもあるでしょう。扱うデータは表形式やツリー形式のほか、画像や音声などのBLOB(Binary Large Object)データなどがあります。

このように様々な形式や方法がある中で一番扱いやすいのは、表形式のデータをCSVファイルに保存し、ファイル入出力を使って読み込む方法です。その理由は次の通りです。

- ファイルの読み書きは、ネットワークを介したデータ送受信と比べて失敗することが少なく安定している
- CSVファイルはテキスト形式のため何かあったときに内容を閲覧・編集しやすい
- 表形式はpandasのDataFrameを使用して扱いやすい
- 特定のOSやアプリケーションソフトウェアに依存する技術ではないため、外部との連携も取りやすい

そのため、画像や音声のようなデータ以外は、CSVファイルを入力し、CSVファイルを出力する設計にするとよいでしょう。

- 入力ファイルがExcel形式の場合は一度CSVファイルに変換する
- データ取得元がデータベースの場合はSQLを実行するプログラムを別に作成
- データがツリー状の場合であっても必要なデータを表形式に落とし込む

このようにすることで、数理最適化、機械学習、データ分析といったメインの処理に集中することができ、何かあったときの対処も容易です。

ただし、CSVはテキストファイルなので、容量が比較的大きくなります。そのため十分なメモリ、ストレージ容量を確保する必要があります。また、実行環境がファイルアクセスを許可している必要があります。実行環境に制限がある場合、プログラムの設計に制約が発生し、開発コストが増大することを考慮しましょう。

03-04-02 製品版として実装する

設計ができたら、いよいよプログラムを実装します。

● 開発環境を作成する

今回は実行環境としてLinuxを想定します。また、CPUアーキテクチャはx86_64とします。

新たにプロジェクトディレクトリを作成し、以下のような`Dockerfile`と`compose.yaml`を作成します。

▼Dockerfile

```
FROM --platform=linux/amd64 library/python:3.11
COPY requirements.txt requirements.lock ./
RUN pip install -r requirements.txt -c requirements.lock
```

▼compose.yaml

```
version: '3.9'

services:
  app:
    build: .
    volumes:
    - .:/work
    tty: true
    working_dir: /work
```

今回はコマンドラインアプリケーションなので`jupyter lab`のようなコンテナ起動と同時に実行すべきプロセスがありません。そこで`tty: true`を指定することで起動後に即座に終了することを防いでいます。

次に`requirements.txt`を作成しましょう(`pandera`というライブラリについてはすぐ後で説明します)。

▼requirements.txt

```
pandas
pandera
mip
```

今回のDockerfileは`requirements.lock`がないとエラーになるので、最初は空のファイルとして作成します。

▼requirements.lockを空のファイルとして作成

```
$ touch requirements.lock
```

ここまで準備したら、次のコマンドでコンテナを作成します。

▼Dockerイメージをビルド

```
$ docker compose build
```

ビルドをしたらコンテナを起動しましょう。今回はJupyterLabのような自動で起動するコマンドがないため、`-d`を指定してDetached modeで起動します。

▼コンテナを起動

```
$ docker compose up -d
```

初めてコンテナを起動したら`requirements.lock`を上書きしましょう。

▼requirements.lockを上書き

```
$ docker compose exec app pip freeze > requirements.lock
```

以降は、開発を始めるときは`docker compose up -d`でコンテナを起動し、作業が終わったら`docker compose stop`でコンテナを停止します。

▼コンテナを停止

```
$ docker compose stop
```

● Notebookからコードを移植

開発環境を作成したら、Notebookのコードを移植した`.py`ファイルを作成します。ただし、そのままコードをコピーするだけではなく、この段階でいろいろ作り込む必要があります。

- 今後の保守性を考え、関数を適切に分割し、コードを読みやすくする
- データの入力チェックを行い、不正なデータの場合はエラーメッセージを表示する
- 適切なログを出力し、プログラムの実行状況をわかりやすくする
- コマンドオプションでパラメータを設定できるようにする

これらを盛り込んだコード例は以下の通りです。

▼recommend_books.py

```
import logging
import sys
from argparse import ArgumentParser
from pathlib import Path

import pandas as pd
import pandera as pa
from mip import Model, maximize, xsum

logger = logging.getLogger(__name__)


def validate_input_df(df: pd.DataFrame) -> pd.DataFrame:
    """入力データの形式をチェックする"""

    schema = pa.DataFrameSchema({
        "name": pa.Column(str),
        "title": pa.Column(str),
        "price": pa.Column(int),
    })

    return schema.validate(df)


def optimize_book_to_buy(
    df: pd.DataFrame, name: str, money: int
) -> pd.DataFrame:
    """数理最適化を行い、おすすめする書籍のリストを求める"""

    # 既読の書籍
    name_titles_set = df.loc[df["name"] == name, "title"].unique()
    # 未読の書籍
    df_filtered = df[~df["title"].isin(name_titles_set)]

    # 書籍ごとのタイトル、価格、読んだ人数を集計
    df_books = (
        df_filtered.groupby("title")
        .agg({"name": "nunique", "price": "first"})
        .reset_index()
        .rename(columns={"name": "n_readers"})
    )

    # モデルの作成と変数定義
```

```
    m = Model()
    # 変数: 書籍をおすすめする=1, しない=0
    df_books["Var_x"] = m.add_var_tensor((len(df_books),), "x", var_type="B")
    # 目的関数: 同僚の多くが読んでいる書籍をなるべく多くおすすめする
    m.objective = maximize(xsum(df_books["n_readers"] * df_books["Var_x"]))
    # 制約条件: 金額が予算以内
    m += xsum(df_books["price"] * df_books["Var_x"]) <= money

    # 最適化の実行
    m.optimize()

    # 結果の取得
    df_books["Val_x"] = df_books["Var_x"].astype(float)
    # 誤差による不具合を防ぐため0.5を境界に比較
    return df_books.loc[df_books["Val_x"] > 0.5, ["title", "n_readers", "price"]]


def parse_args():
    """コマンドラインを読み込む"""

    parser = ArgumentParser()
    parser.add_argument(
        "name",
        help="対象の名前",
        type=str,
    )
    parser.add_argument(
        "money",
        help="予算",
        type=int,
    )
    parser.add_argument(
        "-i",
        "--input_dir",
        help="入力ディレクトリ",
        type=Path,
        required=True,
    )
    parser.add_argument(
        "-o",
        "--output_dir",
        help="出力ディレクトリ",
        type=Path,
        required=True,
```

```
    )
    parser.add_argument(
        "-l", "--log_level", help="ログレベル", default=logging.INFO
    )
    return parser.parse_args()


if __name__ == "__main__":
    args = parse_args()
    logging.basicConfig(
        level=args.log_level,
        format="%(asctime)s %(levelname)7s %(message)s",
        force=True,
    )

    input_file = args.input_dir / "yomilog.csv"

    logger.info("データを入力します")
    logger.debug("入力ファイル: %s", input_file)
    input_df = pd.read_csv(input_file)

    logger.info("入力ファイルのデータ形式をチェックします")
    try:
        input_df = validate_input_df(input_df)
    except pa.errors.SchemaError as e:
        logger.error("入力ファイルの形式に問題がありました: %s", e)
        sys.exit(1)

    logger.info("おすすめ書籍を求める処理を開始します")
    output_df = optimize_book_to_buy(input_df, args.name, 5000)
    logger.debug("結果:\n%s", output_df)

    output_file = args.input_dir / f"result-{args.name}-{args.money}.csv"

    logger.info("データを出力します")
    logger.debug(f"出力ファイル: {output_file}")
    output_df.to_csv(output_file)
    logger.info("データを出力しました")
```

今回は入力チェックに**pandera**を使用しています。pandera[※1]はDataFrameに対してデータ検証を行うためのライブラリです。また、コマンドラインオプションの定義には argparse を使っています(同じ用途ではPythonFire[※2]ライブラリも人気です)。なお、今回は処理の前後でログ

※1 pandera : https://pandera.readthedocs.io/en/stable/
※2 PythonFire : https://github.com/google/python-fire

を出力するだけでしたが、処理に時間がかかる場合はtqdmライブラリを使ってプログレスバーを出力するとよいでしょう。

● 動作確認

それではプログラムを実行してみましょう。コンテナを起動し、data/yomilog.csv に入力ファイルを配置したら以下のコマンドを実行しましょう。

▼recommend_books.py の実行例

```
$ docker compose exec app python recommend_books.py susumuis 5000 -i data -o data
-l DEBUG
2023-11-21 02:40:54,156    INFO データを入力します
2023-11-21 02:40:54,156   DEBUG 入力ファイル: data/yomilog.csv
2023-11-21 02:40:54,160    INFO 入力ファイルのデータ形式をチェックします
2023-11-21 02:40:54,167    INFO おすすめ書籍を求める処理を開始します
Welcome to the CBC MILP Solver

(省略)

2023-11-21 02:40:55,163   DEBUG 結果:
         title  n_readers  price
0  たのしいPython          4   3000
2      難しい機械学習          2   2000
2023-11-21 02:40:55,165    INFO データを出力します
2023-11-21 02:40:55,166   DEBUG 出力ファイル: data/result-susumuis-5000.csv
2023-11-21 02:40:55,172    INFO データを出力しました
```

これで data/result-susumuis-5000.csv に結果が出力されました。

03-05 まとめ

この章では、データサイエンスのプログラムを作成する手順を紹介しました。データサイエンスといっても様々な種類がありますが、JupyterLabを使用して試行錯誤し、レポートを作成し、試行錯誤による知見を活用して製品を作る流れは共通しているでしょう。

そして、一度製品としてのアプリケーションの開発が始まったら、その先に必要なことは、Webアプリケーションの開発と本質的な違いはありません。次章以降の説明はデータサイエンスのプログラム開発でも役に立つでしょう。

Chapter 01
Chapter 02
Chapter 03
Chapter 04
Chapter 05
Chapter 06
Chapter 07
Chapter 08
Chapter 09
Chapter 10
Chapter 11
Chapter 12
Chapter 13
Chapter 14
A
Part 1
Part 2
Part 3
Part 4
Appendix

Column

コマンド化によって広がる可能性

データサイエンスのプログラムをコマンドラインアプリケーションにすると、組み合わせの可能性が広がります。

一例として、次のようなステップでWebアプリケーションと連動したシステムを作れます。

1. 毎晩 0:00 に最新のデータをデータベースから取得する
2. 取得したデータを元にプログラムを実行する
3. プログラムの実行結果を入力データとして、さらに別の分析やデータサイエンスのプログラムを実行する
4. 最終的な結果をデータベースに保存する
5. Webアプリケーションから参照する

このように、データサイエンスのプログラムはデータの入出力を連ねたパイプライン状のワークフローになっていくことで真価を発揮します。

簡単なワークフローの組み立てであれば、シェルスクリプトやcronを使っても実現できます。もし「失敗したら再実行する」「並列で処理を実行し、他の処理が終わるまで待つ」「データの更新があったときのみ再計算する」といった複雑な要件がある場合は、Apache Airflow※1のようなツールや、Amazon MWAA※2などのサービスを活用するとよいでしょう。

※1 Apache Airflow：https://airflow.apache.org/
※2 Amazon MWAA：https://aws.amazon.com/jp/managed-workflows-for-apache-airflow/

Column

PoCフェーズにおけるプログラマーの振る舞い方

この章で紹介した仮説検証や試行錯誤の流れは、業務上はPoC (Proof of Concept) というプロジェクトに位置づけられます。PoCとは、新しい技術の利用や新製品開発の開始前に、実現性を確認する実験的なプロジェクトのことです。

PoCに携わるプログラマーは、以下の心がけを持って取り組むとよいでしょう。

- **期間を区切って作業を計画し、期間内でベストを尽くす**
  PoCに必要な期間を見積もることは難しいです。時間をかければかけるほど多くの実験をし、多くのデータを集めることができます。しかし、時間は有限ですので、予め時間を区切って計画し、その期間内でできる限りを尽くしましょう。

- **迅速なプログラムの作成とより多くのデータ収集**
  PoCで作成するプログラムは、あくまで実現性の確認をするための「試作品」です。そのまま製品として出荷しユーザーが使用するものではありません。限られた時間内で、実現性を迅速に確認するため、異常系の考慮、保守性、可読性、セキュリティといったコードの品質に時間を使うよりも、より多くの実験やデータ収集を目指すべきです。なお、そのようにして作成したコードであるため、製品レベルのコード品質ではないということを関係者に伝えておくことも重要です。

- **製品化における課題のリストアップ**
  ただし、実際にコードを書いているからこそ、PoCの段階で異常系の考慮が必要であったり、保守性に関する課題に気づくこともあります。これらは、PoCを通過して製品を開発する際に必要な情報としてリストアップしておきましょう。

- **効果的で迅速な情報共有をする**
  試行錯誤の結果は、プログラマー本人だけではなく、関係者全員で評価する必要があります。そのため、できるだけ効果的な方法で迅速に関係者に共有しましょう。情報共有にはグラフを使用して視覚的に表現することも効果的です。そのためには、日頃から様々なデータの表現方法を学んでおくことも重要です。

チーム開発の手法

第2部では、チーム開発を行う際に必要になる考え方や、開発をサポートする技術・ツールについて紹介します。チームで並行して作業を行う上で必要となる課題管理やソースコードの共有、ドキュメントの作成、単体テスト、継続的インテグレーションについて解説します。

Chapter

04 チーム開発のためのツール

ここまでで、個人における開発環境の構築方法とアプリケーション開発について説明しました。1人で開発するのであれば、その人の好きな方法で開発したソースコードなどを保持し、アイデアや情報は自分のメモ帳に書いておけばよいでしょう。

一方、複数人でチーム開発をする場合はどうでしょうか。リモートの離れたメンバーとチーム開発を進める機会が増え、効率的にコミュニケーションを取りながら作業を進めるために、さまざまなツール、サービスを使う必要があります。たとえば、開発を進めるには以下のような情報をチーム内で共有する必要があります。

- 開発する対象となるタスク
- 細かい相談や報告
- 仕様書などのドキュメント
- 口頭での会議

本章では、チーム開発を効率的に進めるための各種コミュニケーションに使用するツール、サービスを紹介します。また、それらのツール、サービスを効率的に使用するために気をつけるべき点についても説明します。

04-01 課題管理システム

チーム開発をスムーズに進めるためには、作業タスクの担当者や開発の進捗状況を把握し、整理しておくことがまずその第一歩となります。このような**タスク管理**には、**課題管理システム**が有用です。

課題管理システムは、開発中のタスクを登録し、そのステータスを追跡、管理できるシステムです。多くの課題管理システムでは**チケット**や**課題**(または**Issue**)という単位で課題を管理します(ここではチケットと呼ぶことにします)。課題管理システムを使用する場合、課題を管理するだけではなく、作業タスクをチケットとして登録して使用することが一般的です。

課題管理システムでは、チケットに対しステータス(新規、進行中、解決、終了、却下など)や優先度(今すぐ、高め、通常、低め)、担当者、期日などを設定できます。それらの情報をまとめて参照することによって、重要だが放置されているチケットはないか、チケットを持ちすぎている担当者がいないかといった、プロジェクトの状況を俯瞰できます。

作業をタスクに分割し、チケットに割り当てて管理する開発手法を**チケット駆動開発**といいます。課題管理システムの実際の使いこなしとチケット駆動開発については、**5章 課題管理と**

レビューで説明します。

課題管理システムにはさまざまなものが存在します。一方で、どのプロジェクトにも完璧に合致する課題管理システムは存在しません。ここではいくつか著名な課題管理システムについて特徴などを紹介します。自身のプロジェクトの状況にあった課題管理システムを選ぶ参考になるとうれしいです。

04-01-01 Redmine

Redmine[※1]を紹介します。Redmineはオープンソースで開発されている課題管理システムです。プロジェクト内のタスクやバグを管理するためのチケット機能を中心に、Wikiやバージョン管理システムとの連携など、チーム開発に役立つ機能を備えています。

▼Redmine.JP - Redmine 日本語情報サイト

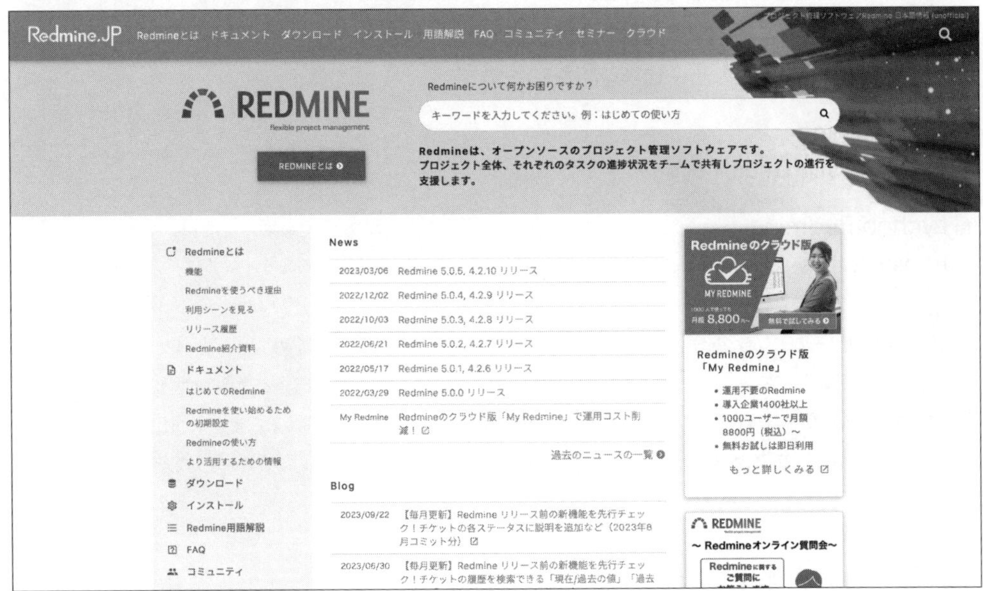

Redmineはクラウドサービス（後述）も提供されていますが、基本的には自前で用意したサーバーにインストールして使用する必要があります。バージョンアップなどの保守作業も自分たちで行わないといけないため、その分手間が発生します。

その反面、一度設定してしまえば、クラウドサービスとして提供されたものとは異なりユーザー数による制限やプロジェクト数の制限などがないことがメリットと言えます。Redmineにはプラグインがあるため、自分たちが必要とする機能を追加することも可能です。

● Redmineのおすすめプラグイン

Redmineの機能を拡張するためのおすすめプラグインをいくつか紹介します。

※1 Redmine：https://redmine.jp/

- Slack chat plugin[※1]：
  Slackに対して、Redmine上で更新したチケットの情報を通知できます。Slackについては**04-02 チャットシステム**で紹介します。

- Issue Template plugin[※2]：
  チケットの種類ごとにどのようなことを記入すべきか、テンプレートを設定できるようになります。たとえばバグチケットテンプレートによって項目の記入漏れを防ぐことができます。

- Checklists plugin[※3]：
  チケットにチェックリスト機能を追加できます。

● Redmineのクラウドサービス

Redmineをインストールして使用することが難しい場合はクラウドサービスの利用も可能です。ここでは以下の2つのサービスを紹介します。

- **My Redmine**
  https://hosting.redmine.jp/

- **Lychee Redmine**
  https://lychee-redmine.jp/

どちらのサービスも通常のRedmineを拡張して利便性を高めています。特にLychee RedmineはガントチャートやCCPM(クリティカルチェーン・プロジェクトマネジメント)など、大規模プロジェクトを管理するときに便利な機能が多く提供されています。Redmineを使用してみたいが、自前でのカスタマイズや運用が難しい場合は、これらのサービスも選択肢になります。

04-01-02 Backlog

Backlog[※4]はヌーラボ社が提供する課題管理サービスです。

※1 Slack chat plugin：https://github.com/sciyoshi/redmine-slack
※2 Issue Template plugin：https://github.com/agileware-jp/redmine_issue_templates
※3 Checklists plugin：https://www.redmineup.com/pages/ja/plugins/checklists
※4 Backlog：https://backlog.com/ja/

▼Backlog

基本はカンバンボード形式でチケットを管理します。カンバンボードとはチケットのステータスごとにカンバンというカラムを用意し、そのなかにチケットを配置することでチケットの状況を把握しやすくする方式です。Backlog以外にもいくつかの課題管理ツールで採用されています。

また、Backlogは非エンジニアにもわかりやすいデザインを目指しています。そのため、エンジニア以外のメンバーが多数いるプロジェクトでは、Backlogが馴染みやすいかも知れません。

04-01-03 Jira

Jira※1はAtlassian社が提供する課題管理システムです。最も有名な課題管理システムの1つであり、世界中で使われています。

※1 Jira：https://www.atlassian.com/ja/software/jira

▼Jira

Jiraには課題管理システムとしての通常の機能に加えて、カンバンボードやさまざまなレポートを出力するための機能が存在します。また、多数のプラグインが存在し、プラグインでの機能拡張が可能です。

10名までであれば無料であるため、小規模チームでまずはJiraを使ってみるという選択肢もあります。

04-01-04 GitHub Projects

GitHub Projects※1はGitHubが提供する課題管理システムです。GitHub上の課題(Issue)とPull Requestをまとめて管理することができるため、GitHub上で開発しているソフトウェアプロジェクトと相性がよいです。

GitHub Issueでは単純なタスク管理機能のみでチケットの分類はタグが中心でした。Github Projectsではissueに任意のフィールドを追加でき、日付、数値などが指定できます。また、Issueをカンバン、表、ロードマップ(ガントチャート)の各形式で一覧表示でき、プロジェクトの状況を把握しやすくなっています。

04-02 チャットシステム

チーム開発においては報告、連絡、相談といったコミュニケーションを円滑に進めることが重要です。コミュニケーションをとるには、Zoomや直接顔を合わせてミーティングをしたり、メールで連絡するなどの手段が一般的です。ミーティングはその場にいないと他のメンバーに

※1 GitHub Projects：https://docs.github.com/ja/issues/planning-and-tracking-with-projects/learning-about-projects/about-projects

共有しにくく、メールはテンポの良いやりとりが難しいという側面があります。
チャットシステムではチーム内での会話が共有しやすく、離れた場所にいてもリアルタイムに近い感覚で会話がしやすいです。ここではチャットシステムを使用してのテキストコミュニケーションについて紹介します。

04-02-01 さまざまなチャットシステム

ビジネスで利用されるチャットシステムにはさまざまなものがあります。ここでは著名なチャットシステムを提供するサービスを簡単に紹介します。実際にチャットシステムを導入する際には、いくつかのサービスを比較検討して利用することをおすすめします。

- Slack※1
  ビジネス用のメッセージングアプリです。後述しますが、さまざまな外部サービスとの連携機能を備えていることが特徴の1つです。

- Microsoft Teams※2
  Microsoftが提供するチャットシステムでMicrosoft 365に含まれているため、Office製品と併せて利用する例が多いです。

- Chatwork※3
  日本発のチャットシステムです。中小企業を中心に人気があります。

- Discord※4
  元々はネットワーク上でゲームを一緒にするときにコミュニケーションをとるために開発されました。現在はチャットのサービスとして企業内で利用する場合もあります。

チャットシステムは多数ありますが、本書ではSlackを例にチャットでのコミュニケーションについて紹介します。

04-02-02 Slackと主な特徴

Slackは、企業や団体などのチーム向けのコミュニケーションツールです。**チャンネル**と呼ばれるグループ用のチャットの部屋を複数作成でき、複数のチームメンバーと同時にチャットができます。
2013年に開始したサービスで、導入が容易で使いやすいため人気を呼び、多くの企業や団体で利用されています。2017年11月に日本語版がリリースされ、より日本語ユーザーに使いやすくなりました。

※1 Slack：https://slack.com/
※2 Microsoft Teams：https://www.microsoft.com/ja-jp/microsoft-teams/group-chat-software
※3 Chatwork：https://go.chatwork.com/ja/
※4 Discord：https://discord.com/

▼Slack の画面

Slackの主な特徴を紹介します。これらの特徴は他のチャットサービスでも同様に提供されているものもあります。

● SaaSのサービスのため導入しやすい

SlackはSaaSとしてサービスが提供されているため、申し込めばすぐに使い始められます。ユーザーとして利用する場合はWebブラウザーがあればアクセスが可能です。より便利に利用するにはPCやスマートフォン用の専用アプリケーションをインストールして利用することをおすすめします。

制限がありますが、Slackは無料で利用開始できます。実際に試してみてから、より便利に利用するのであれば有料プランへ切り替えることが可能です。

● 外部サービスと連携するアプリが豊富

Slackでは外部サービスとの連携機能がアプリとして豊富に用意されています。

Slack App Directory※1ではSlackと連携できるアプリが表示、検索できます。標準でGitHub、Googleドライブ、Zoomなどと連携するアプリが提供されており、簡単にSlackのワークスペースにアプリを追加できます。連携の内容はサービスによって異なりますが、たとえばGoogleドライブとの連携では、Googleドライブ上のドキュメントのURLをチャンネルに貼ると、ドキュメントのプレビューが表示されるようになったり、ドキュメントに対するコメントが通知

※1 Slack App Directory：https://slack.com/apps

されたりします。

Backlog、Jiraといった課題管理ツールと連携するアプリをインストールすると、課題の更新や状況の確認がSlack上で行えるようになります。

GitHubのアプリをインストールすると、Slack上にPRの状況やコメントが表示されるため、都度GitHubのWebサイトを見る必要がなくなり、便利です。

▼GitHub アプリでの通知の例

GitHub APP 15:14
replied to **a thread**
Comment on pull request by susumuishigami

#68 「15.1 システムをアップデートする」のアウトライン
要確認: toctreeにする場合、ファイルの1番目の見出しレベルは # にしなければならないのではないかと思いますが、エラー出ていませんか？
beproud/pypro4 | Today at 15:14

View newer replies

GitHub APP 15:16
replied to **a thread**
Comment on pull request by susumuishigami

#68 「15.1 システムをアップデートする」のアウトライン
マインドマップ的でわかりやすい図ですね 👍
beproud/pypro4 | Today at 15:16

View newer replies

課題管理システムでのチケット更新や、GitHubリポジトリへのコミット、CI結果の通知、監視システムからの報告など、各種情報がリアルタイムにSlackに表示されることでチームメンバーの活動が把握しやすくなります。情報のハブとしてSlackのチャンネルを活用できることが大きなメリットです。

04-02-03 Slackの便利な機能

ここではチームでプロジェクトを進める上でSlackの細かい便利な機能について紹介します。

● メンションと通知の停止

メンションは誰かを指定してメッセージを送信する機能です。Slackでは `@ユーザー名` の形でメンション先を指定すると、指定されたユーザーに通知が届きます。

Slackでは自分宛のメンションをActivityでまとめて確認できるため、自分宛のメンションで読んでいないものがないかをまとめて確認できます。

▼Slack の Activity 画面

メンションは即時に通知されますが「集中しているときには受け取りたくない」という場合もあると思います。その場合は通知の一時停止ができます。30分、1時間など集中したい時間を指定すると、その時間内はメンションなどの通知が来ません。メンションを送信する側が相手に都合のよい時間を把握することは難しいので、受け手側でメンションを受け取るタイミングを制御することで、通知の漏れを防げます。

● ユーザーグループ

チームメンバー全員にメンションを送る場合に、メンバーが多いと列挙するのが大変です。そういう場合は**ユーザーグループ**を使用します。たとえばビープラウドでは`@board`を指定すると役員全員に、`@soumu`を指定すると総務メンバーにメンションできます。また、ユーザーグループには自動的に参加するチャンネルを指定できます。たとえば、ビープラウドでは新入社員を`@employees`ユーザーグループに追加すると、自動的に複数の社内連絡用のチャンネルに追加されます。

なお、ユーザーグループはSlackの有料プラン(後述)でのみ使用可能です。

● リマインドとスケジュール送信

自分あてに来たメンションや自分が書いたTODOを後で処理したい場合があります。その場合はメッセージのリマインドが便利です。任意のメッセージの右クリックメニューから、何分後にそのメッセージを自分宛に送信するかを指定します。リマインドを設定することで未来の自分にメッセージを送ることができます。

▼メッセージをリマインド

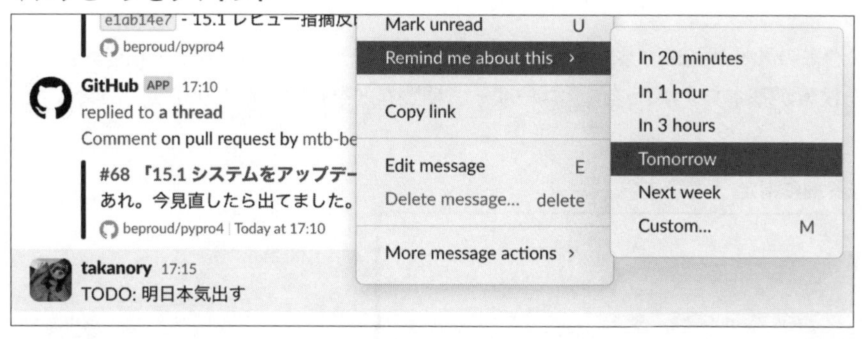

また、メッセージを送信するときに送信日時を設定し、スケジュール送信ができます。メンションと組み合わせることで、任意の時間にメンションのついたメッセージを送信できます。

▼メッセージに送信日時を設定

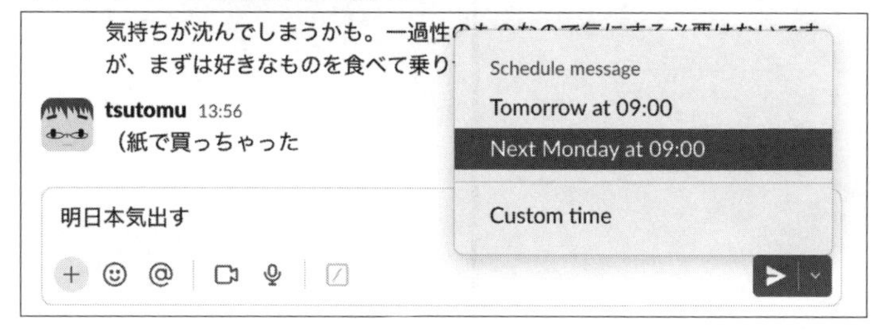

いずれも日時指定は`Custom...`を選択すると任意の日時を指定できます。

● ブックマーク、ピン留め

チームのメンバーが何回も参照する情報や、よくアクセスするWebサイト、ページなどがあると思います。たとえば課題管理システム、GitHub、Googleドライブへのリンクなどです。このような共通したサイトへのリンクはSlackのチャンネルに**ブックマーク**すると便利です。ブックマークしたURLはチャンネル上部に一覧表示されるため、チャンネルにいるチームメンバーがアクセスしやすくなります。

また、任意のSlack上のメッセージを記録しておきたい場合は**ピン留め**が便利です。単一のURLではなく説明文も含めて記録しておきたい場合は、ピン留めのほうがわかりやすい場合があります。以下の画面例では10個のメッセージがピン留めされており、TRACERY、Backlog、GitHubといったサイトへのリンクがブックマークとしてまとめられています。

▼よくアクセスするWebサイトをブックマーク

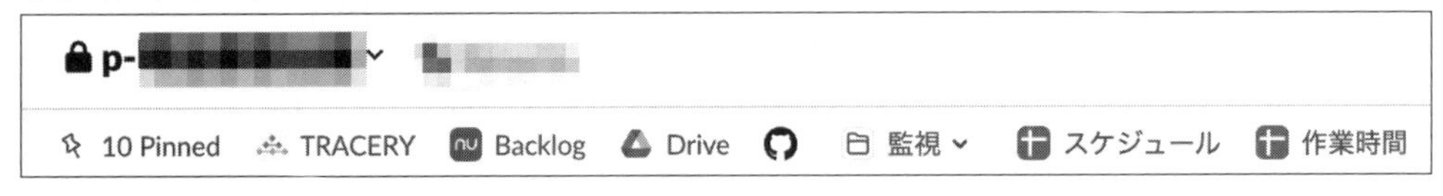

● 検索

Slackでは過去のメッセージを柔軟に検索できます。対象チャンネルに対して検索キーワードを指定した検索が基本ですが、送信元ユーザー、期間などを指定したより詳細な検索も可能です。

▼検索条件を詳細に指定

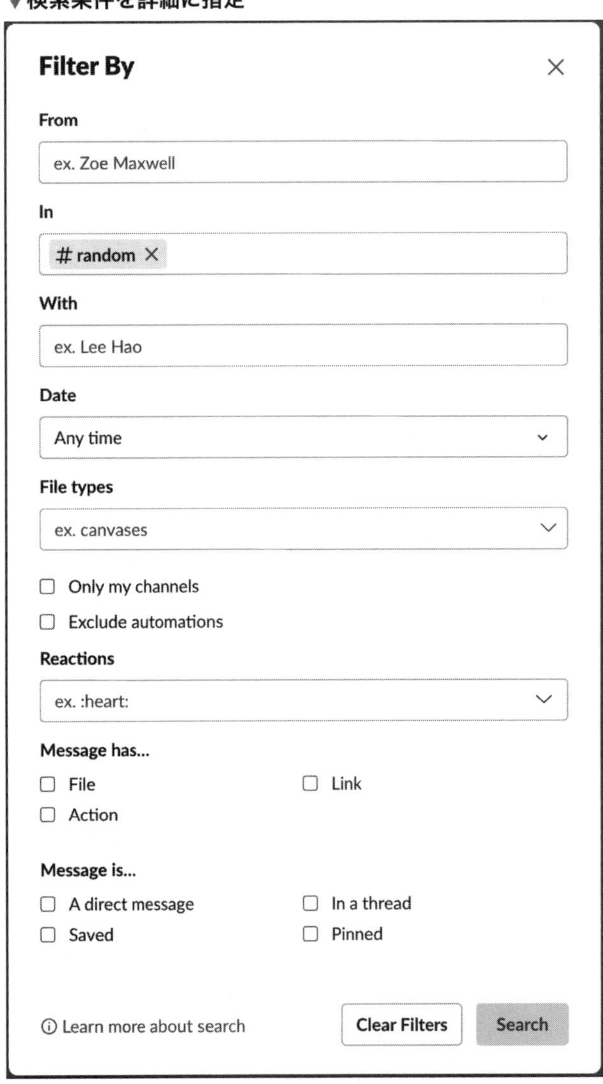

● Slackbot、プログラムとの連携

標準で**Slackbot**という名前の自動応答プログラム(chatbot、botとも呼ばれます)が用意されています。このbotは設定したキーワードが含まれる発言に反応して、特定の発言を返すといった機能を提供します。たとえば「おはよう」という発言に「おはようございます」と返すのであれば、Slackbotの自動レスポンス機能で実現できます。

▼Slackbotによるあいさつ

より複雑な処理をしたい場合は、Slackに用意されているIncoming Webhooks※1という機能を利用すると、任意のメッセージがSlackに送信できます。この機能は、あらかじめ生成したURLに対してHTTP POSTでメッセージを送信すると、Slackの指定したチャンネルに任意のメッセージが出力されるものです。

▼Incoming Webhookでのメッセージ送信例

```
$ curl -X POST -H 'Content-type: application/json'
--data '{"text":"こんにちはSlack"}'
https://hooks.slack.com/services/T00000000/B00000000/XXXXXXXXXXXXXXXXXXXXXXXX
```

プログラムからカスタマイズしたメッセージを送信できるため、アイデア次第でさまざまな活用ができます。

たとえば、Googleドライブのスプレッドシートにテスト項目とテスト結果の一覧のデータがあるとします。テストの進捗状況を確認する場合、そのたびにスプレッドシートを開くのは手間なので、自動化できれば楽になりそうです。そこで、スプレッドシートが更新されると、テスト結果の一覧を取得してSlackに投稿するbotを作る、といったIncoming Webhookの活用が考えられます。この機能があれば、チームメンバー全員でテスト状況をSlack上で共有できるようになり、チーム開発の助けになることでしょう。

● その他の便利機能

Slackにはコミュニケーションに役立つ便利な機能があります。すべては紹介できませんが、Slack公式のヘルプセンター※2の情報が充実しているので、気になる機能がないか探してみてください。

※1 Incoming Webhooks：https://api.slack.com/messaging/webhooks
※2 Slack公式のヘルプセンター：https://slack.com/intl/ja-jp/help

04-02-04 Slackのおすすめアプリ

Slackには多数のアプリがありますが、そのうち少し変わったものでおすすめのアプリを紹介します。

● Dixi App

Dixi App※1はSlack上でデイリーミーティングをするときに便利なアプリです。あらかじめ設定した質問を、チームメンバー全員にDMで質問し、その回答をまとめてチャンネルに通知してくれます。「昨日実施したこと」「今日の予定」「困っていること」などの質問にメンバーがあらかじめ回答することで、デイリーミーティングがスムーズに実施できます。

▼Dixi App

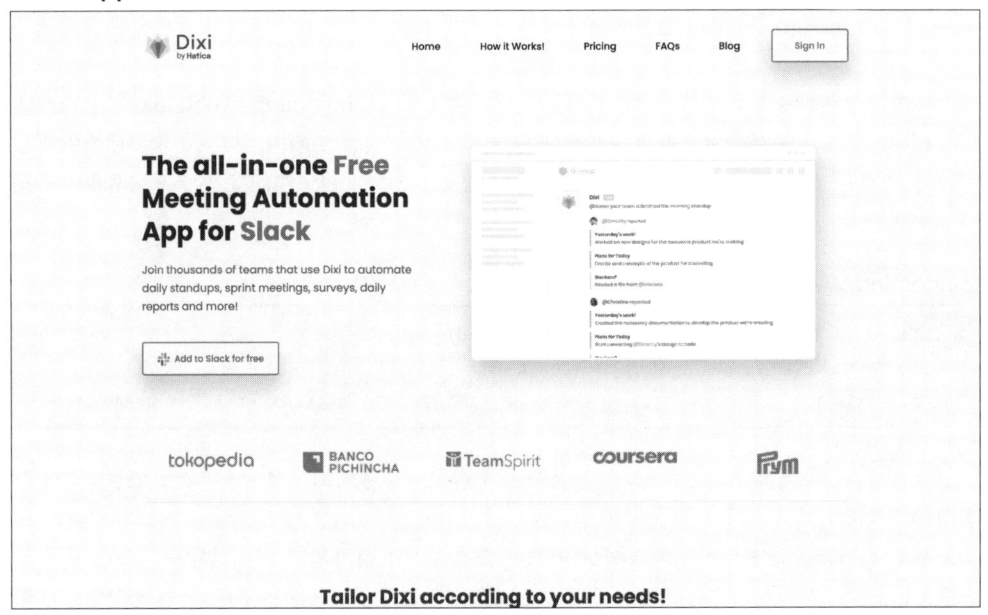

● Simple Poll

Simple PollはSlack上でアンケートを簡単にとれるアプリです。Slackのメッセージで`/poll "質問文" "選択肢1" "選択肢2"`のように書くと、投票用のアンケートメッセージが表示されます。簡単にメンバーに対して投票を呼びかけられるので便利です。

● Donut

Donut※2はメンバー同士の関係性を作るためのアプリです。メンバー同士の予定を確認して1on1をスケジューリングしたり、任意のチャンネルに質問メッセージを投げて会話のきっかけを作ったりします。

※1 Dixi App：https://dixiapp.com/
※2 Donut：https://www.donut.com/

▼Donut

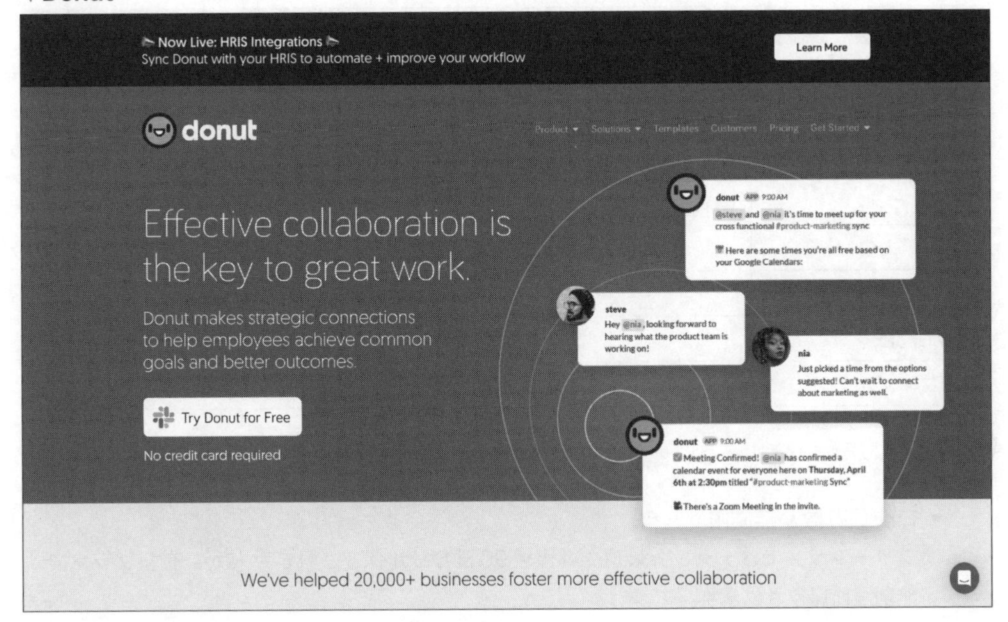

04-02-05 Slackの登録

Slackを使い始めるには https://slack.com/ からSlackワークスペースを新規作成します。ワークスペースの作成にはメールアドレスと名前、ワークスペース名、専用ドメイン名、パスワードなどを登録します。ワークスペースを作成すると**専用ドメイン名.slack.com**というURLが割り当てられます。以降はそのURLにアクセスしてSlackワークスペースにログインします。

ワークスペースにメールアドレスのドメイン(例：`@yourcompany.com`)を設定すると、対象となるワークスペースに設定されたドメインのメールアドレスであれば自分でアカウントを作成できます。たとえば、会社でSlackを利用する場合に会社のメールアドレスのドメインを設定すると、社員が自分でSlackアカウントを作成できるようになり便利です。

● 有料プラン

前述の通りSlackは無料で使い始められます。Slackには無料プランのフリー以外に、プロ、ビジネスプラスといった有料プランが用意されています。無料プランと有料プランでの主な違いについて紹介します。

料金プランの詳細は 料金プランページ※1を参照してください。

※1 料金プランページ：https://slack.com/intl/ja-jp/pricing

▼プランと主な機能の比較

プラン	フリー	プロ	ビジネスプラス
料金	0円	925円/月	1,600円/月
ログ保存期間	過去90日間	無制限	無制限
ハドルミーティング	1対1	無制限	無制限
アプリ	10件	無制限	無制限
ゲストアカウント		✓	✓
Google経由のOAuth		✓	✓
SAML認証			✓
ユーザーグループ		✓	✓

有料プランで異なる点について説明します。

- **ログ保存数が無制限**
  フリープランではチャットのログは直近90日分しか保存されませんが、有料プランでは無制限に保存されます。
  過去の発言を参照できない心配がなくなるのは有料プランのメリットの1つです。

- **ハドルミーティングの人数が無制限**
  フリープランではハドルでの音声、動画のミーティングは1対1のみに制限されますが、有料プランでは複数人でのミーティングができます。

- **アプリが無制限**
  フリープランでは追加できる連携アプリは10件までの制限がありますが、有料プランではアプリの数に制限はありません。

- **ゲストアカウントが作成できる**
  有料プランでは、ゲストアカウントが作成できます。
  契約社員やお客さんなど、特定のチャンネルのみにアクセスできるユーザーを作りたい場合に、ゲストアカウントの使用が向いています。
  ゲストアカウントにはシングルチャンネルゲスト(1つのチャンネルにのみ参加)、マルチチャンネルゲスト(複数チャンネルに参加)の2種類があります。

- **ユーザー管理と認証**
  フリープランではユーザー管理はSlack内で行います。
  有料プランではGoogleが提供するOAuth認証やSAML認証が使用できます。
  ユーザー管理にGoogle WorkspaceやActive Directoryなどが利用可能で、アカウントの一元管理がしやすくなります。

- ユーザーグループ
  有料プランではユーザーをまとめてメンションするためにユーザーグループが作成できます。
  たとえばあるプロジェクトに関連するメンバー全体を`a-prj`というユーザーグループに設定すると、`@a-prj`で関係者全員に一度にメンションできるようになります。

04-03 ファイル、ドキュメント管理

チーム開発においてはミーティングの議事録や各種情報を管理、共有することも必須です。ここでは開発チームがファイルやドキュメントを共有するためのツールについて紹介します。

ファイル、ドキュメント共有サービスとしてGoogleドライブ※1を紹介しますが、他にも同様のサービスがあります。Microsoft社が提供するMicrosoft 365では、Microsoft Word、Excel、PowerPointなどを利用したドキュメントの作成、共有ができます。また、ファイル共有に特化したサービスとしてはBox※2やDropbox※3などがあります。

04-03-01 Googleドライブ

Googleドライブを使用したファイル、ドキュメント管理について紹介します。GoogleドライブはGoogle Workspace※4に含まれるサービスです。クラウドベースのストレージサービスの1つで、Googleドキュメント、Googleスプレッドシートなどのドキュメントやさまざまなファイルを共有し編集、管理する機能を提供しています。

Google Workspaceが提供するファイル、ドキュメント管理に関連するサービスについて簡単に紹介します。

● ファイル共有と共有ドライブ

Googleドライブではファイル単位、またはフォルダー単位で共有の設定ができます。共有の対象はGoogleアカウント単位やGoogleグループで設定できます。個人でも利用できますが、チームで利用する場合はGoogle Workspaceを契約して利用する場合が多いと思います。

また、Google Workspaceの一部有料プランでは**共有ドライブ**が利用できます。共有ドライブを利用すると「メンバーが離脱するときにもファイルが共有ドライブ内に残る」「Googleドライブよりも細かい共有設定ができる」など、組織で利用する場合に便利な機能があります。

SlackにはGoogleドライブと連携するアプリもあります。アプリをインストールすると、Slack上にGoogleドライブ上のファイルのURLを入力したときに、ファイルのプレビューが表示されるようになり、内容が把握しやすくなります。また、ドキュメントに対するコメントがSlack上にもメッセージとして通知されます。

※1 Googleドライブ：https://www.google.com/intl/ja/drive/
※2 Box：https://www.box.com/
※3 Dropbox：https://www.dropbox.com/
※4 Google Workspace：https://workspace.google.co.jp/

▼Slack と Google ドライブの連携

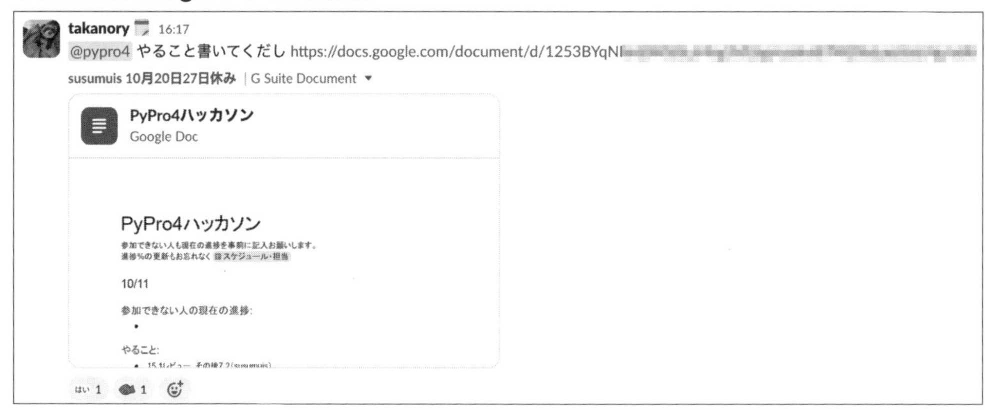

● Googleドキュメント

Googleドキュメントは、ドキュメントを共同で書くためのオンラインのエディターです。打ち合わせの議事録を作成するときなどは、画面を共有しながら参加者が共同で入力できるため便利です。

Markdownの入力に慣れている人は、**[ツール]**-**[設定]**から**[Markdownを自動検出する]**の設定を有効にすると、見出し(#)や箇条書き(*)などをMarkdown形式で入力できるようになるため、便利です。

▼Googleドキュメントの設定

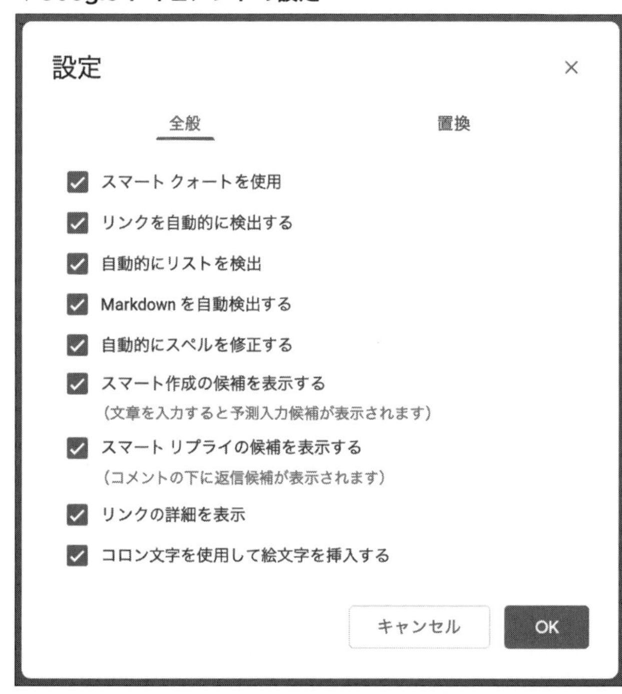

バッククォート3つ(```)を入力するとコードブロックが入力できます。対応するプログラミング言語の種類はC/C++、Java、JavaScript、Pythonと少ないですが、ドキュメントの中にコードを埋め込みたい場合には便利です。

より多くの言語に対応するには、拡張機能のCode Blocks※1を使用してください。

▼コードブロックを入力

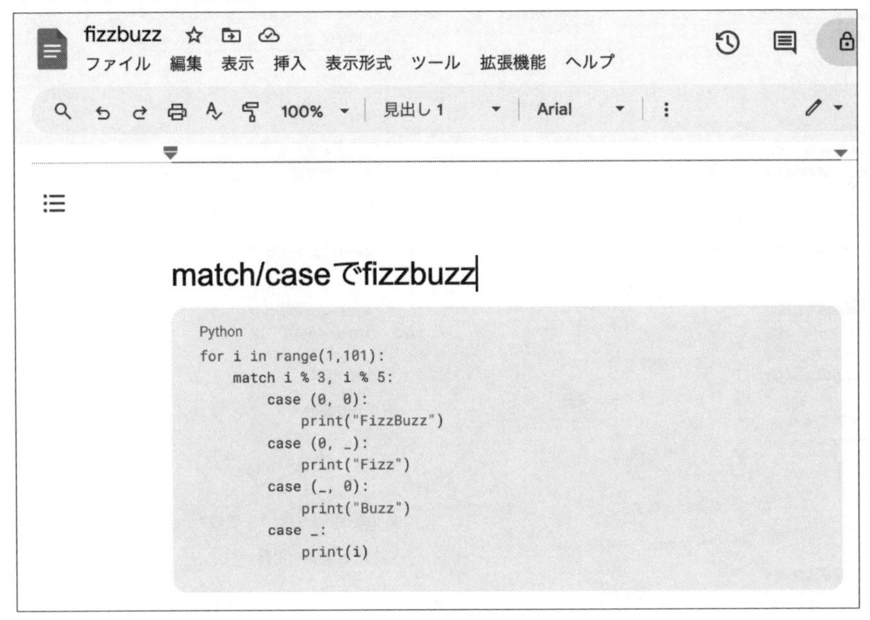

なお、GoogleドキュメントはMarkdownでのファイル書き出しには対応していないため、別途Docs to Markdown※2といった拡張機能を使用する必要があります。

Googleドキュメントの他の便利な機能として**コメント機能**があります。他のユーザーがドキュメント上の任意の箇所に対して、コメントや編集内容の提案ができるため、ドキュメントのレビューに便利です。

● Googleスプレッドシート

Googleスプレッドシートは表計算のドキュメントのオンラインエディターです。通常の表計算や表としてデータをまとめる以外に、複数人で同時にアイデアを出したりするときにも、ドキュメントよりもスプレッドシートを使うほうが便利です。

Googleスプレッドシートには任意の行、列、セルを範囲選択し、その範囲を示すURLを取得する機能があります。「このシートの16行目と18行目を」といったやりとりをせずに、見てほしい場所を明示できるため、Slackなどでコミュニケーションを取るときに便利です。以下の例では6、7行目に対してのリンクを取得しています。取得したURLには`&range=6:7`のように範囲を指定するパラメーターが付加されています。

※1 Code Blocks：https://workspace.google.com/marketplace/app/code_blocks/100740430168
※2 Docs to Markdown：https://workspace.google.com/marketplace/app/docs_to_markdown/700168918607

▼スプレッドシートの任意の範囲へのリンクを取得

04-04 ビデオ・音声会議

昨今ではリモート勤務が多くなり、ミーティングを行うためにビデオ会議システムを使うことが当たり前になりました。ここではリモートでのミーティングに使用される主なビデオ会議サービスと、リモートミーティングを効率的に進めるために工夫すべき点について紹介します。

04-04-01 ビデオ会議サービス

ビデオ会議を行うためのサービスもさまざまなものがあります。一般的によく使われているサービスとそれぞれの特徴を紹介します。

● Zoom

Zoom※1はWeb会議サービスとしてよく知られたサービスです。無料でも利用開始が可能で、無料版の場合は1回のミーティングが最長40分という制限があります。Webブラウザーからも

※1 Zoom：https://zoom.us/

会議に参加できますが、専用のアプリケーションをインストールするほうが利用しやすいです。

Zoomは1ユーザーからライセンス購入が可能なため、組織全体ではなくZoomが必要なユーザーのみのライセンスを購入して利用できます。

● Google Meet

Google Meet[※1]もビデオ会議サービスの1つです。PCから利用する場合は通常Chrome等のWebブラウザーから使用します。無料でも利用可能ですが、ノイズキャンセル機能がないため、ミーティングの音声の品質が低くなります。

Google Workspaceの一部有料プランでは、ノイズキャンセル機能に対応しています。また、ミーティングを録画した場合は、録画ファイルが自動的にGoogleドライブに保存されるため、共有しやすくて便利です。

● Slackハドルミーティング

ハドルミーティング[※2]は**04-02 チャットシステム**で紹介したSlackに付属するビデオ会議サービスです。Slackのチャンネル上から簡単にビデオ会議を開始できます。他のビデオ会議サービスと同様に画面共有も行えます。Slackからすぐに立ち上げることができるので、テキストチャットで会話した流れで「ちょっと口頭で相談いいですか？」とはじめやすいことが特徴です。

Slackの無料プランでは1対1のミーティングしかできませんが、有料プランでは複数人でのミーティングも実行できます。

▼Slackの画面からハドルミーティングを開始

● Microsoft Teams

Microsoft Teams[※3]はチャットシステムとしての利用がメインですが、ビデオ会議の機能も提供しています。

チャットとしてMicrosoft Teamsを使用しているチームでは、ビデオ会議にもTeamsを使うことが一般的です。

※1 Google Meet：https://apps.google.com/intl/ja/meet/
※2 ハドルミーティング：https://slack.com/intl/ja-jp/features/huddles
※3 Microsoft Teams：https://www.microsoft.com/ja-jp/microsoft-teams/log-in

Chapter 01 02 03 04 05 06 07 08 09 10 11 12 13 14 A
Part 1 Part 2 Part 3 Part 4 Appendix

04-04-02 ビデオ会議での工夫

ここではビデオ会議を実施するときの気をつけたほうがよい点や工夫すべき点を紹介します。

● 顔出しは必須ではない

ビデオ会議ではありますが、顔出しは必須ではありません。画面には会議の中心となる資料や議事録を表示して、参加者は資料を注視しているためあまりお互いの顔は見ていません。お互い知っているメンバー同士であれば、顔出しをしなくても効率的に会議が進められます。

ただし、初めてビデオ会議をする相手とは顔出しをすることをおすすめします。

● 音声の品質は重要

ビデオ会議ではカメラの映像よりも音声の品質が会議の品質に影響します。たとえば、マイクの音質が悪いため、他の人が発言を聞き取りにくいと、何度も聞き返すことになり会議の効率が下がります。また、音声にノイズが発生すると発言が聞き取りにくくなり、会議の品質が下がります。

音声とビデオ映像はネットワークの帯域を連続的に使用するため、安定したネットワーク品質も必要です。ネットワークが不安定だと音声や映像が途切れ、会議の効率が下がります。

以下ではいくつかおすすめのマイク、スピーカーを紹介します。

- PC内蔵のマイクとスピーカー：
  周囲が静かな環境で音を出しても問題ない場合は、PC内蔵のマイクとスピーカーで問題ありません。
  ただし、PC内蔵のマイクはキーボードの打鍵音を拾いやすいものが多いです。他の参加者がキーボードの音をうるさいと感じる場合は、別のマイクを検討してください。

- Bluetooth接続のヘッドホン、イヤホン：
  PCとBluetooth接続したヘッドホン、イヤホンに付属のマイクでミーティングに参加する人も多いです。無線のため話しながら動きやすいという利点があります。マイクは周囲の音を拾いやすいものが多いため、周囲があまりうるさくない環境で使用することをおすすめします

- ノイズキャンセルマイク付きのヘッドセット：
  周囲が騒がしい環境の場合はノイズキャンセルマイクを搭載したヘッドセットの使用をおすすめします。
  おすすめの1つはShokz OPENCOMM2[※1]です。骨伝導のため周囲の音を聞くことができます。周囲がうるさすぎる場合は耳栓の併用がおすすめです。
  もう1つのおすすめはJabraのヘッドセット[※2]です。USB接続のものとBluetooth接続のものがあるので、自身の環境に合わせて選んでください。

※1 Shokz OPENCOMM2：https://jp.shokz.com/products/opencomm2uc
※2 Jabraのヘッドセット：https://www.jabra.jp/business/office-headsets

- スピーカーフォン:
  スピーカーとマイクが1台にまとまっているスピーカーフォンもおすすめです。YAMAHA、Ankerなどが手に入りやすいです。スピーカーフォンがあると会議室の数人が1台の接続からビデオ会議に参加することも可能です

● ビデオ会議には全員が入る

一部のメンバーが会議室に集まり、残りのメンバーがビデオ会議に参加することがありますが、この形式のビデオ会議はおすすめしません。可能であれば、全員が1人ずつビデオ会議に参加することをおすすめします。

その理由は会議のスピード感や距離感が問題になるためです。

一部のメンバーが会議室に集まり、残りのメンバーがビデオ会議で参加する場合、気をつけないと会議室にいるメンバーだけで議論が進んでしまう場合があります。ビデオ会議ではタイムラグが発生するため、他の人の発言が終わることを待ってから次の人が発言することが多いです。しかし会議室にいる人同士では、他人の発言の最後にかぶせて発言がしやすいです。結果として、会議室にいるメンバーだけでディスカッションが進行してしまう場合があります。

全員が平等に会議に参加できるようにするには、全員がビデオ会議に個別に参加するほうがのぞましいです。もしくは、会議の司会者が、全員が平等に会議に参加できるように発言を促すなど、意識して会議をファシリテーションする必要があります。

● ホワイトボード代わりのサービス

アイデア出しや、構成のイメージをまとめるといったように、ホワイトボードや付箋などを使ったほうが効率的な会議があります。ビデオ会議の場合に使用できる、ホワイトボードの代わりとなるサービスがいくつかあります。ここではホワイトボードの代わりとなるサービスをいくつか紹介します。

- Zoomのホワイトボード機能:
  Zoomでの会議中にホワイトボードツールを使用すると、参加者が書き込めるホワイトボードが作成できます

- FigJam※1:
  FigJamはFigmaが提供するホワイトボードツールです。付箋や作図などができます。テンプレートが用意されているため、テンプレートを元に書き始めることもできます

- Miro※2:
  ホワイトボードツールの1つです。FigJamと同様の機能を提供しています

ビデオ会議でホワイトボードを使用したい場合は上記のようなサービスを試してみてください。

※1 FigJam : https://www.figma.com/ja/figjam/
※2 Miro : https://miro.com/ja/

04-05 その他ツール

ここではチーム開発で使用するその他のツールについて紹介します。

04-05-01 Googleカレンダー

Googleカレンダー※1は予定の共有ができるオンラインカレンダーです。チーム開発では、ミーティングの予定などをカレンダーを利用してメンバーに共有します。

Googleカレンダーをチームで使う際に便利な機能や設定について説明します。

● 時間を探す

新しいミーティングを設定するときにメンバーの空き時間を探す必要があります。その場合は、Googleカレンダーで予定を追加するときに**時間を探す**をクリックします。

この状態でミーティングの参加メンバーを追加すると、全メンバーの予定がGoogleカレンダー上に表示されるため、空いている時間帯が把握しやすくなります。

たとえば、次の画像の例では11月7日(火)の午後が空いてそうということがわかるので、ここに予定を追加するとよさそうです。

▼Google カレンダーで時間を探す

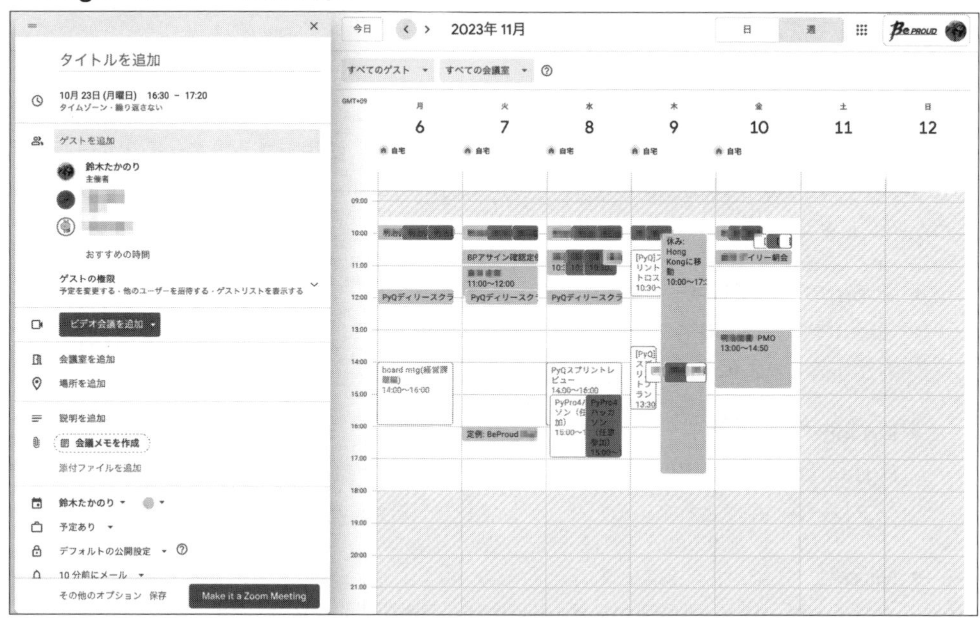

※1 Googleカレンダー：https://workspace.google.com/products/calendar/?hl=ja

● ゲストの権限

設定画面で予定に対するゲストの権限を **[予定を変更する]** に設定することをおすすめします。あらかじめ設定したミーティングに対して、あとからメンバーや開始時刻を変更することがあります。このときに、予定の作成者以外が予定を変更できないとチームとしては効率が悪いので、Googleカレンダーの設定でゲスト(予定に参加している人)がカレンダーを変更できるようにします。

設定画面で **[予定の設定]** - **[デフォルトのゲストの権限]** の **[予定を変更する]** にチェックを入れます。

▼デフォルトのゲストの権限を変更

● ビデオ会議を設定する

Googleカレンダーでは予定を作成するときに同時にビデオ会議を作成できます。通常はGoogle MeetのURLを作成しますが、ブラウザー拡張をインストールすることによってZoomのビデオ会議を同時に作成できます。

ブラウザー用Zoom拡張機能※1をインストールし、任意のZoomアカウントにログインすることにより、GoogleカレンダーからZoomのビデオ会議が作成できるようになります。Zoomのブラウザー拡張により、Googleカレンダーの予定を作成するダイアログに **[Make it a Zoom Meeting]** というボタンが追加されます。このボタンをクリックすると予定の作成と同時に、Zoomのビデオ会議が作成されます。

※1 ブラウザー用Zoom拡張機能：https://zoom.us/download#chrome_ext

▼予定と同時にZoomビデオ会議を作成

04-05-02 1Password

1Password※1はパスワードを管理するサービスです。システム開発ではチームごとにさまざまなサービスを登録して利用することがあります。1Passwordのようなパスワード管理サービスを利用すると、パスワードを適切に管理、共有できます。

チームで1Passwordを利用する場合は、プロジェクトごとに**保管庫**(Vault：1passwordでパスワードを管理する単位)を作成します。そして保管庫ごとにアクセスできるメンバーを設定します。こうすることで、安全にプロジェクトで利用するパスワードをチームメンバーで共有できます。

▼1Passwordの保管庫の例

※1 1Password：https://1password.com/jp

また1PasswordのTeams、Businessなどの有料プランでは、ゲストアカウントを作成できます。ゲストアカウントは追加費用なしで、1つの保管庫にのみアクセスできます。任意のプロジェクトにのみ参加するメンバーがいる場合は、ゲストユーザーが利用できます。

パスワード管理サービスとして1Passwordを利用しているため、以下のようなパスワード管理、入力を便利にする機能が利用できます。

- 複雑なパスワードの生成と管理
- 多要素認証への対応
- ブラウザー拡張をインストールしてパスワード入力
- スマートフォンアプリをインストールしてパスワード入力
- パスキーとしての使用

04-06 まとめ

本章では、チーム開発のための有用なツールとして、課題管理、チャット、ドキュメント管理、ビデオ会議とその他ツールについて紹介しました。

Redmineのような課題管理システムを活用し、成果物や情報の共有環境を適切に運用すれば、開発を効率的に進めることができます。また、SlackやGoogleドライブなどのツールにより、リモートのメンバーともコミュニケーションしたり情報やデータを共有できます。Zoomなどでビデオ会議を行うことで、リモートのチームメンバーとも同期的に議論ができます。これらのツールを活用することで、場所を選ばずに開発ができ、移動やコミュニケーションのコストを削減できます。

ツールの使い方を工夫すれば、作業の効率を上げられます。効率化のために工夫する楽しみもあると思います。チーム開発では、コミュニケーションの複雑さも増しますが、ツールをうまく活用することで効率化し、大きな成果をあげることができるでしょう。

Chapter

05 課題管理とレビュー

チームでの開発プロジェクトでは、プロジェクトを推進するために大小さまざまなタスクが発生し、それらのタスクを効率的にチームで進める必要があります。チームでタスクを効率的に進めるためには、タスクの分担、進捗状況の共有、問題が発生した場合の迅速な共有と対処など、さまざまな作業が必要となります。これらの作業を円滑に進めるために、各タスクをプロジェクトを推進するための**課題**として管理する**課題管理システム**（Issue Tracking System）が有用です。

本章では最初に課題管理システムでの**05-01 チケットを使った課題管理**について説明します。また、課題の内容を統一するための**05-02 チケットのテンプレート**の利用例を説明します。

そして、さらに一歩進んで、課題管理システムのチケットとバージョン管理システムのブランチを併せて扱う**05-03 チケット駆動開発**についても説明します。

また、各種作業や機能開発を進めていくときに、メンバー間で認識が異なる、抜け漏れが発生するということはよくあります。メンバー間で**レビュー**することにより、作業の方向性や成果物を他者の視点から検証し、認識のずれや抜け漏れを防ぐことができます。**05-04 レビュー**ではレビューする側（レビュアー）とレビューされる側（レビューイ）がそれぞれ心がけるべきことや、効果的なレビューの方法について説明します。

主要な課題管理システムについては**04-01 課題管理システム**を参照してください。

05-01 チケットを使った課題管理

チームによって、課題管理の方法は異なります。チームで課題に関する認識を統一することで、チーム開発をより円滑に進めることができます。

ここでは、チーム開発のためのツールとしてRedmineを使用したチームでの課題管理のポイントを説明します。

05-01-01 課題、チケットとはなにか

ここでは**課題**、**チケット**という言葉の定義をします。

課題とは、プロジェクトを達成する上で解決すべき事象のことです。課題がすべて洗い出せれば、それら課題を解決することによってプロジェクトが完了します(現実的には最初にすべての課題は洗い出せませんが)。開発プロジェクトの段階によって、対象となる課題の種類は異なります。また、課題の大きさ(粒度)も大小、様々なものがあります。例えば、以下のような課題が考えられます。

- ソースコードを管理するためのリポジトリを用意する
- Slackにメンバーを招待する
- 使用するライブラリ、フレームワークを決定する
- 画面の仕様を決める
- 各仕様に基づいて実装する
- 試験項目を作成する
- バグが発生したので、修正する
- 本番環境を構築する

これらの**プロジェクトに必要な課題を明らかにし、優先順位やスケジュールに合わせて作業を進めていくことが課題管理の主な目的**です。

チケットは課題を管理する1つの単位です。課題管理システムによっては「課題」「Issue」という呼び名の場合もあります。ここでは、Redmineの用語に合わせてチケットと呼びます。

05-01-02 課題管理を始める前に

システムで課題管理を始める前に、各種必要な設定を行います。詳細な設定方法は各課題管理システムのドキュメントを参照してください。

● メンバーの追加

最初にプロジェクトに参加するメンバーを登録します。Redmineの場合は、デフォルトで「管理者、開発者、報告者」の3種類のロールがありますが、外部のメンバーがいなければ全員「管理者」で問題ありません。

複数のプロジェクトが存在する場合は各プロジェクトに関係するメンバーがアクセスできるように、適切にメンバーを設定します。

● バージョン・マイルストーンの設定

プロジェクトには仕様の確定、実装の終了、テストの完了などの節目が存在します。節目の情報を**バージョン**(または**マイルストーン**)として課題管理システムのプロジェクトに登録します。期日が決まっている場合は、登録したバージョンに期日を設定しましょう。

各チケットにバージョンを設定することによって、どのチケットをいつまでに実施すべきかの大まかな目安がわかります。スプリントでプロジェクトを進める場合は、各イテレーションごとにバージョンを作成すると、チケットが管理しやすくなります。

● チケットの種別の設定

チケットがどういった種類の作業用であるかを表す**種別**を設定します。チケットの種別にはたとえば以下のようなものが考えられます。

- 仕様検討: 仕様を決めるためのチケット
- 機能: 追加機能を実装するためのチケット
- バグ: バグ報告用チケット
- タスク: 上記以外の作業のためのチケット

● チケットのカテゴリーの設定

プロジェクトがある程度の規模の場合は、機能単位にチケットの**カテゴリー**（または**コンポーネント**)を登録しましょう。カテゴリーにはたとえば以下のようなものが考えられます。

- 管理画面
- ユーザー画面
- 結合テスト
- 環境構築
- その他

カテゴリーを追加するときには、設定が可能な場合はカテゴリーのデフォルト担当者を設定しましょう。適切な担当者がいない場合はプロジェクトのリーダーを担当者に設定しましょう。デフォルトの担当者を設定することにより、誰も担当していないチケットが作られることを防ぎます。

また、カテゴリに「その他」を用意しておくと、適切なカテゴリが存在しない場合に選択できるので便利です。

05-01-03 チケットを作成しよう

プロジェクトの設定が終わったので、チケットを作成します。チケットを作成するときには課題管理システムによってさまざまな情報が記入できますが、以下のような内容を記入、設定します。

項目	内容
チケットの種別	チケットの種類(仕様検討、機能、バグ、タスク等)を指定します
件名	チケットの内容を簡潔にわかりやすく記述します
本文	このチケットの目的、実現したい内容を記述します。**05-02 チケットのテンプレート** を使用して、チケット種別ごとに記述内容を統一すると抜け漏れを防げます
ステータス	チケットの状態を設定します。作業を開始した時には「処理中」に、作業が完了して確認してほしい場合は「処理済み」にするなど、ステータスを選択します
優先度	記述している内容が重要な場合には、優先度を「高」などに設定します
カテゴリー	チケットがどの部分、機能に関係するか、カテゴリーを指定します
担当者	チケットの作業者を選択します。誰が担当者か不明な場合は、プロジェクトリーダーなどを設定し、リーダーに対して適切な担当者への変更を依頼します

バージョン	このチケットを完了する目安となるバージョンを指定します
開始日	チケットに着手する日を記入します
期日	いつまでに本チケットを完了してほしいか、予定となる日を記入します

05-01-04 チケットのワークフロー

課題管理をチケットで進める場合に、ワークフローは重要です。基本的には以下の図のようにチケットのステータスを「新規」から「処理中」にし、実装チケットであればコードの「レビュー」をし、その後「処理済み」「完了」と進んでチケットのワークフローが終了します。

▼チケットのワークフロー例

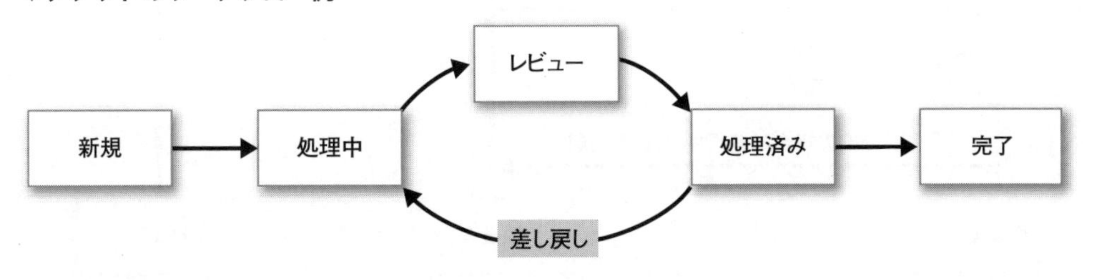

ここで重要なことは**チケットの作成者がチケットを完了する**ということです。よくある間違いは、チケットの担当者がチケットを完了する、という運用をすることです。この場合には、担当者がチケットの内容を勘違いしたまま作業を進行し、チケットを完了させてしまうことが発生します。結果として、当初の目的が達成されないままチケットが完了状態となり、プロジェクトの進行上好ましくない状態となります。

そのような状況を防ぐために、チケットを完了する直前のステータス(この場合は「処理済み」)でチケットの作成者にチケットを戻し、正しく完了しているかの確認を依頼します。チケット作成者は、作業内容が想定通りであればチケットを「完了」し、問題があればチケットを差し戻します。

▼チケットやりとりのシーケンス

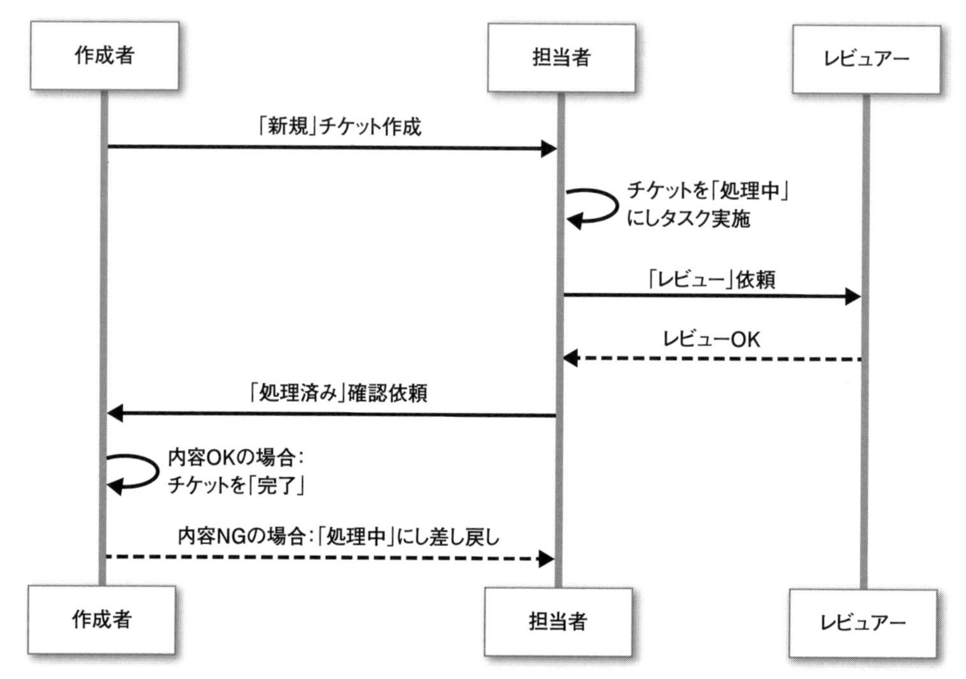

05-01-05 チケットを整理しよう

作業内容をチケットに記述し、内容に沿って作業や実装を進めて、完了したチケットのステータスを「完了」にします。この一連のサイクルが円滑に進んでいる状態では、チケットは次第に減っていき、プロジェクト全体がゴールに近づいていることが実感できます。

ですが、さまざまな理由で作業が進まなかったり、着手したまま放置されているチケットが溜まってしまうことがあります。理由としては、仕様変更によってチケットの内容が最新の仕様と食い違っている、担当者の設定が適切でない、などさまざまな要因があげられます。チケットが溜まってくると、本当に進めるべき作業がどれかわからなくなり、ゴールに近づいているように感じられなくなります。

プロジェクトで放置したチケットが増えてしまわないよう、定期的にチケットを整理しましょう。チケットは以下のように整理します。

① チケットの分類

未完了のチケットを更新日で並べ替えます。

更新日が古いチケットのほとんどは作業が滞っているチケットなので、古いチケットから順に確認していきます。

② チケットの確認

チケットに書かれている作業内容を確認します。

実施すべき内容と作業内容が食い違っていないか、適切な担当者が割り当てられているかなどを確認します。

③ チケットの完了、却下

すでに他のチケットで同じ内容の作業をしていた場合、該当するチケット番号をコメントに書いてチケットのステータスを「完了」にします。

作業内容が現在の仕様と大きく食い違っている場合は、その理由を記述してチケットを却下します。

④ チケットの修正

作業内容に誤りがあったり明確でない場合は、正しく作業ができるように内容を修正します。

作業内容が広範囲に渡ったり、複数の担当者が関わる場合は次項の「チケットを分割しよう」で説明する「チケットの分割」をするとよいでしょう。

⑤ チケットの割り振り

チケットを適切な担当者に割り振ります。

作業内容によっては複数の担当者が関わる場合がありますが、作業の優先度に合わせて担当者を決定します。

チケットが溜まってから整理しようとすると、整理にかかりきりになってしまい、本当にやりたい作業ができなくなってしまいます。日々、少しの時間で良いのでチケットを整理する時間を作りましょう。

05-01-06 チケットを分割しよう

作成したチケットがなかなか完了できない場合は、対象となるチケットの作業範囲を見直しましょう。チケット作成時には気づかなかった多くの作業が暗黙的に含まれている場合があります。このような暗黙的に含まれる作業は、サブタスクとして別のチケットに分割しましょう。

チケットを分割することによって、すぐに対処する必要のない作業を後回しにしたり、分割したチケットを他の担当者に依頼するといった判断が可能になります。また、課題の粒度を細かくしてチケットを作成することで管理もしやすくなります。課題管理システムには、チケットに親子関係をつけたり、チケット同士を関係づける機能があります。この機能を使うことで、分割したチケットを効率的に管理できます。

もちろん、作業開始の時点で作業単位をある程度細かいチケットに分割しておいても構いません。チケット分割のタイミングが作業着手時点になる場合もあれば、作業中となることもあるでしょう。重要なのは、**作業量の多さや作業内容の複雑さに対して作業単位を適切に分割し、チケットとして整理すること**です。

05-02 チケットのテンプレート

05-01 チケットを使った課題管理の中で**チケット**の新規作成時に「本文」欄にチケットの目的と実現したい内容を記述すると説明しました。いざチケットを作成するときにどういった内容を書くべきかわからないときがあると思います。また、チケットの説明文が足りないと、確認のためにチケットのコメントやチャットでのやりとりが増えてコミュニケーションに時間を使います。

チケットの説明にどういった項目を記述すべきか、チームであらかじめ統一しておくと抜け漏れを防ぐことができます。課題管理システムには、**チケットのテンプレート**を用意して、統一したフォーマットでチケットを記述できるものがあります。

ここではチケットのテンプレート機能の紹介と、実際のテンプレート例を紹介します。

05-02-01 チケットのテンプレート機能

主要な課題管理システムに用意されているチケットのテンプレート機能を簡単に紹介します。

● RedmineのIssue Template Plugin

RedmineではIssue Templates Plugin※1をインストールすると、チケットの種別ごとにテンプレートが設定できるようになります。

Redmine全体のテンプレートと、各プロジェクトごとのテンプレートが設定できます。

● Backlogの課題テンプレート

Backlogではプロジェクトごとの設定画面で、チケット種別ごとに**課題テンプレート**が設定できます。課題テンプレートを設定しておくと、課題の追加時にテンプレートが適用できます。

課題テンプレートについては、以下のページも参考にしてください。

- **繰り返し行う業務を「課題のテンプレート」で効率化しよう**
  https://support-ja.backlog.com/hc/ja/articles/360051919474
- **課題のテンプレートのサンプル集**
  https://support-ja.backlog.com/hc/ja/articles/360036146353

● Jira

Jiraで課題にテンプレートを設定するには、アドオンを利用する方法があります。テンプレート機能を提供するプラグインは有償のものがいくつか存在するので、それらの導入を検討してください。

以下はプラグインの例です。

※1 Issue Templates Plugin：https://github.com/agileware-jp/redmine_issue_templates

- **Issue Template for Jira - Summary & Description Templates**
  https://marketplace.atlassian.com/apps/1228993/issue-template-for-jira-summary-description-templates
- **Issue Templates for Jira**
  https://marketplace.atlassian.com/apps/1211044/issue-templates-for-jira
- **Default Values for 'Create Issue' screen - Issue Templates**
  https://marketplace.atlassian.com/apps/1211873/default-values-for-create-issue-screen-issue-templates

● GitHubのIssueテンプレート

GitHubではリポジトリ単位でIssueテンプレートが作成できます。リポジトリの設定画面からテンプレートの種類を選択して作成します。なお、作成したテンプレートはリポジトリの`.github/ISSUE_TEMPLATE`以下にファイルとして保存されます。

Issueテンプレートについては、以下のページも参考にしてください。

- **リポジトリ用に Issue テンプレートを設定する**
  https://docs.github.com/ja/communities/using-templates-to-encourage-useful-issues-and-pull-requests/configuring-issue-templates-for-your-repository
- **Issueとプルリクエストのテンプレートについて**
  https://docs.github.com/ja/communities/using-templates-to-encourage-useful-issues-and-pull-requests/about-issue-and-pull-request-templates

05-02-02 テンプレートの例

ここでは、チケットの**種別**ごとのテンプレートの例を紹介します。

以下の例ではMarkdown記法でテンプレートを記述していますが、別の記法を使用している場合は適宜読み替えてください。

● 仕様検討チケット

仕様を検討するためのチケットです。仕様が確定したときにはこのチケットは完了し、実装用の機能チケットを新規に作成します。

▼仕様検討チケットのテンプレート

```
## 目的

- 検討している仕様で期待している内容

## 仕様案

```

```
- 仕様の案があれば複数記入する
- メリット、デメリットも記載する

## まとめ

- 仕様案のうちどれがおすすめなのかとその理由

## デモ方法

- URLや、簡単に確認するための操作手順
```

● 機能チケット

追加機能に関するチケットです。どのような機能を実現すべきかを記述します。

▼機能チケットのテンプレート

```
## 目的

- この機能を実現することによって何ができるようになることを想定しているかを記載

## 入出力

- 入力する値、出力される結果を記載

## 関連機能、影響範囲

- リグレッションの確認が必要となる箇所
- この機能が使うデータを生成する機能(対象機能チケットへの関連づけでも可)
- この機能が生成するデータを使う機能(対象機能チケットへの関連づけでも可)

## セキュリティー

- セキュリティー(権限など)がある場合は、その内容を記載

## デモ方法

- URLや、簡単に確認するための操作手順
```

● バグチケット

バグ報告用のチケットです。試験などで発見したバグに対するチケットを作成し、改修担当者に割り当てます。

▼バグチケットのテンプレート

```
## 現象

- 発生したバグの現象について記述

## 手順

- 再現手順を記述

## 期待する結果

- 実際にはどうなるべきなのかを記述

## 環境

- 試験した環境について記述

例
- OS: macOS 14.2.1
- ブラウザー：Google Chrome
- 実行ユーザー：admin
- 発生URL: https://staging.example.com/very-critical-feature

## 関連情報

- エラーログ、メッセージ Sentry の URL などを記述
```

● タスクチケット

なんらかの作業に関するチケットです。

▼タスクチケットのテンプレート

```
## 目的

- このタスクを実行する目的

## 内容

- 具体的に実施してほしい内容を記述
```

他にもプロジェクト固有のチケット形式があると思います。何度も似たチケットを作成する場合はチケットのテンプレート化を検討してください。

05-03 チケット駆動開発

ここでは**チケット駆動開発**について説明します。チケット駆動開発は、チケットを作業の起点として開発を進める開発手法です。

05-03-01 コーディングの前にチケットを作成しよう

チケット駆動開発のサイクルについて説明します。開発対象は新規アプリケーションでも既存システムの改修でも構いません。大事なのは、エディターを開いてソースコードを書き始める前に、課題管理システムにこれから取り組む課題をチケットとして登録することです。

多くの課題管理システムでは、タイトルと作業の概要を記入してチケットを作成すると、チケット番号が自動的に振られます(ここでは#2)。

▼Redmineのチケット画面

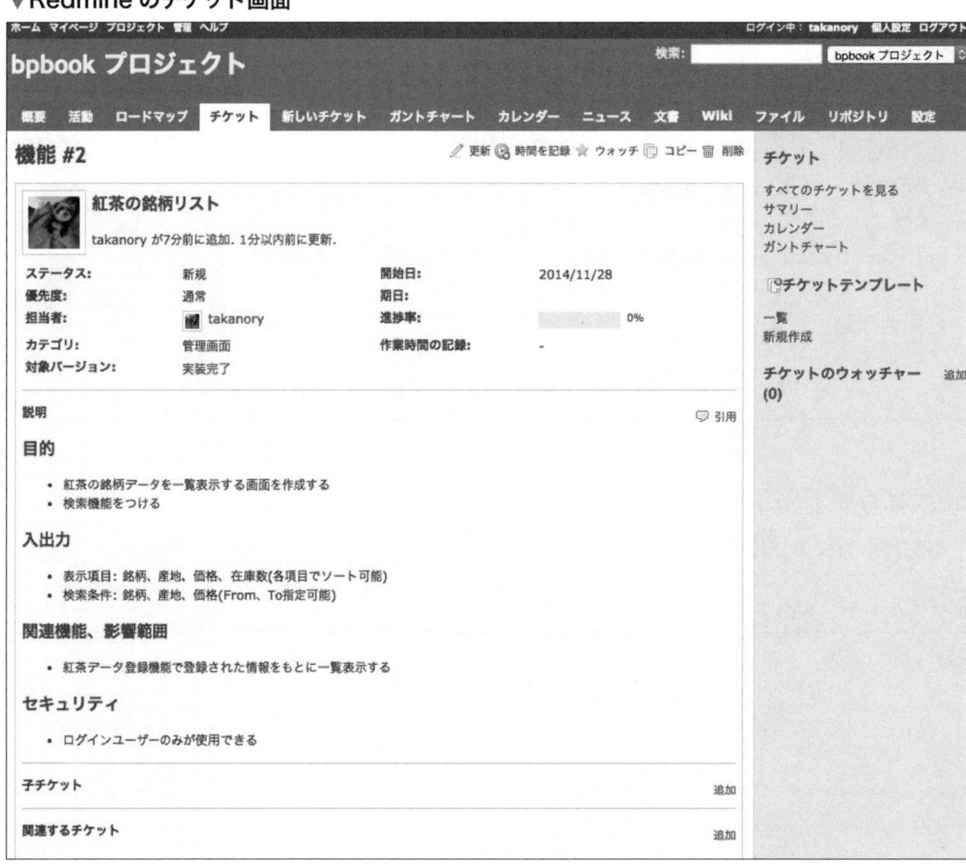

05-03-02 チケット番号と同じ名前のブランチを作ろう

チケットを作成したら、課題管理システムから与えられたチケットに対応するブランチをGitで作成します。仮にチケット番号が`#100`であれば、ブランチ名も`t100`というように番号を対応させます。

これにより、自分が取り組むチケットとソースコードが1対1で対応づけられます。作業が完了したら`main`ブランチに`t100`ブランチをマージすればリリースができます。さらに、チケット番号とブランチが対応しているので「`#100`チケットで行った対応内容を確認するためには、`t100`ブランチを見ればいい」ということがすぐにわかります。

● トピックブランチとチケット駆動開発

単一のチケット(トピック)のためのブランチのことを、**トピックブランチ**と呼びます。トピックブランチは、1つのプロジェクトに対して膨大な数が作成されます。

トピックブランチを作る際には、対応するチケット番号を利用してブランチ名を決定します(`#100`に対する`t100`)。Gitでは、ブランチ名にチケット番号を利用しなければならないルールはありません。しかし、多くの課題管理システムのチケットには連番が振られているため、この番号を利用することで、ブランチとチケットの対応づけが容易になります。

このように、課題管理システムのチケットを起点にして開発を進めるスタイルを**チケット駆動開発**といいます。

Column

トピックブランチからトピックブランチを作成する

ある1つのチケットに対応するために、複数のチケットへの対応が必要な場合があります。そのような場合は、`main`ブランチからトピックブランチを作成した後に、作成したトピックブランチから新たなトピックブランチを作成します。以下の例は、あるシステムにコメント機能を追加開発する際、コメントの追加、参照、編集の実装が完了してから`main`ブランチにマージしています。

▼トピックブランチからトピックブランチを作成する例

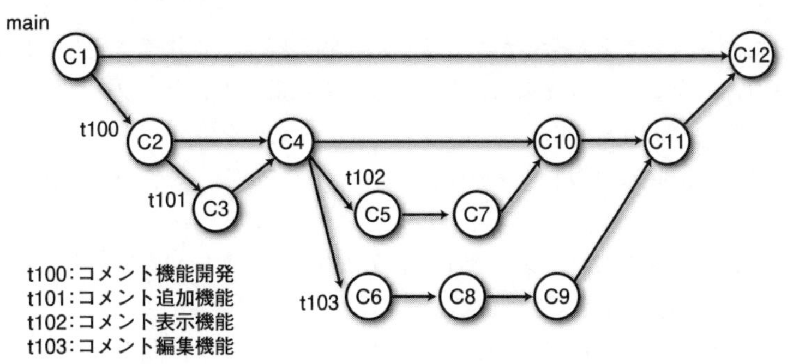

05-03-03 ブランチのマージ

ブランチを作成することで成果を分割できるようになりました。対応するブランチ上で、各課題の実装を進めます。実装、単体テストが完了したブランチをマージしていきます。マージのルールは単純で「親子関係を無視したマージはしない」ことです。

1. 親ブランチと子ブランチの間でのみマージする
2. 子ブランチ同士でマージしない
3. 子ブランチから派生させた孫ブランチの内容を直接親ブランチにマージしない

これらのルールをきちんと守りましょう。

▼親ブランチと子ブランチの間でのマージ

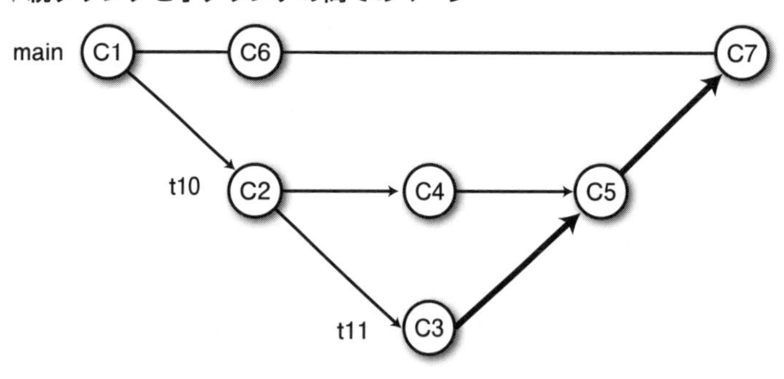

▼やってはいけないマージの例

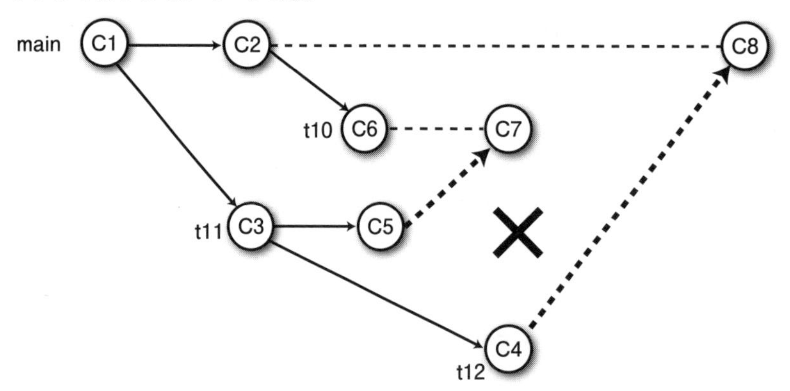

親子関係を無視してマージすると、せっかく分割した課題を混乱した状態に戻してしまいます。本来チケットの内容に含まれない改修内容が知らない間に混入したり、ソースコードの衝突(コンフリクト)が発生する原因となります。あるブランチの成果を別のブランチに反映させる場合もこのルールに従い、共通の親ブランチにまずマージしてから、対象の子ブランチに反映します。

手間に思えますが、親ブランチにマージできないような中途半端な成果を共有してしまうとさまざまな弊害があるため、必ず守るようにしてください。

ここで説明してきたブランチの作成方法に従えば、基本的に子ブランチ間のマージや孫ブランチから親ブランチ以外へのマージが必要になることはありません。どうしても通常ルートではないマージが必要になってしまった場合は、そもそもチケットの分割と親子関係に何か間違いがあると考えられます。チケットの内容を修正してチケット間の関係を整理し、ブランチも同じように整理し直す必要があります。

また、子ブランチの内容を親ブランチにマージする前に、必ず子ブランチ側に親ブランチの変更内容を反映しておきます。子ブランチの改修中に親ブランチに加えられた変更を取り込み、親と子の間の差分が子ブランチの改修内容だけになるようにしておきます。

こうすることで、子ブランチと親ブランチの間で競合が発生しても、トピックブランチで解決してから成果を親ブランチに反映できます。

05-04 レビュー

ここでは**レビュー**について説明します。まず最初にレビューで心がけるべきことを説明します。その後、私たちが効果的にレビューをするために活用しているテクニックを紹介します。

05-04-01 レビューの留意点

● なぜレビューをするのか

レビューをする意義は大きく2つに分けられます。

1つは**品質の向上**です。レビュアーの指摘によって、一人で作業した場合には見落としていた問題や認識の間違いを事前に発見できます。それによりシステムの品質が向上します。

もう1つは**ノウハウの共有**です。レビュアーの指摘が、チームメンバーが作業を進める上で得た新たな知識や、スキルの異なるメンバー同士のノウハウを共有するきっかけになります。

ここでは、**レビューイ**(レビューを受ける人)として「レビューを依頼する場合」と**レビュアー**(レビューする人)として「レビューを実施する場合」の留意事項を説明していきます。

● レビューを依頼する場合

レビューイがレビューを依頼する場合に留意すべき点を以下に説明します。

◆ 情報を揃える

レビューを依頼するときには、レビュアーがレビューをするために必要な情報を揃えましょう。コードレビューであれば以下のような情報をまとめて伝える必要があります。

- ソースコードの差分(プルリクエスト)
- 参照した仕様書・要件定義書・画面イメージなどのドキュメント

また、事前に用意されたドキュメントだけでなく、レビューのために必要な情報があれば、併せて伝えましょう。たとえば、プロジェクトの経緯や状況、コーディングの完成度などの情報が考えられます。レビュー対象に何のための修正が含まれているかの情報を提供することで、レビュアーがレビュー対象を理解するコストが減り、より効果的にレビューできます。

大切なことは、レビュー依頼の際にレビュアーがレビュー対象を理解するために必要な情報を準備することです。ここではアプリケーションのコードレビューを想定して記載していますが、構成管理のコードや仕様書などのドキュメントのレビューでも依頼の前に必要な情報を揃えることで効果的にレビューを進められます。

◆ コーディングスタイルを合わせる

Pythonでは、**PEP 8**と呼ばれるコーディングスタイルが広く利用されています。コーディングスタイルが合ってないコードは、コードのそれぞれの行が何のために存在するかがわかりにくくなり、レビューの効果が低下します。**01-03-02 開発に便利なツール**で紹介したRuffなどのリンターを使って自動でチェックをしつつ、コーディングスタイルを合わせてからレビューを依頼しましょう。効果的にレビューを進めるために、プロジェクトで共通したコーディングスタイルでコードを書く必要があります。

大切なことは、コードレビューのタイミングでコーディングスタイルに関する議論や指摘がでないようにすることです。ここでは、Pythonのコードレビューに限定して記載していますが、構成管理のコードやドキュメントでもコーディングスタイルや表記方法、体裁をレビュー依頼前に整えることで効果的にレビューが進められます。

MEMO

ドキュメントのレビューについては**12-02-02 ドキュメントのテスト(レビュー)**を参照してください。

◆ レビュアーに確認してもらいたいことを整理する

次に、レビューでの段取りを考えます。レビューを効率よく進めるために、レビュアーに何をどう見てもらいたいのかを伝えることが重要です。それらを伝えずにレビュー依頼した場合は、レビュアーはすべてのコードや情報を見ることになり、レビューの効果が下がります。レビュー観点を整理して、レビュアーに伝えましょう。確認してもらいたいことを整理することで、レビューをより効果的に進めることができます。

たとえば、以下のような内容をプルリクエストやドキュメント上にあらかじめコメントすることで、レビューで重点的に見てほしい場所をレビュアーに伝えられます。

① 不安なところ

複雑な処理や使い慣れないモジュールを使った場合など、自分の書いたコードや文章が妥当か不安に思う部分は、不安である理由を伝えてレビュアーに重点的に確認してもらいましょう。

② 工夫したところ、熟慮して設計したところ

実装上考慮を要したことや設計で工夫した点などを振り返って整理しましょう。時間をか

けて考えた部分は仕様や設計上重要である可能性が高いため、重点的にレビューしてもらう必要があります。また、コーディングやテストのときに難しかった点をチームメンバーに共有しておくと、他のよりよい方法を提案してくれる可能性があります。

◆ レビュー指摘に対応する

レビューで受けた指摘は漏れなく確認し、対応しましょう。また、指摘内容に対応した後に、対応内容に問題がないかをレビュアーに再度確認してもらいましょう。前提知識の共有が漏れていたことによる指摘の場合は、レビュアーに追加の情報を説明しましょう。

併せて、将来コードやドキュメントを保守する人が理解しやすいように対策しましょう。プロジェクトの性質によって対策方法は異なりますが、コードの書き方を見直す、コメントを追加する、別途説明ドキュメントを用意する、などの対応を考えられます。

◆ レビューを実施する場合

レビュアーがレビューを実施する場合に留意すべき点を以下に説明します。

◆ 形式的チェックに時間を割かない

たとえば、1行の桁数、演算子やコメント前後の空白の数、`import`文の順番など形式的なチェックに時間を費やすのは、レビュー時間の無駄遣いです。Pythonのコードレビューであれば、Ruffのようなリンターを使えば簡単に形式的チェックができます。

レビューをする際は、レビュー依頼された観点に加えて、以下の観点を確認するために時間を使いましょう。

- 仕様通りにプログラムが実装されているか
- 仕様漏れがないか
- 設計や実装が効率的であるか

レビュー対象のコードによっては、リンターが使えない場合もあります。そのような場合も形式的チェックには時間を使わず、レビューイに形式を揃えるように指摘しましょう。

◆ 疑問に思ったことは理由や経緯を聞く

実際にコーディングする過程では、さまざまな背景や経緯を前提に設計、実装上の判断をしています。レビューイがそれらの前提を、レビュアーに対してすべて説明しきれるとは限りません。レビュアーがすべての前提を把握していない場合に、レビューイの書いたコードに対して疑問を持つこともあります。

レビュアーは、前提が共有されていない可能性を考慮し、疑問を持った部分に対してその背景や経緯をレビューイに対して質問し、より適切にレビューができるように努めます。レビュアーの質問によって、レビューイが考慮漏れに気づくケースもあります。レビュー中に疑問に思ったことは理由や経緯、判断基準などをどんどん質問しましょう。

Pythonコードだけでなく、ドキュメントや構成管理のコードでも同じように、レビューイが持っている前提知識をレビュアーが把握していないために、疑問が生まれることはあります。

同様に、疑問に思った部分はレビューイに対して質問をし、より適切なレビューをしましょう。

◆ コメントを確認する

ソースコード中のコメントに実装の背景、経緯が記載されてある場合があります。ソースコードのコメントは、後からソースコードを読む人が処理を理解する上で役立ちます。あまり長い文章で説明しなければならない場合はきちんとドキュメントとして残すなど、他の方法を考えるよう指摘しましょう。ソースコードに残るコメントは、実装上注意が必要な難解な部分をカバーしておく程度でよいでしょう。

逆に、レビューの中で、消すべきコメントが残ったままになっていないかも確認します。プログラムの修正によって、事実に反する内容となったコメントは、理解を阻害する要因になります。仕様変更によってソースコードを修正した結果、事実に反する内容となったコメントは消すように指摘しましょう。

◆ 修正要否を判断する際は重要性とスケジュールのバランスを考える

レビューイの書いたコードを訂正すべきだと判断した場合であっても、修正内容の重要性とスケジュールを考慮に入れます。可読性を考えた上では修正したほうがよくても、ごく小さなコードであれば次から注意するよう促してそのままにしておく判断もありえます。

これに対して、可読性や効率の悪いコードをコピー＆ペーストで量産している場合などは、後々の改修に影響を及ぼしかねないので修正を促すべきでしょう。

また、指摘内容をその場ですぐに修正するかは検討の余地があります。スケジュールを考えた上で、プログラム修正作業を別チケットとして起票し、作業自体は後回しにするといった対応案も考えられます。このように、コードを訂正する場合も、内容の重要性やスケジュールへの影響を考慮し、計画的に修正するように促しましょう。

◆ コードの稚拙さと問題意識を分けて捉える

コードの書き方が稚拙であっても仕様や設計上の問題意識は妥当で、よく考慮している場合があります。レビューイもほめられると嬉しいので、この場合は仕様や設計上の問題意識の高さは評価し、コードの書き方の部分に指摘を出すようにします。コードの稚拙さと問題意識を分けて考えることでレビューを円滑に進められます。

05-04-02 レビューのテクニック

ここではレビューを効果的に進めるためのツールやテクニックを紹介します。

● レビュー観点をテンプレート化する

レビューを依頼する際にレビュー観点を伝えることの大切さを説明しました。開発プロジェクトにおけるレビューの観点は、ある程度共通しています。レビューの際にチェックする観点を一覧化し、プロジェクトに合わせてテンプレート化することも有効なテクニックです。私たちは、社内でレビューガイドラインを作成し、レビュー観点を一覧にしています。

以下がレビュー観点の例です。

- A: 自動チェックできる項目
  - Ruffでエラー、警告が出ないこと
- B: イディオムレベルの項目
  - `from foo import *` を使っていないこと
- C: セキュリティーのためのチェック内容
  - 各種機能に適切なパーミッションが設定されていること
  - 更新系の処理でCSRFトークンのチェックを有効にしていること
- D: 仕様観点レビュー
  - 初期値が明示されていること
  - 項目がとり得る値の範囲をすべて考慮していること(NULL、最小値、最大値等)

開発対象のシステムやプロジェクトによって、どこまでをチェックすべきかは異なります。プロジェクトごとに必要なレビュー観点をまとめて、レビューのテンプレートとして使用しましょう。

● GitHubのPull Request機能でWIPレビューする

仕様を満たす実装が複数ありえる場合、**WIP**のコードをレビューしながら進めるのが効果的です。WIPはWork In Progressの略で、作業中を意味します。

GitHubの**Pull Request**機能(以下、**PR**)を使って、WIPのコードをレビューします。アプリケーションを実装する際、実装の途中でPRを作成しておくことで、レビュアーが実装途中のコードを見られるようになります。大量のコードを変更した後のPRをコードレビューして、方針に誤りがあった場合、大幅な後戻りが発生します。WIPのコードをレビューして実装方針を相談することで、大幅な後戻りの発生を抑止できます。

Column

プロジェクトのレビューフローの認識を合わせる

プロジェクトによって、レビューフローは異なります。
以下のような観点がプロジェクトによって異なることがあります。

- レビューの終了条件
- レビュアーの決め方
- 仕様の共有方法
- レビュアーが動作確認まで行うか
- 自動チェックはどこまで実施するか

レビューフローに関する認識をプロジェクトで合わせておくことで、スムーズにレビューできます。

また、実装の途中で見つけた課題は、文章で説明するよりも実際のコードを見せたほうが理解が早いこともあります。このような場合もWIPのコードをPRとして作成すれば、素早く課題を共有できます。

GitHubのPRのような機能を使うと、複数のファイルにわたる大きな変更も効率良くレビューができ、またレビュアー、レビューイが非同期的にレビューを進められます。第6章の**06-03 GitHub Flowを使ったチームでの開発の流れ**でGitHubとPRを利用した開発の流れを説明していますので併せて参照してください。

● 同期型/非同期型のコミュニケーションを使い分ける

レビューを実施する際のコミュニケーションでは、同期型と非同期型の2種類のコミュニケーション方法があります。同期型コミュニケーションのレビューでは、同時にレビュー対象を確認し、レビュアーとレビューイが会話をしながらレビューを進めます。非同期型コミュニケーションのレビューでは、レビュー対象に対して、レビュアーがコメントを記録し、レビューイが記録されたコメントを確認しながら指摘対応を進めます。

同期型、非同期型コミュニケーションでのレビューでは、それぞれにメリットとデメリットがあります。

▼同期型コミュニケーションのレビュー

- メリット
  - 場の雰囲気や温度感を理解しやすく、議論や質問をしながらレビューを進められる
  - レビュアーとレビューイの間で認識ずれに気づきやすい
- デメリット
  - 作業時間を合わせる必要があるため、時間調整コストが必要となる
  - 片方が回答を検討している間、もう一方は待ち状態になる

▼非同期型コミュニケーションのレビュー

- メリット
  - 作業時間を合わせる必要がなく、時間調整コストが不要
  - 双方の待ち時間が少なくなり、レビュアー・レビューイの時間を効率的に利用できる
- デメリット
  - テキストでのやりとりが主体となるため、テキストコミュニケーションのスキルが低いとレビューの効率が下がる
  - 認識ずれが発生している場合に、気づくまでに時間がかかる

プロジェクトのフェーズやレビュアーとレビューイの関係、レベル感、開発対象、レビュー対象などによって、どちらのレビュー方法が効率的であるかが変わってきます。同期型と非同期型のコミュニケーションを使い分けることによって、効率的にレビューを進めることができます。

● レビューコメントにプレフィックスをつける

レビューコメントにプレフィックスをつけることで、指摘の重要度をレビューイに伝えることができます。レビューイはコメントのプレフィックスを参考に、どの指摘に対応するかを検討できるため、レビューが効率的になります。以下はプレフィックスの例です。

- MUST：必須で対応すべき指摘
- SHOULD：できれば対応してほしい指摘
- MAY：対応は必要ないが、こうするとよりよいと思うといった提案
- nits：些細な指摘。動作は変わらないが細かい書き方などについての指摘。対応する場合に再度のレビューは不要
- typo：変数名やコメントなどの、綴り間違いに対する指摘
- 質問、ASK：指摘ではなく「なぜこうなっているのか？」などの疑問のコメント。コード上での対応は不要だが質問への回答が必要
- GOOD：よく書けている場所についてのコメント

GitHubのPRを利用してコードをレビューする、など非同期でレビューをしている場合、それぞれのレビューコメントの温度感がわからなくなりがちです。

レビューコメントの温度感を取り間違えると、さほど重要ではない指摘に対して修正に時間を費やすことがあります。上記のようなプレフィックスをレビューコメントにつけることで、レビュー指摘の重要度をレビューイに伝えます。レビューイは指摘の重要度を把握することで、MUSTの対応漏れやnitsの対応に時間を費やすといったことを防ぎ、効率的にレビュー対応が進められます。

05-05 まとめ

本章では、最初にチケットによる課題管理の進め方について説明しました。課題管理ではテンプレートを用いてチケットの内容を適切に記述することや、チケットの整理が必要であることについても説明しました。

次に、課題管理とバージョン管理を組み合わせたチケット駆動開発について説明しました。チケットとブランチを併せて管理することにより、各チケットの修正範囲がわかりやすくなります。また、ソースコードの競合を減らすことにより、チーム開発がスムーズに進められます。

レビューについては、レビューを実施する側(レビュアー)とレビューされる側(レビューイ)それぞれの立場において注意すべき点を説明しました。レビュー実施時にこれらの注意すべき点を意識することにより、本質的な内容についてのレビューに集中できます。

課題管理とレビューを適切に運用し、チーム開発を効率的に進めましょう。

Chapter

06 GitとGitHubによるソースコード管理

チームで開発する際には、メンバーがそれぞれ作成した成果物を一元的に管理し共有するための場が必要です。また、開発を進めていくうちにバグが混入することがあります。成果物を共有したり、どの時点でバグが混入したのかを把握するためには、バージョン管理システム(VCS: Version Control System)を使うのが一般的です。

バージョン管理システムにはいくつか種類がありますが、今日では、Gitがデファクトスタンダードになっています。**1章 Pythonをはじめよう** で、コミットやリポジトリの状態確認などの基本操作について説明しましたが、それ以外にもGitには多くの機能があります。加えて、Gitリポジトリを管理するホスティングサービスを活用することで、チームでの開発を円滑に進められます。

本章では、開発からリリースまでの工程でGitとGitHubを活用していくノウハウを説明します。

06-01 GitとGitHubの違い

はじめに、GitとGitHubという混乱されやすい用語の違いについて説明します。**01-02-01 Gitの概要** でも紹介したように、**Git**※1は、Linus Torvalds氏によって開発されたオープンソースのバージョン管理システムです。

元々は、Linuxカーネルのソースコードを管理するために開発されましたが、今日では、さまざまなプロジェクトで利用されています。バージョン管理システムとは、ソースコードに加えられる変更を記録したり、あとから特定の変更履歴を呼び出したりできる仕組みのことで、昨今のソフトウェア開発では欠かせないものとなっています。

対して**GitHub**※2は、GitのリポジトリをホスティングするWebサービスです。

リポジトリとは、バージョン管理システムで管理している情報を記録するもので、ソースコードなどの変更履歴が格納されています。GitHubは、世界最大のGitリポジトリホスティングサービスで、1億人以上の開発者と3.3億のリポジトリが集まる共同作業の場※3になっています(執筆時現在)。

自分自身のマシンで開発する場合はGitのみでも開発を進められますが、別の環境間でGitリポジトリを参照したい場合やチームで開発する場合は、GitHubのようなWebサービスを利用してどこからでもアクセスできるようにすると便利です。

※1 Git : https://git-scm.com/
※2 GitHub : https://github.com/
※3 https://github.blog/jp/2023-02-07-100-million-developers-and-counting/

GitとGitHubの全体図を書くと次図のようになります。

▼GitとGitHubのイメージ

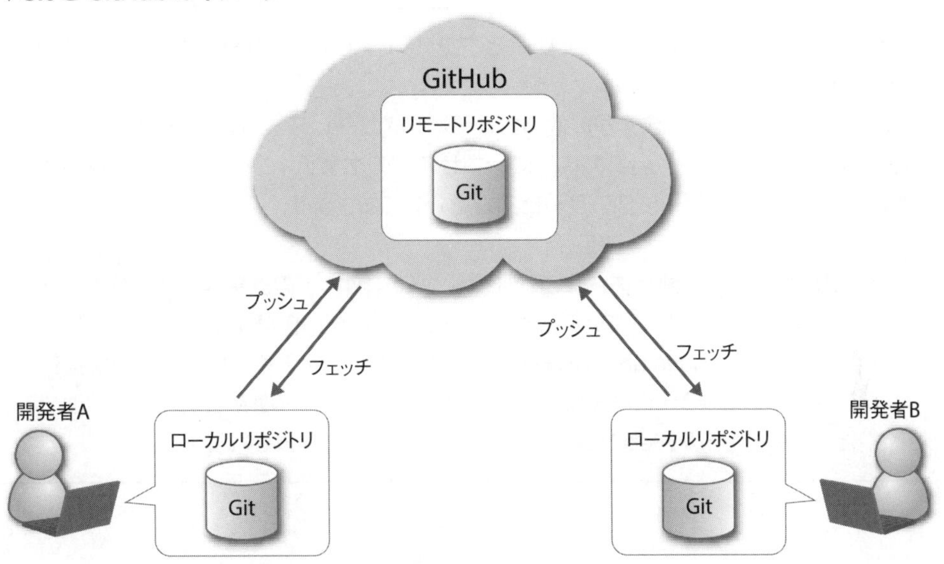

前図を見ると、手元のマシン上とGitHub上で、それぞれGitリポジトリを扱っていることがわかります。ローカルマシン上の手元にあるリポジトリを**ローカルリポジトリ**といいます。ローカルリポジトリは、自分だけが参照できるリポジトリで開発者は各自のローカルリポジトリで開発を進めます。

対して、チームメンバーや不特定多数の人が参照できるリポジトリを**リモートリポジトリ**といいます。リモートリポジトリを用いて開発を行う際は、ローカルリポジトリでソースコードの変更を記録して、リモートリポジトリにその情報を送信します(これを**プッシュ**といいます)。複数人で開発を進めている場合は、自分以外もソースコードを編集するので、その差分をリモートリポジトリから取得します(これを**フェッチ**といいます)。

このように、ローカルマシン上のソースコードの変更履歴をGitHubのようなクラウド上のリポジトリにプッシュしたり、クラウド上のリポジトリの情報をフェッチしたりすることで、Gitリポジトリを共有できるようになります。

リモートリポジトリは、GitHubのようなWebサービスを使わずにGit単体でローカルマシン上に作成することもできますが、そのような環境を作るのは面倒です。メンバーのGitリポジトリ間でプッシュやフェッチをすることもできますが、よほど気をつけていないと他のメンバーがどのような作業をしているのか見失いやすくなります。このような問題に対処するため、開発メンバーがいつでもアクセス可能な共有のリポジトリを設置する必要があります。

GitHubには、Gitリポジトリを管理する以外に課題管理やコードレビューの機能もあります。GitとGitHubの両方を知ることで、個人だけでなくチームでの開発がより円滑に進むでしょう。

それでは、GitとGitHubを活用したバージョン管理の方法を学びましょう。

Column

GitHub以外のホスティングサービス

Gitリポジトリのホスティングサービスとして、GitHub以外にもGitLab※1やBitbucket※2などがあります。

本章ではGitHubを扱いますが、他のホスティングサービスもGitHubと同様の機能や独自の特徴があります。自身の状況に合わせてどのホスティングサービスを使うかを検討してください。簡単に他のサービスも紹介しておきます。

- **GitLab**: GitHub同様に、課題管理機能やCI/CDなどの豊富な機能を持つ。オンプレミスにも対応しているため、自前のサーバーに構築することもできる。
- **Bitbucket**: Atlassian社が提供しているホスティングサービス。同社が提供しているJiraやTrelloと連携することで、ソフトウェア開発を統合的に管理できる。Python製WebフレームワークのDjangoで作成されている。

06-02 開発で必要となるリポジトリの設定

開発の事前準備として、リモートとローカルにGitリポジトリを作成し、GitとGitHubの基本的な使い方について学びましょう。

06-02-01 GitHubの設定

GitHubのアカウントをまだ持っていない場合は、https://github.com/ の **[Sign up]** からアカウントを登録してください。後続の作業でSSHを使用するため、「GitHubアカウントへの新しいSSHキーの追加のドキュメント」を参考にSSHの設定も行いましょう。

- **GitHub アカウントへの新しい SSH キーの追加**
  https://docs.github.com/ja/authentication/connecting-to-github-with-ssh/adding-a-new-ssh-key-to-your-github-account

06-02-02 リモートリポジトリを作成する

アカウントが作成できたら、GitHub上でリポジトリを作成します。次図のようにヘッダーの右上にある **[+]** ボタンから **[New Repository]** をクリックしましょう。

※1 GitLab：https://about.gitlab.com/
※2 Bitbucket：https://bitbucket.org/

▼新規でリポジトリを作成する

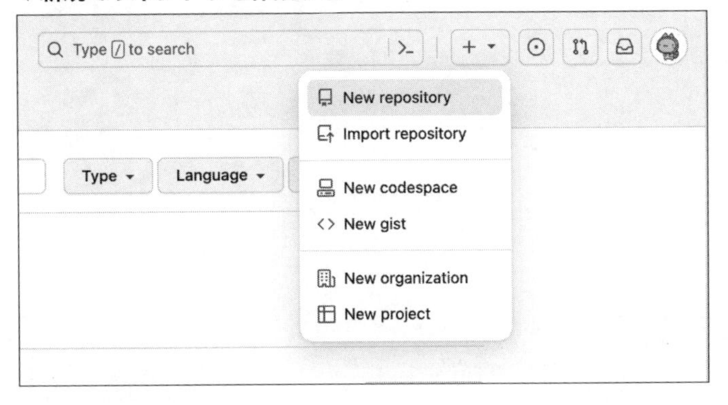

次図のように **[Create a new repository]** 画面に遷移するので、今回は **[Repository name]** に`pypro4`という名前のGitリポジトリを作成します。

▼リポジトリ作成画面

リポジトリを非公開で作成したい場合は、**[Private]** を選択してください。他の設定項目は後ほどGitコマンドを使って登録するので、デフォルトのままで構いません。画面下部にある緑の **[Create repository]** ボタンをクリックします。

Gitリポジトリの作成が完了すると、次図のように **[Quick setup]** 画面が開くので、`git@`から始まるURLをコピーします。

▼Quick setup

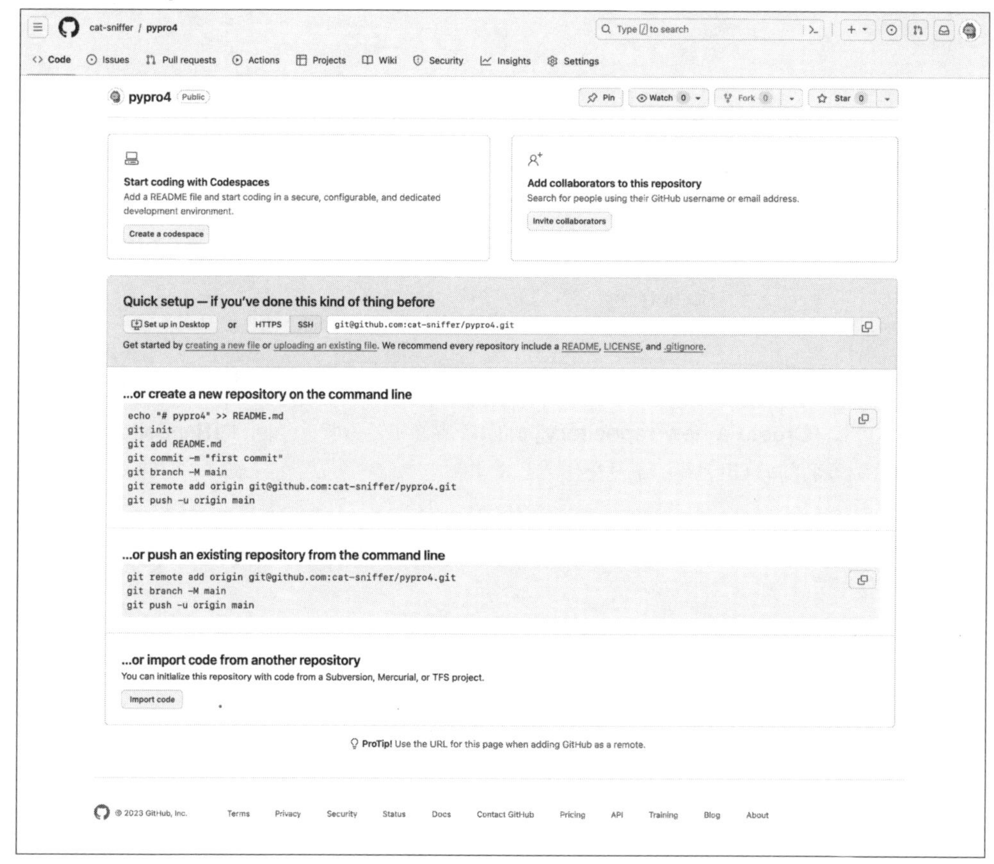

URLをコピーする際は、プロトコルを選択するボタンが **[HTTPS]** ではなく **[SSH]** に切り替えられていることを確認しましょう。このとき、SSHの設定が済んでいないと **06-02-03 リモートリポジトリをクローンする** で紹介するコマンドが実行できないので、1つ前のGitHubの設定で紹介したURLを参考にSSHの設定をしてください。

SSHの設定をせずに進めたい場合は、HTTPSプロトコルを使用してリモートリポジトリと接続できます。GitHubのアカウント作成時に指定したユーザー名とパスワードを指定すると、リモートリポジトリに接続できます。

06-02-03 リモートリポジトリをクローンする

GitHub上に空のリポジトリが作成できたので、次は手元のマシンで作業するためのローカルリポジトリを作成しましょう。もし、Gitの設定がまだできていない場合は、**01-02 Gitのセットアップ** や、以下のドキュメントを参考に設定してください。

- **Gitでのユーザー名を設定する**
  https://docs.github.com/ja/get-started/getting-started-with-git/setting-your-username-in-git

Gitの設定ができたら任意のディレクトリに移動し、先ほど作成したpypro4リポジトリをローカルにコピーします。これをGitでは「リポジトリをクローン(clone)する」といいます。

前図「Quick setup」(p.138)画面でコピーしたURLをgit cloneコマンドに貼りつけてクローンします。

▼ローカルにリポジトリをクローンする

```
# <username>にはGitHubアカウントのユーザー名が入る
$ git clone git@github.com:<username>/pypro4.git
Cloning into 'pypro4'...
warning: You appear to have cloned an empty repository.

# pypro4ディレクトリーが作成されたことを確認する
$ ls
pypro4
```

Gitリポジトリがクローンされ、pypro4ディレクトリが作成されたことが確認できました。

06-02-04 最初のコミットをする

クローン後、You appear to have cloned an empty repositoryと表示されているように、クローン直後のpypro4リポジトリは空の状態となっています。pypro4ディレクトリに移動し、まずはREADME.mdを追加して、ローカルリポジトリに変更を加えてみましょう。

▼README.mdを作成する

```
# pypro4ディレクトリに移動する
$ cd pypro4/

# README.mdを追加する
$ echo "# PyPro4" > README.md

# リポジトリの状態を確認する
$ git status
On branch main

No commits yet

Untracked files:
  (use "git add <file>..." to include in what will be committed)
    README.md

nothing added to commit but untracked files present (use "git add" to track)
```

git statusコマンドでリポジトリの状態を確認してみると、Untracked filesと表示されています。これは、README.mdがGitリポジトリでの追跡対象になっていないことを表しています。use "git add" to trackと指示があるように、git addコマンドを実行してファイルの差分を追跡できるようにしましょう。これを「ステージする」や「インデックスする」などといいます。ステージすることで、コミットしてリポジトリに変更を記録できるようになります。

▼README.md をステージしてコミットできるようにする

```
# README.mdをステージする
$ git add README.md

# リポジトリの状態を確認する
$ git status
On branch main

No commits yet

Changes to be committed:
  (use "git rm --cached <file>..." to unstage)
    new file:   README.md
```

git addコマンド実行後にgit statusコマンドで確認すると、README.mdがnew fileとして追加されたことが確認できました。README.mdをステージしてコミットする準備ができたので、git commitコマンドでリポジトリの変更を記録します。git commitには-mオプションをつけて実行することで、コミットに記載したいメッセージを指定できます。-mオプションをつけずに実行した場合はエディターが起動し、コミットメッセージの入力を求められます。自分の好みのエディターでコミットメッセージを入力したい場合は、**01-02-06 ファイルの操作**を参考にして設定しておきましょう。

▼コミットしてリポジトリに変更を記録する

```
# コミットする
$ git commit -m "Initial commit"
[main (root-commit) 6835de5] Initial commit
 1 file changed, 1 insertion(+)
 create mode 100644 README.md

# リポジトリの状態を確認する
$ git status
On branch main
Your branch is based on 'origin/main', but the upstream is gone.
  (use "git branch --unset-upstream" to fixup)

nothing to commit, working tree clean
```

git statusコマンドでステータスを確認すると、作業中のファイルは存在せず、Gitリポジトリの管理情報として登録できたことがわかります。git logコマンドを実行すると、先ほどコミットした内容が確認できます。

▼コミット履歴を確認する

```
$ git log
commit 6835de5161112017e8b36c028a9e7b3bab2a0910 (HEAD -> main)
Author: Yukie <cat-sniffer@example.com>
Date:   Wed Nov 15 12:10:47 2023 +0900

    Initial commit
```

git logコマンドを実行した後に表示された6835de5のようなIDをリビジョンといいます。コミットのハッシュ値を示す値なのでコミットIDと呼ばれることもあります。

Column

HEADとは何を指すか

Gitで**HEAD**といったときは、「今自分がローカルで作業しているブランチの最新のコミット」を指します。

main, topic1, topic2と複数ブランチがあったとき、今自分がmainブランチにいるとします。

ここでHEADとはmainブランチの最新のコミットを指します。

「topic1ブランチのHEAD」や「topic2ブランチのHEAD」という言い方はしません。

gitコマンドを使っていく中ではHEADを起点にして操作するので、今自分がどのコミットやブランチに対して操作しようとしているのかを把握しながら実施するようにしましょう。

次にどのような操作をするのかを把握するときは、これまで触れてきたgit statusやgit logコマンドが役立ちます。

06-02-05 デフォルトブランチを登録する

ブランチ(branch)は英語で枝を意味しますが、ソースコードの変更履歴を分岐して(枝分かれして)記録していくための機能です。ブランチを使うことにより、次のようなメリットがあります。

- 他ブランチでの作業の影響を受けないため、複数の作業を同時に進められる
- ブランチごとに作業の履歴を残せるので、後から見たときにわかりやすい

1人で開発しているときはもちろん、チームで開発を進めるときにもお互いの作業に影響を受けずに開発できます。

Gitリポジトリ内で最初となるコミットをすると、`git branch`でブランチ一覧を確認できるようになります。`git branch`コマンドを実行すると、`main`の先頭に`*`がついていますが、これが現在作業しているブランチです。今は`main`ブランチのみ存在している状態です。

▼現在作業しているブランチを確認する

```
$ git branch
* main
```

`main`という名前はGitリポジトリを作成したときにデフォルトで付与されます。`main`ブランチは新しくブランチを作成するときの起点となったり、本番環境にデプロイするブランチになるなど、チームで開発をする上で重要な意味を持ちます。ここでいうデプロイとは、ソースコードを含むアプリケーションを各環境に配備して動作できる状態にする作業を指します。デプロイについては **11章 Webアプリケーションの公開** で詳しく触れているので参照してください。

開発を進める際に起点となるブランチを、GitHubでは**デフォルトブランチ**として管理します。GitHubでは、リモートリポジトリに最初にプッシュしたブランチがデフォルトブランチとして登録されます。多くの場合、`main`ブランチをデフォルトブランチとして開発を進めます。

ここでも、`main`ブランチをデフォルトブランチとして登録するため、`main`ブランチをリモートリポジトリにプッシュしておきましょう。ローカルリポジトリで加えた変更履歴をリモートリポジトリにプッシュするには、`git push`コマンドを使います。このコマンドは、`git push <リモートリポジトリ名> <送信対象のローカルブランチ名>`の形で指定します。

リモートリポジトリ名とは、リモートリポジトリサーバーへのエイリアスです。今回、リモートリポジトリ名は変更していないので、デフォルトの`origin`を指定します。リモートリポジトリ名の詳細は、`git remote -v`コマンドで確認できます。

▼リモートリポジトリにプッシュする

```
# リモートリポジトリの詳細を確認
$ git remote -v
origin  git@github.com:<username>/pypro4.git (fetch)
origin  git@github.com:<username>/pypro4.git (push)
```

```
# originにローカルのmainブランチの内容をプッシュする
$ git push -u origin main
Enumerating objects: 3, done.
Counting objects: 100% (3/3), done.
Writing objects: 100% (3/3), 237 bytes | 237.00 KiB/s, done.
Total 3 (delta 0), reused 0 (delta 0), pack-reused 0
To github.com:<username>/pypro4.git
 * [new branch]      main -> main
branch 'main' set up to track 'origin/main'.
```

初回のプッシュ時には、`--set-upstream`または省略形の`-u`オプションを付与して、リモートリポジトリにあるブランチとローカルリポジトリにあるブランチを紐づけておくと便利です。他のブランチを紐づけたい場合は、`-u origin <ブランチ名>`で紐づけたいブランチ名を指定します。

ローカルで開発した成果物をリモートリポジトリへ送信できたので、GitHubのページで確認してみましょう。`pypro4`のリポジトリ画面を再読み込みすると、ローカルで加えた変更がGitHub上にあるリモートリポジトリに反映できたことがわかります。

▼Pushed to remote repository

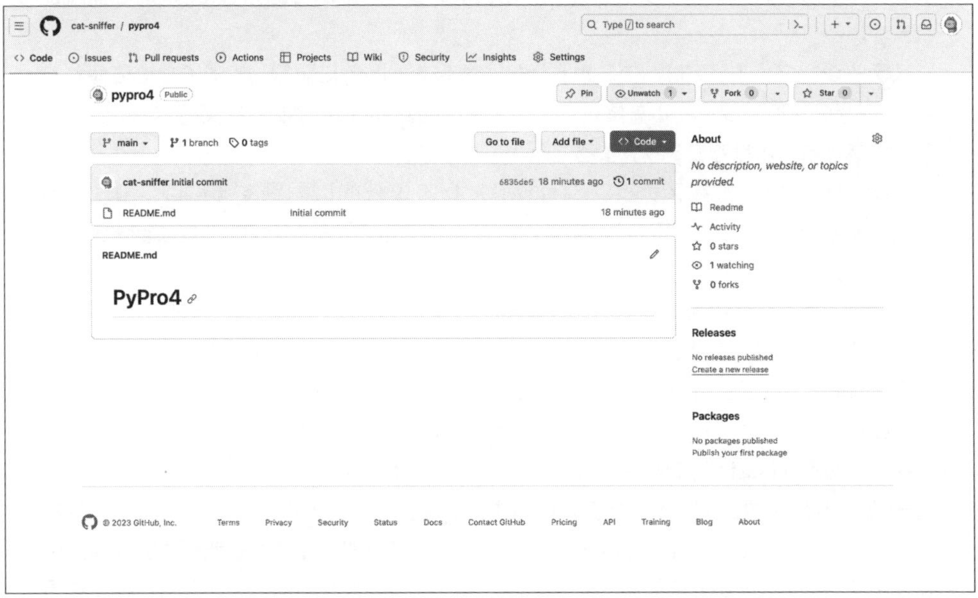

[1 branch] からブランチ一覧を見ると、`main`ブランチがデフォルトブランチ(**[Default branch]**)に登録されたことが確認できます。

▼Default branch

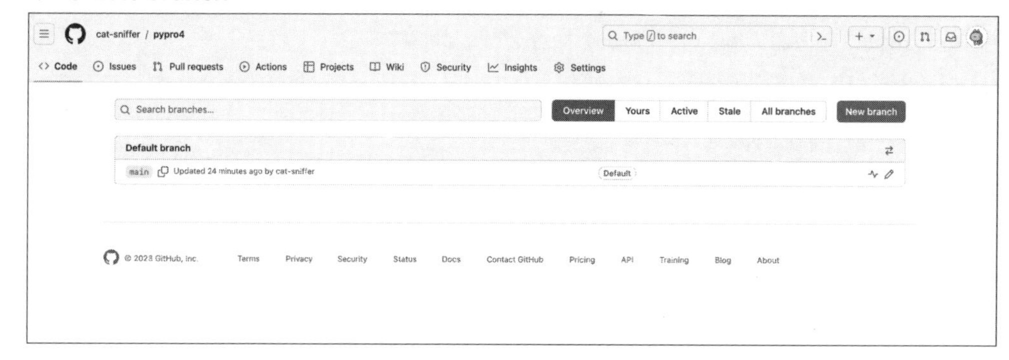

Chapter 01
Chapter 02
Chapter 03
Chapter 04
Chapter 05
Chapter 06
Chapter 07
Chapter 08
Chapter 09
Chapter 10
Chapter 11
Chapter 12
Chapter 13
Chapter 14
A
Part 1
Part 2
Part 3
Part 4
Appendix

Column

Gitが管理する3つの要素とファイルの状態

Gitには、**作業ディレクトリ、ステージング・エリア、.gitディレクトリ** の3つの要素があります。

作業ディレクトリは、`git init`や`git clone`コマンドの実行によって`.git`ディレクトリが配置されたディレクトリです。このディレクトリ内にあるものはGitで監視されます。

ステージング・エリアは、コミットしたい情報を一時的に記録しておくために使われます。任意の粒度でファイルを修正してステージ(`git add`コマンドを実行)することで、意味のあるまとまりでコミットすることができます。

ステージした情報をスナップショットとして永続的に記録するには、コミット(`git commit`コマンドを実行)します。このようにして記録した内容は、`.git`ディレクトリに保存されます。

すでにステージ済みあるいはコミット済みのファイルは、「追跡(`tracked`)」として認識されます。追跡(`tracked`)されたファイルには、「修正済み(`modified`)」「ステージ済み(`staged`)」「コミット済み(`committed`)」の3つの状態があります。ステージもコミットもしていないファイルは「未追跡(`untracked`)」として認識されます。ファイルが今どの状態にあるかは`git status`コマンドで確認できます。

一時ファイルやビルド時に生成されるオブジェクトファイルなど、意図的に追跡させたくないファイルは`.gitignore`というファイルに記述することで無視されるようになります。`.gitignore`に記載したものは、`untracked`と表示されることもなくなるため、間違えてステージするのを防げます。

Gitが管理している3つの主要要素とファイルの状態を理解することで、Gitを使って円滑に開発作業ができるようになります。また、間違えてコミットしてしまった場合でも、上記について理解できていればトラブルシューティングもしやすくなります。

開発を進める際は、このmainブランチを起点に作業用のブランチを作って開発します。

デフォルトブランチについては、以下のドキュメントにも詳しく記載されているので参照してください。

- **デフォルトブランチについて**
  https://docs.github.com/ja/pull-requests/collaborating-with-pull-requests/proposing-changes-to-your-work-with-pull-requests/about-branches#about-the-default-branch

06-03 GitHub Flowを使ったチームでの開発の流れ

ここからは、GitとGitHubを利用して複数人で開発する流れについて説明します。GitとGitHubを使ってブランチ管理をする方法には色々なパターンがありますが、ブランチ管理の手軽さや開発に集中できるといった理由から、GitHub Flow※1を紹介します。私たちもこのワークフローをベースにして開発を進めています。

GitHub Flowは、シンプルにいうと「開発を行い、プルリクエストを作成したら、レビューを実施してマージする」というフローです。このワークフローの原則は「mainブランチはいつでもデプロイ可能である」という点だけです。

GitHub Flowに沿って開発するには、GitHubにリモートリポジトリを作る必要がありますが、ここでは、チームメンバーが所属済みのリモートリポジトリがすでにある前提で説明します。

06-03-01 ブランチを作成する

GitHub Flowでは、mainブランチを起点にした作業用ブランチを別途作成して開発を進めていきます(このブランチのことを**トピックブランチ**といいます)。トピックブランチはプロジェクト内でいくつも作成されます。そのため、何をするためのブランチなのかがわかるように以下のような名前をつけます。

- 機能追加の例: add_user_notice(ユーザーの通知機能を追加)
- 機能更新の例: update_setup_script(設定スクリプトの更新)
- 機能削除の例: delete_sample_code(サンプルコードの削除)
- 不具合修正の例: fix_user_login_validation_error(ログイン認証のValidationエラー修正)

Redmineのような課題管理システムを使用している場合は、t101_add_readmeのようにブランチ名にチケット番号をつけることで関連するチケットもわかりやすくなります。課題管理システムについては、**5章 課題管理とレビュー** で詳しく触れているので、そちらも併せて参照してください。

※1 GitHub Flow：https://docs.github.com/ja/get-started/quickstart/github-flow

今回は、「既存のREADMEファイルを更新する」というトピックの開発作業をしていきたいと思います。`main`ブランチにいることを確認し、`git checkout -b`コマンドで`update_readme`ブランチを作成しましょう。このコマンドは、`git branch`と`git checkout`というコマンドを一度に実行するものです。`git branch <ブランチ名>`で新しいブランチを作成し、`git checkout <ブランチ名>`で今いるブランチから新しく作成したブランチに移動します。

MEMO

Git のバージョン `v2.23.0` からは、`git checkout` の代わりに `git switch` コマンドでブランチ操作ができます。git-switch のドキュメントに`THIS COMMAND IS EXPERIMENTAL. THE BEHAVIOR MAY CHANGE.`と記載があるように、まだ実験的に導入された状態のため、本章では`git checkout`コマンドを使う方法で説明します。

`git switch`コマンドの詳細について知りたい方は、以下のドキュメントを参照してください。

- **git-switch**
  https://git-scm.com/docs/git-switch
- **Highlights from Git 2.23**
  https://github.blog/2019-08-16-highlights-from-git-2-23/

▼mainブランチからトピックブランチを作成する

```
# mainブランチにいることを確認する
$ git branch
* main

# mainブランチからトピックブランチを作成する
$ git checkout -b update_readme
Switched to a new branch 'update_readme'
```

`git branch`コマンドを実行すると、`update_readme`ブランチに移動したことが確認できます。

▼トピックブランチに移動したことを確認する

```
$ git branch
  main
* update_readme
```

06-03-02 トピックブランチで作業する

`update_readme`ブランチに移動できたので、ここからは実際にREADMEを更新する作業をしていきます。以下のコマンドを実行し、`README.md`に簡単な説明を追加してみましょう。

▼Gitリポジトリに変更を加える

```
$ echo "猫吸いが集まるリポジトリです。" >> README.md

# Gitリポジトリの状態を確認する
$ git status
On branch update_readme
Changes not staged for commit:
  (use "git add <file>..." to update what will be committed)
  (use "git restore <file>..." to discard changes in working directory)
    modified:   README.md

no changes added to commit (use "git add" and/or "git commit -a")
```

README.mdに説明文を追加したことにより、modifiedという状態になりました。変更履歴として記録するため、git addコマンドでステージします。すでにGitリポジトリの管理下にあるファイルに対してステージする場合は、git addコマンドに-uオプションを使うと便利です。このオプションをつけると、変更されたファイルすべてをaddすることができるため、ファイル名を指定する手間が省けます。

▼README.mdをステージする

```
# 変更したすべてのファイルをステージする
$ git add -u

# Gitリポジトリの状態を確認する
$ git status
On branch update_readme
Changes to be committed:
  (use "git restore --staged <file>..." to unstage)
    modified:   README.md
```

ステージする前のメッセージがChanges not staged for commitだったものがChanges to be committedの表示に変わりました。コミットする準備ができたので、git commitコマンドで変更履歴を記録しましょう。

▼ステージした内容をコミットする

```
# 変更内容をコミットする
$ git commit -m "READMEに概要を追加"
[update_readme 4d49b4c] READMEに概要を追加
 1 file changed, 1 insertion(+)

# Gitリポジトリの状態を確認する
 $ git status
```

```
On branch update_readme
nothing to commit, working tree clean

# コミットできたことを確認する
$ git log --oneline
4d49b4c (HEAD -> update_readme) READMEに概要を追加
5ee2fef (origin/main, main) Initial commit
```

変更履歴が記録できました。git logコマンドに--onelineオプションを付与すると、変更の概要を1行で表示できます。コミットの数が多くなってきた場合や、コミットの詳細を見る必要がない場合などにこのオプションを使うとコミット履歴が見やすくなります。

06-03-03 リモートリポジトリに成果物をプッシュする

READMEの更新作業ができたので、作業内容をリモートリポジトリにプッシュします。今回は、update_readmeブランチをプッシュしたいため、送信対象のブランチ名にはupdate_readmeを指定します。

▼リモートリポジトリに変更履歴を反映する

```
$ git push origin update_readme
Enumerating objects: 5, done.
Counting objects: 100% (5/5), done.
Delta compression using up to 10 threads
Compressing objects: 100% (2/2), done.
Writing objects: 100% (3/3), 352 bytes | 352.00 KiB/s, done.
Total 3 (delta 0), reused 0 (delta 0), pack-reused 0
remote:
remote: Create a pull request for 'update_readme' on GitHub by visiting:
remote:      https://github.com/beproud/nekosui/pull/new/update_readme
remote:
To github.com:beproud/nekosui.git
 * [new branch]      update_readme -> update_readme
```

GitHubの画面を再読み込みすると、update_readmeブランチがプッシュされた旨のメッセージが表示されました。

▼GitHubにプッシュした内容を確認する

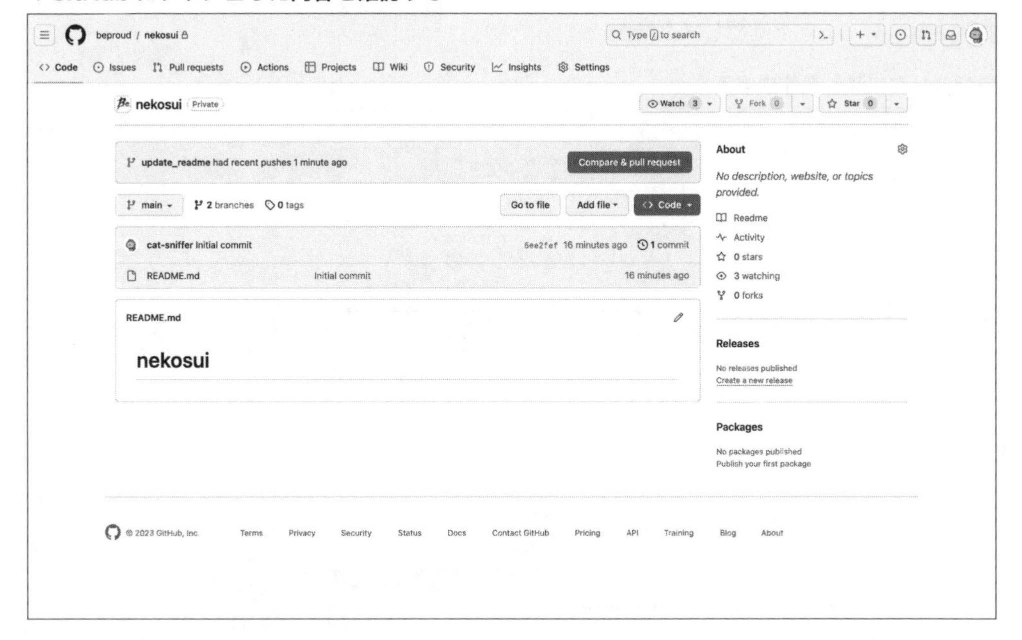

チームメンバーは、`git fetch`や`git pull`コマンドを実行することで、`update_readme`ブランチの内容を参照できるようになります。ローカルのトピックブランチ上で開発した内容を定期的にリモートリポジトリへプッシュすることで、チームメンバーと作業の様子を共有できます。

また、ノートパソコンを紛失したりハードディスクやSSDが故障しても、作業内容が常にリモートリポジトリにバックアップされることにもなります。

06-03-04 プルリクエストを作成する

リモートリポジトリに`update_readme`ブランチをプッシュできたので、内容が良さそうかコードレビューしてもらいましょう。コードレビューを依頼するには、プルリクエスト(Pull Request)を作成します。プルリクエストはGitHubが提供しているコードレビュー機能で、特定のブランチから特定のブランチに対してのコード変更を取り込み(プル)依頼(リクエスト)するためのものです。プルリクエストを作る方法は2つあります。

- 新しく作成したブランチをプッシュした際に表示される [Compare & pull request] ボタンを選択して作成する
- ブランチ一覧にある [New pull request] ボタンを選択して作成する

今回は、プッシュした際に表示されていた **[Compare & pull request]** ボタンを使ってプルリクエストを作成してみます。

[Compare & pull request] ボタンを押下すると、次図の画面が表示されます。`update_` readmeブランチをmainブランチにマージするためのプルリクエストなので、**[base]** にmainが指定されていることを確認してください。

▼プルリクエストを作成する

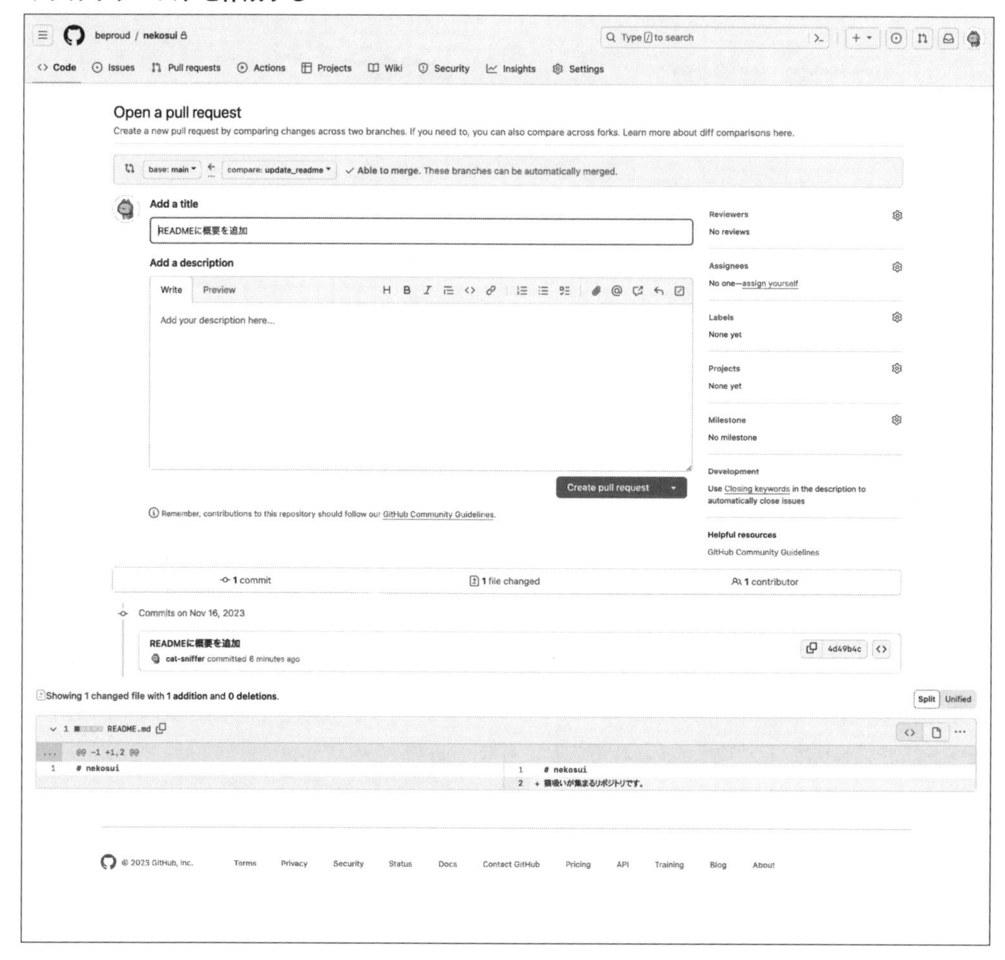

タイトルには、HEADのコミットメッセージがデフォルトで反映されます。説明欄には、レビュー観点を記載しておくことで要点に集中してレビューしてもらえます。レビューについては、**5章 課題管理とレビュー** でも詳しく説明しているので併せて参照してください。

▼プルリクエストにレビュー観点を書く

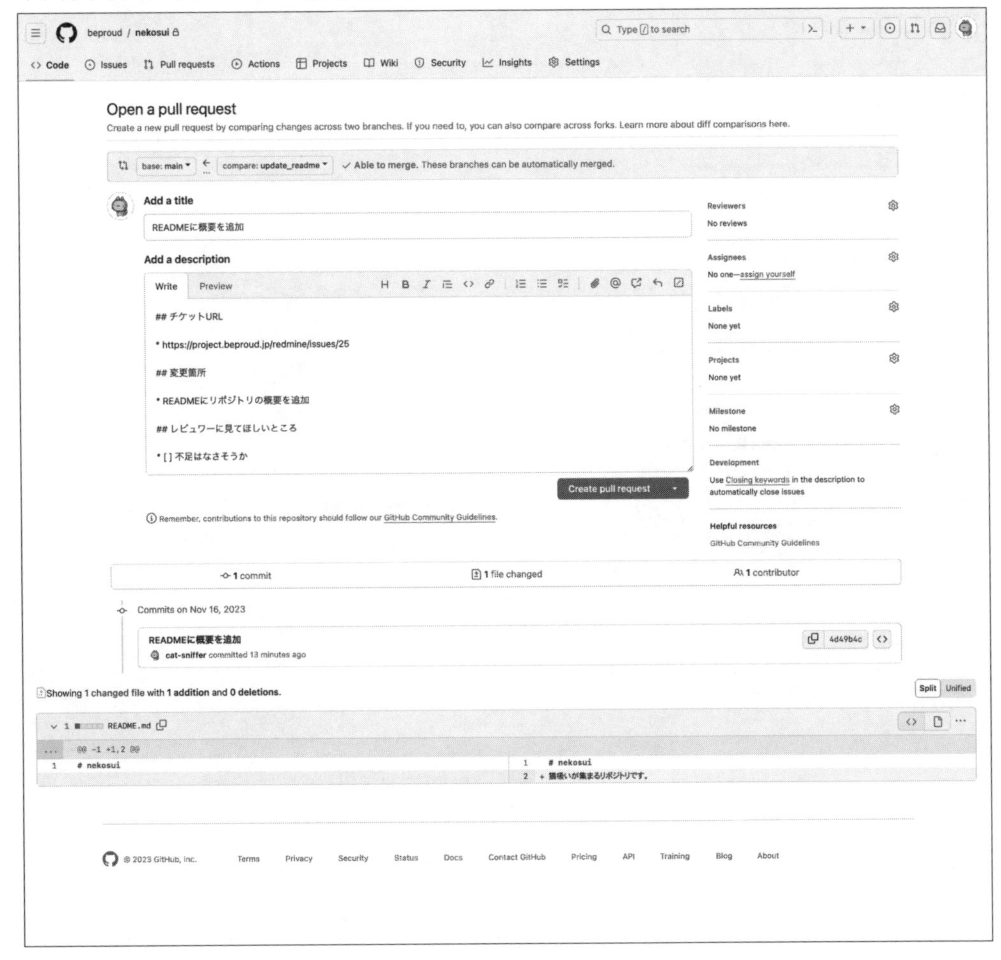

プルリクエスト上のコメントには、**GitHub Flavored Markdown(GFM)** というMarkdown記法を使って書けるので併せて活用しましょう。GitHub Flavored Markdownは、その名の通りGitHubが拡張したMarkdownの一種です。記載したMarkdownがどのように表示されるかは、**[Preview]** で確認できます。

▼プルリクエストのプレビュー

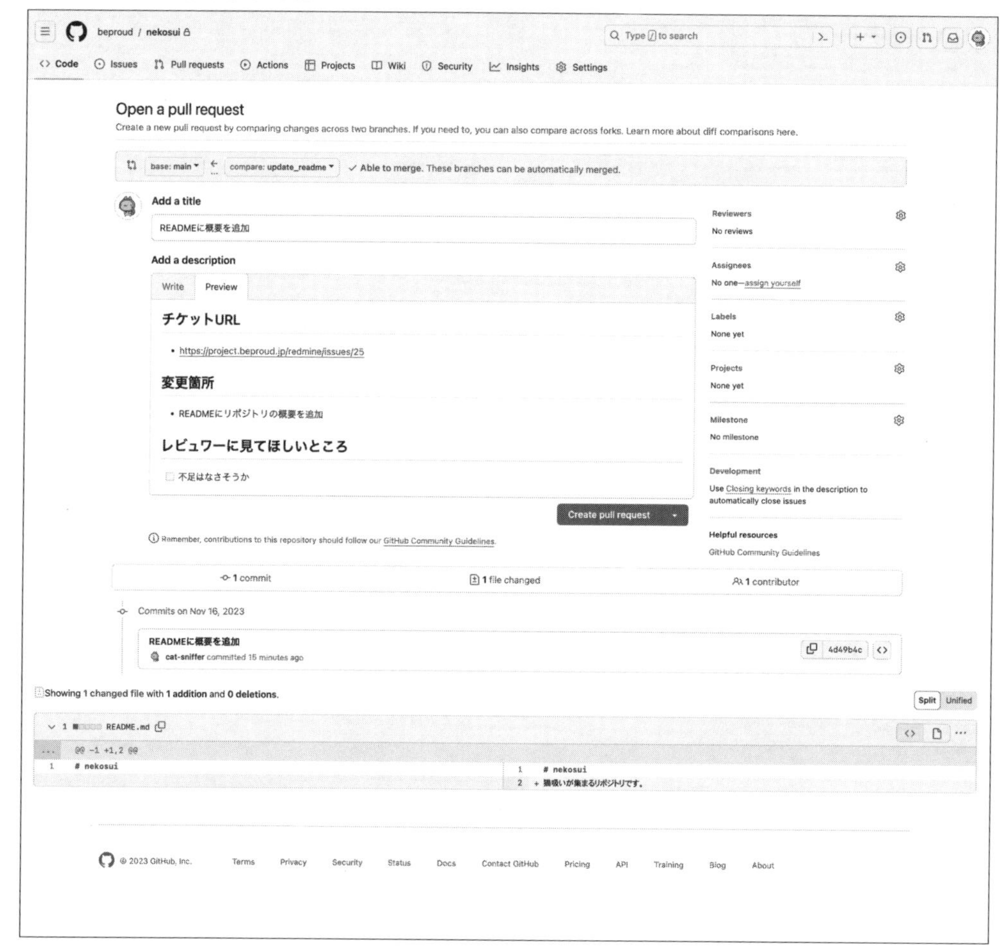

Markdown記法の詳細については、基本的な書き方とフォーマットの構文のドキュメントを参照してください。

- **基本的な書き方とフォーマットの構文**
  https://docs.github.com/ja/get-started/writing-on-github/getting-started-with-writing-and-formatting-on-github/basic-writing-and-formatting-syntax

レビュアーの設定もしましょう。右上にある **[Reviewers]** か、その横の歯車アイコンをクリックするとレビュアーが選択できます。

[Assignees] も設定しておきましょう。**[Assignees]** には、レビューを受ける人(レビューイ)を指定します。**[assign yourself]** をクリックすることで、自分をAssigneesに設定できます。Assigneesを設定しておくと、そのプルリクエストの開発担当が誰なのかを明示できるのと、プルリクエストを検索する際にもAssigneesの名前で絞り込むことができるので便利です。

▼Reviewers と Assignees の設定

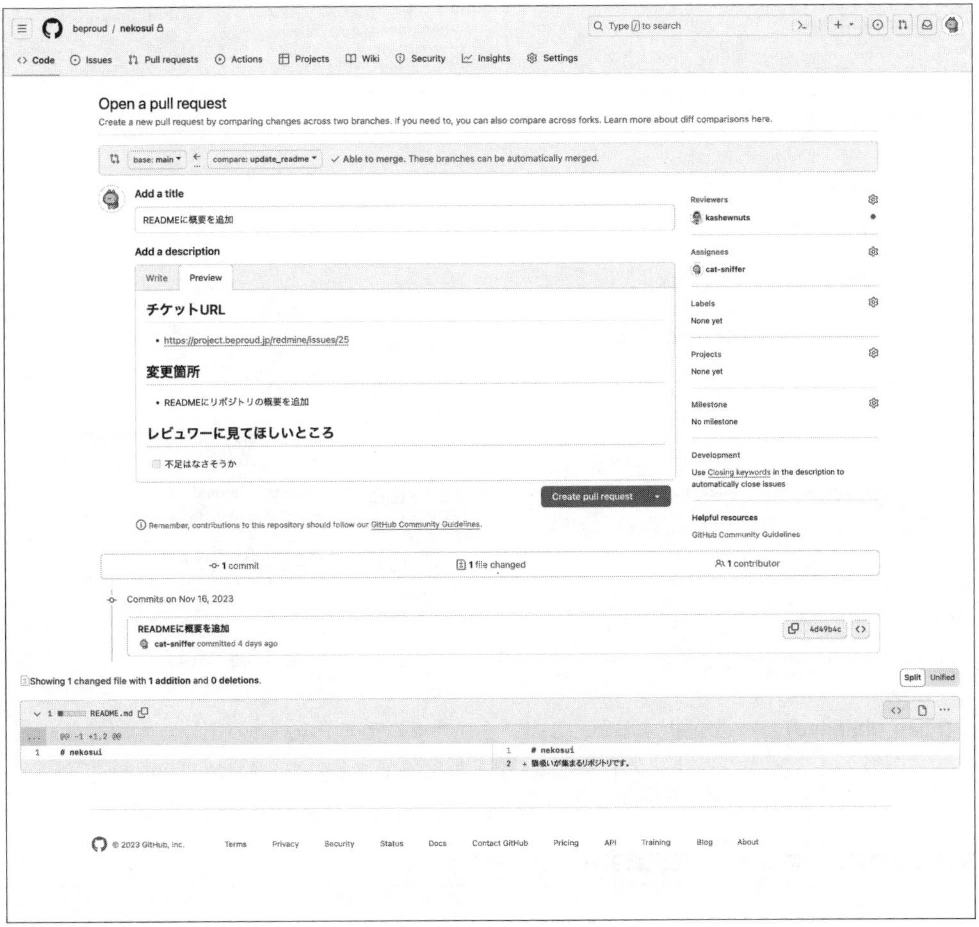

プルリクエストの説明が書けたら **[Create pull request]** ボタンを選択してプルリクエストを作成します。次図のように、**[Create draft pull request]** も表示されている場合は、そちらを選択して作成しても構いません。ドラフトのプルリクエストについては後述します。

▼ドラフトのプルリクエストも選択できる場合

[Files changed] タブを選択すると、このブランチでのファイルごとの差分が確認できます。コード上の **[+]** ボタンをクリックするとコメントが投稿できるので、特にレビューしてほしい点や、コードの追加・変更の理由などをコメントしておくとレビューがしやすくなります。

▼プルリクエストにコメントを記載する

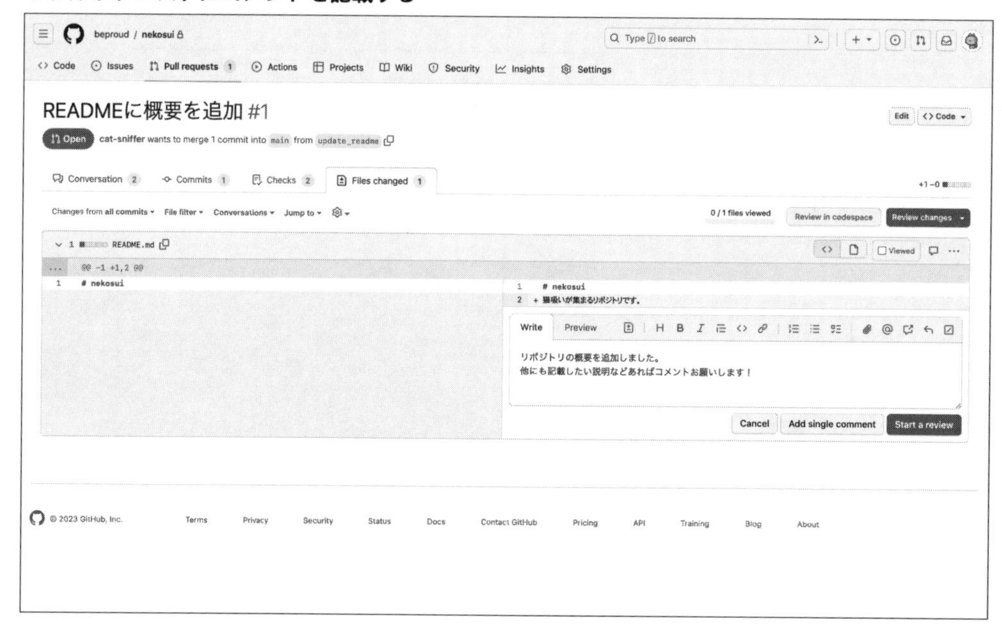

コメントを記載後、**[Add single comment]** を選択すると即コメントが投稿されます。**[Start a review]** を選択した場合は、**[Pending]**（保留）状態でコメントが投稿され、**[Finish your review]** から **[Submit review]** を選択することでコメントが投稿されます。

複数のコメントを記載する際は、**[Start a review]** でコメントを書いておき、最後にまとめて **[Finish your review]** - レビュー依頼のコメントを記載 - **[Submit review]** でコメント投稿することをおすすめします。

▼**[Start a review] を使ってコメントを記載する**

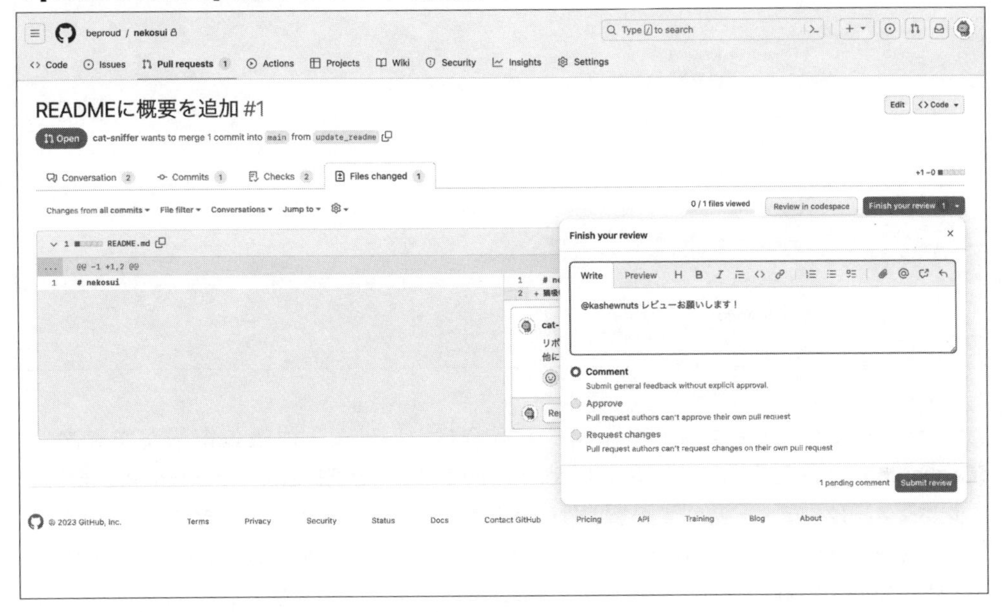

このようにすることで、次図のように **[Conversation]** で表示した際、コード上のコメントがレビュー依頼のコメントの下にぶら下がる形で表示され、見やすくなります。

▼[Start a review] を使ってコメントを記載する

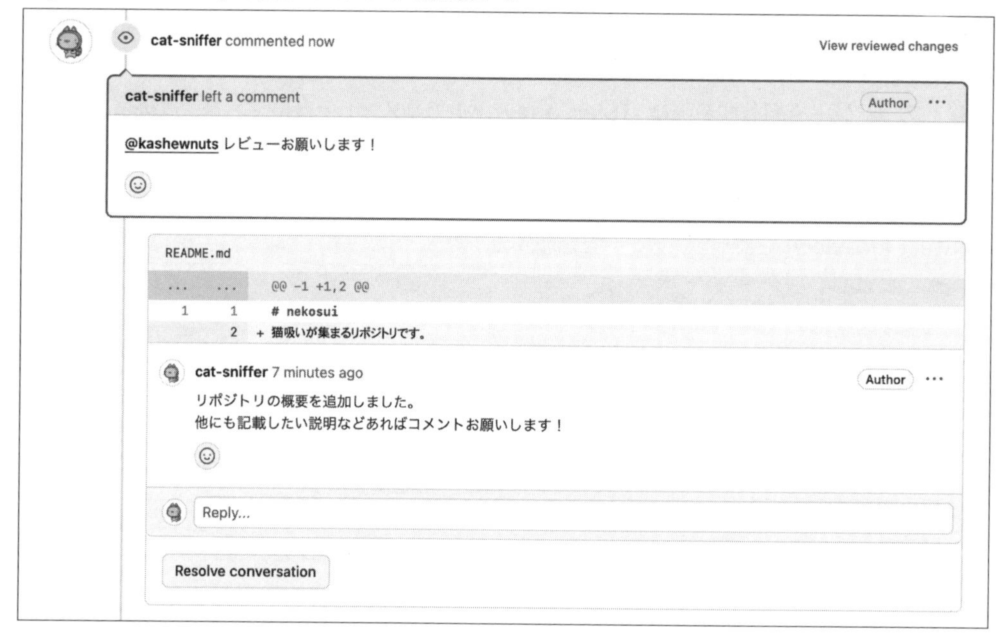

ドラフトでプルリクエストを作成した場合は、レビュー依頼の準備ができ次第、**[Conversation]** 画面下部にある **[Ready for review]** ボタンを選択してレビュー依頼します。

レビュアーはレビュー後、「この機能は問題なさそう」と判断したら**LGTMコメント**をして、**[Finish your review]** から **[Approve]** を選択してプルリクエストを承認します。LGTMコメントとは、"Looks Good To Me"の略で「自分的にはOKです！」という意味です。レビューした結果、特に問題なしと判断できた際に使います。

コードの変更を要求したい場合は、変更依頼のコメントを記載して **[Request Changes]** を選択しましょう。

▼LGTMコメントをもらいApproveされた

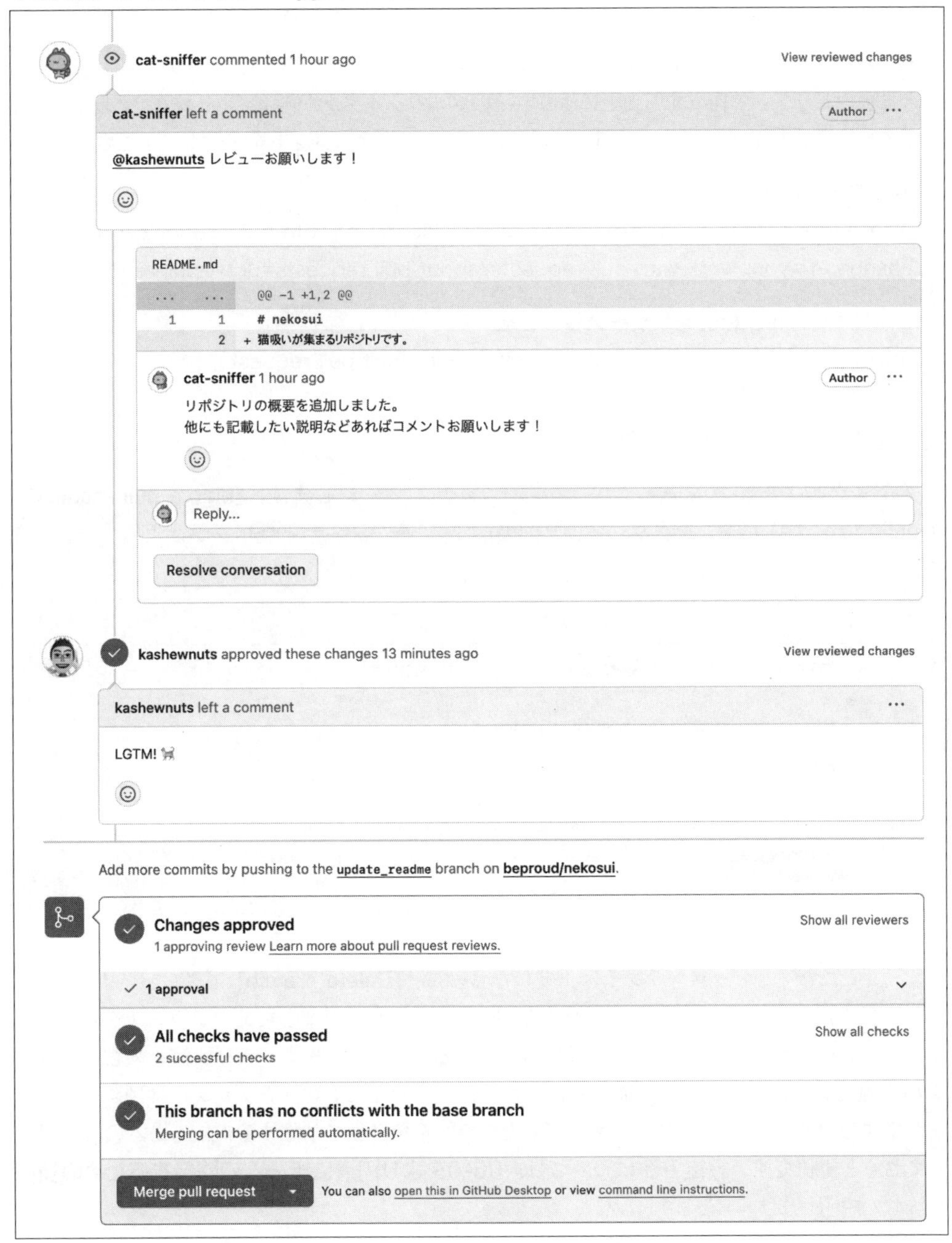

プルリクエストは、開発作業の途中でも作成できます。これを**WIPプルリクエスト(WIP PR)**といいます。WIPとはWork In Progress(作業中)を意味します。開発はまだ完了していないが先に現時点でのフィードバックがほしいときや、実装方針が良さそうかを見てもらいたいときなどにWIP PRを作成しレビューしてもらうことがあります。WIP PRには、プルリクエ

ストのタイトルの頭に **[WIP]** をつけます。WIP PRのレビューについては、**05-04 レビュー**でも詳しく説明しているので参照してください。

パブリックリポジトリやOrganizationのリポジトリでは、ドラフトのプルリクエストを作成できます。ドラフトで作成することにより、そのプルリクエストが開発途中の段階であることを明示できます。ドラフト機能の詳細については、以下のドキュメントを参照してください。

- **ドラフトプルリクエスト**
  https://docs.github.com/ja/pull-requests/collaborating-with-pull-requests/proposing-changes-to-your-work-with-pull-requests/about-pull-requests#draft-pull-requests
- **Draft Pull Requestをリリースしました**
  https://github.blog/jp/2019-02-19-introducing-draft-pull-requests/

06-03-05 マージする

プルリクエストが承認されたら`main`ブランチにマージします。**[Merge pull request]** - **[Confirm merge]** ボタンをクリックして`update_readme`ブランチを`main`ブランチにマージします。

▼マージする

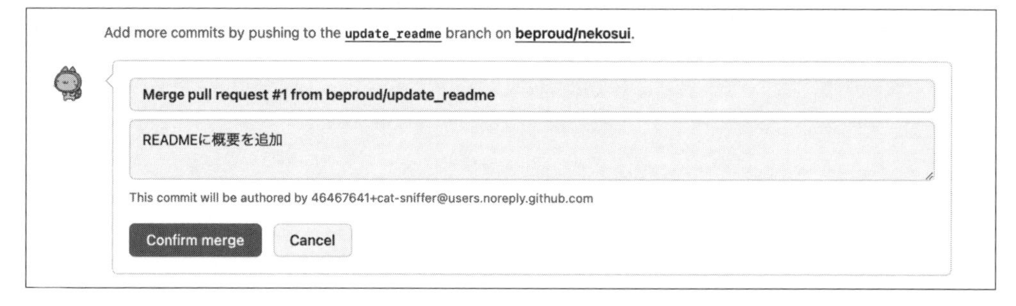

マージした後のトピックブランチは不要になるので、**[Delete branch]** ボタンをクリックしてリモートリポジトリ上のトピックブランチを削除しましょう。作業を終えたブランチを残しておくと、不要なブランチがGitリポジトリに残り続けることになります。マージ済みの古いブランチが間違えて使われてしまう可能性もあるため、マージしたトピックブランチは削除することをおすすめします。GitHubには、マージしたブランチを自動で削除する機能もあるので、設定しておくと便利です。設定方法については、**06-05 より円滑にチームで開発するための技術**で詳しく説明します。

▼Delete branch ボタン

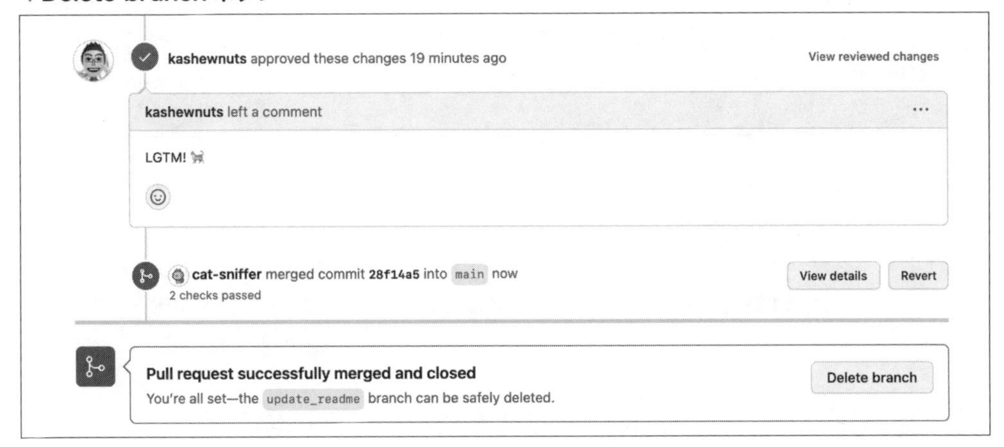

このとき、ブランチを誤って削除してしまった場合でも、**[Restore branch]** ボタンを使えばブランチを復元できます。

▼Restore branch ボタン

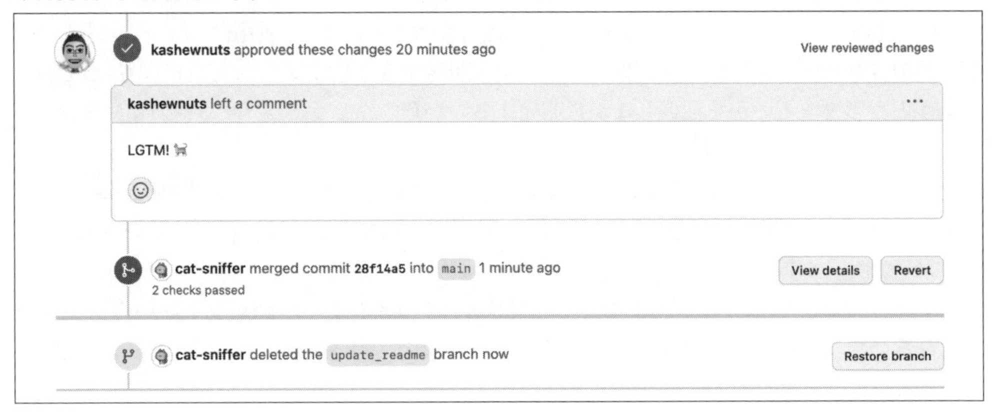

マージ後は、ローカルリポジトリ上のトピックブランチも不要になるので、`git branch -D`コマンドで削除しましょう。

▼役目が終わったローカルリポジトリ上のブランチを削除する

```
# 現在いるブランチは削除できないため、mainブランチに移動する
$ git checkout main
Switched to branch 'main'
Your branch is up to date with 'origin/main'.

# 役目が終わったトピックブランチを削除する
$ git branch -D update_readme
Deleted branch update_readme (was 4d49b4c).
```

```
# トピックブランチが削除されたことを確認する
$ git branch
* main
```

以上が、GitHub Flowを使った開発の流れです。

GitHub Flowに沿ってマージした後は、検証用の環境にデプロイして動作確認します。検証が完了したら、プロジェクト内で決められた手順に沿って本番環境にデプロイしましょう。デプロイについては **11章 Webアプリケーションの公開** で詳しく説明しているので参照してください。

06-03-06 リモートリポジトリの変更を取り込む

`update_readme`ブランチを`main`ブランチにマージしたことで、リモートリポジトリに変更が加わりました。複数のメンバーで開発を進める場合は、他のメンバーのトピックブランチもリモートリポジトリの`main`ブランチにマージされていきます。チームメンバーがトピックブランチをプッシュするたびにリモートリポジトリの情報が更新されます。

リモートリポジトリとローカルリポジトリの差分が大きくなると、`main`ブランチの最新の状態や他のメンバーの作業状況を把握できないまま開発することになるため、自分の行っている作業がどう影響するのかを把握しながら開発するのが難しくなったり、マージの際にコンフリクトしやすくなったりします。

そのため、リモートリポジトリの情報はローカルリポジトリに定期的に取り込む必要があります。リモートリポジトリの情報をローカルリポジトリに取り込むには、`git fetch`や`git pull`コマンドを使います。

`update_readme`ブランチをマージしたことでリモートリポジトリの`main`ブランチの情報が更新されたので、`git pull`コマンドを使ってローカルリポジトリの`main`ブランチにもその内容を取り込んでおきましょう。

▼リモートリポジトリの変更を取り込む

```
# mainブランチにいることを確認する
$ git branch
* main

# リモートリポジトリの変更を取り込む
$ git pull
remote: Enumerating objects: 1, done.
remote: Counting objects: 100% (1/1), done.
remote: Total 1 (delta 0), reused 0 (delta 0), pack-reused 0
Unpacking objects: 100% (1/1), 671 bytes | 671.00 KiB/s, done.
From github.com:beproud/nekosui
   5ee2fef..28f14a5  main       -> origin/main
```

```
Updating 5ee2fef..28f14a5
Fast-forward
 README.md | 1 +
 1 file changed, 1 insertion(+)

#マージコミットが増えていることから、変更を取り込めたことが確認できる
$ git log --oneline
28f14a5 (HEAD -> main, origin/main) Merge pull request #1 from beproud/update_rea
dme
4d49b4c (origin/update_readme) READMEに概要を追加
5ee2fef Initial commit
```

git pullコマンドは2つのコマンドが同時に動いてます。git fetchコマンドとgit mergeコマンドです。fetchでリモートリポジトリの変更を取得し、mergeでローカルリポジトリにその変更を反映しています。

次に別のトピックで開発を進める際は、上記のようにリモートリポジトリの最新情報をローカルリポジトリに取り込んでからトピックブランチを作成して開発を進めていきます。

06-03-07 まとめ

GitHub Flowの考え方は、ワークフローをシンプルなものにしていこうというものです。「すべてのルールを守らなければGitHub Flowではない」というものではないので、開発現場に合わない部分があれば適宜調整してみるとよいでしょう。

GitとGitHubを使ってブランチ管理をする方法にはいくつかのパターンがあります。チームが開発に集中して取り組めるワークフローは何かに着目して選択しましょう。

GitHub FlowについてはGitHubにドキュメントがあるので参照してください。

- **GitHubフロー**
  https://docs.github.com/ja/get-started/quickstart/github-flow

Column

git-flow

gitを用いたワークフローでもう1つ代表的なgit-flow※1についても説明します。次のような状況では、git-flowが適している場合があります。

- 長いインターバル(リリースの間に数週から数カ月)で、定期的にリリースしなければならないチーム
- いくつものブランチ戦略を考える必要があるチーム(ホットフィックスやメンテナンスブランチ、極まれに製品をリリースするときに発生するその他の事々)

これは「A successful Git branch model」というブランチ戦略がもとになっています。git-flowを図に表すと右図のようになります。

git-flowは開発者の視点からすると、ソフトウェアの開発状態をブランチ名で表しています。

git-flowの標準的なワークフローは以下のようになります。

1. masterブランチ(mainブランチに相当するもの)から開発ブランチ(developブランチ)を作成する
2. 開発ブランチから作業ブランチ(featureブランチ)を作成し機能を実装・修正する
3. 作業が完了したら、作業ブランチを開発ブランチにマージする
4. 1.、2.を繰り返す
5. リリースの準備をするためリリースブランチ(releaseブランチ)を作成し作業する
6. リリース作業が完了したらmasterブランチに統合し、バージョンタグを作成してリリースする
7. リリースしたものに不具合があれば、タグに打たれたバージョンをもとに修正(ホットフィックス)する

このワークフローは緊急時の不具合対応も考慮していますが、複雑すぎる場合があります。それは覚えるブランチの状態が多く、はじめにワークフロー全体を事前に理解する必要があるからです。自分たちのチームがgit-flowに合うかはメリットとデメリットを理解してから採用することをおすすめします。

※1 git-flow : https://nvie.com/posts/a-successful-git-branching-model/

Part 1 Chapter 01 02 03 Part 2 Chapter 04 05 06 07 08 09 Part 3 Chapter 10 11 12 Part 4 Chapter 13 14 Appendix A

▼A successful Git branching model ※1

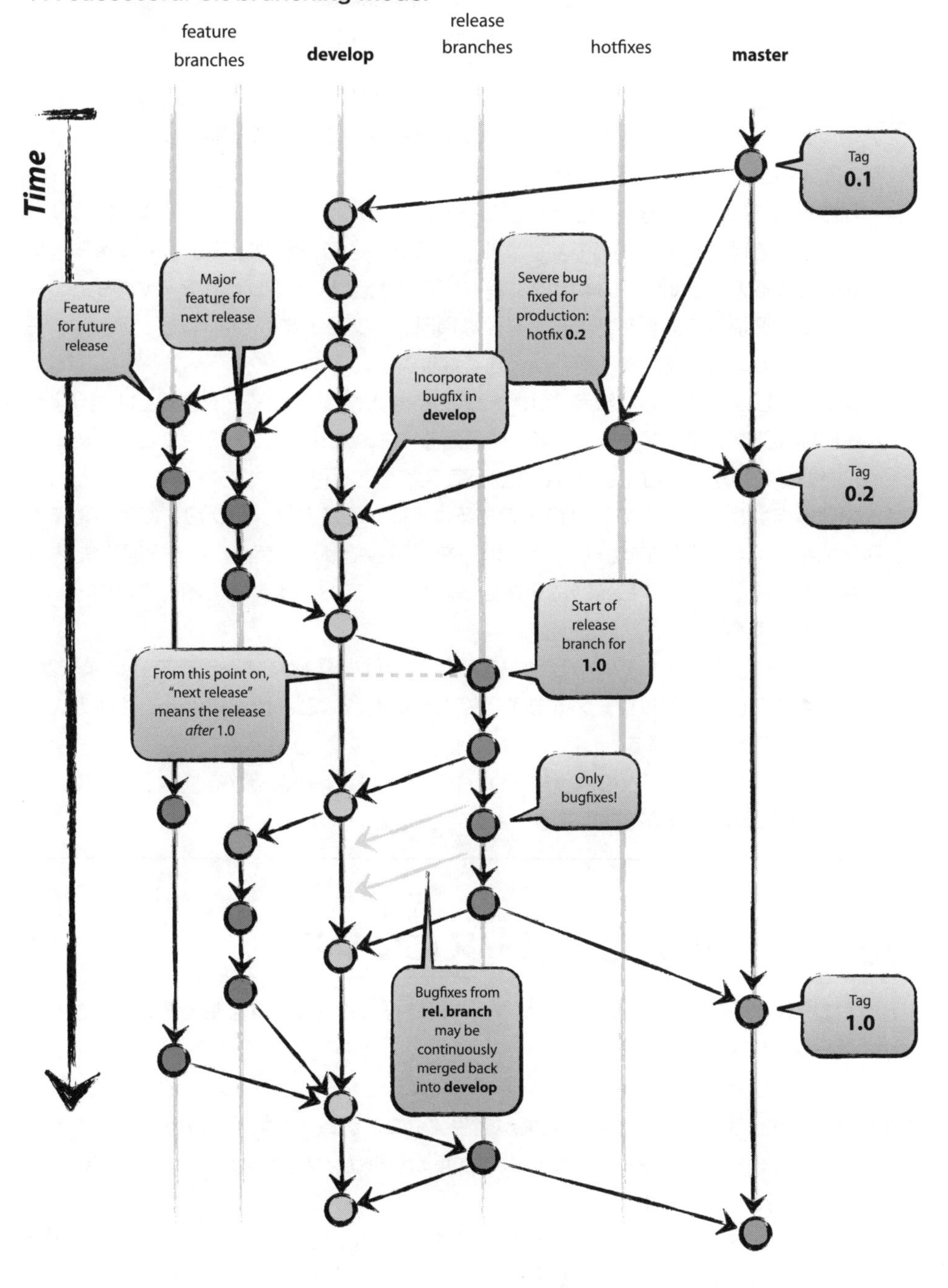

※1 「A successful Git branching model」
Author: Vincent Driessen
Original blog post: http://nvie.com/posts/a-successful-git-branching-model
License: Creative Commons BY-SA

Column

マージは誰がするか？

レビュー後、誰がマージを実行するかはプロジェクトによって異なり、開発者、レビュアー、チームリーダーなどが考えられます。ビープラウドでは原則、レビュー依頼をした開発者がマージまで行う方針で進めています。

理由としては、開発者一人ひとりがコードを書くだけではなく、本番環境に反映するところまで責任を持つからです。プルリクエストのコードがどのように本番環境に影響を与えるのかを知っているのは実装した開発者自身です。レビュアーやチームリーダーが本番環境への影響を把握して必要な項目をデプロイするのは、レビュアーやチームリーダーの認知負荷や責任範囲が大きくなります。

また、レビュー依頼した実装者より経験のある人がレビュアーになるとは限りません。必要なデプロイ手順をレビュアーに伝えるにも、コミュニケーションコストの増加や、必要なものがデプロイされないというミスが起こる可能性があります。

開発者自身がマージしてデプロイできるようにすることで、デプロイによる影響範囲を把握しやすくなります。レビュー項目を見直したり、実装時に動作確認した内容を共有することで、デプロイ時に必要な情報が足りておらずデプロイできないというような問題は避けられるでしょう。

このように、原則として、レビューを受けた後は開発者がマージまで行いますが、複数の実装をまとめてリリースすることになった場合など、状況によっては他の人がマージすることもあります。

誰がマージすることでどのようなメリット・デメリットがあるかを検討した上で、プロジェクトに適した方法を採用するとよいでしょう。

06-04 マージとリベースについて

Gitには、あるブランチの変更を別のブランチに統合するための方法が大きく分けて2つあります。**マージ**と**リベース**です。

しかし、どんな場合でも正常にマージやリベースができるわけではありません。ブランチの変更が衝突してうまく統合できない現象が発生することがあります。この現象をコンフリクトと呼びます。この節では、マージとリベースの考え方やコンフリクトが発生した場合の対処方法について説明していきます。

マージやリベースに関するノウハウを身につけることで、よりスムーズにバージョン管理システムを運用できるようになるでしょう。

06-04-01 基本的なマージのやり方

前節では、トピックブランチを`main`ブランチに統合する際にプルリクエストのマージ機能を利用しましたが、ここでは、Gitを使った基本的なマージのやり方について見てみましょう。

add_gitignoreというトピックブランチ上で.gitignoreファイルを追加し、その内容をローカルリポジトリのmainブランチにマージするやり方を例に見ていきます。

まずは、git checkout -bコマンドでadd_gitignoreブランチを作成し、そのブランチに切り替えましょう。

▼トピックブランチを作成する

```
# 現在のブランチを確認する
$ git branch
* main

# トピックブランチを作成して移動する
$ git checkout -b add_gitignore
Switched to a new branch 'add_gitignore'

# トピックブランチに移動したことを確認する
$ git branch
* add_gitignore
  main
```

add_gitignoreブランチが作成され、そのブランチに移動したことを確認できました。この状態で.gitignoreファイルを追加します。

▼.gitignoreファイルを追加する

```
# __pycache__/が記載された.gitignoreファイルを作成する
$ echo "__pycache__/" > .gitignore

# .gitignoreをステージする
$ git add .gitignore

# .gitignoreがステージされたことを確認する
$ git status
On branch add_gitignore
Changes to be committed:
  (use "git restore --staged <file>..." to unstage)
    new file:   .gitignore

# コミットしてリポジトリの変更を記録する
$ git commit -m "gitignoreファイルを追加"
[add_gitignore 050ba72] gitignoreファイルを追加
 1 file changed, 1 insertion(+)
 create mode 100644 .gitignore

# コミットできたことを確認する
```

```
$ git log --oneline
050ba72 (HEAD -> add_gitignore) gitignoreファイルを追加
5419f86 (main) Initial commit
```

トピックブランチ上での作業が完了したので、git mergeコマンドでmainブランチにマージしてみましょう。

▼マージ作業を行う

```
#トピックブランチの内容をmainブランチに適用するため、mainブランチに移動する
$ git checkout main
Switched to branch 'main'

# mainブランチではトピックブランチの内容はまだ適用されていない
$ git log --oneline
5419f86 (HEAD -> main) Initial commit

#トピックブランチの内容をmainブランチに適用する
$ git merge add_gitignore
Updating 5419f86..050ba72
Fast-forward
 .gitignore | 1 +
 1 file changed, 1 insertion(+)
 create mode 100644 .gitignore

# mainブランチにトピックブランチの内容が適用された
$ git log --oneline
050ba72 (HEAD -> main, add_gitignore) gitignoreファイルを追加
5419f86 Initial commit
```

ターミナルに出力された情報から、add_gitignoreブランチの内容をmainブランチに取り込めたことが確認できました。

以上が、マージの基本的なやり方です。

06-04-02 マージの種類について

次に、マージの種類について説明します。マージには、**Fast-forward**と**Non-Fast-forward**の2種類があります。

● Fast-forward

先ほど説明した例では、git mergeコマンドを実行した結果にFast-forwardと表示されていました。これは、マージする際にmainブランチの最新のコミットからトピックブランチが直接分岐している状態だったので、mainブランチの先端をトピックブランチの先端のコミットまで

進めたことを示しています。
　図にすると、次のようなイメージです。

▼Fast-forwardのイメージ図

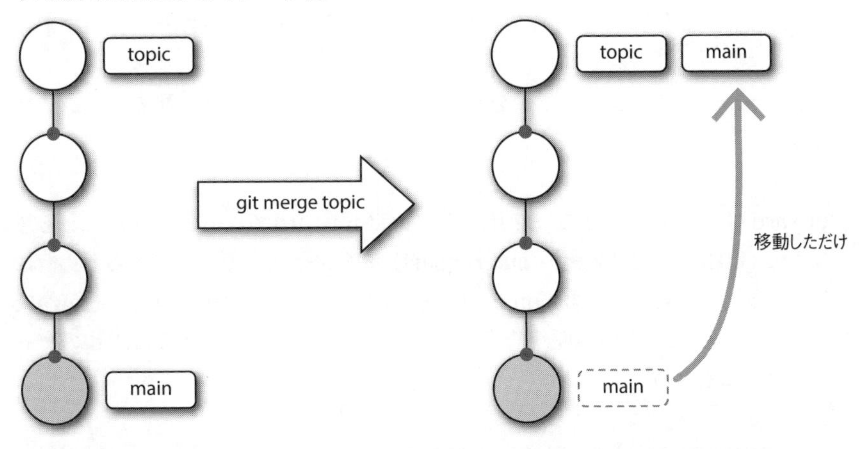

　Gitにおけるブランチは、各コミットをポインターで繋げたものなので、このように`main`ブランチの先端をトピックブランチの先端のコミットまで進めることができます。

● Non-Fast-forward

　トピックブランチ作成後に、他のトピックブランチが`main`ブランチにマージされると、Fast-forwardでマージできなくなります。このような状態でマージすると、マージするための**マージコミット**が作られます。

▼Non-Fast-forwardのイメージ図

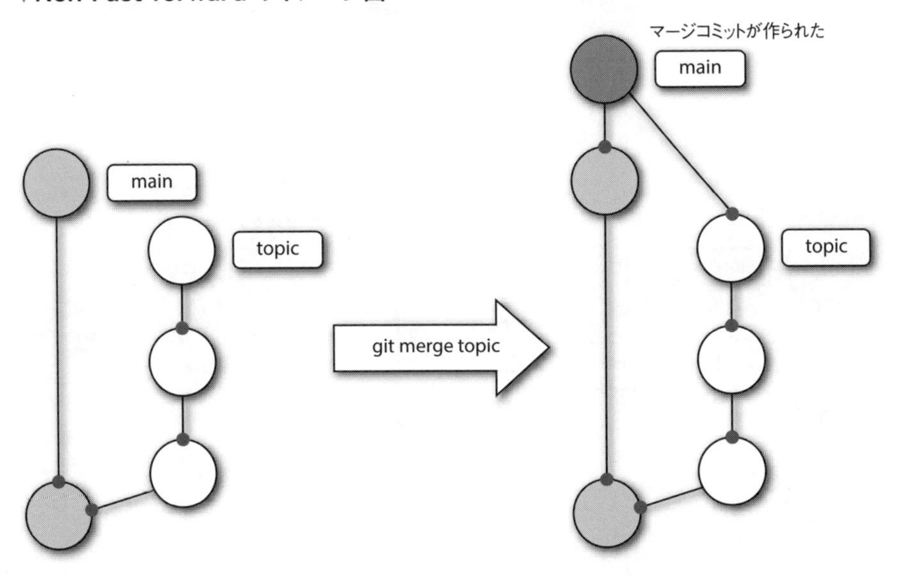

● Fast-forwardとNon-Fast-forwardの違い

Fast-forwardとNon-Fast-forwardの違いは次のようなものです。

- Fast-forward: マージコミットを作成しないので、コミットの履歴にマージした事実が残らない
- Non-Fast-forward: マージコミットを作成するので、コミットの履歴にマージした事実が残る

これはFast-forward可能なマージであっても、Non-Fast-forwardでマージできることを意味します。たとえば、GitHub上で **[Merge pull request]** ボタンを使ってマージすると、仮にFast-forwardが可能なマージであってもNon-Fast-forwardを実行し、マージコミットが作成されます。「マージした後のコミットの履歴が想定したものと違う」と慌てないように、2つのマージの違いをおさえておきましょう。

06-04-03 基本的なリベースのやり方

リベース(rebase)は、名前の通り、ベースとなる分岐元のコミットをつけ替えることを指します。図で表すと次のようになります。

▼リベースを実行したときのイメージ図

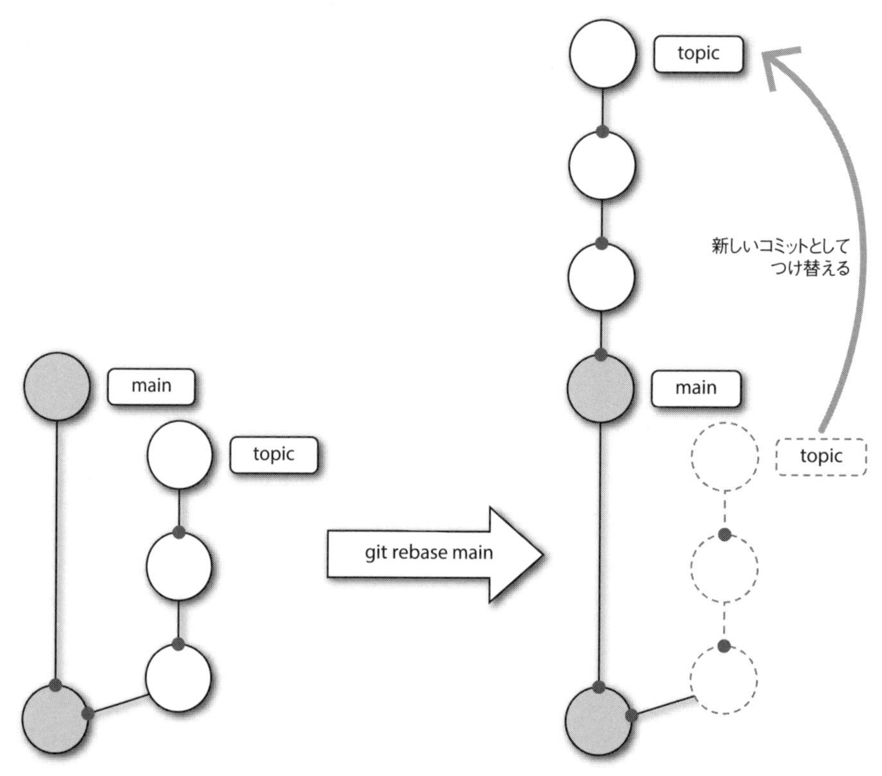

私たちが「リベースする」といったときは、「mainブランチ(分岐元)の実装をすべて持った状態でトピックブランチを分岐する」という文脈で使われることがほとんどです。実施するタイミングとしては、トピックブランチで加えた変更をmainブランチにマージするときが挙げられます。

例を単純にするために、ローカルのmainブランチにマージする例で説明します。実際にはマージ先がリモートのブランチになるため、git fetchコマンドを実行するなどしてGitリポジトリを最新の状態に更新することを忘れないようにしてください。

コミットグラフが次のような状態で、8ff9f0eのadd_makefileブランチをmainブランチへマージしたいとします。

▼リベース前のコミットグラフ

```
$ git log --oneline --graph --all
* db1080b (HEAD -> main) README.mdを更新
| * 8ff9f0e (add_makefile) Makefileを追加
|/
* 050ba72 gitignoreファイルを追加
```

上記の例だと、add_makefileブランチはmainブランチの050ba72から分岐しています。その後、mainブランチにdb1080bのコミットがされている状態です。

add_makefileブランチはmainブランチの最新のコミットから分岐していない状態のため、Fast-forwardでのマージはできません。このようなときにリベースすることで、mainブランチの実装をすべて持った状態でadd_makefileブランチが分岐した状態にすることができます。

▼リベース作業を行う

```
# リベースしたいブランチに移動する
$ git checkout add_makefile
Switched to branch 'add_makefile'

# トピックブランチに移動したことを確認する
$ git branch
* add_makefile
  main

# リベースを実行する
$ git rebase main
Successfully rebased and updated refs/heads/add_makefile.
```

リベースに成功すると、コミットグラフは以下のような状態になります。

▼リベース後のコミットグラフ

```
$ git log --oneline --graph --all
* 3cb823e (HEAD -> add_makefile) Makefileを追加
* db1080b (main) README.mdを更新
* 050ba72 gitignoreファイルを追加"
```

リベースしたことで、`add_makefile`ブランチで作業した内容を`main`ブランチの最新のコミットから開始したようにコミットグラフを書き換えられました。

このコミットグラフからわかるように、リベース前後でリビジョンが書き換わっています。リベース前にリモートリポジトリにプッシュ済みだった場合は、リモートリポジトリはリベース前のリビジョンがプッシュされた状態となるため、ローカルとリモートリポジトリとの整合性がとれません。リモートリポジトリにプッシュする場合は、`git push --force`コマンドを実行して強制的にリモートリポジトリにあるブランチを書き換えます。このコマンドを実施するときはプッシュするブランチが意図したものであるか、意図した変更内容が反映されているか、コミットグラフが意図した形になっているかを確認してから行いましょう。

06-04-04 マージかリベースか

ここまで、マージとリベースについての例を見てきました。どちらを使えばよいのか気になるところですが、実をいうとリベースは使わなくても開発はできます。トピックブランチを`main`ブランチの実装をすべて持った状態にするには、トピックブランチに`main`ブランチをマージすればよいからです。

チームでGitに精通した技術者がいない場合は、リベースを採用せずにマージのみを使ったワークフローを採用したほうがよいです。たとえば、リベースを採用することで次のようなことが起こり得ます。

- 複数のメンバーが共通で扱うブランチだと認識せずリベースを行ってしまい、各ブランチをマージするときに意図しない差分ができてしまう
- リベースするブランチを間違えてしまい、気づかないままforce-pushしてしまう

しかし、リベースを採用せずマージのみで運用していると、「何か不具合がありました」というときに、どのブランチで不具合が混入したかという情報が追いにくくなります。リベースを前提としていると、自分が変更した箇所で問題が起きたのか否かの情報が追いやすくなり、単にグラフが綺麗というだけでないメリットが得られます。

Gitはコミットの履歴に対して色々な操作ができますが、マージとリベースのどちらを採用するとよいのかは、チームやプロジェクトの運用方針によります。両者の特徴をおさえて、自分たちが解決しようとしている状況ではどちらが適切なのかを判断するようにしましょう。

Column

rebase、revert、resetの違い

rebase、revert、resetは、いずれも`re`からはじまっているので似たものだと誤解することがあるかもしれませんが、次のように異なっています。

- rebase: コミットのベースをつけ替える
- revert: 既に行ったコミットの逆差分(逆の変更)をコミットする
- reset: 現在のHEADを指定されたコミットに戻す

rebaseは既に触れていますので、revertとresetについて説明していきます。
git revertコマンドを実行すると次の図のようになります。

▼git revert 実行時のイメージ

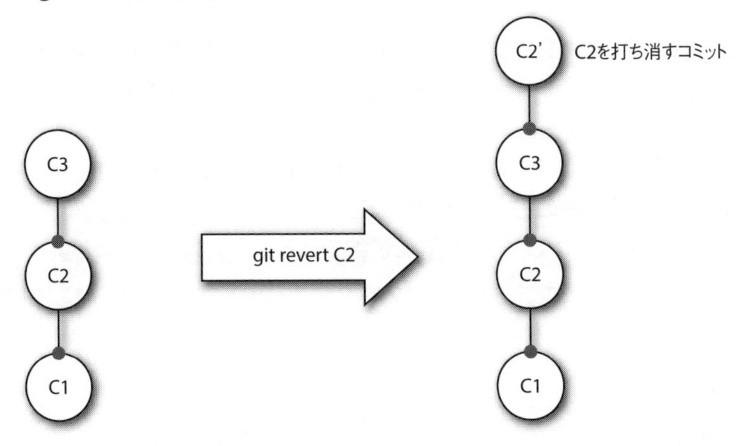

使いどころとしては、マージコミットを元に戻したり、元に戻した状態をチームメンバーにも共有したいときに使います。しかし、実際は1コミットだけ打ち消すだけでなく、他にも修正したい場合が多いので使うシチュエーションは限られるでしょう。

次に紹介するgit resetコマンドのほうが使うことが多いです。git resetコマンドを実行すると次の図のようになります。

▼git reset 実行時のイメージ

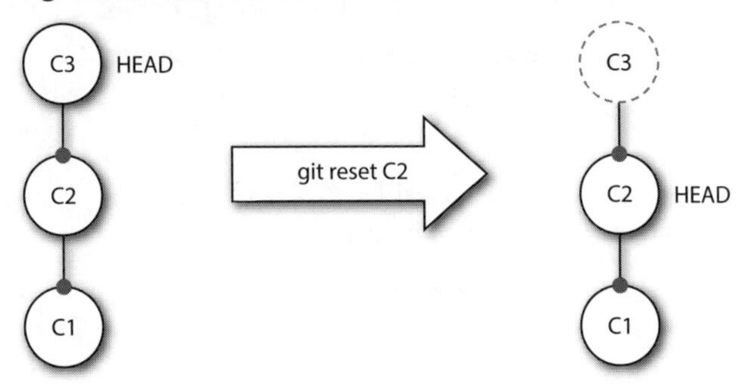

使いどころとしては「いらないものを取り消す」というときに使います。オプション(--soft, --mixed, --hard)をつけることで次のように取り消すレベルが変わります。

git reset --soft: git commitだけ取り消す
git reset --mixed: git addとgit commitを取り消してファイルの変更は保持する
git reset --hard: git addとgit commitを取り消してファイルの変更も削除する

オプションなしで実行すると`--mixed`が実行されます。オプションの中で注意する必要があるのは`--hard`オプションです。ファイルに変更を加える前の状態にしてしまうため、「実は必要な変更だったけど消してしまった！」ということのないようにしましょう。

`git stash`コマンドを活用して現在の作業内容をスタッシュして(隠して)あとで使えるようにしておくと安心です。`git stash apply`コマンドで隠した作業内容を再度適用できます。

Gitで「取り消し」を行うとき、ここに挙げたコマンド以外にも方法があります。その中には特殊な目的のために使うものもありますが、このコラムで取り上げた`reset`や`revert`が何をするのか把握しておくことで適切に選択できるようになるでしょう。

06-04-05 コンフリクトについて

ここまで、マージやリベースを使ってブランチを統合するやり方について見てきましたが、どんな場合でも正常にマージやリベースができるわけではありません。ブランチの変更が衝突して上手く統合できず、**コンフリクト**(競合)という状態になることがあります。

ここからは、どのようなときにコンフリクトが発生するのか、コンフリクトが発生した場合はどのように対処すればよいのかを見ていきましょう。

● コンフリクトの発生

同じファイルの同じ部分を別々のトピックブランチで変更してマージしようとすると、Gitはうまくマージする方法を見つけられません。たとえば、先ほど作成した`.gitignore`ファイルに以下の作業が行われたとします。

- add_dist_to_gitignoreブランチ上でdist/を追加する作業を行った
- add_build_to_gitignoreブランチ上でbuild/を追加する作業を行った
- add_dist_to_gitignoreブランチをmainブランチにマージした

すると、次のようなコミットグラフになります。

▼コミットの履歴を表示する

```
$ git log --oneline --graph --all
* 4408749 (add_build_to_gitignore) gitignoreにbuildディレクトリを追加
¦ * e717546 (HEAD -> main, add_dist_to_gitignore) gitignoreにdistディレクトリを追加
¦/
* 050ba72 (add_gitignore)
* 5419f86 Initial commit
```

リビジョン050ba72, e717546, 4408749での.gitignoreの内容は次のようになっています。

▼リビジョン 050ba72（add_gitignore）

```
 __pycache__/
+dist/
```

▼リビジョン e717546（add_dist_to_gitignore）gitignoreにdistディレクトリを追加

```
 __pycache__/
+dist/
```

▼リビジョン 4408749（add_build_to_gitignore）gitignoreにbuildディレクトリを追加

```
 __pycache__/
+build/
```

同じファイルの同じ部分を、別々のブランチ(add_dist_to_gitignoreとadd_build_to_gitignore)で変更しています。この状態で、add_build_to_gitignoreブランチをmainブランチにマージしようとするとコンフリクトが発生します。

▼マージするとコンフリクトが発生する

```
$ git merge add_build_to_gitignore
Auto-merging .gitignore
CONFLICT (content): Merge conflict in .gitignore
Automatic merge failed; fix conflicts and then commit the result.
```

今の状態を確認するため、git statusコマンドを実行してみましょう。

▼どのファイルでコンフリクトが発生したのかを確認する

```
$ git status
On branch main
You have unmerged paths.
  (fix conflicts and run "git commit")
  (use "git merge --abort" to abort the merge)

Unmerged paths:
  (use "git add <file>..." to mark resolution)
    both modified:   .gitignore

no changes added to commit (use "git add" and/or "git commit -a")
```

コンフリクトが発生して、解決されていないファイルがUnmerged pathsとして表示されています。内容を確認すると、.gitignoreが別々のブランチで変更されているためboth modifiedの状態になっており、コンフリクトしていることがわかります。

マージ作業を進めたい場合は、コンフリクトを解決する必要があります。マージ作業を中止したい場合は、git merge --abortコマンドを実行してマージする直前の状態に戻します。

● コンフリクトの解決

ここからは、先ほどのコンフリクトを解決してマージする流れを見ていきます。Gitは、コンフリクトしている箇所を指し示す<<<<<<<などのマーカーをファイルに追加します。ファイルをエディターで開き、期待する内容に書き換えてコンフリクトを解決します。現状の.gitignoreをエディターで開いてみると、次のような状態になっています。

▼コンフリクトマーカーを確認

```
__pycache__/
<<<<<<< HEAD
dist/
=======
build/
>>>>>>> add_build_to_gitignore
```

<<<<<<< HEADから=======までの内容がmainブランチの内容で(マージ時にチェックアウトしていたブランチなので、ここではmainブランチとなる)、その下の部分がadd_build_to_gitignoreの内容であることを表しています。コンフリクトを解決するには、HEADとadd_build_to_gitignoreの内容のどちらを採用するのか、あるいはどちらも採用するのかは自分で判断します。

今回の場合はどちらも採用したいので、ブロック全体を次のように書き換えます。

▼コンフリクトマーカーを解決

```
__pycache__/
dist/
build
```

他にもコンフリクトが発生している場合は同様に解決し、コンフリクトマーカーである<<<<<<<や=======そして>>>>>>>の行をすべて除去します。すべてのコンフリクトを解決したら、各ファイルに対してgit addコマンドを実行してGitにコンフリクト解決済みであることを通知します。

▼コンフリクトを解決したらステージする

```
$ git add .gitignore

$ git status
On branch main
All conflicts fixed but you are still merging.
  (use "git commit" to conclude merge)

Changes to be committed:
    modified:   .gitignore
```

あとは、`git commit`コマンドでコミットすればマージ作業は終了です。デフォルトのコミットメッセージは、次のようになります。

▼git commit コマンドを実行したときのデフォルトのコミットメッセージ

```
# git commitするとマージコミットするためのエディターが起動する
$ git commit
Merge branch 'add_build_to_gitignore'

# Conflicts:
#   .gitignore
#
# It looks like you may be committing a merge.
# If this is not correct, please run
#   git update-ref -d MERGE_HEAD
# and try again.


# Please enter the commit message for your changes. Lines starting
# with '#' will be ignored, and an empty message aborts the commit.
#
# On branch main
# All conflicts fixed but you are still merging.
#
# Changes to be committed:
#   modified:   .gitignore
#
```

コミットメッセージを変更して、どのようにしてコンフリクトを解決したのかを詳しく説明しておくのもよいでしょう。あとから他の人がそのマージコミットを見たときに、あなたがなぜそのように修正したのかがわかりやすくなります。

06-05 より円滑にチームで開発するための技術

ここまで、GitHub Flowに沿ったワークフローや、複数人で開発を進めていく中で起こり得るコンフリクトの解決方法について説明してきました。

この節では、チームでの開発をより円滑に進めるためのGitHubの便利な機能やおさえておくべき知識を紹介します。

06-05-01 GitHubの便利な機能

● タスクリストの活用

GitHub Flavored Markdownで追加された便利な機能にタスクリスト※1機能があります。

特にプルリクエストを扱うとき便利な機能です。タスクリストとは、チェックボックス付きのやることリストです。これをプルリクエストやIssueで使うと、完了させるまでに何を済ませなければいけないのかを表せます。タスクリストは`[ ]`のように記述することで作成できます。

▼タスクリストの作り方

```
## セルフレビュー項目

* [x] レビュアーに見てほしいところを記載した
* [ ] 参考になる情報をチケットやPRにリンクした
* [ ] 実装ガイドラインに沿った実装になっていることを確認した
* [ ] コードの追加/変更の理由・根拠をPRのコード上にコメントした
* [x] CIが通っていることを確認した
* [x] ローカル環境で動作確認し、その内容をチケットに記載した
```

プルリクエストやIssueの説明文にこのように書いておくと、次図のような表示になります。

▼タスクリストのプレビュー

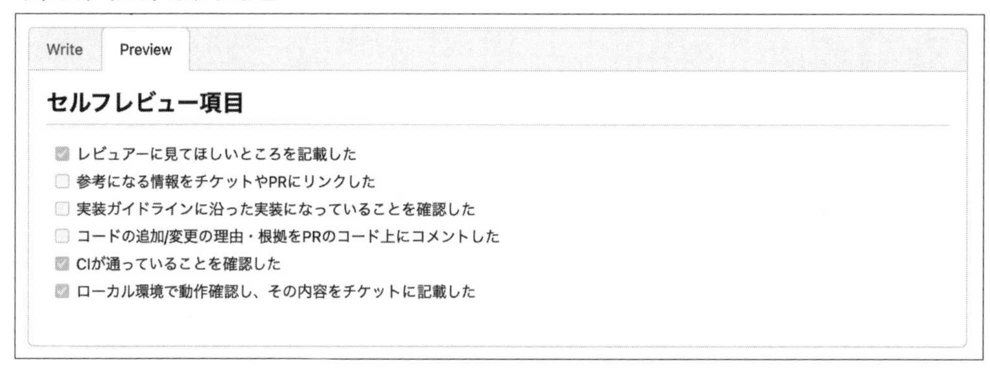

※1 https://docs.github.com/ja/get-started/writing-on-github/working-with-advanced-formatting/about-task-lists

たとえば、プルリクエストの中にタスクリストを書いておけば「これだけのことを済ませればマージの準備が整う」ということを示せます。タスクリストはMarkdownを直接編集しなくてもチェックボックスをクリックするだけでチェックを入れることができるので非常に便利です。

さらに、Issueやプルリクエストの中にタスクリストがあれば、そのメタデータがプルリクエストの一覧ページにも表示されます。次図のように、プルリクエストの一覧ページを見ると、各プルリクエスト内のタスクがどの程度完了しているのかを確認できます。プルリクエストをさらに小さい単位に分割したり、他の開発者がそのブランチの進捗を追いかけたりする際にも役立ちます。

▼プルリクエスト一覧画面でのタスクリストの概要表示

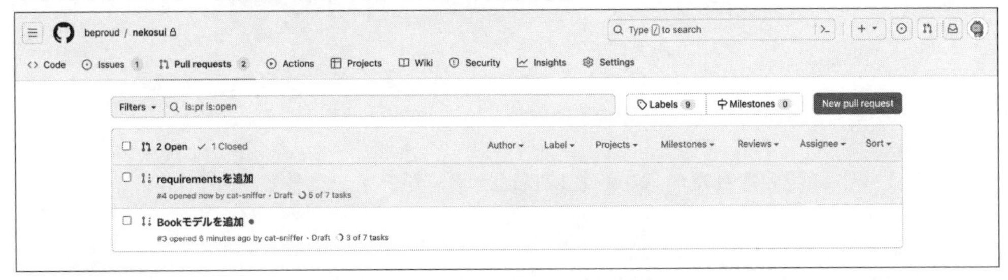

GitHub Flavored Markdownでは、コメントにコードスニペットを追加したり、コメントの引用ができたり、絵文字も使えたりします。これらを活用することで、プルリクエストやIssuesを作った背景を伝えやすくし、スムーズにレビューできるように役立てられるのでおさえておきましょう。

GitHub Flavored Markdownの詳細については、以下のドキュメントも参考にしてみてください。

- **GitHub Flavored Markdown Spec**
  https://github.github.com/gfm/
- **GitHub での執筆**
  https://docs.github.com/ja/get-started/writing-on-github

● テンプレートを活用する

Issueやプルリクエストを作る際、レビュー観点やチェックすべき項目などはテンプレート化しておくと便利です。タイトルやディスクリプションに何も書いていない状態のIssueやプルリクエストは、レビュアーの負担を大きくします。仕様について知らなかったり、なぜ変更がされたのかわからないままレビューをすることはできません。

ここでは、プルリクエストのテンプレート作成方法について簡単に紹介します。Gitリポジトリのルート直下に`.github`ディレクトリを作成し、その中に`PULL_REQUEST_TEMPLATE.md`というファイルを置くことでテンプレート機能を利用できます。

`PULL_REQUEST_TEMPLATE.md`には、以下のような内容を書いておくとレビューしやすくなるのでおすすめです。

▼PULL_REQUEST_TEMPLATE.md の例

```
## チケットURL

* https://project.beproud.jp/redmine/issues/

## 変更内容

<!-- 追加・変更・削除した機能・画面などを書く -->

* 追加：
* 変更：
* 削除：

## このレビューで確認してほしい点

<!-- チケットに記載された内容をもとにレビュアーがチェックする -->

* [ ] 仕様通り実装されているか
* [ ] 必要十分のdocstringとコメントが記載されているか
* [ ] バグの原因に対してバグの修正方法が適切か

## セルフレビュー項目

<!-- レビュー依頼前にレビューイがチェックする -->

* [ ] レビュアーに見てほしいところを記載した
* [ ] 参考になる情報をチケットやPRにリンクした
* [ ] 実装ガイドラインに沿った実装になっていることを確認した
* [ ] コードの追加/変更の理由・根拠をPRのコード上にコメントした
* [ ] CIが通っていることを確認した
* [ ] ローカル環境で動作確認し、その内容をチケットに記載した

## 参考情報

<!-- 仕様書やテーブル定義などレビューの参考になる情報へのリンク等 -->

...
```

テンプレートについての詳細は、Issueとプルリクエストのテンプレートについてのドキュメントを参照してください。

- **Issueとプルリクエストのテンプレートについて**
  https://docs.github.com/ja/communities/using-templates-to-encourage-useful-issues-and-pull-requests/about-issue-and-pull-request-templates

● mainブランチへのforce-pushを禁止する

`main`ブランチは常にデプロイ可能な状態にしておくため、操作ミスによる上書きはしたくありません。Gitに不慣れな場合は、どうしても事故を誘発しかねません。別ブランチで行うはずだったリベースを間違えてforce-pushしたりすると大変なことになります。このようなミスを防ぐために、`main`ブランチはforce-pushを禁止しておくことをおすすめします。

設定はGitHub上から行います。**[Settings]** - **[Branches]** - **[Branch protection rules]** - **[Add branch protection rule]** と進み設定しましょう。

▼Add branch protection rule をクリックする

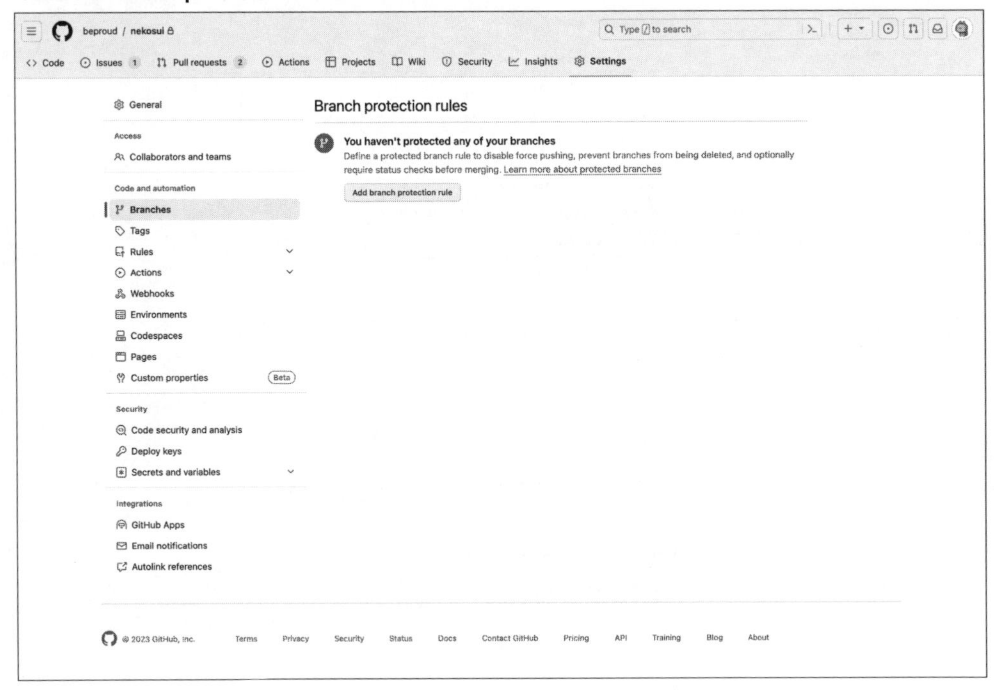

[Branch name pattern] に `main`を指定し **[Create]** をクリックします。

▼main ブランチを Protect branch に設定する

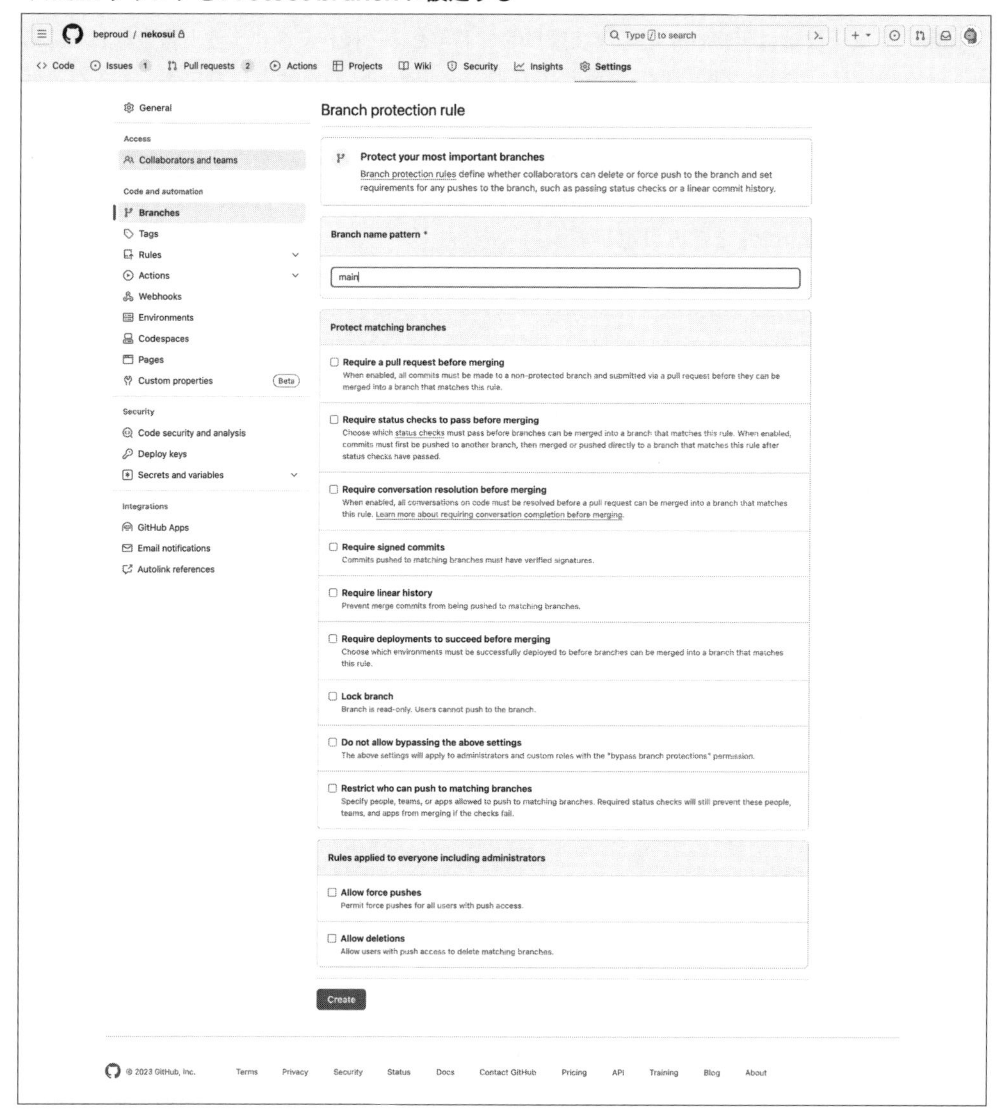

[Settings] の [Branches] 画面を確認すると、次図のように`main`ブランチが [Branch protection rules] に設定されたことが確認できます。

▼main ブランチが Branch protection rules に設定された

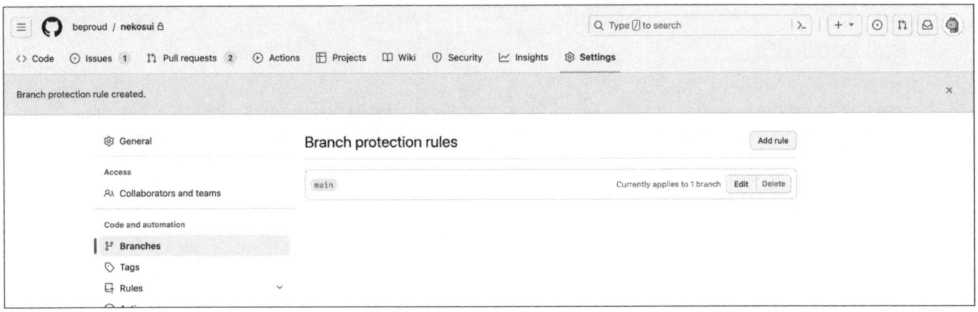

実際に`main`ブランチにforce-pushするとエラーとなり、force-pushできないことが確認できます。特に複数人で扱うリポジトリには、この設定をしておくと安心です。

▼main ブランチに force-push できないことが確認できる

```
$ git push -f origin main
Enumerating objects: 5, done.
Counting objects: 100% (5/5), done.
Delta compression using up to 10 threads
Compressing objects: 100% (1/1), done.
Writing objects: 100% (3/3), 315 bytes | 315.00 KiB/s, done.
Total 3 (delta 0), reused 0 (delta 0), pack-reused 0
remote: error: GH006: Protected branch update failed for refs/heads/main.
remote: error: Cannot force-push to this branch
To github.com:beproud/nekosui.git
 ! [remote rejected] main -> main (protected branch hook declined)
error: failed to push some refs to 'github.com:beproud/nekosui.git'
```

ここで取り上げた設定以外にも、Branch protection rulesではさまざまな設定ができます。詳細については、保護されたブランチについてのドキュメントを参照してください。

- **保護されたブランチについて**
  https://docs.github.com/ja/repositories/configuring-branches-and-merges-in-your-repository/managing-protected-branches/about-protected-branches

● マージしたブランチを自動削除する

06-03 GitHub Flowを使ったチームでの開発の流れ で説明した通り、マージした後のトピックブランチは不要になります。マージ後に手動でブランチを削除することもできますが、削除し忘れを防ぐためにも自動で削除されるように設定しておくことをおすすめします。設定方法は、GitHubの **[Settings]** - **[General]** - **[Pull Requests]** で **[Automatically delete head branches]** にチェックを入れるだけです。

▼マージ後に自動でブランチを削除する設定

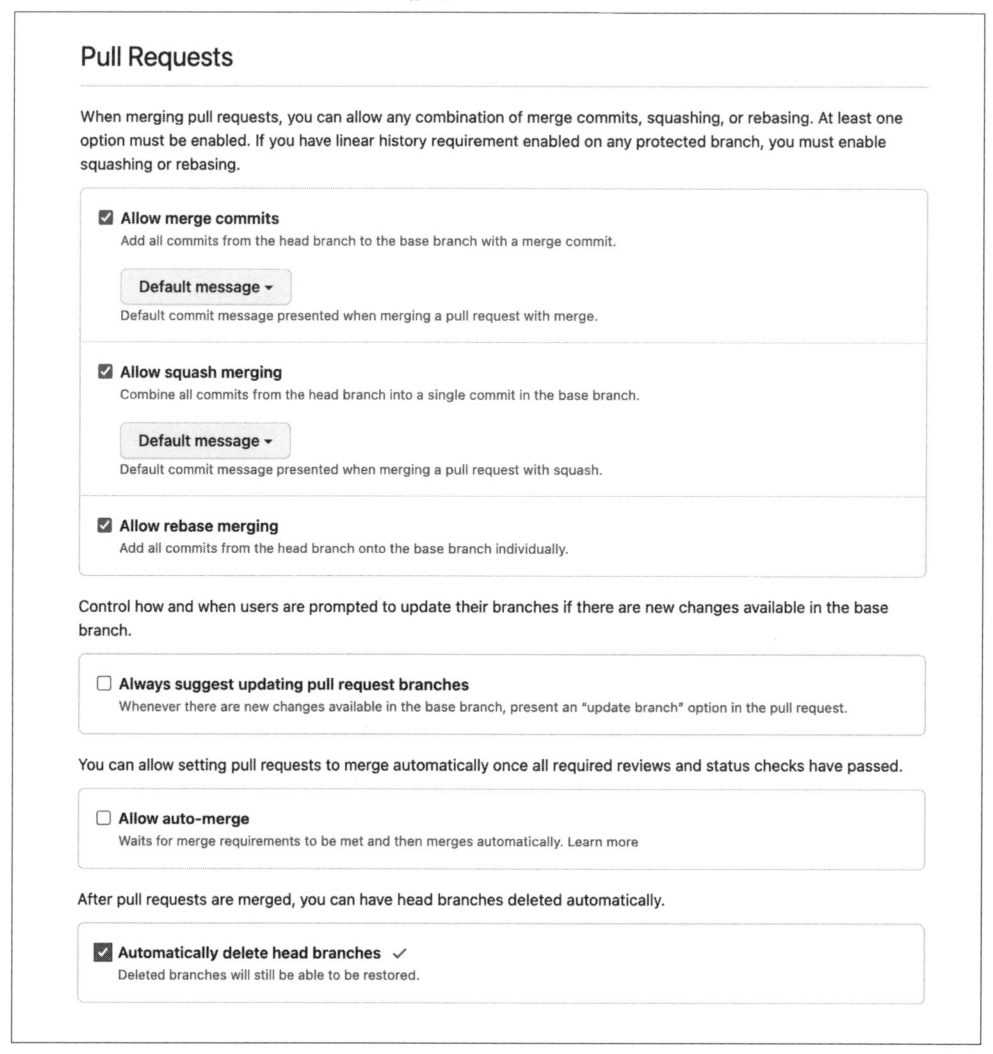

詳細については、ブランチの自動的削除を管理するのドキュメントを参照してください。

- **ブランチの自動的削除を管理する**
  https://docs.github.com/ja/repositories/configuring-branches-and-merges-in-your-repository/configuring-pull-request-merges/managing-the-automatic-deletion-of-branches

● Organizationを活用する

個人でGitHubを使うときは個人のGitHubアカウントを使えばよいのですが、会社やOSSコミュニティーで使う場合はOrganizationアカウントを利用するとよいでしょう。アカウントや権限を一括で管理できたり、支払いを統一できたりするなどのメリットがあるからです。

GitHubではリポジトリごとに、一緒に開発するメンバーとしてコラボレーターを追加できます。コラボレーターには読み取りだけの許可を与えるなどの権限を設定できますが、コラボレーターの数が増えてくると管理が煩雑になります。そこで活用するのがOrganizationです。Organizationでチームを作り、そこに開発者のGitHubアカウントを追加するようにしておくと、以下の中からリポジトリに対してアクセス権限を分けることができます。

- Read(読み取り):リポジトリの参照とクローンができ、Issueとプルリクエストでのコメントが可能。
- Triage(トリアージ):Readでできることに加え、Issueとプルリクエストの管理も一部可能。
- Write(書き込み):Triageでできることに加え、リポジトリへのプッシュなども可能。
- Maintain(保守):Writeでできることに加え、リポジトリの管理も一部可能。
- Admin(管理者):Maintainでできることに加え、コラボレーター追加やセキュリティ管理などのすべての操作が可能。

たとえば、GitやGitHubに不慣れなメンバーが新しく入ってきたとき、慣れるまでは新規メンバーは管理用のチームに加えずに「書き込み」を許可したチームで作業してもらうことができます。**Branch protection rules**の機能と併せて使ってmainブランチにプッシュできないようにすれば、誤った操作を避けられます。

各ロールの詳細については、Organizationのリポジトリロールのドキュメントを参照ください。

- **Organizationのリポジトリロール**
  https://docs.github.com/ja/organizations/managing-user-access-to-your-organizations-repositories/managing-repository-roles/repository-roles-for-an-organization

06-05-02 開発をより円滑にするために

GitHubの機能以外にも、開発を進める上でおさえておくべきことがあります。各項目については他の章で詳しく取り上げているので、そちらも併せて参照してください。

● チャットツールを活用する

GitやGitHubだけでなく、課題管理システムやデプロイツール、自動テストなど扱うツールが増えてくると情報が分散してどこにどの情報があるのか追いにくくなってきます。そこでSlackのようなチャットツールを活用して、課題の更新や状況の確認ができるようにするとよいでしょう。

詳しくは **04-02 チャットシステム** を参照してください。

● 課題管理システムを活用する

新しく物事に取り組むとき、1つのブランチで作業を進めがちです。しかし、ブランチを作成する前に「もっと小さな単位で機能や要件を分割できないか」を考えてください。課題管理システムを活用し、スムーズに開発できるような粒度で機能や要件を分割し、レビューを行い、プルリクエストがたまらないようにしましょう。

詳しくは **5章 課題管理とレビュー** を参照してください。

● テスト実行を自動化する

本番環境にデプロイする前に手動での動作確認に頼りっきりでは、GitHub Flowを実施することは困難です。テストを自動化して、想定外の箇所に影響を与えていないか、バグが混入していないかを検出する仕組みを構築しましょう。

詳しくは **9章 GitHub Actionsで継続的インテグレーション** を参照してください。

● ステージング環境を活用する

いくらテストコードを書いていても、認証や決済のような影響が大きい部分に変更を加えたブランチを、気軽に本番環境にデプロイできません。そこでチームメンバーが開発したブランチの検証に使えるステージング環境を用意しておきます。ステージング環境には、本番環境で実際に扱うようなデータを含めるようにし、本番環境でテストしているのと同等の実際のケースに近いテストができるようにしておきます。

環境の構築方法については、**11章 Webアプリケーションの公開** を参照してください。

● デプロイを自動化する

GitHub Flowは1日に何回もデプロイすることがあります。何度も行う作業を手順書にしたがって実行するのは、不注意による人為的ミスを引き起こす可能性が高くなります。デプロイに必要な手順を自動化することで、オペレーション1つでデプロイ作業ができるようにしましょう。

詳しくは **11-06 デプロイの自動化** を参照してください。

● Gitサポートツールを活用する

これまでの説明は、Gitのコマンドラインツール(CUIクライアント)を前提としていましたが、GitにはGUIのクライアントツールも存在します。GUIクライアントを利用すると、コミットのグラフが見やすくなるメリットや、Gitコマンドを入力しなくとも画面を操作するだけでGitを使うことができるようになります。エンジニアではない方、コマンド操作に不慣れな方でも扱いやすいでしょう。

VSCodeやPyCharmなどでもGit連携をサポートしています。使い慣れた環境でGit操作ができると開発効率もよくなるので、必要に応じて使っていくとよいでしょう。

また、CUIのツールでも次のようなGitをサポートするツールがあります。Gitを主にターミナルで操作している人は試してみてください。

- tig: コミットグラフをグラフィカルに閲覧できる
  https://github.com/jonas/tig

- GitHub CLI: GitHubの操作をコマンドでできるようにする
  https://cli.github.com/

- ghq: Gitリポジトリの取得、一覧表示、移動などの管理を楽にする
  https://github.com/x-motemen/ghq

Gitのコマンドは多岐にわたり、GitHubのように外部のサービスとも連携して操作する必要がありますが、Gitをサポートするツールを活用することでより効率的に作業を進められます。普段使っているツールにも便利な機能がないか探してみるのもよいでしょう。

06-06 まとめ

本章では、GitとGitHubについて以下のことを説明しました。

- GitとGitHubの違い
- GitHub Flowを使った開発の流れ
- マージとリベースを使ったブランチでの作業の流れ
- より円滑にチームで開発するための便利な機能

今日、バージョン管理システムは携わる人数の多少にかかわらず、開発には必須のツールと言えるでしょう。バージョン管理システムを活用できるかどうかで開発効率も左右されます。

GitやGitHubについてより深く知りたい方は以下のURLも参考にしてください。

- Pro Git
  https://git-scm.com/book/ja/v2

- GitHub Docs
  https://docs.github.com/ja

Chapter

07 開発のためのドキュメント

ドキュメントを書き、暗黙知を形式知に変えていくことは開発チームに様々なメリットをもたらします。しかし、ドキュメントを書こうとしても、何を書いたらよいか、どう書いたらよいかわからないと感じていることはありませんか？　また、日々のタスクで忙しく、ついドキュメントを書くのがおろそかになっていないでしょうか？

本章では、開発プロジェクトにおいて、どのようなドキュメントが必要なのかを整理し、どのように書いていけばよいかを説明します。

Chapter 01 02 03 04 05 06 07 08 09 10 11 12 13 14 A
Part 1 Part 2 Part 3 Part 4 Appendix

07-01 開発に必要なドキュメントとはなにか

ドキュメントを書くといっても何から手をつければよいでしょうか？　まずはドキュメントの目的と必要性について整理していきます。

07-01-01 ドキュメントを書く目的

ドキュメントは情報の属人化によるデメリットを防ぐために存在します。情報が属人化したプロジェクトでは次のような問題が起こります。

- 特定の人に負荷が集中
  重要な情報を握っている人に問い合わせやタスクが集中し、スケジュールのボトルネックになってしまう。

- 調べる時間が増大
  過去の重要な決定事項や、繰り返し行う作業の手順を知るために、チケット履歴や議事録などを検索したり、知っている人を探したりすることが増える。

- 認識の齟齬が多発
  明文化されていない情報に対して、メンバー間の認識齟齬や、推測による仕様の取り違えや、重要な観点の確認漏れによって混乱が発生する。

このような状態を放置すると、最終的にはスケジュールの遅延やソフトウェアの品質低下に繋がります。ドキュメントを整備することで、メンバーが適切に作業を分担でき、調査時間を削減でき、認識齟齬による混乱を防止できます。

07-01-02 開発に必要なドキュメントを洗い出す

それでは、どのようなドキュメントを用意すればよいのでしょうか。ここでは新たにプロジェクトに新たに参加した開発者の視点で考えてみましょう。

開発者がドキュメントを最も必要だと感じるのは、新たにプロジェクトに参加したときです。ドキュメントは、読む人が必要だと感じたタイミングに存在することで価値を発揮します。

組織が新たなメンバーを迎え、チームに馴染んで力を発揮してもらうための施策を**オンボーディング** (onboarding) と呼びます。開発チームにおけるオンボーディングでは、プロジェクト固有の情報や作業の進め方を共有し、一人で活動できるところまで身につけてもらいます。つまり、オンボーディングに必要な情報を考えることによって、暗黙知を形式知化し、ドキュメント化するきっかけになります。

● プロジェクトの概要

新メンバーは「どんなプロジェクトか？」という概要を知りたいと思います。開発するシステムの利用者、目的を知ることで、全体像のイメージがしやすくなり、その後の説明が頭に入りやすくなります。

▼「概要」の例

- 「株式会社〇〇〇の〇〇〇部が使用する〇〇〇システムを、リプレイスするプロジェクト」
- 「20代女性をターゲットとしたアパレルブランド〇〇〇のECサイトを新規開発するプロジェクト」

● プロジェクトの主要技術・開発手法

開発者であれば、プロジェクトの技術的なことが気になります。どのようなフレームワークやミドルウェアを使用してるか、メインで使用しているクラウドサービスは何か、ドメイン駆動設計のような設計手法や、スクラムのような管理手法を採用しているかどうかも気になります。使われている技術名や手法名がわかるだけで、全体の構成や勘所、自分が力を発揮できそうなこと、勉強しなければならないことがイメージしやすくなります。

▼「主要技術」の例：

- 「Django 4.2、PostgreSQL 16、GCP」
- 「FastAPI、React 18.2、Next.js 14、MySQL 8、ドメイン駆動設計、スクラム開発、AWS」

● プロジェクトの関係者・体制

複数の組織やメンバーが関わるプロジェクトでは、関係者情報を把握することが重要です。組織ごとの窓口が誰なのか、メンバーごとの役割が何かわからないと、誰に相談したらよいかわかりません。**関係者リスト** や **体制図** があれば重宝します。

● スケジュール

プロジェクトにはスケジュールが定められています。スケジュールには概要と詳細があります。概要は「◯年◯月にリリースする」といった全体のマイルストーンです。詳細は、マイルストーンごとの目標を達成するためのタスクとそれぞれの期日です。スクラムの場合はタスクごとに期日が管理されませんが、スプリント計画やバックログといった形で管理されます。新メンバーは、このようなスケジュールに関する資料へのアクセス方法を知る必要があります。

● 会議体

プロジェクトとしてどのような会議体があり、自分がどの会議に参加する必要があるかによって、開発のリズムも変わってきます。開発チーム内で行う「朝会」、チーム外のステークホルダーとの定例会議など、プロジェクトに関係する会議体を一覧にまとめ、それぞれの目的が把握できるようになっているとよいでしょう。

● 使用ツール・サービス

プロジェクトでは他のメンバーとコミュニケーションをしながら進めます。特にSlack、Google Drive、GitHub、Redmineのような情報共有ツールは、コミュニケーションをする上で重要です。もし、まだアカウントが作成されていない場合は、いつ用意されるのか、あるいは申請する必要があるのかなどを知る必要があります。

● プロジェクト固有の用語

新メンバーにとって課題になるのが、プロジェクトは固有の知識が多いということです。プロジェクト固有の知識が **用語集** という形で提供されているなら、ドキュメントやソースコードを読む助けになります。

● サーバー、ネットワーク構成

機能を開発をするためには、システムをとりまくサーバーやネットワークの設計によって最適な実装手法も異なります。クラウドなのかオンプレミスなのか、マイクロサービスなのかモノリスなのか、**サーバー構成図** や **配置図** があれば概要を把握しやすいです。

● データ設計・ER図

データベースを使用した開発では、テーブルの関連や、カラムの定義を理解する必要があります。これらは **ER図** や **テーブル定義書** で把握できます。

● 非機能要件

性能要件やセキュリティ要件のような **非機能要件** がある場合、それらを満たす実装方式を検討しなければなりません。これらの有無を開発前に把握する必要があります。

● 開発対象の仕様

開発するには、対象の機能要件に基づく仕様を定義する必要があります。新メンバーは、**仕様書**がどこにまとめてあるか知る必要があります。

● 環境構築方法

開発に着手して最初に行う作業は、リポジトリにアクセスしてソースコードをダウンロードして、開発環境を構築することです。環境構築手順がドキュメントとして用意されていればスムーズに環境構築ができます。

● 開発ルール

プロジェクトでは、コーディング規約などの様々なルールが定められます。開発者が従うべきルールを1箇所にまとめた **開発ガイドライン** があれば、新メンバーがルールを把握できます。

● 各種手順書

開発ではソースコードを書くだけでなく、レビューを受けたり、テスト環境にデプロイするといった様々な手順やワークフローが存在します。作業を安全かつ確実に遂行するため、手順やワークフローは定められたとおりに遵守する必要があります。これらは初めて参加した人には未知の知識なので、**手順書** が必要です。

07-01-03 オンボーディング資料の作成例

前項では新メンバーがスムーズにプロジェクトに参加するために必要な資料を紹介しました。これを元に **オンボーディング資料** をまとめたものが次の例です。

▼オンボーディング資料の例

XYZプロジェクト

株式会社○○○の○○○部が使用する○○○システムを、リプレイスするプロジェクト

プロジェクトの主要技術概要

- Django4.2、Vue.js 3.3、PostgreSQL 16、AWS

プロジェクトの関係者・体制

- X社: Aさん（企画）、Bさん（情シス）、Cさん（デザイン）
- BP社: takanory（要件定義）、susumuis（開発リーダー）、altnight、kashew

スケジュール

- 1次リリース: 2024年1月末
- 2次リリース: 2024年6月頃
- 詳細スケジュール

会議体

- 朝会
  - 毎朝9:30 - 9:45
  - 参加者: BP社メンバー
  - 目的: やること確認、相談ごと（あれば）
- 定例会
  - 毎週水曜日13:00 - 14:00
  - 参加者: X社、BP社メンバー
  - 目的: 進捗報告、デモ

使用ツール・サービス

- チャットツール: Slackチャンネル: #p-XX-xyz
- リポジトリ: GitHub
- チケット管理: Redmine
- ファイル管理: Google Drive
- ドキュメント管理: TRACERY

（それぞれのリンクはSlackチャンネルの関連ページに追加します）

プロジェクトの固有用語

- 用語集: https://docs.example.com/xxxxxxxxxxx

サーバー・ネットワーク

- サーバー構成図: https://drive.example.com/xxxxxxxxxxx
- 配置図: https://drive.example.com/xxxxxxxxxxx

データ設計・ER図

- ER図: https://drive.example.com/xxxxxxxxxxx
- テーブル定義書: https://spreadsheet.example.com/xxxxxxxxxxx

非機能要件

- 非機能要件: https://drive.example.com/xxxxxxxxxxx

仕様

- 仕様書: https://drive.example.com/xxxxxxxxxxx

環境構築方法

- GitHubからソースコードをcloneし、READMEの手順通りに構築する

開発ルール

- 開発ガイドライン: https://docs.example.com/xxxxxxxxxxx

手順書

- レビュー手順: https://drive.example.com/xxxxxxxxxxx
- テスト環境デプロイ手順: https://drive.example.com/xxxxxxxxxxx

このようなオンボーディング資料と、そこからリンクされる各種ドキュメントが揃っていれば、新たなメンバーは開発チームの一員としてスムーズに開発に着手できます。

07-01-04 資料を育てよう

チームが立ち上がったばかりであったり、これまでドキュメント整備が習慣化されていなかったりした場合、上記のように十分な資料が用意できていないこともあるでしょう。資料が十分でない場合、新メンバーは詳しい人に聞き出すことになります。また、オンボーディングのタイミングで資料に古い情報や記載ミスがあることに気づくこともあるでしょう。

資料が不十分であったり、間違っていることに気づいたときこそ、ドキュメントを育てるチャンスです。

- 説明に必要だと感じたタイミングで資料を作成する
- 新メンバーが資料にない情報を聞きだしたら資料に追記する
- 資料の間違いに気づいたら修正する
- メンテナンスが困難な古い資料は削除する

こうしてドキュメントを育てることで、次に新たなメンバーを迎えるときはもちろんのこと、すぐにメンバーを迎える予定がないときにもプロジェクトに利益をもたらします。資料が整備されることで、日々開発を行っているチームメンバー同士の認識齟齬を防ぎ、ユーザーや後工程の担当者への情報伝達として機能するからです。

07-02 開発に着手するために必要な情報を揃える

前節では、オンボーディング対象者の視点で、開発に必要なドキュメントを洗い出しました。ここからは、ドキュメントを書く側の視点で、個別のドキュメントの書き方を説明します。

前節のオンボーディング資料から必要なドキュメントを抜き出すと、これらは次の3つに分類できます

- プロジェクトの前提情報
  - 用語集
  - 非機能要件
- システムの全体設計
  - 配置図
  - テーブル定義書・ER図
  - 環境構築手順
  - 開発ガイドライン
- 個々の開発内容
  - 仕様書
  - 詳細スケジュール

本章では「プロジェクトの前提情報」である「用語集」「非機能要件」は扱わないこととします。

07-02-01 システムの全体設計をドキュメント化する

ここでは、以下について説明します。

- 配置図
- テーブル定義書・ER図
- 環境構築手順
- 開発ガイドライン

これらはハードウェア、データ、ソフトウェア(プログラム)の設計を説明するドキュメントです。チーム開発を行う場合、開発初期に作成する必要があります。

● 配置図を作成する

配置図 はUML(Unified Modeling Language)に含まれる図の1つで、システムを構成するハードウェア・ソフトウェア双方のコンポーネントの配置と関係を示します。

配置図を利用する目的は、システムのハードウェア設計とソフトウェア設計の対応関係と、コンポーネント間の通信経路を可視化することです。開発者は配置図を見れば、作成するプログラムが、どのサーバーに配置され、どの通信経路でアクセスされるかを把握できます。

▼配置図

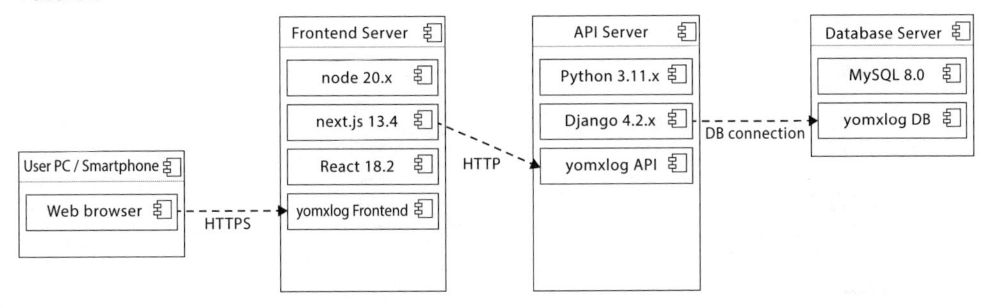

● テーブル定義書・ER図を作成する

データベースはシステムの中心であり、テーブルの関連や、カラムの定義は重要な設計要素です。

ER図 (Entity Relationship Diagram) はリレーショナルデータベースにおけるテーブル間の関連を示す図です。システム開発では多くのテーブルを作成するため、ER図を作成し関連を示すことでシステムの全体像が見えやすくなります。

▼ER図

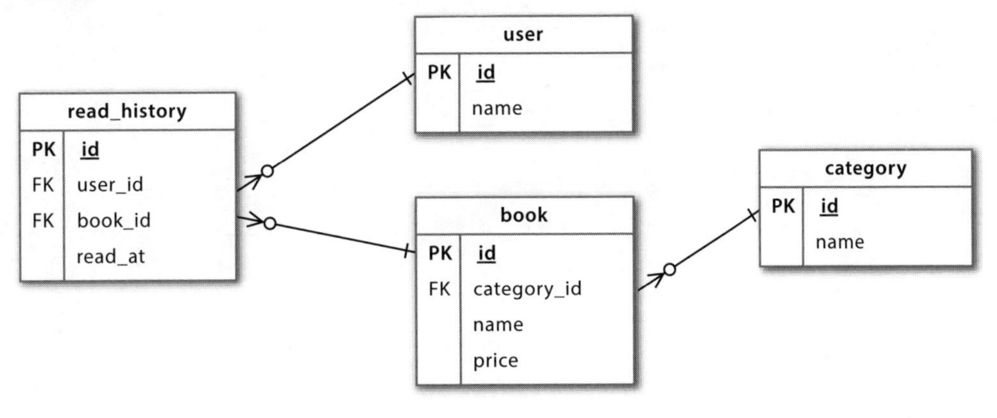

カラムの型や制約、値の意味のような情報は **テーブル定義書** としてまとめておきましょう。テーブル定義書には次の項目を書くとよいです。

- テーブル名
- テーブルの概要
- カラム定義
  - 論理名・物理名
  - カラムの型
  - サイズ
  - Primary Key(PK)かどうか

- ○ 必須かどうか
- ○ ユニークかどうか
- ○ 説明

以下は一例です。

▼テーブル定義書※1

● 開発環境構築手順を書く

開発プロジェクトでは、チームで1つのシステムを開発するため、それぞれが同一の開発環境を構築する必要があります。開発環境の構築には配置図に対応する仮想サーバーやOS、ミドルウェア、ライブラリ、フレームワークをそれぞれの開発用のPCに構築する必要があります。

例えば、Dockerを使う場合は、`Dockerfile`や`compose.yaml`を共有し、各開発者はDocker Desktopなどを使って開発環境を構築します。その場合、必要なDockerのバージョンとコンテナのセットアップ方法、起動方法を伝えることで開発環境が構築できます。加えて、

※1 テーブル定義書の代わりとしてTRACERY(https://tracery.jp/)というサービスのテーブル詳細画面を紹介しています

フォーマッター、リンター、ユニットテストといった、開発をする上で必要になる手順も書きましょう。以下は、これらをMarkdownで記述した例です。

▼開発環境構築手順の例

````
# XXXプログラム

## 必要環境

- docker version 20.10.x 以上

## セットアップ方法

```console
$ docker compose build
$ docker compose run --rm app python manage.py migrate
```

## コンテナ起動

```console
$ docker compose up -d
```

## 実行方法

コンテナ起動後、http://localhost:8888/ にアクセス

## フォーマッター / リンター

コンテナ起動後、以下のコマンドを実行

```console
$ docker compose exec app black
$ docker compose exec app ruff
$ docker compose exec app mypy
```

## 単体テスト

コンテナ起動後、以下のコマンドを実行

```console
$ docker compose exec app pytest
```
````

この情報を README.md としてリポジトリルートに配置しておくとよいでしょう。多くの開発者が最初にやる仕事はリポジトリをクローンすることなので、クローン直後にすぐに閲覧できるREADMEにファイルに書いておけば、比較的迷わずに環境構築手順を知ることができるからです。

MEMO

GitHubのサイト上ではリポジトリのトップページを開くとREADMEファイルを自動的に表示するようになっているので、新規メンバーでも気が付きやすいという利点があります。

● 開発ガイドラインを作成する

開発プロジェクトでは協調して一貫性を保ちながら開発する必要があります。既存のソースコードから雰囲気を把握するような、属人的な開発を続けていては十分な一貫性を保てません。開発ガイドラインに必要最低限のルールをまとめ、チームでルールに従うことを合意しましょう。

以下は一例です。

▼開発ガイドラインの例

```
## ディレクトリ構造


+ Dockerfile
+ mysystem/
    + apps/
        + core/
            + tests/
                + factories.py
            + models.py
        + employee/
            + tests/
                + test_views.py
            + views.py
            + urls.py
        + product/
            :
            :
    + mysystem/
        + urls.py
        + settings.py
    + manage.py
```

```
## コーディング規約

- 必ずフォーマッターを実行し、リンターでエラーが出ない状態を維持する
- モデルはすべて `apps/core/models.py` に記載する
- サブシステムごとにDjangoアプリケーションを作成する
- ユニットテストはDjangoアプリケーションごとに `tests/` を作成する
```

開発をしていく過程で、新たなコーディング規約やルールが生まれていきます。その際は、開発ガイドラインを随時更新して、メンバーに最新のルールを共有しましょう。

07-02-02 個々の開発内容をドキュメント化する

作業を分担してチーム開発をするには、それぞれの作業範囲を明確にする必要があります。また、開発対象の仕様を明確にすることで、他の人が作業をレビューできるようにもなります。

ここでは以下について説明します。

- 仕様書
- 詳細スケジュール

仕様書を作成する

機能を開発するには仕様を定義する必要があります。仕様はWebアプリケーションであれば画面遷移図や画面ごとの機能、データサイエンスのプログラムであればモデルの数式やデータフロー図によって仕様が明確化されます。

機能の仕様はユーザーがシステムの背後にあるデータにつなぎこむ経路を示すことによって全体像がイメージしやすくなります。ここで役に立つのが**ロバストネス図**（Robustness Model）です。ロバストネス図では**アクター**（操作主体）、**バウンダリ**（境界）、**エンティティ**（実体）、**コントロール**（相互作用）の4要素を使って、ユーザー視点の要件である**ユースケース**を表現します。馴染みのない言葉が並んで難しく感じるかもしれませんが、具体例を見れば理解しやすいです。

以下は「管理者」と「ユーザー」というアクターが使用するWebシステムの例です。「管理者」が登録したユーザーデータに基づいて、「ユーザー」がログインしたり情報を取得したり更新したりすることが要件です。背後に存在するエンティティ（データ）は「ユーザー」「権限」の2つです。アクターとエンティティの間には、「画面」や「API」というバウンダリ、「ユーザー認証」というコントロールがあります。

▼ロバストネス図の例

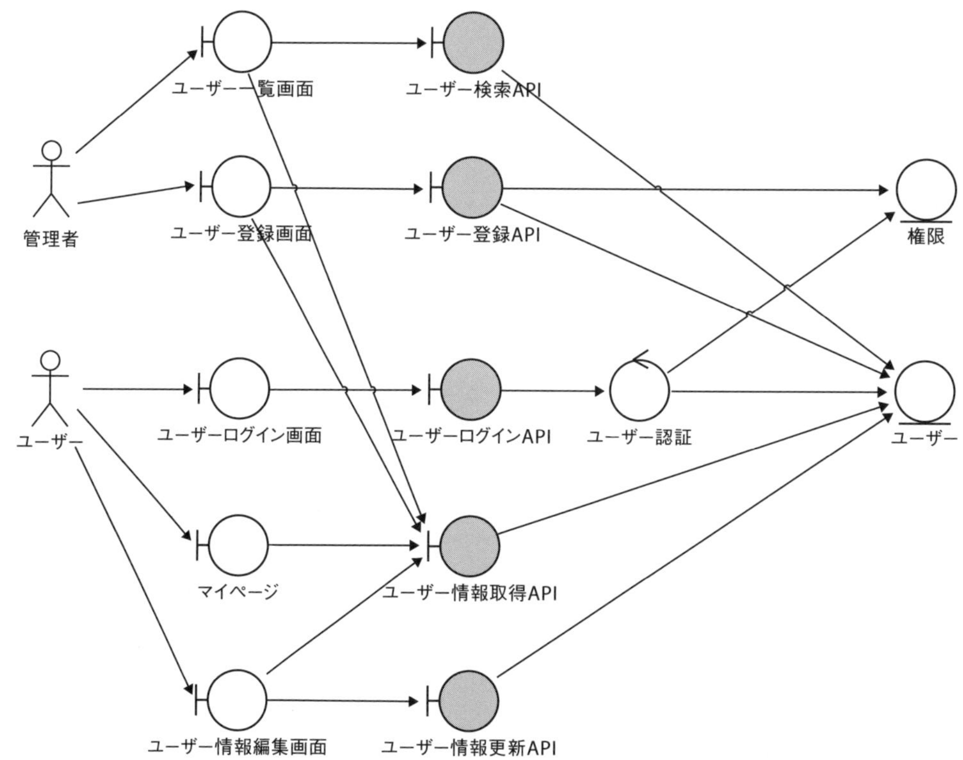

ロバストネス図によって、機能の要件を満たすために必要な画面やAPIが洗い出されます。それぞれの画面やAPIがどのようにデータやユーザーに関連するのかも明確です。あとは、画面ごとにの説明を追記するだけで、開発するために十分な仕様が示せます。

Webアプリケーションの場合は画面遷移という機能があります。画面遷移は **画面遷移図** で示せます。

▼画面遷移図の例

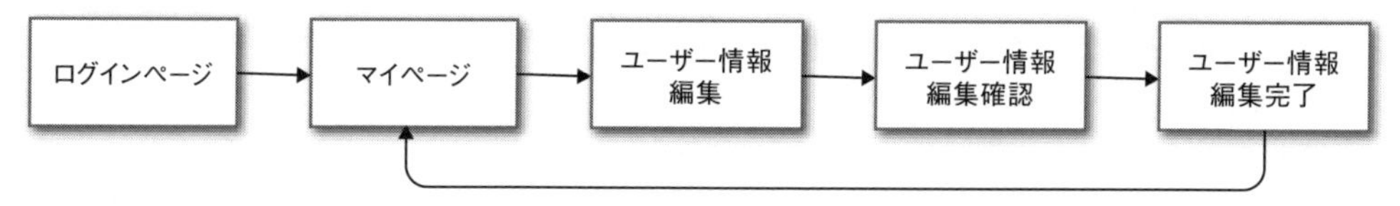

画面にはどのような要素があるか、画面のレイアウトを示しましょう。

▼ページレイアウトの例

Login Page

ID user

Password ********

Login

そして、ロバストネス図、画面遷移図、画面レイアウトに含まれない情報を箇条書きにします。

▼仕様を箇条書きで書いた例

ログインボタン

- *ユーザー認証* に成功した場合はマイページに遷移する
- それ以外の場合は「IDまたはパスワードが違います」と表示する

ユーザー認証

- 以下すべてを満たす場合成功とする:
  - ID、パスワードに一致するユーザーが存在すること
  - ユーザーがマイページへのアクセス権限を持っていること

MEMO

ここではユーザー視点で何を得られるのかを中心に書きましょう。クエリやループ条件の詳細まで書くと、プログラムコードそのものの説明になってしまいます。

● 開発タスクに期日と担当を設定する

開発対象の仕様が定義されていれば、機能ごとにタスクを分割し、チームメンバーで分担して開発できます。また、タスクが分割されていれば、ガントチャートやカンバンを使って進捗や詳細スケジュールを見える化することもできます。

チケット駆動開発では、タスクをチケット化して担当者に割り当てます。チケット駆動開発について詳しくは**5章 課題管理とレビュー** を参照してください。

▼タスクを割り当てたチケットの作成例

```
タイトル: 会員一覧画面 実装
担当: XXX
期日: ○年○月○日

目的
====
- 会員一覧画面を実装する

仕様・ドキュメント
==================
- https://docs.example.com/XXXXXXXXXXXX
```

Column

シーケンス図で複雑な処理を表す

ときには箇条書きでは説明しきれないこともあります。

例えば、複数のサーバーが相互作用するような状況を言葉だけで誤解なく説明するのは困難です。このようなときはシーケンス図が役立ちます。

シーケンス図はUMLの1つで、時系列にオブジェクトの相互作用を表します。

▼シーケンス図の例

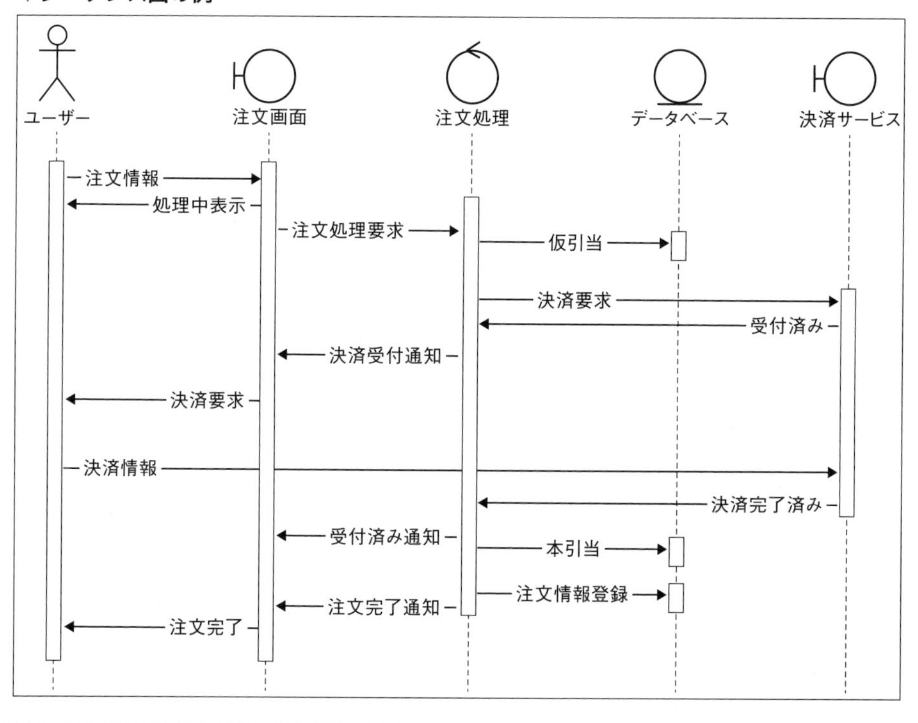

```
内容
==================
- 仕様書に基づいて会員一覧画面を実装する
- ユニットテストを実装する
- コードレビューを受けマージする
```

07-02-03 ツールを使いこなし、ドキュメント基盤を構築する

ドキュメントや図を作成し、チーム内に共有する用途において、有償・無償、様々なツールやサービスが存在します。これらは、トレンドが変わりやすい分野ではありますが、以下、一例を紹介します。

- 図形作成・モデリングツール
  - draw.io: https://www.drawio.com/
  - MySQL Workbench: https://www.mysql.com/jp/products/workbench/
  - astah*: https://astah.change-vision.com/
  - Visio: https://www.microsoft.com/ja-jp/microsoft-365/visio/flowchart-software/
  - Cacoo: https://cacoo.com/
  - Google 図形描画: https://docs.google.com/drawings/

- クラウドストレージ
  - Google Drive: https://drive.google.com/
  - Microsoft OneDrive: https://www.microsoft.com/ja-jp/microsoft-365/onedrive/online-cloud-storage
  - Dropbox: https://www.dropbox.com/
  - Box: https://www.box.com/

- ドキュメンテーションビルダー
  - Sphinx: https://sphinx-users.jp/
  - Docsaurus: https://docusaurus.io/
  - Hugo: https://gohugo.io/

- ドキュメンテーションサービス
  - esa: https://esa.io/
  - Notion: https://www.notion.so/
  - Confluence: https://www.atlassian.com/ja/software/confluence

- TRACERY: https://tracery.jp/

　選定するツールによって、描きやすい図や書きやすいドキュメントのスタイルが変わってきます。ツールやサービスのマニュアルをよく読み、プロジェクトの目的に合致しているか検討して導入しましょう。

07-03 ドキュメントを活用して開発する

　開発を続けていれば、新たな仕様が追加されたり、アーキテクチャが変更されたりします。そのため、ドキュメントのメンテナンスを怠ると情報がすぐに古くなってしまいます。
　そこで大切なのは、開発しながらドキュメントを正しく活用し、更新していくフローが確立することです。ここではドキュメントを活用・更新しながら開発していく方法を説明します。

07-03-01 ソースコードのdocstringにドキュメントへの参照を記入する

　Pythonでは **docstring** という言語仕様を使用して、コード内にクラスや関数のドキュメントを記述できます。一般的にはdocstringは関数の入出力や動作を書くことが想定されていますが、アプリケーション開発においては、実装の元になった仕様や設計ドキュメントへの参照リンクを掲載すると有用です。
　以下はDjangoのview関数のdocstringに仕様書へのリンクを記載した例です。

▼view 関数の docstring に仕様書へのリンクを記載した例

```
def member_list(request):
    """会員リストページ

    https://docs.example.com/document/xxxxxxxxxxx
    """
```

　同様に、Djangoのモデルにテーブル定義書のリンクを記載した例です。

▼モデルの docstring にテーブル定義書へのリンクを記載した例

```
class ReadHistory(models.Model):
    """ 読了記録

    https://docs.example.com/spreadsheets/XXXXXXXXXXXXXX
    """

    name = models.CharField("名前", max_length=255)
    # 以下省略
```

プロジェクトとしてdocstringに何を書くべきか、どのような形式で書くか方針を決めておきましょう。

MEMO

docstringの書き方はPEP 257※1に指針が示されています。
PEP 257では引数や返り値を説明する書式についての言及がないため、現在、以下3種類の形式が広く使われています。

- **Sphinx形式:**
  https://sphinx-rtd-tutorial.readthedocs.io/en/latest/docstrings.html
- **NumPy形式:**
  https://numpydoc.readthedocs.io/en/latest/format.html
- **Google形式:**
  https://sphinxcontrib-napoleon.readthedocs.io/en/latest/example_google.html

07-03-02 レビューを依頼する際にドキュメントのURLを伝える

レビューを依頼する際はドキュメントのURLを伝えましょう。レビュアーを依頼された人は「仕様通りに実装できているか」という観点に対し、何を根拠にレビューをすればよいか明確になります。もし、ドキュメントと実装の乖離がある場合、コードのバグか、ドキュメントの更新漏れかどうかを判断して対応する必要があります。

以下はGitHubのプルリクエスト機能でレビューを依頼する例です。

▼プルリクエストの例

```
## チケットURL

* https://project.example.com/redmine/issues/123456

## 変更内容

* 追加: 会員リストページ実装

## このレビューで確認してほしい点

* [ ] 仕様通り実装されているか
* [ ] 必要十分のdocstringとコメントが記載されているか
* [ ] 開発ガイドライン通りに実装できているか
* [ ] 開発ガイドラインが規定していない箇所は一般的なPython/Djangoの書き方ができ
```

※1 PEP 257 : https://peps.python.org/pep-0257/

```
ているか

## 参考情報

* 会員リストページ仕様書: https://docs.example.com/document/xxxxxxxxxxx
```

レビューについては **5章 課題管理とレビュー**、プルリクエストについては **6章 GitとGitHubによるソースコード管理**も参照してください。

07-03-03 ドキュメントを変更してレビューを受ける

コードレビューでドキュメントの更新が指示された場合、あるいは開発者が自らドキュメントの更新が必要と判断した場合はドキュメントを更新し、レビューを受けましょう。

レビューを依頼するときは、変更した内容がわかるようにしましょう。また、変更理由の妥当性を示す説明も添えましょう。レビューを依頼された人はその変更が妥当かどうか判断する必要があります。

▼ドキュメント変更レビューを依頼する※1

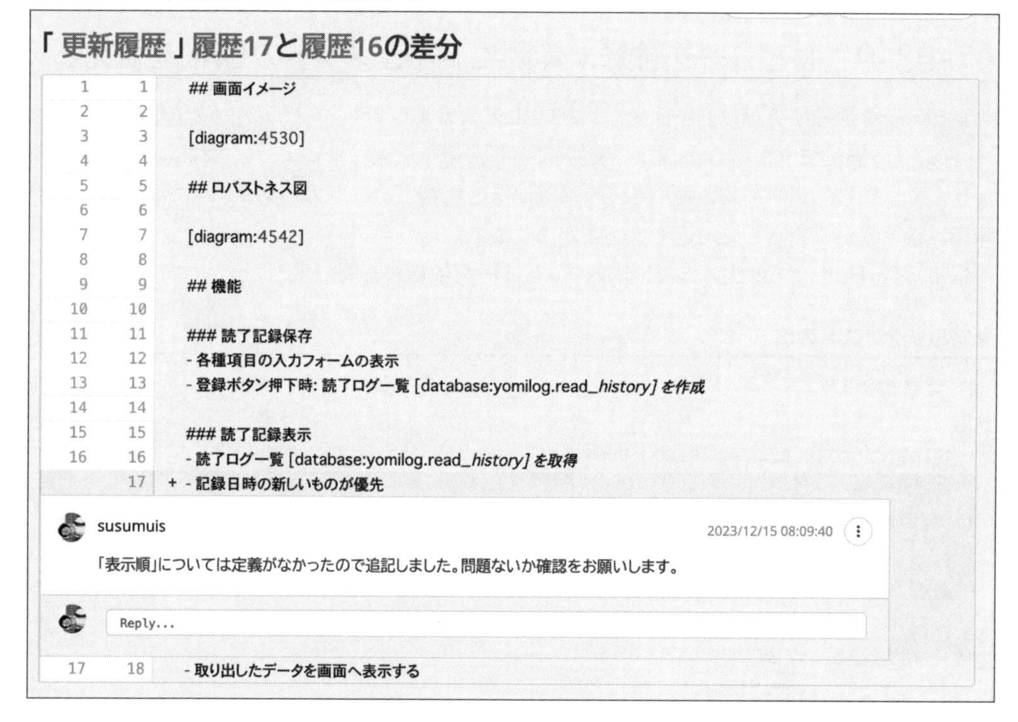

※1 TRACERY(https://tracery.jp/)というサービスの差分レビュー機能画面を例に紹介しています

07-03-04 古くなったドキュメントはアーカイブする

古いままメンテナンスされていないドキュメントは、間違った理解をメンバーに広げてしまうなどといった害をプロジェクトにもたらします。もう使用する可能性がないドキュメントは、アーカイブまたは削除することを検討しましょう。

MEMO

ドキュメント管理に利用しているサービスによってはアーカイブ機能の提供がなく、削除すると履歴が失われてしまったり、外部からの参照がエラーになったりするので、削除しづらいこともあります。

そのような、やむを得ない場合も、誰かが古い情報に気づかず参照してしまうことがないよう細心の注意を払いましょう。廃止したドキュメントはタイトルやファイル名を変更し、本文先頭には大きく「***Outdated!!! この情報は古いです！最新は https://docs.example.jp/XXX 参照してください***」などと注意を促し、適切な情報に誘導しましょう。

07-04 作業の履歴を残す

ここまで、ドキュメントを書くメリットについて説明してきましたが、十分に時間がないこともあります。そのような場合でも、あとで参照できるように、作業の履歴を残しておくようにしましょう。

- チケットのコメント欄に作業コマンドを残しておく
- 口頭で聞いた内容をSlackに書き残しておく
- 内部の打ち合わせでも議事録をとる

履歴を残しておくことで、いざ必要になったときに、参照できて助かることはよくあります。「履歴を検索する」労力をかけて得た情報は、他の人が同じ労力を払ってしまうことがないよう、ドキュメントに追記して、メンバーに共有しましょう。

07-05 まとめ

この章では、開発プロジェクトにおいて必要なドキュメントを整理し、それぞれの書き方や、ドキュメントを活用した開発について説明しました。これまでドキュメントに何を書いたらよいかわからないと感じていた方も、ドキュメントを書くことをつい軽視してしまっていた方も、今後の開発ではドキュメントをうまく活用し、チーム開発がスムーズに行えるようにしていきましょう。

Chapter

08 アプリケーションの単体テスト

単体テスト (unit test) の重要性は開発者の間で広く認識され、Python ではテストのためのライブラリや周辺ツールが整っています。この章では、Python でのアプリケーション開発における単体テストの方針や環境の構築方法、ライブラリの導入について説明します。

なお、以降本章では単体テストのことを単に「テスト」と呼びます。結合テスト以降のテストについては **12章 テストを味方にする** で説明しているのでそちらを参照してください。

08-01 Pythonのテストはどう書くべきか

この節ではテストを書くことのメリットやコストにフォーカスし、Pythonでテストはどのように書くのが望ましいかを説明します。

08-01-01 テストのメリット

テストを書いてもユーザーに新たな機能を提供できるわけではありません。それでも私たちがテストを書くのは、テストを書くことによってプロジェクトに次のようなメリットをもたらすと期待しているからです。

- テスト対象の仕様明示
- テスト対象の品質向上
- 開発効率の向上

● テスト対象の仕様明示

テストを書くことで、以下のようにテスト対象の具体的な仕様を示すことができます。

- テスト対象が関数であれば、具体的な実引数に対応して期待する返り値
- テスト対象がクラスであれば、どのように生成し、どのようにメソッドを呼び出すのか
- テスト対象がWeb APIであれば、どのようなリクエストに対して、どのようなレスポンスを返すのか

テストは信頼性の高いドキュメントとみなすことができます。
実際に実行されているので、記載ミスやメンテナンス漏れが起こりづらいからです。

● コードの品質向上

テストを書くことによって、対象のコードはテストに書かれた範囲において、実装者が期待した通りに動作することを担保できます。

Pythonは動的型付け言語なので、実行時に振る舞いが決定する性質があります。テストを書くことによって「少なくとも1度は実行されている」ということになり、コードの信頼性が向上します。

現在のコードの品質を高めるだけではありません。今後コードを修正する際にも、修正によって意図していない箇所でバグが新たに発生してしまうデグレを防止できます※1。

● 開発効率の向上

テストを実行することで、バグの発見・修正を早めることができます。バグの早期発見は手戻りの発生を抑制し、スケジュールの不確実性を低減できます。

加えて、回帰テストが自動化されているので、安心して機能追加やリファクタリングを行うことができます。リファクタリングを繰り返し行えば、コードの可読性も向上するでしょう。

08-01-02 テストのコスト

一方で、テストを書くという工程を加えることは、開発プロジェクトのコストにもなり得ます。プロジェクト進行の妨げにならないように、次のようなコストについて意識しましょう。

- テストを書くコスト
- テストを実行するコスト
- テストをレビューするコスト
- 仕様変更の際にテストを修正するコスト

これらは、一般的にテストの量が多いほど増大します。品質を上げようとして、むやみにテストケースを増やしてもコストだけが上がってしまいます。プロジェクトの中で必要な品質を担保するテストを効率よく書かなければなりません。

08-01-03 テストコードにおける一般的なプラクティス

コストを下げながらメリットを得るためには、テストコードの品質が重要です。テストには通常の機能の実装とは違う課題が存在し、一般的なコーディングパターンが必ずしも良いとは言えません。ここでは、テストコードを書くときに採用される一般的なプラクティスを紹介します。

※1 このような目的のテストを回帰テスト(regression test)と呼びます。テストを書くことで回帰テストの実施が自動化されます。

● 過度に共通化しない

テストコードはDRY原則(Don't Repeat Yourself)の例外とも言われます。

通常のコードは、共通処理を関数にしたりクラスにしたりして、重複を排除します。しかし、テストコードでそれらを行ってしまうと、テストケースの独立性が失われ、失敗時の原因特定が難しくなります。

例えば、以下のようなコードは避けるべきです。内部でassertする関数をfor文でループして呼び出しています。

▼テストでは避けるべきコード例

```
def test_register_all_member_names():
    for member_name in ["susumuis", "kashew"]:
        _test_register_one_member_names(member_name)

def _test_register_one_member_names(member_name):
    member = Member(member_name)
    register(member)
    assert member.is_registered()
```

テストコードでは過度な共通化をせず、人が読める範囲での重複や繰り返しは許容しましょう。

● 上から下まで読み下せるようにする

テストコードのテストは書けないので、テストコードを書くときはなるべくバグが起こりづらくバグが見つけやすい書き方を心がけなければいけません。

テストコードではループや分岐のような制御構造を作成せず、ドキュメントのように上から下へ読めるようにしましょう。ドキュメントとして読み下せればレビューもしやすく、仕様の網羅性もチェックしやすいです。

● 3Aパターンでテストを書く

Bill Wake氏が提唱した**3Aパターン** (Arrange, Act, Assert pattern)※1はテストコードの書き方として広く浸透しています。3Aパターンでは、テストケースをArrange(準備)、Act(実行)、Assert(アサート)の3ステップに分解します。

以下はpytestライブラリを使って、3Aパターンに基づいたテストを書いた例です。インポートやモックの作成などという準備を `arrange`、対象の関数の実行を `act`、その結果の検証を `assert` で行っています。なお、pytestについては次の節で説明します。

▼3Aパターンに則った書き方の例

```
@patch("getfooapi.requests.get")
def test_get_foo_api_when_api_result_is_1(request_get_mock):
    """get_foo_apiはXXX APIの返り値が{"result": 1}の場合は1を返すこと"""
```

※1 https://xp123.com/articles/3a-arrange-act-assert/

```
    # arrange
    from getfooapi import get_foo_api

    request_get_mock.return_value.json.return_value = {"result": 1}

    # act
    actual = get_foo_api("sometoken")

    # assert
    assert actual == 1
```

すべてのテストケースはこのパターンを適用できるため、同様の書き方で統一すれば可読性が向上します。

● テストケースの名前が仕様を説明する

テストケースの名前で検証しようとしている仕様を説明しましょう。前述のリスト「3Aパターンに則った書き方の例」(p.208)では、`test_get_foo_api_when_api_result_is_1` という長めの関数名にしています。このようにしておけば、テストが失敗したときに原因を調査しやすくなります。また、エディターのアウトライン機能で全体の見通しが良くなります。

関数名やメソッド名では説明しきれない詳細は、docstringに書きましょう。コード例のように「〜こと」という書き方で具体的な検証の仕様を記述するとレビューする人の助けになります。

MEMO

プロジェクトの方針によりますがテストケースの名前を次のようにそもそも日本語で書いてしまうことも検討の余地があります。

`test_get_foo_apiはAPIの結果が1の時の期待通りであること`

その場合、関数名やメソッド名に使用できる文字に制限があることに注意して名前を決める必要があります。

● Assertion Rouletteを防ぐ

1つのテストケース内で多くの assert を行ってはいけません。

例えば、以下は良くない書き方です。

▼Assertion Rouletteになってしまっている例

```
def test_add_int():
    """add_int関数は入力に対して期待値通りの値を返すこと"""
```

```
    # arrange
    from addint import add_int

    # act & assert
    assert add_int(1, 1) == 2
    assert add_int(0, 0) == 0
    assert add_int(1, -2) == -1
    assert add_int(-1, -1) == -2
```

このように書いたテストは途中の assert が失敗したとき、それ以降のテストが実行されません。これは Assertion Roulette※1 と呼ばれるアンチパターンです。

1つのテストケースで複数の仕様を検証しようとすると Assertion Roulette になってしまいます。1つのテストケースでは1つのことを検証しましょう。

● テスト対象モジュールをテストモジュールスコープでインポートしない

前述のリスト「3Aパターンに則った書き方の例」(p.208)では、arrange ステップでテスト対象である `get_foo_api` をインポートしていました。

```
    # arrange
    from getfooapi import get_foo_api
```

これはPythonにおけるテストコード特有のテクニックです※2。

通常、import文はすべてモジュールの先頭に記述し、テストモジュールスコープでインポートします。しかし、テスト対象のモジュール(module under test)は「まだテストがされていない」状態であるため、確実にインポートできることが保証されていません。そのため、テストモジュールスコープでのインポートに失敗した時、テストモジュール内のすべてのテストケースが失敗します。

モジュールスコープでは `datetime` のような標準モジュールや、`django` のような外部モジュールのみをインポートし、テスト対象はテストケースのなかでインポートしましょう。

08-01-04 網羅性を意識して設計する

テストにおける課題の1つとして網羅性の判断が難しいことも挙げられます。テストが不十分だとバグを見逃すことに繋がります。

そこで、テストケースを網羅性を意識しながら設計しましょう。

※1 Assertion Roulette : http://xunitpatterns.com/Assertion%20Roulette.html
※2 https://pylonsproject.org/community-unit-testing-guidelines.html - Rule: Never import the module-under-test at test module scope

● 異常な入力を予め除外しておく

テストが必要なパターンを減らすため、テスト対象の関数やメソッドでは予め異常な引数や入力値を除外するように実装しましょう。そして、テストコードでは、異常な入力が適切にエラーとなっていることを確認しましょう。

▼異常な入力を除外するように実装し、テストする例

```
def register_member(member):
    if is_valid_member(member):
        raise InvalidMemberError
    # 以下省略


def test_register_member_raises_error_when_invalid_member():
    """register_memberは異常な会員データを登録しようとしたらエラーが発生すること"""

    # 以下省略
```

● 境界値分析や同値分割や活用し、パターンを網羅する

入力に組み合わせパターンがある場合、すべての組み合わせをテストしようとするとテストケースの数が爆発的に増加します。その場合、デシジョンテーブルを作成したり、境界値分析や同値分割などの手法を用いたりして妥当なパターンを決定します。

テストコード上では、パターンの選択の根拠が示せると望ましいです。

テストライブラリが提供する **Parameterized Test**（パラメータ化テスト）の仕組みを活用すればパラメータを変えながら同じテストを実行できるので、コード上で網羅性が示しやすくなります。

08-01-05 参考

この節は以下の資料を参考にしています

- **xUnit Test Patterns**
  http://xunitpatterns.com/
- **Pylons Project Unit testing guidelines**
  https://pylonsproject.org/community-unit-testing-guidelines.html
- **3A - Arrange, Act, Assert - XP123**
  https://xp123.com/articles/3a-arrange-act-assert/
- **Testing on the Toilet: Tests Too DRY? Make Them DAMP! - Google Testing Blog**
  https://testing.googleblog.com/2019/12/testing-on-toilet-tests-too-dry-make.html

08-02 Djangoアプリケーションをテストする

この節では、Webアプリケーションのテストを書く実例として、Djangoを使って書かれた**2章 Webアプリケーションを作る**で作成した「読みログ」アプリにテストを追加します。

08-02-01 ライブラリの導入

ここでは次のライブラリを導入します。

- pytest
  https://docs.pytest.org/
  - 「小さく、読みやすいテストを簡単に書く」ライブラリ
- pytest-django
  https://pytest-django.readthedocs.io/
  - Djangoアプリケーションのテストを便利にするためのpytestのプラグイン
- pytest-freezer
  https://github.com/pytest-dev/pytest-freezer
  - テストを行う時刻を固定するpytestのプラグイン
- pytest-cov
  https://pypi.org/project/pytest-cov/
  - テストカバレッジを自動で計測するpytestのプラグイン
- pytest-randomly
  https://github.com/pytest-dev/pytest-randomly
  - テストの実行順序をランダムにすることで、テストケース同士が依存関係を持つリスクを下げるpytestのプラグイン
- factory_boy
  https://factoryboy.readthedocs.io/
  - テストの前提となるDjangoモデルなどの生成コードをテストケース内で簡略に書けるようにするライブラリ（同種のライブラリとしてModel Bakery※1も人気があります）

● ライブラリのインストールと設定

テスト用のライブラリは実行時には必要がないツールなので `requirements-dev.txt` を作成し、開発環境にだけインストールされるようにします。

※1 Model Bakery：https://model-bakery.readthedocs.io/en/latest/

▼requirements-dev.txt

```
-r requirements.txt
pytest
pytest-cov
pytest-django
pytest-freezer
pytest-randomly
factory-boy
```

yomilogコンテナを起動した状態で以下を実行してライブラリをインストールします。

```
$ docker compose exec yomilog pip install -r ../requirements-dev.txt
```

yomilog/pyproject.tomlを作成して、設定を記述します。

▼yomilog/pyproject.toml

```
[tool.pytest.ini_options]
DJANGO_SETTINGS_MODULE = "yomilog.settings"

[tool.coverage.run]
omit = [
    'yomilog/asgi.py',
    'yomilog/wsgi.py',
    'manage.py',
    '**/migrations/*',
    '**/tests.py',
    '**/tests/*'
]

[tool.coverage.report]
show_missing = true
```

テストコードは量が多くなり、分割することが想定されるので、初めからパッケージを分けましょう。yomilog/app/tests ディレクトリを作成し、__init__.py を作成します。

```
$ mkdir yomilog/app/tests
$ touch yomilog/app/tests/__init__.py
```

MEMO

この節では、説明のため２章 で作成したソースコードを改変し、以下の created_at, updated_at を ReadHistory モデルに追加します。

サポートページからダウンロードできる本章のサンプルコードには予め追加されているので、手元で動きを確認したい方はそちらを利用してください。

▼yomilog/app/models.py

```
class ReadHistory(models.Model):

    # 省略...

    is_favorite = models.BooleanField("評価", null=True)

    created_at = models.DateTimeField(auto_now_add=True)      # <-- 追加
    updated_at = models.DateTimeField(auto_now=True)          # <-- 追加

    # 省略...
```

もし、ご自身で追加したい場合、yomilog/app/models.py を修正後、以下のコマンドを実行してください。なお、makemigrations と migrate の間で default 値についての問い合わせがあるので、デフォルトの timezone.now を指定して進めてください。

```
$ docker compose exec yomilog python manage.py makemigrations
$ docker compose exec yomilog python manage.py migrate
```

08-02-02 テストを書く

ライブラリをインストールしたらテストを書いていきましょう。

● ファクトリを実装

ファクトリはテストで使用するモデルの生成を補助するクラスです。Djangoアプリケーションのテストでは、データベースにレコードを登録することが頻繁に必要になります。ファクトリを作っておくことでモデルの生成とデータの登録がしやすくなります。

まずはReadHistoryモデルのファクトリを作成しましょう。

yomilog/app/tests/factories.pyを作成し、以下のように記述します。

▼yomilog/app/test/factories.py

```
from datetime import date

import factory
import factory.fuzzy


class ReadHistoryFactory(factory.django.DjangoModelFactory):
    class Meta:
        model = "app.ReadHistory"

    name = factory.Sequence(lambda n: f"test_member{n}")
    category = factory.fuzzy.FuzzyChoice(["tech", "business"])
    title = factory.Sequence(lambda n: f"テスト書籍{n}")
    price = factory.fuzzy.FuzzyInteger(100000)
    read_at = factory.fuzzy.FuzzyDate(date(2020, 1, 1), date(2023, 12, 31))
    is_public = True
```

`Meta.model` でモデルクラスを指定します。文字列で「アプリ名.モデル名」で指定できます。今回は `app` アプリの `ReadHistory` モデルクラスを指定しています。

以降はデフォルト値を指定します。デフォルト値は指定した項目がテストの関心ごとではないときに設定する値です。ここでは、連番(Sequence)やランダム値(Fuzzy)を使うとよいでしょう。この他にもリレーション先に対するファクトリを指定する `SubFactory` や `RelatedFactory` 、設定済みの別のフィールドの値を参照する `LazyAttribute` などもよく使います。

詳しくは公式ドキュメントのCommon recipes※1やExamples※2を参考にしてください。

● view関数のテストを実装する

それではテストを書きましょう。Djangoのテストはview関数ごとに書くのが基本です。

◆ テストケースの書き方

まずは `app.views.read_log` のテストを書きましょう。`app/tests/test_views.py` を作成し、以下のコードを書きます。

▼app/tests/test_views.py

```
import json
from datetime import date, datetime
from zoneinfo import ZoneInfo

import pytest

```

※1 Common recipes：https://factoryboy.readthedocs.io/en/stable/recipes.html
※2 Examples：https://factoryboy.readthedocs.io/en/stable/examples.html

```
@pytest.mark.django_db
class TestReadLog:
    """read_log APIをテストする"""

    @pytest.fixture
    def target_path(self):
        return "/api/read"
```

TestReadLog クラスは read_log 関数をテストするクラスです。pytestではクラスの定義は必須ではなく、すべてを関数で記述することもできますが、テストケースのグルーピングのためにクラスを定義することができます。今回は TestReadLog と TestInsertLog のように view 関数ごとにテストクラスを定義することにします。

テストクラスに付与している @pytest.mark.django_dbデコレーターは「テスト用のデータベースを使用する」という宣言です。このデコレーターをつけることで、テスト開始時に一時的なデータベースを作成し、テストが終わったら削除します。テストケースごとに登録したデータはクリアされるので、テストケース同士でデータを共有してしまうことを防ぎます。デコレーターはメソッドごとにつけることも、クラスごとにつけることもできます。

pytestでは、テストの依存性を fixture としてテストケースに記述すると、実行時にインスタンスが注入されます。fixture は @pytest.fixture デコレーターを付与したメソッドや関数として定義し、テストケースに同名の引数を追加することによって使用できます。pytestや、プラグインによって共通の fixture も提供されています。

ここでは target_path という fixture を作成しています。"/api/read" は app.views.read_log に対応するURLです。単純な文字列ですが、テストクラスの先頭に fixture として定義することで、テストクラスの対象を明示しています。このようにしておけばテストコードを上から読んだ人が TestInsertLog クラスが何をテストしようとしているのかを把握しやすいです。

それでは、テストケースを実装しましょう。

▼app/tests/test_views.py に read_log のテストケースを追記

```
    def test_response(self, target_path, client):
        """登録したReadHistoryを返すこと"""

        # arrange
        from .factories import ReadHistoryFactory

        ReadHistoryFactory(
            pk=100,
            name="テストname1",
            category="tech",
            title="テスト書籍1",
```

```
            price=1000,
            read_at=date(2023, 1, 1),
            is_public=True,
            is_favorite=True,
        )

        # act
        res = client.get(target_path)

        # assert
        assert res.status_code == 200
        assert res.json() == {
            "result": [
                {
                    "id": 100,
                    "name": "テストname1",
                    "category": "tech",
                    "title": "テスト書籍1",
                    "price": 1000,
                    "readAt": "2023-01-01",
                    "isFavorite": True,
                },
            ]
        }
```

`test_response` は正常系のレスポンスをテストするテストケースです。`client` は pytest-django によって提供される fixture で、実装したWeb APIに対して、リクエストを送れる `django.test.Client` オブジェクトが設定されます。

テストケースは前節で説明した3Aパターンを実践しています。`# arrange` ブロックでは `ReadHistoryFactory` ファクトリを利用してテストデータを作成します。ファクトリはコンストラクタを呼び出すだけで自動的にデータベースへの登録も行われます。`# act` ブロックでは `client` を使用して対象のパスにGetリクエストを送信します。`# assert` ブロックでレスポンスやステータスコードを検証します。

pytestを使ったDjangoアプリケーションのテストは同様の流れで行います。

◆関心ごとだけテストコードに記述する

さらにテストケースを追加しましょう。`read_log` API には、次の仕様があります。

- 読了履歴をidの降順で取得
- 公開フラグがオンである読了履歴のみを取得

これらに対応するテストも書きましょう。

▼app/tests/test_views.py にテストケースをさらに追記

```
    def test_ids_ordered_by_id_desc(self, target_path, client):
        """結果はidの降順で並べられていること"""

        # arrange
        from .factories import ReadHistoryFactory

        ReadHistoryFactory(pk=101)
        ReadHistoryFactory(pk=102)
        ReadHistoryFactory(pk=103)
        ReadHistoryFactory(pk=104)
        ReadHistoryFactory(pk=105)

        # act
        res = client.get(target_path)

        # assert
        assert res.status_code == 200
        assert [row["id"] for row in res.json()["result"]] == [
            105, 104, 103, 102, 101
        ]

    def test_ids_filtered_non_public_rows(self, target_path, client):
        """公開フラグがオンであるデータ以外はレスポンスから除外されていること"""

        # arrange
        from .factories import ReadHistoryFactory

        ReadHistoryFactory(pk=101, is_public=False)
        ReadHistoryFactory(pk=102)
        ReadHistoryFactory(pk=103, is_public=False)
        ReadHistoryFactory(pk=104)

        # act
        res = client.get(target_path)

        # assert
        assert res.status_code == 200
        assert [row["id"] for row in res.json()["result"]] == [104, 102]
```

ここでは、並び順やフィルター条件のみが関心ごとなので`test_response`のようにすべてのプロパティをチェックせず、`id`のみassertします。ファクトリを呼び出すときも、`name`や`title`などは指定せずデフォルト値を使います。このようにすることでテストケースからノイズが減り読みやすくなります。

◆ Parametrized Testを実装する

続いて insert_log のテストを書きましょう。以下のテストクラスを追加します。

▼app/tests/test_views.py に insert_log のテストを追記

```
@pytest.mark.django_db
class TestInsertLog:
    """insert_log APIをテストする"""

    @pytest.fixture
    def target_path(self):
        return "/api/insert"
```

それでは、期待通りのデータが登録されることをテストしましょう。import文を書き足して次のようにします。

▼app/tests/test_views.py の import 文を修正

```
import json
from datetime import date, datetime

import pytest
from zoneinfo import ZoneInfo
```

データ登録のテストでは、想定されるデータのパターンに対して、データベースに正しく登録されることを確認します。つまり、登録するデータだけ変えながら同じ手順を繰り返します。このようなときは **Parameterized Test** を実装すると効果的です。pytestでは`@pytest.mark.parametrize`デコレーターを使って Parameterized Testを実装できます。

パラメータは後で考えるとして以下のようにテストケースを実装します。

▼app/tests/test_views.py に insert_log のテストケースを追記

```
    @pytest.mark.freeze_time("2023-01-23 12:34:56+9:00")
    def test_it(self, target_path, client, input_data, expected_read_at):
        """jsonをpostすると、200を返し、ReadHistoryが作成されていること"""

        # arrange
        from ..models import ReadHistory

        executed_time = datetime(2023, 1, 23, 12, 34, 56, tzinfo=ZoneInfo("Asia/T
okyo"))

        # act
        res = client.post(
            target_path,
```

```
            json.dumps(input_data),
            content_type="application/json",
        )

        # assert
        assert res.status_code == 200

        last = ReadHistory.objects.last()
        assert (
            last.name,
            last.category,
            last.title,
            last.price,
            last.read_at,
            last.is_public,
            last.is_favorite,
            last.created_at,
            last.updated_at,
        ) == (
            input_data["name"],
            input_data["category"],
            input_data["title"],
            input_data["price"],
            expected_read_at,
            input_data["isPublic"],
            input_data["isFavorite"],
            executed_time,
            executed_time,
        )
```

`client.post` で送信するデータ `input_data` と、文字列で指定する「読了日」に対応する日付型のオブジェクトを `expected_read_at` としてパラメータ化しています。

`created_at`, `updated_at` はデータ登録時点の現在日時が設定されますが、現在日時は実行するごとに変わってしまうので、`@pytest.mark.freeze_time` デコレーターを使用して現在日時を固定しています。

そして、以下のデコレーターを `test_it` メソッドにデコレーターを付与します。

▼app/tests/test_views.py TestInsertLog.test_it にデコレータを付与

```
    @pytest.mark.parametrize(
        "input_data, expected_read_at",
        [
            (
                {
```

```
                "name": "test_member123",
                "category": "business",
                "title": "テストタイトル",
                "price": 12345,
                "readAt": "2023-01-02",
                "isPublic": True,
                "isFavorite": True,
            },
            date(2023, 1, 2)
        ),
        (
            {
                "name": "test_member234",
                "category": "tech",
                "title": "テストタイトル2",
                "price": 5432,
                "readAt": "2023-01-03",
                "isPublic": False,
                "isFavorite": False,
            },
            date(2023, 1, 3)
        ),
    ]
)
@pytest.mark.freeze_time("....  # 省略
def test_it(... # 省略
```

このように、factoryや`parametrize`を使ってできるだけ簡潔にテストを書くようにしましょう。

詳しくはpytest※1、pytest-django※2, pytest-freezer が利用しているfreezegun※3 のドキュメントを参照してください。

08-02-03 テストを実行する

テストは`pytest`コマンドで実行します。実行結果はカラーで読みやすく出力されます。

▼pytestの実行

```
$ docker compose exec yomilog pytest
======================== test session starts =========================
platform linux -- Python 3.11.6, pytest-7.4.2, pluggy-1.3.0
django: settings: yomilog.settings (from ini)
```

※1 pytest：https://docs.pytest.org/
※2 pytest-django：https://pytest-django.readthedocs.io/en/latest/
※3 freezegun：https://github.com/spulec/freezegun/blob/master/README.rst

```
rootdir: /code/yomilog
configfile: pyproject.toml
plugins: django-4.5.2, Faker-19.11.0, cov-4.1.0
collected 5 items

app/tests/test_views.py .....                                    [100%]

======================== 5 passed in 0.48s ============================
```

08-02-04 pytest-covでカバレッジを計測する

テストの網羅性を計測する指標として、カバレッジを取得してみましょう。

● --cov オプションをつけてカバレッジを取得する

`pytest`コマンドに`--cov`オプションを追加して実行すればテストの実行後にカバレッジが表示されます。

▼pytest-covを使ったカバレッジ計測

```
$ docker compose exec yomilog pytest --cov .
======================== test session starts ==========================

省略

app/tests/test_views.py .....                                    [100%]

---------- coverage: platform linux, python 3.11.6-final-0 -----------
Name                     Stmts   Miss  Cover   Missing
------------------------------------------------------
app/__init__.py              0      0   100%
app/apps.py                  4      0   100%
app/models.py               13      0   100%
app/views.py                17      2    88%   11-12
yomilog/__init__.py          0      0   100%
yomilog/settings.py         18      0   100%
yomilog/urls.py              4      0   100%
------------------------------------------------------
TOTAL                       56      2    96%


========================= 5 passed in 1.09s ===========================
```

カバレッジが96%であることがわかりました。

MEMO

実行時に `--cov-report=html` を付与してするとHTMLでレポートが出力されます。
表示が詳しく読みやすいため、CIで生成されるようにすると便利です。

● カバーできていない箇所を確認する

カバレッジは単に100%だから良いというわけではなく、どの行がカバーできていないかを確認することが重要です(詳しくは後述のコラムで説明します)。

`Missing` を見ると `app/views.py` の `11-12` 行目がカバーできていないようです。

該当の行を確認しましょう。ここでは対応がわかるように行番号付きで掲載します。

▼yomilog/app/views.py の該当行

```
10: def index(request):
11:     context = {}
12:     return render(request, "app/index.html", context)
```

この行はページHTMLを返す `index` でした。

● カバレッジ計測対象から除外する

画面用のview関数をテスト対象に含めるかどうかは判断が分かれるところですが、今回は画面をユニットテストの対象から外すと判断したとしましょう。

カバレッジ計測対象から外す場合は、そのブロックを開始する行に `# pragma: nocover` というコメントを書きます

▼カバレッジ計測対象から外す

```
def index(request):  # pragma: nocover
    context = {}
    return render(request, "app/index.html", context)
```

これで100%になりました。

▼カバレッジが 100% になっている

```
$ docker compose exec yomilog pytest --cov .

省略

app/views.py                         14      0   100%

省略
```

```
---------------------------------------------------------------
TOTAL                                    56      0    100%
```

Column

カバレッジとは

カバレッジ とはテストコードを通してどれだけプログラムの多くの部分を実行したかを表す指標(網羅率)です。カバレッジが高いということは、それだけテストコードによってプログラムが網羅されて実行されていることを表します。

カバレッジはパーセンテージで表します。仮に、プログラムのすべての行をテストコードから実行していればカバレッジは100%です。この場合、まったく動かさなかったプログラムが後で動作せず慌てることはほぼなくなるでしょう。ただし、あくまでもプログラムを動かしただけなので、論理的な間違いに起因するバグは検出できません。言い換えれば、テストコードの内容にはカバレッジは関知しません。カバレッジは「テストの内容が妥当であること」ではなく、「テストコードが足りない・テストが甘い」ことを発見する指標として活用しましょう。

> ***問題は、テストの品質を気にしなければ、カバレッジを上げるのは簡単ということだ。アサーションのないテストみたいなバカな話にもつながる。 -- テストカバレッジ - Martin Fowler's Bliki (ja)***
> https://bliki-ja.github.io/TestCoverage

カバレッジは評価基準の厳しさから3段階(1が最も甘く、3が最も厳しい)に分類されます。

1. 命令網羅 (略称C0): すべての命令を実行すればOK。if文を書いたら、そのif文の中を通るテストコードを書けば100%になります。
2. 分岐網羅 (C1): 分岐をすべて通せばOK。 *if..elif..else* という分岐を書いた場合、分岐の中をすべて実行した上で「分岐に入らないケース」も実行したら100%になります。
3. 条件網羅 (C2): 分岐の条件が複数あった場合に、それらすべてをテストコードから実行すれば100%になります。

命令網羅、分岐網羅、条件網羅の順にカバレッジを100%にするのが難しくなります。命令網羅は比較的100%達成が容易なので100%にしておくことが望ましいのですが、テストコードを書くことに充てられる工数は限られており、カバレッジを上げるために大量のテストを書いた結果、テストコードのメンテナンスにコストがかかり過ぎてしまう(テストコードが負債化する)場合もあるので、状況に応じてカバレッジをどれだけ高めるべきか判断するのが現実的でしょう。
pytest-covでは命令網羅および分岐網羅のカバレッジを取得できます。本文中で紹介した `--cov <PATH>` オプションは `<PATH>` 以下の命令網羅率を取得します。オプションに `--cov-branch` をつけ加えることで分岐網羅率を取得します。なお、現在のpytest-covでは条件網羅のカバレッジには対応していません。
カバレッジを取得することは、無駄な行や意図の不明瞭な処理を避ける意識を高める効果があります。新たな気づきも得られますので、まだ取ったことない人は、一度試してみてはいかがでしょうか。

08-03 データサイエンスのプログラムをテストする

データサイエンスのプログラムでもテストの方針は変わりません。データを入力、処理、出力する流れがわかりやすいという点で言えば、テストをしやすいでしょう。ただし、ときにテストを書きづらいことがあります。そのようなときにどうすべきかを説明します。

08-03-01 pandasを使ったプログラムにテストを書く

ここでは**3章データサイエンスのプログラムを書く**で作成した「書籍おすすめプログラム」のテストを書いていきましょう。

▼requirements-dev.txt

```
pytest
pytest-cov
pytest-randomly
snapshottest
```

snapshottestのみ初めて登場するライブラリです。こちらについては後ほど説明します。

`app` コンテナを起動した状態で以下を実行してライブラリをインストールします。

▼ライブラリのインストール

```
$ docker compose exec app pip install -r requirements-dev.txt
```

前節と同様に `tests/` ディレクトリを作成します。

▼tests/ を作成

```
$ mkdir tests
$ touch tests/__init__.py
```

● テストを書く

`tests/test_recommend_books.py` を作成します。まずは `validate_input_df` 関数のテストを書いてみましょう。

▼validate_input_df のテストを書いた test_recommend_books.py

```
import pandas as pd
import pandera as pa
import pytest
from pandas.testing import assert_frame_equal


class TestValidateInputDf:
    @pytest.fixture
    def target(self):
        from recommend_books import validate_input_df

        return validate_input_df

    @pytest.mark.parametrize(
        "input_df_data, expected_message_pattern",
        [
            (
                {},
                "column 'name' not in"
            ),
            (
                {
                    "name": ["test_name"],
                    "title": ["test_title"],
                    "price": ["12345"]
                },
                "expected series 'price' to have type int64"
            )
        ]
    )
    def test_invalid_data_raises_schema_error(
        self, target, input_df_data, expected_message_pattern
    ):
        """不正な値を指定するとSchemaErrorが発生すること"""
        # arrange
        input_df = pd.DataFrame(input_df_data)
        # act
        with pytest.raises(pa.errors.SchemaError, match=expected_message_patter
n):
```

```
            target(input_df)

    def test_valid_data_returns_dataframe(self, target):
        """正常な値を指定するとDataFrameを返すこと"""
        # arrange
        input_df_data = {
            "name": ["test_name", "test_name2"],
            "title": ["test_title", "test_title2"],
            "price": [1000, 2000]
        }
        input_df = pd.DataFrame(input_df_data)
        expected_df = pd.DataFrame(input_df_data)
        # act
        actual = target(input_df)
        # assert
        assert_frame_equal(actual, expected_df)
```

● テストを実行する

テストを実行します。

▼テストを実行

```
$ docker compose exec app pytest tests/
========================== test session starts ==========================

省略

test_recommend_books.py ...                                        [100%]

=========================== 3 passed in 3.51s ===========================
```

DataFrame同士を`==`演算子で比較すると、結果はboolではなくDataFrameになります。そのため、`assert actual == expected_df`という書き方はできません。DataFrameが同じか判定したいときは、`pandas.testing.assert_frame_equal`を使います。

それ以外は特別なところはありません。

このように入力に対する結果がわかりやすい処理に対しては、pytestを使ってシンプルに書くことができます。

ところが、データサイエンスのプログラムではシンプルにテストが書けない場面にしばしば遭遇します。

Chapter 01 02 03 04 05 06 07 08 09 10 11 12 13 14 A
Part 1 Part 2 Part 3 Part 4 Appendix

08-03-02 スナップショットテスト

データサイエンスのプログラムでは入力に対する出力が明確ではないこともあります。入力に対する出力が明確でないと、テストの `assert` を書けません。

そんなときに便利なのが **スナップショットテスト** です。ここではスナップショットの書き方について説明します。

● データサイエンスではなぜ出力が明確でないのか

データサイエンスのプログラムでは、アルゴリズムや統計的手法を用いて、人が簡単には予想できない難しい問題を扱います。そのため、入力に対する出力が正しいかどうか簡単に判断できません。

`optimize_book_to_buy` 関数がその例です。内部でソルバーを使って結果を求めているので、人が予め期待値を示すことは困難です。もちろん、入力するデータを非常に少なくすればある程度予想できます。しかしそのようなごく小さいデータでの実行はアプリケーションを十分にテストできているとは言えないでしょう。

最適化プログラムだけでなく、機械学習や統計分析なども同様です。これらは同様に大量のデータに対して複雑な処理をするという性質上、人が予め結果を予想することはできません。

● スナップショットテストとは

期待値がわからないからといってテストを諦めるわけにはいきません。テストがなければ、リファクタリングやパフォーマンスチューニングを安心して行えません。

このような場合、現在の実装における実行結果を記憶しておき、次回のテスト時に同じ結果になることを比較するという手法でテストを行うことができます。このようなテストをスナップショットテストと呼びます。

● スナップショットテストを実装する

Pythonでスナップショットテストを実現するライブラリがsnapshottest※1です。

スナップショットテストと通常のテストは分けて実行できるようにしたほうがよいでしょう。一般的にスナップショットテストは実行に時間がかかるからです。

`snapshot_test/` というディレクトリを作成します。

▼snapshot_test/ を作成

```
$ mkdir snapshot_test
$ touch snapshot_test/__init__.py
```

入力データはソースコードに書き込むと長くなってしまうので `snapshot_test/test_input.csv` として作成しておきます。なお、ここでは**03-02-02 データを取得する**のリスト `yomilog.csv` (p.61)と同一内容のファイルでテストしています。

※1 snapshottest：https://github.com/syrusakbary/snapshottest

snapshot_test/test_snapshot.py を作成し、以下のように実装します。snapshot というフィクスチャを使用し、assert 文の代わりに snapshot.assert_match メソッドを使っているところがポイントです。

▼snapshot_test/test_snapshot.py

```
import pandas as pd
import pytest
from pathlib import Path


class TestOptimizeBookToBuy:
    @pytest.fixture
    def target(self):
        from recommend_books import optimize_book_to_buy

        return optimize_book_to_buy

    @pytest.mark.parametrize(
        "name, money",
        [
            ("altnight", 5000),
            ("kashew", 4000),
            ("susumuis", 3000),
        ]
    )
    def test_it_snapshot(self, target, snapshot, name, money):
        # arrange
        input_df = pd.read_csv(Path(__file__).parent / "test_input.csv")
        # act
        actual = target(input_df, name, money)
        # assert
        snapshot.assert_match(actual, f"optimize_book_to_buy_result_{name}_{money}")
```

● スナップショットテストを実行する

スナップショットテストを実行するときは通常のテストと同様にコマンドで実行します。

▼スナップショットテストを実行

```
$ docker compose exec app pytest snapshot_test/
========================== test session starts ==========================

省略

========================= SnapshotTest summary ==========================
```

```
3 snapshots passed.
3 snapshots written in 1 test suites.
========================= 3 passed in 13.64s ==========================
```

スナップショットテストでは初回は必ず成功し snapshots written というメッセージを出力します。

このとき snapshot_test/snapshots というディレクトリが作られていることに注目してください。このディレクトリがスナップショットです。中を見ると snap_test_snapshot.py というファイルが作られ、実行結果が書き込まれています。

スナップショットディレクトリは通常Gitで管理します(スナップショットのデータが非常に大きい場合は管理しないこともあります)。

▼スナップショットをGitで管理する

```
$ git add snapshot_test/snapshots/*
$ git commit
```

この状態でもう一度スナップショットテストを実行すると結果が変わっています。

▼スナップショットテストを再実行

```
$ docker compose exec app pytest snapshot_test/
========================= test session starts ==========================

省略

========================= SnapshotTest summary =========================
3 snapshots passed.
========================= 3 passed in 12.18s ==========================
```

すると今度は 3 snapshots passed. とのみ出力されています。

● 結果が変わった場合

結果が変わってしまった場合はどのような出力になるかを見てみましょう。optimize_book_to_buy 関数の最終行を一時的に改造してしまいましょう。

▼optimize_book_to_buy 関数の最終行を改造

```
# return df_books.loc[df_books["Val_x"] > 0.5, ["title", "n_readers", "price"]]
return pd.DataFrame({"title":["foo"], "n_readers": 1, "price": 123})
```

この状態で実行すると、以下のようにどの箇所で変更があったかが表示されます。

▼エラーメッセージの例

```
self = <snapshottest.pytest.PyTestSnapshotTest object at 0x400ede5190>
value = '  title  n_readers  price\n0   foo      1    123\n1   bar      2    456'
snapshot = '         title  n_readers  price\n0  たのしいPython      4   3000'

    def assert_equals(self, value, snapshot):
>       assert value == snapshot
E       AssertionError: assert '  title  n_re...     2    456' == '        titl...
    4   3000'
E         -          title  n_readers  price
E         ? ------
E         +   title  n_readers  price
E         - 0  たのしいPython      4   3000
E         + 0   foo      1    123
E         + 1   bar      2    456

/usr/local/lib/python3.11/site-packages/snapshottest/module.py:233: AssertionError
```

このように表示された場合、この変更が意図したものかどうかを確認しましょう。変更が意図したものでなければ、コードを修正し、再度スナップショットテストを実行してエラーが出なくなることを確認しましょう。変更が意図したものであれば、スナップショットを更新します。今回の例では意図した変更ではありませんが、意図した変更であったと仮定して手順を説明します。

スナップショットを更新する場合、`--snapshot-update` オプションをつけてテストを実行します。

▼スナップショットの更新

```
$ docker compose exec app pytest snapshot_test/ --snapshot-update
```

結果は必ずOKになります。そして、スナップショットファイルが更新されています。差分を確認してみましょう。

▼スナップショットの diff を確認

```
$ git diff
```

このスナップショットをコミットし、仕様が変わった旨をレビュアーに伝えましょう。

● スナップショットテストの結果が変動してしまう場合

スナップショットテストを行う対象は、同じ入力に対して常に同じ出力を出すことが必要です。もし、現在日時や、乱数、外部リソースによって結果が変動してしまう場合は使えません。

そのような場合、変動する値を固定することでスナップショットテストが行えるようになります。

- 現在日時に依存する場合は freezegun を使用できます
- 乱数を使っている場合はseedを固定しましょう
- 外部リソースに依存する場合は外部リソースを参照する処理をモックにしましょう

08-03-03 スナップショットテストを使いつつリファクタリングしよう

スナップショットテストではあくまでも「結果が変わったかどうか」しかテストできません。そのため、テストを書くことによる「コードの仕様明示」というメリットを得ることができません。

そこで、リファクタリングを行って、通常のテストができる範囲を増やしていくとよいでしょう。`optimize_book_to_buy` の場合は最適化実行する前後の処理を別メソッドに分割できる可能性があります。スナップショットテストがあるからこそ、安心してリファクタリングができるでしょう。

MEMO

スナップショットテストはUIのテストでよく行われます。

例えばJavaScriptのテストフレームワークJestにもスナップショットテストの仕組みが用意されています。

本章で紹介したsnapshottestライブラリも *heavily inspired in jest snapshot testing* ※1と表明しているので合わせて参照するとよいでしょう。

- **スナップショットテスト・Jest**
  https://jestjs.io/ja/docs/snapshot-testing

08-04 良いテストを書くために

前節までで、Webアプリケーション、データサイエンスのプログラムそれぞれのテスト方針を定めました。ここでは、その中でより良いテストを書いていくために役立つ考え方を説明します。

08-04-01 効果的なテストの書き方

テストを書くときは、以下のことに注意しましょう。

● 可能な限りシンプルにする

テスト内容を見て、入出力がすぐにわかるようにしましょう。シンプルなテストは、テストをレビューする負担を下げ、テストの保守を容易にします。

※1 https://github.com/syrusakbary/snapshottest#notes

● それぞれのテストを分離する

テストデータを複数のテストケースで共有しないようにしましょう。あるテストで必要だからといって他のテストにとって不要なデータを含めたテストをすると入出力が不明確になります。また、テストデータを変更しないといけなくなったときに、影響範囲を調べないといけません。

● 1つのテストケースでは1つの関心ごとをテストする

1つのテストケース内で、複数の関心ごとをテストするのは避けましょう。

Assertion Rouletteを防ぐのはもちろん、1つの`assert`でも、関心ごとの範囲外のプロパティをチェックすることも控えましょう。

例えば、以下のように返り値が巨大なリストや辞書の場合に、すべての要素・キーを比較していては、何を関心ごととしているのかわからなくなります。

▼巨大な値をassertしていて何を関心ごととしているのかわからない例

```
assert actual == [
    {
        "id": 123,
        "name": "テスト太郎",
        "address": "東京都千代田区千代田1番1号,
        "URL": "https://www.example.com",
        "note": "テストnote",
    },
    {
        "id": 124,
        "name": "テスト花子",
        # 以下省略
```

● 実行順序に依存するテストは書かない

pytestはテストセッション間でグローバル変数を共有してしまうため、複数のテストで実行順序に結果が依存することがあります。pytest-randomlyモジュールをインストールして、実行順をランダムにすることで、順序に依存するテストケースは失敗するようにしましょう。

● テストコードでは明示的に指定した値や結果のみを信頼して使用する

テストコード内で明示的に指定していない値を使用することは避けましょう。

具体例として、自動採番されるIDの値を前提に`assert`を書くことは望ましくありません。テストデータベースはテストセッションごと(`pytest`コマンド1回ごと)に初期化され、新たなレコードのIDは1から採番されるので、IDが1から始まることを期待してテストを書くとそのテストケース単体ではテストが通ります。しかし、複数のテストケースを実行したとき、テストケースごとにデータはクリアされますが、シーケンスはリセットされないため、設定されるIDは必ずしも1から始まりません。

IDが`assert`の対象になるテストケースでは、オブジェクトの生成時にIDを指定しましょう(`@pytest.mark.django_db`に`reset_sequences=True`を指定すると、シーケンスがリセットされますが、パフォーマンスに問題があるので推奨されません)。

● 冗長なテストは整理する

バグが怖くて、テストに多くのことを盛り込んでしまいたくなります。しかし冗長すぎるテストはデメリットが大きいです。冗長すぎるテストは可読性と保守性を下げ、実行時間を長くします。

複数のテストケースが重複した役割を持っている場合は一方を削除する、Parameterized Testのパラメータは必要なもののみに整理するなどして冗長性を排除しましょう。

● 可能な限り速くする、何度も実行する

ユニットテストは何度も実行するようにしましょう。何度も実行するなら、当然テスト自体の実行に時間がかからないようにしたいと思うでしょう。1つのテストケースで分単位に時間がかかるようでは、何度も実行する気になりません。

● 複雑なモックの作成は避ける

モックを使うことで簡単にテスト対象を分離できます。しかし、モックに頼ったテストは、たとえテストが通っていても、モックの実装が間違っていたらバグを見落とす罠があります。

モックを多用しなければならなかったり、作ろうとしているモックが複雑だと感じたりしたら、危険信号だと判断しましょう。そんなときは、テスト方法を考え直したり、設計を見直したりすれば、モックに頼らずテストができるかもしれません。

● テストから設計を改善する

テストをしづらいと気づいたら設計を見直すことも検討しましょう。

1つのview関数でバリデーション、クエリ、ビジネスロジック、ルーティングなど様々な責務を負わせていませんか？　複雑なパターンをテストしなければならないロジックがあれば、それを分離して単体でテストできたほうがよいでしょう。

分離したビジネスロジックには、本質的に関係ない値を持たないように注意しましょう。例えば、主にビューの関心であるRequestオブジェクトは、ビューから分離したビジネスロジックには持ち込まないようにしましょう。

テスト対象のモジュールに不要な依存性が増えるほど、テストが困難になります。そのようなモジュールはそれ自体が再利用性や可読性、保守性などが低く、リファクタリングするべきである場合が多いです。テストがしやすいように設計したモジュールは、結果的に入出力が明確であり、凝集性、依存性の観点で望ましい設計になっていることが多いです。

ただし、機能追加とリファクタリングを同時に行うことは望ましいとは言えないので、機能追加を一旦ロールバックしてリファクタリングしてから再度機能を実装するか、一度は作り切ってからリファクタリングするか、適宜レビュアーと相談して判断してください。

08-04-02 テストをレビューする

テストの品質はレビューによって担保されます。レビューを頼まれた人は時間をかけてしっかりテストをレビューしましょう。

レビューするときの観点は、これまで説明してきたことをそのまま実践できているかどうかです。以下の観点で見ていきましょう。

- テストコードが何をテストしようとしているかを明確に示しているか
- 1つのテストケースが1つのことをテストできているか
- テスト対象の実装をブラックボックスにしてもdocstringやテストのみで仕様がわかるようになっているか
- テストされている仕様はそもそも妥当なのか？
- テストの網羅性は十分か？カバレッジや、Parameterized Testの網羅性を検討する
- カバレッジ計測対象にすべき箇所にもかかわらず`# pragma: no cover`で計測対象から除外していないか
- 不要で冗長なテストケースが書かれていないか
- テストコードは十分シンプルで読みやすいか？内部で複雑なことをしていないか
- テストの関心ごと以外のプロパティやパラメータを設定・チェックしていないか
- 不必要に複雑なモックを作っていないか？
- テストをシンプルにするために、設計を見直しできる可能性はないか？

改善点があれば修正案とともに提案しましょう。

08-04-03 基本を理解しつつ、新しい技術をキャッチアップする

テストの技術は日々新しい技術によって置き換えられやすい分野です。本書で紹介したスタイルも、何年かしたら古い手法になっているかもしれません。

しかし、テストによって得られるメリットや基本的なパターンや原則は時が経っても変わらないでしょう。今後も新たな技術や手法が開発されていく分野と考えられますが、基本を押さえながら、新しい技術を取り入れて、テストとうまく付き合っていきましょう。

MEMO

例えば、2018年に書かれた本書の前の版では、fixtureやparametrize、各種プラグインなど、pytestの機能を積極的に紹介していませんでした。

当時は、まだ私たちもpytestの採用をし始めた頃でしたが、今ではほぼすべてのプロジェクトでpytestを活用しています。

08-05 まとめ

この章では単体テストの目的や方針から考え、利用するライブラリや、Webアプリケーションやデータサイエンスのプログラムでの具体例について説明しました。

単体テストには様々な理論や価値観があり、奥が深い分野です。Pythonにおけるテスト周辺の文脈を把握し、プロジェクトごとに適切な方針策定の参考になれば幸いです。

Chapter

09 GitHub Actionsで継続的インテグレーション

開発環境で動作確認を済ませたプログラムが、ステージング環境や本番環境で動作しなかったことはありませんか？　原因を調べると、ソースコードのコミット漏れや依存ライブラリのインストール忘れなどのケアレスミスが明らかになります。プログラムを修正するたびにビルドやテストを実行し結果を確認していれば、このようなミスは防げます。しかし、これらの作業を手動で実行し直すのは手間ですし、忘れてしまうこともあるでしょう。

継続的インテグレーション(Continuous Integration：CI)とは、プログラムを修正するたびにビルドやテストを実行し結果を確認することを自動化する取り組みです。CIは、開発プロセス上の人的不注意や繰り返し作業などによるミスのリスクを大幅に軽減します。

本章ではCIツールとして**GitHub Actions**を使った継続的インテグレーションの実践について解説します。

09-01 継続的インテグレーション(CI)とは

ここでは継続的インテグレーションとはどういうものか、なぜ必要なのかについて説明します。

09-01-01 継続的インテグレーション(CI)

継続的インテグレーションとは、開発工程全体(ビルド、テスト、レポーティングなど)を自動的に何度も繰り返す開発手法です。開発工程全体を頻繁に繰り返すため、問題の早期発見ができます。

● 開発工程に存在するリスク

CIを理解するために、プログラムを書いて本番環境にリリースするまでの開発工程を、以下のように3つにわけて考えます。

1. 開発環境でソースコードを作成する
2. ソースコードをバージョン管理システムにコミットし、リモートリポジトリにプッシュする
3. 本番環境でリリース作業をする

2と3の工程では、以下のようなミスを引き起こしがちなので注意が必要です。

- リリース対象のソースコードのコミットし忘れ
- 依存ライブラリのインストール漏れ

これらのミスはあらかじめテストコードを書き、CIでリリース前にテストを実行すれば、事前に発見できる可能性が高まります。

● 開発を続けていく中で起こりがちな問題

テストコードはリリース後も継続して実行し続けることが望ましいです。なぜなら、開発は一度リリースをしたら終わりではなく、その後も継続的に別のリリースを重ねていくからです。

継続的に開発を進める上で、以下のような問題が起こります。

◆ 自分が過去に担当したコードを忘れてしまう

プログラムの改修タスクを担当している間はソースコードの修正に敏感で、頻繁にテストコードを実行するはずです。しかし、一旦改修タスクを終えてしまえば、わざわざ手作業で過去に通したテストを再実行しようと思わないでしょう。

◆ 自分の担当外の部分への影響に気がつかない

大抵の場合、自分が担当している改修タスクに関係するテストコードは実行しても、改修タスクと関係ないモジュールのテストまでは実行しません。ところが、無関係と思っていたモジュールのテスト結果が、自分が加えたプログラム修正によってエラーになってしまうこともあります。

このように、すべてを常に確認し続けることは人間の注意や手作業では難しく、時間と労力がかかりすぎてしまいます。大きなコードベースのプロジェクトでは、すべてのテストコードの実行には時間がかかるため、開発環境での実行は非現実的になってきます。そのため、ビルド専用のコンピューターを用意して、その環境でテストを実行するようにしましょう。

● 一日に何度もビルドすればすぐに問題が発覚する

ソースコードが変更されるたびにテストを実行すれば、早期に問題を発見できます。後でまとめて問題が発覚するよりも、問題が発生したらすぐに修正するほうが対応しやすく安心です。

MEMO

「継続的インテグレーション」はXP(eXtreme Programming)のベストプラクティスの1つです。原典はマーチン・ファウラーの論文で、原文とその和訳は以下のURLで参照できます。

- **Continuous Integration**
  http://www.martinfowler.com/articles/continuousIntegration.html
- **継続的インテグレーション**
  http://web.archive.org/web/20140719073050/http://objectclub.jp/community/XP-jp/xp_relate/cont-j

09-02 CIを実行する環境

09-02-01 CI実行環境の準備

CIを実行する環境を準備するためにはいくつかの選択肢があります。大きく分けて、CIサーバーを自前で管理するかCI機能を提供するホスティングサービス(CIサービス)を利用するかの選択肢があります。それぞれの特徴を整理すると以下のようになります。

▼CI サーバーを自前で運用するか CI サービスを利用するか

	自前でCIサーバーを構築する	CIサービスを利用する
拡張性	プラグイン等による機能の拡張が可能	CIサービスが提供している機能に限定される
サーバー管理	管理者が管理する	CIサービスが管理する
リポジトリ設定	管理者が設定する	CIサービスにあらかじめ提供されていることがある
費用	CIツールの利用料に加えて、サーバーの利用料も発生する	CIサービスの利用料のみ発生する

プロジェクトの方針として外部サービスが利用できない場合は、プロジェクト内のメンバーがCIサーバーを構築して運用することになります。その場合は機能拡張が可能で自由度が高くなる反面、運用管理コストが発生します。また、CIサービスを利用する場合と比較して構成の複雑度も上がります。

どちらを選択するかは会社やプロジェクトの状況にもよるでしょう。本章ではGitHubが提供するCIサービスであるGitHub Actionsを利用します。

▼GitHub Actions のトップページ

09-02-02 GitHub Actionsの特徴

GitHub ActionsはGitHubが提供しているCI/CD機能で、GitHubリポジトリごとにCI/CD設定を簡単に作成して実行することが可能です。GitHubリポジトリの一機能として提供されているため、ソースコード管理にGitHubを利用しているプロジェクトでは特に親和性が高いサービスといえます。たとえば、ワークフロー実行のトリガーは、他のCIサービスのようにソースコードのプッシュやマージなどを対象とできるだけでなく、GitHubの機能であるIssueやpull requestの操作も対象にできます。また、開発で利用するCI/CDサービスをGitHubに集約できるというメリットもあります。

MEMO

CDとは**継続的デリバリー**(Continuous Delivery)または**継続的デプロイメント**(Continuous Deployment)を指す言葉として使われています。

継続的デリバリーとは、開発したソフトウェアを自動的にデプロイ可能な状態に保つための手法です。継続的デリバリーを実現するためには、ビルドとテストの実行が自動的に行われる継続的インテグレーションの仕組みが構築されていることが前提になります。継続的デプロイメントとは、開発したソフトウェアを自動的にデプロイする仕組みのことで、継続的デリバリーをさらに発展させた手法になります。

CIとCDはどちらも開発作業を反復・自動化するための手法であり、互いに関係している概念であるため、一緒に語られることが多いです。GitHub Actionsを使えばCIとCDのどちらも実践することは可能ですが、この章では継続的インテグレーションの実践についてのみを解説します。

Column

GitHub Actions以外のCIを実行するサーバー /CIサービス

CIを実行するツールとして、GitHub Actions以外にも選択肢があります。GitHub Actionsにはない特徴を備えるツールもあるので、状況に合わせてどのツールを使うかを検討してください。簡単に他のサービスも紹介しておきます。

- Jenkins
  OSSのCIサーバー。Hudsonプロジェクトからフォークされたソフトウェア。CIサービスとしてCloudBees CIが存在する。

- GitLab
  OSSで公開され、CIサービスを内蔵しているリポジトリホスティングサービス。

- CircleCI
  Circle Internet Services社が提供しているCIサービス。無料でも利用でき、ジョブの並列実行も可能。

GitHub Actionsのダッシュボードを見ればビルドの成功と失敗が一目瞭然な上、実行結果をSlackなどの外部チャットサービスに通知することもできます。ビルドの実行が失敗した場合はマージ不可とするなど、CIの実行結果によってリポジトリの操作を制限することも可能です。

以下はGitHub Actionsを使ったCIの一例です。本章ではこの手順に沿って説明します。

- シェルスクリプトの実行
- pytestによるテストコードの実行
- Black/Ruff/Mypyによるコード解析の実行
- ワークフローの実行結果をSlackに通知

09-03 ワークフローを作成する

GitHub Actionsでは、CIによって実行させたい処理をワークフローファイルというYAML形式のファイルに記述します。ここでは、ワークフローファイルの構造や構成要素について簡単に説明し、簡単な記述例を紹介します。

09-03-01 ワークフローの構造を理解する

ワークフローは、大枠としてWorkflow/Job/Step/Actionの順に要素が細分化されます。ここでは、各構成要素の概念についてActionから順に説明します。

● Action

Actionはワークフローの中で最小の構成要素です。Actionは自分で作成することも、パブリックに公開されているActionをカスタマイズして利用することも可能です。公開されているActionを利用するときは、GitHubのMarketplaceページなどから該当するActionを探すことができます。Actionを自分で作成するときは `.github/actions` ディレクトリ配下に、Dockerコンテナ形式、もしくはJavaScript形式により作成したファイルを配置することで、ワークフローから利用できるようになります。詳しいActionの作成方法については、公式のドキュメントをご参照ください。

- **Marketplaceで公開されているAction一覧**
  https://github.com/marketplace?type=actions
- **アクションの作成**
  https://docs.github.com/ja/actions/creating-actions

▼Marketplaceで公開されているAction一覧

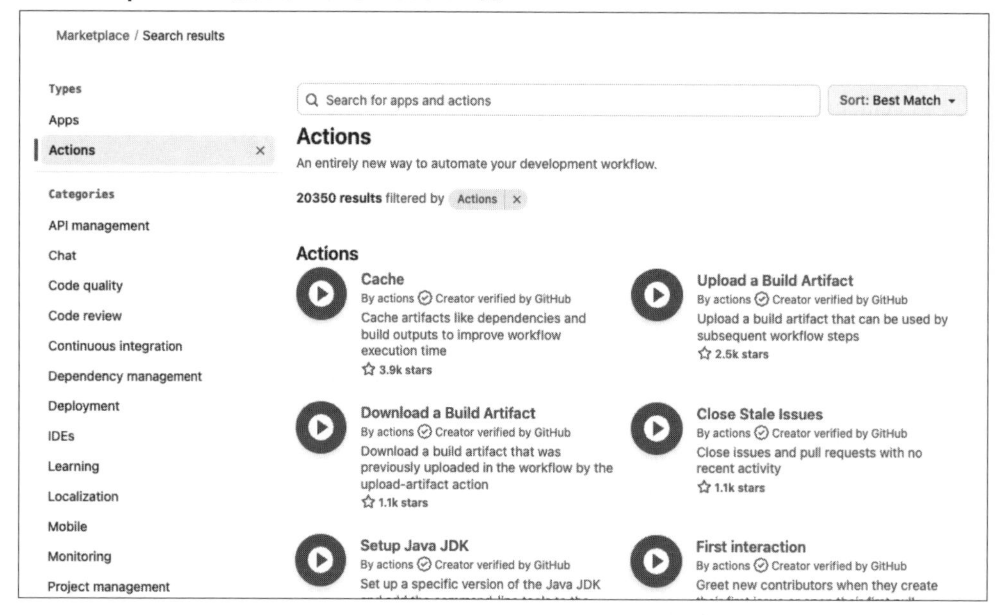

● Step

Stepはタスクの実行単位です。前述のActionや任意のコマンドはStep単位で実行します。たとえば、以下のようなタスクがこのStepに当てはまります。

- Python環境を特定バージョンでセットアップする
- pytestでユニットテストを実行する
- RuffでLintを実行する

● Job

Jobはランナープロセス上で実行されるStepの集合です。Jobを複数定義して、並列に実行したり、先行するJobのステータスに応じてシーケンシャルに実行させることもできます。

● Workflow

WorkflowはCIによって実現したい目的(ビルド、テスト、リリース、デプロイなど)を達成するためのJobの集まりです。WorkflowはワークフローファイルというYAML形式のファイルで定義し、リポジトリの `.github/workflows` ディレクトリ直下に配置します。また、1つのリポジトリには複数のワークフローファイルを含めることができます。そのため、CIによって種類の異なる処理を実行させたい場合は、ワークフローファイルを分けて定義するとよいでしょう。ワークフローファイルは手動でも実行できますが、設定したイベントトリガーや定義されたスケジュールに応じて実行させることも可能です。

09-03-02 リポジトリにワークフローを追加する

GitHub Actionsに実際に簡単なワークフローを追加してみましょう。ワークフローを追加したいリポジトリを用意した後、`.github/workflows/set_up_python_demo.yml` に、以下の内容でYAMLファイルを追加します。

▼簡単なワークフロー例

```
name: Set up Python Demo
on: workflow_dispatch
jobs:
  demo:
    runs-on: ubuntu-latest
    steps:
      # Python3.11環境のセットアップ
      - name: Set up Python 3.11
        uses: actions/setup-python@v4
        with:
          python-version: '3.11'
      # Pythonのバージョン確認
      - name: Print Python version
        run: python --version
```

ここで、追加したワークフローについての内容を以下にまとめます。

- `Set up Python Demo` という名前でWorkflowを定義
- `on: workflow_dispatch` でWorkflowの手動実行を有効化
- Workflowには `demo` という名前のJobが含まれている
- `demo` を実行するランナーは、最新版のUbuntuである `ubuntu-latest` を選択
- `demo` には2つのStepが設定されている
  - Python3.11環境のセットアップ
  - セットアップしたPythonのバージョン確認
- 各Stepでは、Actionの実行、もしくはコマンドの実行を行っている
  - 公開Action、または自分で用意したActionを使いたいときは `uses` キーワードで設定
  - 今回はGitHub公式の公開Actionである setup-python※1 を利用している
  - 利用するActionのバージョンは末尾のアットマークで `@v4` のように指定する
  - 任意のコマンドを実行したいときは `run` キーワードで設定

リポジトリに設定ファイルをコミットし、GitHubリポジトリのデフォルトブランチにプッシュします。プッシュした後、リポジトリのActionsタブを開くと、追加した **[Set up Python Demo]** がワークフロー一覧に表示されているはずです。

※1 setup-python : https://github.com/marketplace/actions/setup-python

注意

Actionsタブには、GitHubのデフォルトブランチに追加されているワークフローが反映されます。もし追加したワークフローが表示されない場合は、デフォルトブランチ以外のブランチにプッシュしていないかご確認ください。

▼Actions に Set up Python Demo のワークフローを追加

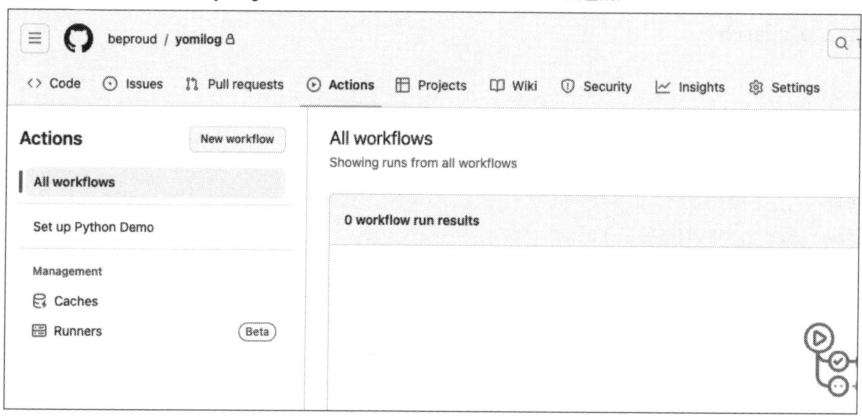

一覧で **[Set up Python Demo]** ワークフローを選択すると、実行結果一覧の右上に手動実行のための **[Run workflow]** ボタンが表示されます。**[Run workflow]** のボタンを押すと、メニューが展開され、ワークフローを実行するブランチの選択プルダウンと緑色の **[Run workflow]** ボタンが表示されます。ここでは、ブランチはデフォルトのままで良いので、緑色の **[Run workflow]** ボタンを押してワークフローを実行します。

▼ワークフローの実行

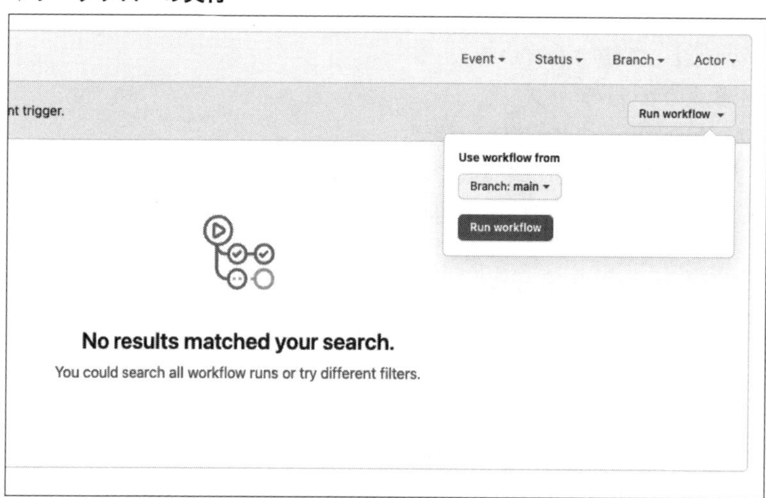

一覧画面に追加される実行結果に緑色のチェックがつけば、ワークフローの実行は成功です。実行結果を開くと、定義したJobごとに詳細な実行履歴を確認できます。

[demo] のJobを確認すると、Python環境のセットアップとPythonのバージョン確認の各Stepが設定通りに実行されていることがわかります。

▼ワークフローの実行履歴

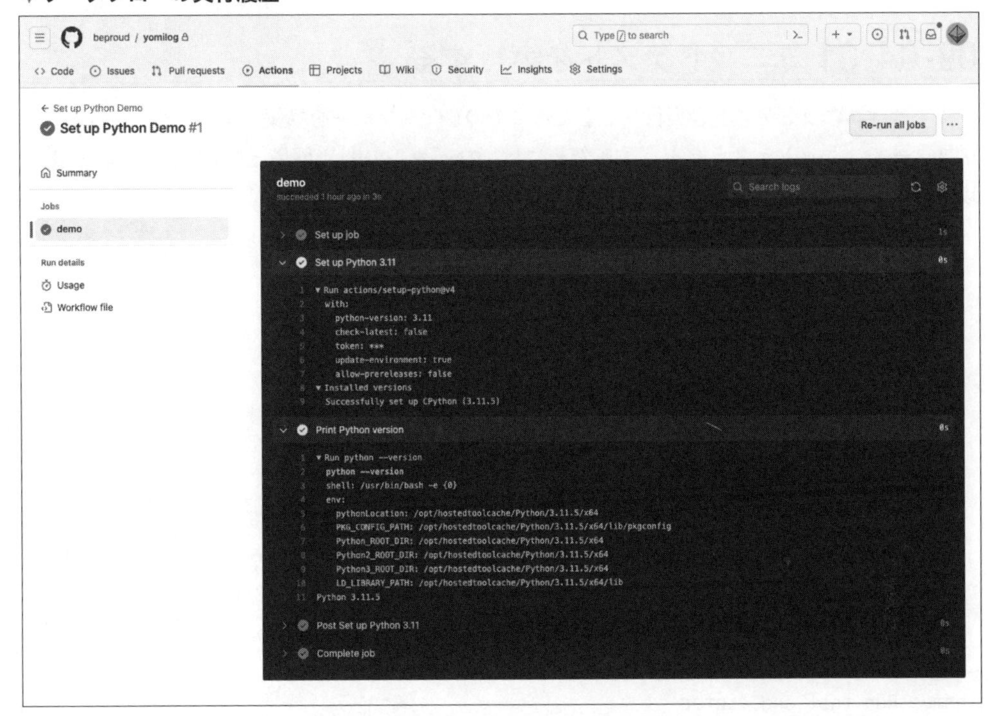

Column

GitHub Actionsのジョブ実行環境

GitHub Actionsでは各ジョブごとに `runs-on` で実行するマシンを選択することができます。各ジョブは実行されるごとに新しいインスタンスでランナーを作成しているので、別のジョブや前回実行されたジョブの影響は受けません。GitHubは標準のランナーとして、Linux/Windows/Macの最新安定版をマシンイメージとして提供しているので、細かいこだわりがない限りは標準のランナーを活用できるでしょう。GitHubが提供していないマシンを利用したい場合は、セルフホステッドランナーとして独自のランナーを定義することも可能です。

09-04 ワークフローでソースコードをチェックする

ここでは、**8章 アプリケーションの単体テスト** で作成した「読みログ」アプリのユニットテストと、**1章 Pythonをはじめよう** で紹介したコード解析ツールを使い、実際にワークフローで「読みログ」アプリのコードをチェックする例について紹介します。

09-04-01 ユニットテストを実行する

まずは、ユニットテストを実行するところまでのワークフローを構築していきましょう。ワークフローでユニットテストを実行するためには、ローカルの開発環境と同じく、ランナー上で以下の操作が必要です。

- 「読みログ」アプリのソースコードを取得する
- Dockerイメージをビルドする
- Dockerコンテナを作成して起動する
- ユニットテストに必要なライブラリをインストールする
- ユニットテストを実行する
- Dockerコンテナを停止して削除する

「読みログ」アプリにユニットテストが追加された 8章 のコードをベースにして、以下のようなワークフローのYAMLファイルを `.github/workflows/ci.yml` として保存しましょう。

▼ユニットテスト実行のワークフロー

```
name: Run test and linter
on: push
jobs:
  test-and-lint:
    runs-on: ubuntu-latest
    steps:
      # ソースコードのチェックアウト
      - name: Check out repository code
        uses: actions/checkout@v4
      # Dockerイメージのビルド
      - name: Build docker images
        run: docker compose build
      # Dockerコンテナの作成と起動
      - name: Create and start docker containers
        run: docker compose up -d
      # 開発用のライブラリを追加でインストール
      - name: Install libraries for development
        run: docker compose exec yomilog pip install -r ../requirements-dev.txt
      # ユニットテストの実行
```

```
      - name: Run test
        run: docker compose exec yomilog pytest
      # Dockerコンテナの停止と削除
      - name: Stop and remove docker containers
        run: docker compose down
```

ワークフローを実行するランナーは先ほどと同じく、最新版Ubuntuの `ubuntu-latest` を使いました。ここで、ランナー上でリポジトリのソースコードをチェックアウトするために `actions/checkout` のアクションを利用しています。`actions/checkout` はGitHubが公式で用意しているアクションです。デフォルトではワークフローがトリガーされたコミットで、ランナー上にリポジトリをチェックアウトしてくれます。

- **actions/checkoutのMarketplaceページ**
  https://github.com/marketplace/actions/checkout

以降のDockerイメージのビルドや起動、ユニットテストの実行などは、`run` キーワードでローカル開発環境と同じコマンドを設定しています。手動実行との相違点は、イベントトリガーを指定する `on` には `push` イベントを設定しているところです。

この `ci.yml` をGitHubにプッシュすると、Actionsに新たなワークフローが追加され、ユニットテストが自動的に実行されます。リポジトリのActionsタブを開くと、追加した **[Run test and linter]** がワークフロー一覧に表示されます。

`ci.yml` に設定しているユニットテストや各コマンドが最後まで問題なく完了し、ワークフローの実行が成功すると、先ほどと同様に緑色のチェックが付いて実行結果が追加されます。実行結果を開き、各Jobの実行履歴を見ると、CI上でローカル環境と同じような内容でユニットテストが実行されたことを確認できます。

▼ユニットテスト実行の成功時

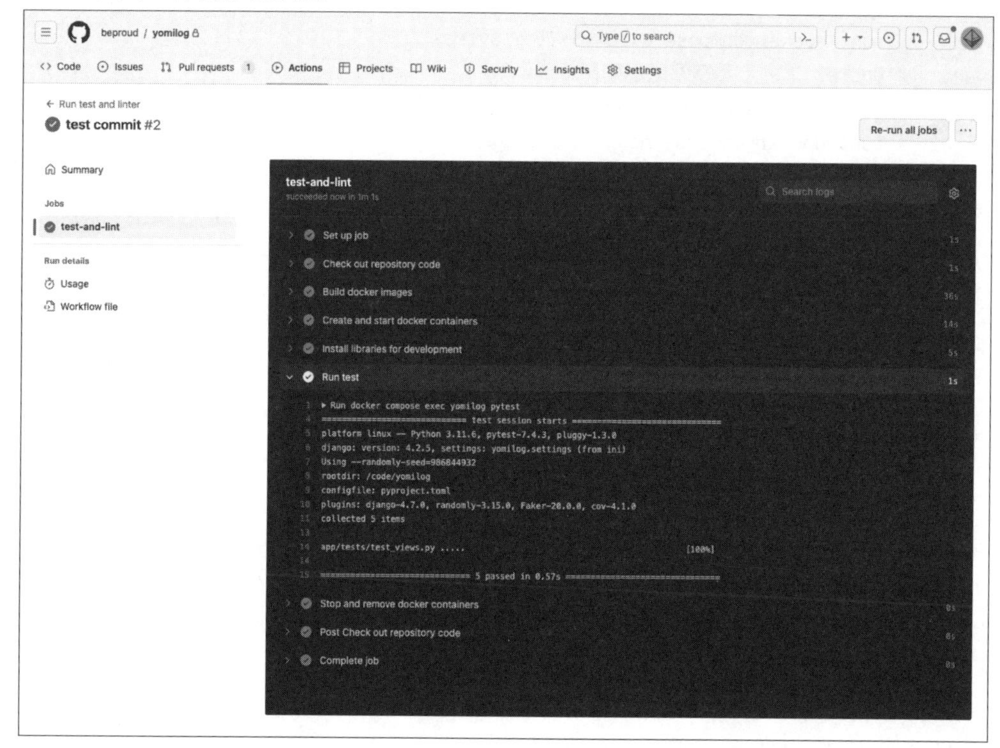

　仮にソースコードにエラーが含まれているなどで、ユニットテストの実行でエラーが検出された場合はどうなるのでしょうか？　ユニットテストのエラーなどでワークフローの実行が失敗すると、実行結果には赤色のチェックが付きます。実行履歴を確認してエラーが発生した原因を調べ、ワークフローが成功するようにコードを修正しましょう。

▼ユニットテスト実行の失敗時

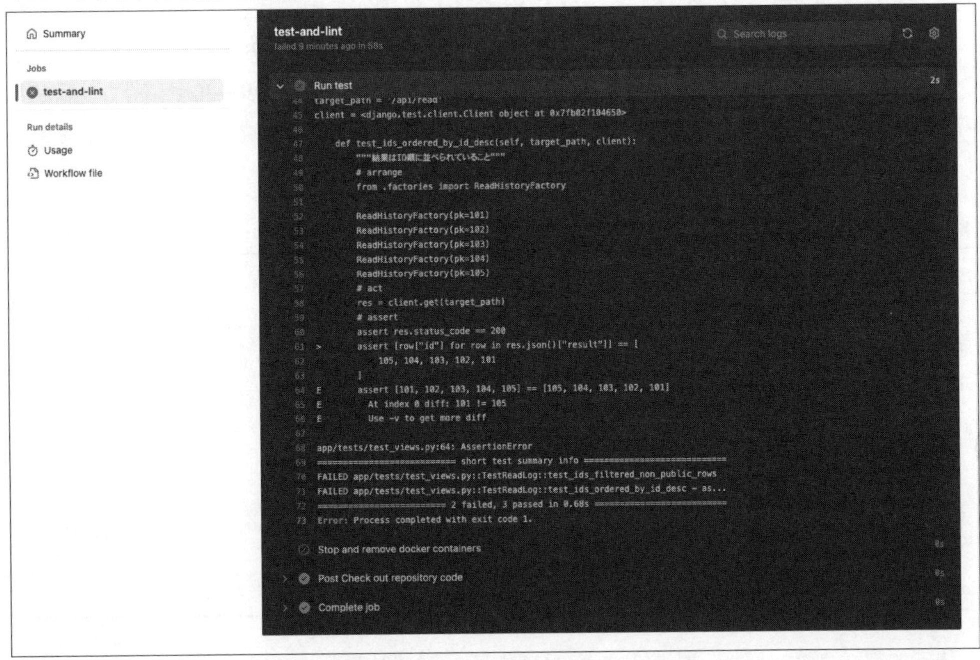

また、プッシュされたブランチにpull requestが関連づいている場合、ワークフローの実行結果はpull requestのステータスチェックにも反映される仕組みになっています。そのため、ふだん開発する際は、Actionsタブではなく、pull requestのステータスチェックの表示を見て、開発中のコードが要求されているステータスを満たしているかを確認するのが便利です。pull requestでは、ステータスチェックの結果に応じて保護ブランチへのマージをブロックするなどの設定を加えられるため、ワークフローの実行が失敗しているときはmainブランチへのマージを防止するといった運用もできます。

▼pull requestのステータスチェック

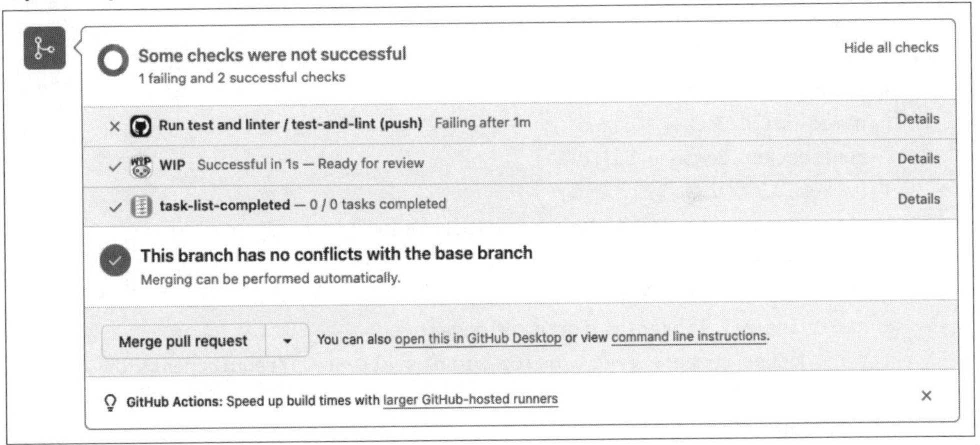

09-04-02 コード解析ツールを実行する

ソースコードの品質をより高めるために、ワークフローではコード解析ツールによるチェックも同時に行うとよいでしょう。ここでは、**01-03-02 開発に便利なツール**で紹介したコード解析ツールのBlack/Ruff/Mypyを「読みログ」アプリに導入します。開発用のライブラリを管理している `requirements-dev.txt` に、各ツールをまとめて追加します。

▼requirements-dev.txt にコード解析ツールを追加

```
-r requirements.txt
pytest
pytest-cov
pytest-django
pytest-freezer
pytest-randomly
factory-boy
black
ruff
mypy
```

続いて、ワークフロー上で「読みログ」アプリがコード解析ツールによってチェックされるように `ci.yml` を以下のように編集します。

▼ユニットテスト実行・コード解析ツール実行のワークフロー

```
name: Run test and linter
on: push
jobs:
  test-and-lint:
    runs-on: ubuntu-latest
    steps:
      # ソースコードのチェックアウト
      - name: Check out repository code
        uses: actions/checkout@v4
      # Dockerイメージのビルド
      - name: Build docker images
        run: docker compose build
      # Dockerコンテナの作成と起動
      - name: Create and start docker containers
        run: docker compose up -d
      # 開発用のライブラリを追加でインストール
      - name: Install libraries for development
        run: docker compose exec yomilog pip install -r ../requirements-dev.txt
      # ユニットテストの実行
      - name: Run test
```

```
        run: docker compose exec yomilog pytest
      # コード解析ツールの実行
      - name: Run linter
        run: |
          docker compose exec yomilog black --check .
          docker compose exec yomilog ruff .
          docker compose exec yomilog mypy .
      # Dockerコンテナの停止と削除
      - name: Stop and remove docker containers
        run: docker compose down
```

ユニットテストの実行直後に、コード解析ツールをまとめて実行するためのStepを新たに追加しました。コード整形ツールのBlackについては、ワークフロー上ではコード整形ではなく、設定されたスタイルに準拠しているかのみをチェックしたいので `--check` オプションをつけています。

この状態で再びGitHubにプッシュすると、`Run test and linter` のワークフローで新たに各コード解析ツールによるチェックが行われるようになります。このときの実行結果については省略しますが、おそらく何かのチェックに引っかかり、コード中で改善できそうな箇所が検出されるでしょう。検出された箇所については指摘内容に沿ってコードを修正するか、もしくはツールの設定見直しなどをすることで、エラー検出を0件にできます。修正により解決するか、設定の見直しにより解決するかは、エラーの内容や対応した場合の工数などを考慮して検討するとよいでしょう。

MEMO

mypyで型チェッカーを実行した際、Djangoなどの外部ライブラリで定義されている型を利用していると、コードが型ヒント通りに書けているかのチェックできずにエラーとなってしまうことがあります。そもそも静的な型チェックを行うためには、PEP484で定義されているように、型情報が記録されているスタブファイルの用意が必要です。Djangoの場合、django-stubsというライブラリにより、mypyのプラグインとしてDjangoのスタブファイルを追加することができます。Djangoのプロジェクトで型ヒントを利用したい場合は、導入を検討するとよいでしょう。

- PEP 484 – Type Hints
  https://peps.python.org/pep-0484/
- django-stubs
  https://github.com/typeddjango/django-stubs

このように、ワークフローでユニットテストとコード解析ツールが継続的に実行されることにより、ソースコードを一定の品質に保つことができます。

09-04-03 Slackに実行結果を通知する

ソースコードをプッシュした時のワークフローの実行結果は、pull requestのステータスチェックからも確認できますが、プロジェクトによっては実行結果をユーザーに通知したいケースもあるでしょう。**4章 チーム開発のためのツール** ではチーム開発のためのチャットツールとしてSlackを紹介しましたが、Slackには他サービスとの連携機能が豊富に用意されています。

ここでは、SlackのIntegration機能を使って、ワークフローの実行結果をSlackチャンネルに通知させる方法について紹介します。まずはSlackワークスペースに、GitHubが公式で用意しているSlack用のIntegrationを追加しましょう。

Slackの **[App]** メニューで「GitHub」を検索すると、`GitHub` というアプリがヒットしますので、Slackワークスペースにアプリを追加します。途中でアプリがSlackワークスペースにアクセスする権限についてリクエストされた場合は許可を実行します。GitHub Integrationを追加すると、Slackの各チャンネルで `/github` コマンドにより、GitHubリポジトリとの連携設定が可能になります。

▼Slack ワークスペースに GitHub Integration をインストール

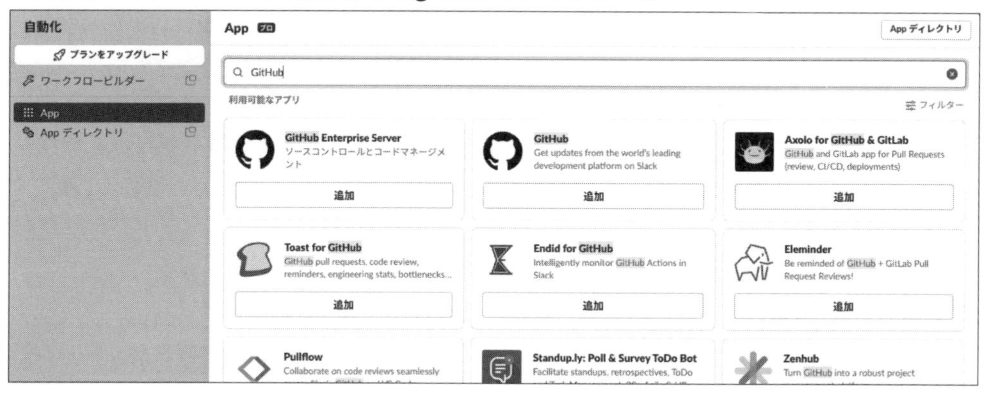

次にワークフローの実行結果を通知したいチャンネルで以下のコマンドを入力します。ご自身の環境に合わせて、orgはGitHubのアカウント名、repoはGitHubのリポジトリ名に置き換えてください。このコマンド例では、`event` に `"push"` を設定することでプッシュをトリガーとして実行されるワークフローのみ、通知を受け取るようにフィルターしています。他にもフィルターでは、`name` でワークフロー名を指定したり、`branch` でブランチ名を指定することもできますので、通知対象を絞りたい場合に利用できるでしょう。

▼Slack チャンネルでワークフローの通知を設定

```
/github subscribe org/repo workflows:{event: "push"}
```

上記のコマンドを実行後、プッシュをトリガーとした実行でワークフローを再度動かすと、実行結果がチャンネルに通知されるようになります。

▼Slack チャンネルでリポジトリと連携・ワークフローの実行結果を通知

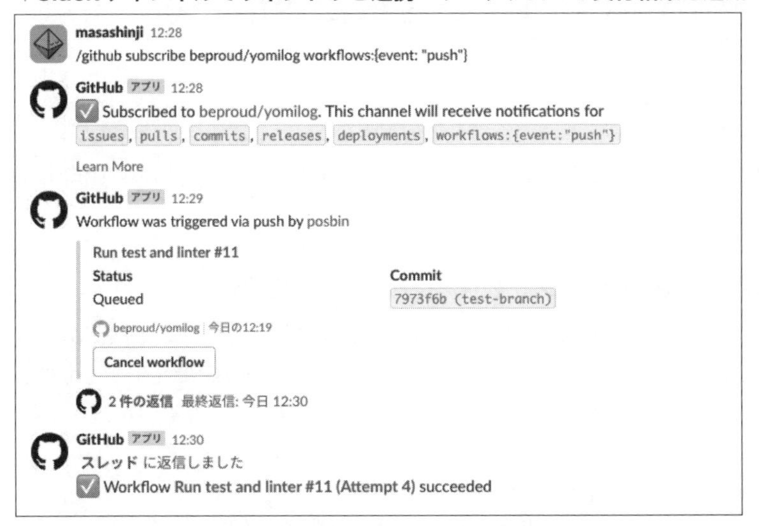

MEMO

GitHub Integrationには、他にも通知条件の細かいカスタマイズやIssue操作などの機能が含まれています。その他の詳しい機能については、公式リポジトリのREADMEなどをご参照ください。

- GitHub Integrationの公式リポジトリ
  https://github.com/integrations/slack

Column

Slackメッセージ送信用のActionで実行結果を通知する

ワークフローの実行結果を通知する方法として、Slackメッセージ送信用のActionを使う方法もあります。SlackにメッセージをするためのActionはオープンソースで幾つか公開されていますが、例えばSlackが公式に提供している `slackapi/slack-github-action` などがあります。

`slackapi/slack-github-action` の場合、Slackから取得したWebhook URLをActionの環境変数に設定しつつ、通知先のチャンネルIDやJSONペイロードで構築されたメッセージを設定することで、カスタマイズされたメッセージを送信できます。単純に実行結果の成功・失敗を通知するだけなら、前述したGitHub Integrationのsubscribe機能で事足りるはずですが、通知メッセージをよりカスタマイズしたい場合は、このようなActionの利用を検討するとよいでしょう。

- slackapi/slack-github-actionのMarketplaceページ
  https://github.com/marketplace/actions/slack-send

09-05 GitHub Actionsをさらに活用する

09-05-01 便利な機能

ここまでの節で紹介されなかった便利なGitHub Actionsの機能について、簡単に紹介します。

● リポジトリ上のさまざまなイベントを実行トリガーにする

これまでの例では、ワークフローの実行トリガーはリポジトリに対してプッシュ操作が行われたケースを対象としていました。GitHub Actionsでは他にもリポジトリ上で発生するさまざまなイベントをトリガーに設定できます。いくつかの例を挙げると、次のようなものがあります。

- Issueやpull requestが作成または変更されたとき
- Issueやpull requestのコメントが作成、編集、または削除されたとき
- pull requestレビューが送信されたとき
- リリースタグが付与されたとき
- プロジェクトが作成または変更されたとき
- プロジェクト上でカードが作成または変更されたとき

プッシュのようなGitの基本的な機能を利用したときに発生するイベントだけでなく、Issueやpull request、プロジェクトといったGitHub上の機能のイベントに対してもトリガーを設定できるのが特徴です。GitHubのリポジトリ操作をトリガーとした日常的なタスクがあれば、ワークフローによる自動化を検討してみてください。たとえば、Issueが作成されたときをワークフローの実行トリガーとする場合は、`on` キーワードを使って次のように定義します。

▼Issueが作成されたときを実行トリガーとする場合の設定例

```
on:
  issues:
    types: [opened]
```

● 複数のジョブ、複数のワークフローの実行順を制御する

GitHub Actionsでは1つのワークフローの中に、複数のジョブを含めることができますが、デフォルトでは各ジョブは並列で実行されます。しかし、「テスト用のジョブが成功したときのみ、デプロイ用のジョブを実行したい」など、複数のジョブ間に依存関係を持たせたいケースもあります。

複数のジョブの実行順を制御したいときは `needs` キーワードを利用します。たとえば、以下の例だと、まずjob2が開始されるためには事前にjob1が正常に完了する必要があります。また、

needs には複数のジョブを設定できます。以下のjob3のように、job1とjob2の両方が成功したときのみ、ジョブを開始するといった制御も可能です。

▼複数のジョブの実行順を制御するときの設定例

```
jobs:
  job1:
  job2:
    needs: job1
  job3:
    needs: [job1, job2]
```

ジョブだけでなく、ワークフロー間でも実行順を制御できます。複数のワークフロー間で実行順を制御したいときは、実行トリガーの設定でも使用する on キーワードを利用します。on キーワードには、別のワークフローの実行が要求または完了したときをトリガーとするために workflow_run というイベントを設定できます。これにより、複数のワークフロー間に依存関係をもたせることができます。たとえば Workflow A というワークフローが完了したときのみ、ワークフローを実行させたい場合は次のように on を設定します。

▼複数のワークフローの実行順を制御するときの設定例

```
on:
  workflow_run:
    workflows: ["Workflow A"]
    types: [completed]
```

● キャッシュを利用してワークフローを高速化する

ワークフローによっては、テスト実行前のビルド作業やライブラリのインストール作業などに実行時間の多くを消費している場合があります。リポジトリの規模が大きくなるほど、その傾向は顕著ですが、その場合はキャッシュを利用すればワークフローの速度向上が期待できます。ここでキャッシュの対象となるのは、ビルド済みのDockerイメージやpipのキャッシュなどです。

キャッシュは同じキーを使えば、異なるワークフロー間でも内容を共有できます。そのため、すでに別のワークフロー実行時に保存しておいたキャッシュを後から取り出して、所定の場所に展開することで、ワークフローの実行を高速化できます。また、GitHub Actionsはワークフローの実行時間に応じて料金が決まる仕組みになっているため、有料プランを契約しているプロジェクトではコストの削減にも繋がります。

キャッシュの利用方法について、詳細は以下をご参照ください。

- **キャッシュの利用方法**
  https://docs.github.com/ja/actions/using-workflows/caching-dependencies-to-speed-up-workflows

09-05-02 さらなる改善

ここまで、GitHub Actionsによる、ユニットテストやコード解析ツールの実行、Slackへの結果通知などについて説明してきました。しかし、ここで説明してきたものは開発工程全体からすると一部です。他にもGitHub Actionsを利用して、色々なことを実現してみたいと感じるでしょう。例を以下に挙げます。

- ワークフローからGitHub CLI (Command Line Interfece)を使用して、Issueなどを操作
- ワークフローで利用するActionを自前で作成し、GitHubのMarketplaceに公開
- デプロイしたプロダクトのE2Eテスト
- PyPIサーバーへのアップロード
- 納品用プロダクトのZipファイルでのアーカイブ
- AWS ECRなどのプライベートなコンテナレジストリへのアクセス

またGitHub Actionsでの運用が軌道に乗ると、業務フローの改善要望も出てくるでしょう。そのようなときは、以下のページや書籍が参考になります。**GitHub Actions サポート** のページから、GitHub Actionsのヘルプドキュメントやコミュニティフォーラム、公式ブログの最新情報などにアクセスができるため、目的とする情報を見つけるのに役立つでしょう。

MEMO

- **GitHub Actions サポート**
  https://support.github.com/features/actions
- **書籍**
  『継続的インテグレーション入門』(日経BP社、2009年)

GitHub Actionsの機能を使うと複雑なタスクも自動化できます。しかし複雑なタスクを自動化する場合は設定も複雑になるため、作業コストやメンテナンスコストが上がります。GitHub Actionsによる自動化は、作業コストと利便性のバランスが取れているかを確認することが大事です。

09-06 まとめ

本章ではCIの簡単な説明とGitHub ActionsによるCI環境の構築方法について説明しました。本章を読んで、CIやGitHub Actionsが難しいものではないと感じてもらえたと思います。本例としてテストコードの実行、コード解析ツールの実行を取り上げましたが、それ以外でも広くGitHub Actionsを使用できます。まずは小さなプロジェクトからGitHub Actionsを導入してみてはいかがでしょうか。

サービス公開

第3部では、作成したアプリケーションのサービス公開に関する話題を扱います。パッケージング、本番環境の構築、結合テスト以降のテストについての考え方について紹介します。

Chapter

10 Pythonパッケージの利用と開発への適用

Python には色々な人が開発して無償公開しているプログラムがたくさんあります。そういったプログラムを pip コマンドでインストールできるようにした配布ファイルが**パッケージ**です。本章ではパッケージを扱う一般的なツールの使い方と、開発やデプロイへの適用方法、そして **2章 Webアプリケーションを作る** で作成した「読みログ」アプリケーションをパッケージ化する作業を通して、パッケージの開発環境を標準的な手法で整える方法について紹介します。

Python には、パッケージを開発するファイル構成やツールのデファクトスタンダードがあり、多くの周辺ツールがそれに合わせて使いやすいように設計されています。標準的な手法で整えられた環境はツールとの親和性も高く、自分だけでなく他の開発者にとっても使いやすくなります。本章の最後には、開発したプログラムを誰でも利用できるように、**PyPI** で公開する方法を紹介します。

10-01 Pythonプロジェクト

Pythonでアプリケーションを作成すると、モジュール(.py)やパッケージディレクトリーなどのソースコードや、説明を書いたテキストファイル、依存パッケージを管理するためのメタ情報などを用意します。このような、1つの目的のためのひとかたまりのファイル、ディレクトリーの集まりと、メタ情報を合わせて**プロジェクト**と呼びます。

実際のところ、1つのPythonプロジェクトがどのようなファイル構成をとるかはプロジェクトごとにさまざまです。ここでは、必要十分な構成として以下の条件を満たすこととします。

- 1つのバージョン管理されたソースコードディレクトリーを持つ
- 1つのvenv環境で動作する
- プロジェクトのメタデータを**pyproject.toml**で定義する

上記の条件は、Pythonの開発においてデファクトスタンダードとして使われているいくつかのツールにとって、扱いやすいファイル構成になっています。**1章 Pythonをはじめよう** で紹介したpipやvenvも、デファクトスタンダードなツールの1つです。

Pythonのデファクトスタンダードは、時代に合わせて少しずつ変化しており、PEPによる標準化も進んできています。2020年に作成されたPEP 621[※1]では、プロジェクトのメタデータを指定する標準的な方法として `pyproject.toml` が採用されました。

※1 PEP 621：https://peps.python.org/pep-0621/

以前からあるいくつかのパッケージング関連ツールも、パッケージングの標準化を進めるワーキンググループである**PyPA (Python Packaging Authority)**によってサポートが進んでおり、本書で扱うpip、setuptools、build、twineも現在は対応が進んでいます。

多くのPythonプロジェクトの構成が、現在のPyPA提供のツールで扱いやすいようなファイル、ディレクトリー構成をとっています。

標準にのっとった構成のプロジェクトはツールとの親和性も高まり、今後の自分やほかの開発者にとっても扱いやすいものとなります。また、本章で紹介する構成と手順は、個人の開発環境はもちろんですが、チームでの開発環境にも使えます。

MEMO

PyPAのパッケージングドキュメントでは、配布する単位をプロジェクトとして定義しています。
https://packaging.python.org/ja/latest/glossary/#term-Project

10-02 環境とツール

Pythonプロジェクトを開発する上で必要なツールを紹介します。また、プロジェクトのディレクトリー構成と、依存パッケージの管理方法、インストール方法について紹介します。

MEMO

1章 Pythonをはじめよう ではDockerを使って説明していますが、ここでは説明のためOSにPythonをインストールしている環境を前提に説明します。

10-02-01 venvで独立した環境を作る

さまざまなプロジェクトを1つの環境に混在させていると、思わぬところでプログラムが動作しなくなったり、その環境がどうなっているのか把握できなくなったりします。そのような煩わしい状況を避けるために、独立したシンプルな環境を用意しましょう。

venvを使えば、プロジェクトごとに独立したPython環境を用意できます。

独立した環境のメリットは以下の通りです。

- パッケージ追加やバージョン変更の影響範囲が、1つの環境に限定される
- そのプロジェクトで必要なパッケージのみがインストールされている環境を構築できる
- 環境が不要になったら、環境そのものを削除できる
- 何か問題があったときに、そのプロジェクトでの変更が原因と言えるため、問題を特定しやすい

venv

pipでサードパーティパッケージをインストールすると、Pythonをインストールしたディレクトリー配下にそのライブラリがコピーされます。たとえば `/opt/python3.11.6/` にPythonをインストールしていれば、`/opt/python3.11.6/lib/python3.11/site-packages/` がpipでのデフォルトのインストール先です。しかしこれでは、複数の目的でインストールしたライブラリがすべて1つのディレクトリーにインストールされるため、バージョンの競合が発生したり、不要なライブラリを見分けることができなくなったりします。

また、`/opt/python3.11.6/` などのディレクトリーは多くの場合、ユーザー権限での書き込みが許可されていません。権限があったとしても、余計な事故を避けるためにも権限の濫用は避けるべきです。

`venv` は、この問題を解決します。venvの主な特徴として以下の機能があります。

- OSの管理権限を持っていなくても、Pythonのライブラリをvenv環境に自由にインストールできる
- venv環境にライブラリを目的別にインストールするため、パッケージのインストール目的や依存関係が明確になる
- Python本体を利用しつつ、ごく一部のファイルコピーのみで仮想環境を作成するため、環境作成が高速で、ディスク使用容量を抑えられる
- Python本体のsite-packagesディレクトリーを無視できるため、Python本体から独立できる
- activate/deactivateコマンドでvenv環境の有効化/無効化をいつでも切り換えられる

`python3 -m venv` コマンドは､任意のディレクトリーを**venv環境**(**Python仮想環境**)としてセットアップします。venv環境を有効にすると、Pythonインタプリタにそのディレクトリーをインストール先だと認識させます。このため、pipコマンドを実行すると、インストール先だと認識させたvenv環境に対してライブラリがインストールされます。

ここでは、venvの一般的な使い方と、よく使われるオプションについて紹介します。詳細については以下のサイトを参照してください。

- **venv - 仮想環境の作成**
  https://docs.python.org/ja/3/library/venv.html

venvの使い方

venv環境の作成と有効化を以下のように実行します。

▼venv 環境の作成と有効化

```
$ cd /work
$ python3.11 -m venv venv
$ which python
```

```
/usr/local/bin/python
$ ls -F
venv/
$ source venv/bin/activate
(venv) $ which python
/venv/bin/python
```

このように、venv環境に用意される activate コマンドを使用すると、そのvenv環境をデフォルトのPython実行環境として設定できます。ここでは、venvという名前のvenv環境を作成しました。そのため、環境名venvがプロンプトに表示されます。

activateすると、PATH 、PROMPT を含むいくつかの環境変数が書き換わります。これによって、対象のvenv環境のbinディレクトリーがPATH探索で優先されるようになります。このとき変更されるのは環境変数だけで、ファイルシステムには一切変更を加えません。

これで、以降のコマンド実行は venv/bin ディレクトリー以下の実行ファイルが優先利用されます。venv環境に追加のライブラリをインストールするには、このようにプロンプトに (venv) と表示されている状態で、pipコマンドを使用します。

MEMO

仮想環境を有効化した状態では、環境変数 PATH で優先されている venv/bin ディレクトリーにある pip コマンドが実行されます。

▼venv 環境内にライブラリをインストール

```
(venv) $ pip install requests bottle
(venv) $ pip freeze
bottle==0.12.25
certifi==2023.5.7
charset-normalizer==3.2.0
idna==3.4
requests==2.31.0
urllib3==2.0.4
```

このvenv環境のPythonを利用するには、venv環境のpythonコマンドを実行します。

MEMO

仮想環境を有効化した状態では、python3.11 コマンドではなく、python コマンドを使用します。これは、環境変数 PATH で優先されている venv/bin ディレクトリーに python コマンドが用意されているためです。

▼venv 環境の Python を実行

```
(venv) $ python
Python 3.11.6 (main, Oct 12 2023, 01:22:19) [GCC 12.2.0] on linux
Type "help", "copyright", "credits" or "license" for more information.
>>> import sys
>>> sys.executable
'/work/venv/bin/python'
>>> import requests
>>> import bottle
```

venv環境を解除するにはshellを終了するか、`deactivate` コマンドを実行します。deactivateコマンドは、activateによって変更された環境変数を元に戻します。

▼deactivate で venv 環境の利用を解除

```
(venv) $ deactivate
$ python3.11 -c "import sys; print(sys.executable)"
/usr/local/bin/python3.11
```

venv環境はいくつでも作れます。ここで、`another-venv` という名前のもう1つのvenv環境を作成してみます。

▼venv 環境をもう 1 つ作成

```
$ python3.11 -m venv another-venv
$ ls -F
another-venv/   venv/
```

another-venv環境のPythonからは、他のvenv環境にインストールしたライブラリはimportできません。

Column

venv環境のディスク使用量

Dockerのベースイメージとして広く使われているDebian 12 の場合、Python本体のディスク使用量は65MB前後ですが、venv環境のディスク使用量は環境ごとに25MBほどです。

▼もう1つのvenv環境を有効化

```
$ source another-venv/bin/activate
(another-venv) $ python
Python 3.11.6 (main, Oct 12 2023, 01:22:19) [GCC 12.2.0] on linux
Type "help", "copyright", "credits" or "license" for more information.
>>> import sys
>>> sys.executable
'/work/another-venv/bin/python'
>>> import requests
Traceback (most recent call last):
  File "<stdin>", line 1, in <module>
ImportError: No module named 'requests'
```

このように、venv環境それぞれが、独立したPython環境として動作します。しかも、Pythonの一部のファイルのみで構成されているため、ディスクの容量を圧迫せず、短時間で作成や削除ができます。

不要になったvenv環境はディレクトリーごと削除しましょう。

▼venv環境を削除

```
(another-venv) $ deactivate
$ rm -R another-venv
```


Column

activateせずにvenv環境のコマンドを実行

venv環境をactivateすると環境変数が更新され、コマンド実行時に`venv/bin/`のファイルが優先的に実行されます。実は、activateをせずに`venv/bin/`のコマンドをフルパスで実行した場合も、そのvenv環境の中でプログラムが動作します。

```
$ python3.11 -c "import sys; print(sys.executable)"
/usr/local/bin/python3.11
$ venv/bin/python -c "import sys; print(sys.executable)"
/work/venv/bin/python
$ venv/bin/python
>>> import requests              # venv環境からインポートできる
$ venv/bin/pip install Flask   # venv環境にインストール
...
```

このため、venv環境のプログラムをcronで実行したり、サーバー起動したりする場合に、venv環境のプログラムをフルパスで指定すれば、activateしなくても実行できます。

venvで仮想環境を作成すると、初めから `pip` と `setuptools` がインストールされます。初期状態でインストールされるのは最新版ではなく、Pythonのインストール時に同梱されているバージョンです。同梱されているのは安定動作するバージョンですが、それ以降に決定されたPEP仕様に合わせた動作を期待する場合は、最新バージョンに更新しておくのがよいでしょう。pipとsetuptoolsのバージョン更新は、仮想環境を作成するごとに行う必要があります。

```
$ venv/bin/pip install -U pip setuptools
```

● venvのオプション指定

venvは多くのオプションを提供しています。**python3 -m venv --help** でオプションの一覧を確認できます。このうち、知っておくと便利なオプションを紹介します。

- --system-site-packages
  使用するPython本体にインストールされているライブラリも利用します。
  省略時は、Python本体にインストールされているライブラリを無視します。

- --symlinks
  シンボリックリンクを使えないシステムでも、symlinkを用意しようとします。

- --copies
  シンボリックリンクを利用できる状況でも使わずにファイルをコピーします。

- --clear
  指定されたvenv環境から依存パッケージなどを削除し、環境を初期化します。

- --upgrade-deps
  指定されたvenv環境のpipとsetuptoolsを、PyPIにある最新バージョンに更新します。

▼venv のオプション指定例

```
$ python3.11 -m venv --system-site-packages venv
```

Column

venvのコアな依存関係更新

Python3.11までは `pip` と合わせて `setuptools` がインストールされていましたが、Python3.12では同梱されなくなりました。 これはpip22.1以降ではPEP517※1を有効にすることで、setuptoolsなしにパッケージのインストールが可能になったためです。最新の仕様を活用するためにも依存関係は最新に更新しておくとよいでしょう。

※1 PEP517：https://peps.python.org/pep-0517/

10-02-02 pipでパッケージをインストールする

MEMO

pip 23.2を前提に紹介します。

`pip`はパッケージをインストールするコマンドです。ネットワーク経由でも、ローカルにあるパッケージファイルからでもインストールできます。サードパーティのライブラリは`Python Package Index`（PyPI: https://pypi.org/）に登録されています。pipコマンドは、デフォルトでこのPyPIからパッケージを探してインストールします。

pipは複数のサブコマンドを提供しています。以下は、サブコマンドの一覧です。

install	パッケージのインストール（パッケージ名、パッケージファイル名、URL指定など）
uninstall	パッケージのアンインストール
freeze	インストール済みのパッケージとそのバージョンの一覧をrequirementsフォーマットで出力
list	インストール済みパッケージの一覧を表示
show	インストール済みパッケージの情報を表示
wheel	指定したrequirementsからwheelファイルをビルド
help	ヘルプ表示

Column

--system-site-packagesオプション

venv環境は、Python本体にインストールされたパッケージ、つまり`/opt/python3.11.6/lib/python3.11/site-packages/`にあるパッケージを参照しません。このため、venv環境を新しく作成すると、不必要なパッケージがインストールされていないクリーンな状態で作られます。

逆に、Python本体にインストールされているパッケージをvenv環境でも使いたい場合は、作成時に`--system-site-packages`オプションを使用します。

ただしこのオプションを使用すると2つの環境を同時に利用しているような状態のため、パッケージがどこにあるのか、どのバージョンを使用しているのかわかりにくくなります。これではvenv環境を使うメリットが大きく損なわれてしまいます。どうしても必要な場合以外は、`--system-site-packages`オプションは使用しないほうがよいでしょう。

ここでは、pipのオプションと、インストール、アンインストールの方法について紹介します。詳細については、以下のサイトを参照してください。

- pip documentation
  https://pip.pypa.io/en/stable/

pipのオプション指定

pipにはサブコマンドに依存しない共通オプションと、サブコマンドに指定するオプションがあります。たとえば、`--quiet` や `--proxy` は全コマンド共通のオプションです。installサブコマンドのオプションとして `--upgrade` などがあります。

▼pip のオプション指定例

```
(venv) $ pip --quiet --proxy=server:9999 install --upgrade requests
```

Column

HTTPプロキシ指定について

pipはHTTPプロトコルを使用して外部サイトからパッケージを取得します。企業や環境によっては、外部サイトへの接続時にプロキシを経由する必要があるでしょう。また、そのような環境ではプロキシを利用するためにIDとパスワードでの認証が必要な場合もあります。

プロキシ設定が必要な環境でpipを利用するには `--proxy` オプションでプロキシを指定します。書式は `[user:passwd@]proxy.server:port` です。

▼pip のプロキシ指定

```
(venv) $ pip --proxy=proxy.example.com:1234 install requests
```

▼pip の認証プロキシ指定

```
(venv) $ pip --proxy=beproud:passwd@proxy.example.com:1234 install requests
```

`--proxy` オプションも設定ファイルや環境変数で以下のように指定できます。

▼PIP_PROXY 環境変数で指定

```
(venv) $ export PIP_PROXY=proxy.example.com:1234
(venv) $ pip install requests
```

コマンドラインで指定するオプションは、あらかじめ設定ファイルに書いておくこともできます。そうすれば、コマンド実行のたびに指定する必要はありません。

設定ファイルはLinuxの場合 `$HOME/.config/pip/pip.conf` がデフォルトで使用されます。前述のリスト「pipのオプション指定例」のオプションを `pip.conf` で指定するには、以下のように記載します。

▼pip.conf

```
[global]
quiet = true
proxy = server:9999

[install]
upgrade = true
```

MEMO

上記の内容は推奨設定値ではなく、例示のためのものです。各オプションは、必要な場合だけ設定してください。

また、オプションは環境変数にも指定できます。あるオプションについて、環境変数と設定ファイルの両方で指定した場合、環境変数の指定が優先されます。コマンドライン引数での指定が最優先です。

環境変数名は、オプション名から自動的に決定されます。`--` で始まるオプション名の `--` 以降の文字列を大文字にし、ハイフンをアンダースコアにして、先頭に `PIP_` をつけた環境変数を設定してください。

▼pip コマンドのオプション例

```
  --quiet     → PIP_QUIET=true
  --proxy     → PIP_PROXY=server:9999
  --upgrade   → PIP_UPGRADE=true
```

● パッケージのインストール

`install` サブコマンドは、何を、どこから、どのようにインストールするのかを細かく指定できます。そのため、ヘルプを見ると多くのオプションと対象指定方法が表示されます。

▼pip install のヘルプ

```
(venv) $ pip install -h

Usage:
  pip install [options] <requirement specifier> [package-index-options] ...
```

```
  pip install [options] -r <requirements file> [package-index-options] ...
  pip install [options] [-e] <vcs project url> ...
  pip install [options] [-e] <local project path> ...
  pip install [options] <archive url/path> ...

...
```

PyPIからパッケージをインストールする場合、以下のように実行します。パッケージは1つでも複数でも指定できます。

▼PyPIからインストール

```
(venv) $ pip install requests
(venv) $ pip install Flask bottle
```

pipコマンドでパッケージをインストールするときに、パッケージのバージョンを指定したい場合があります。ある特定のバージョンの動作を確認したい、あるいは、あるバージョン未満の最新を使用したい、といった場合です。

pipコマンドでパッケージのバージョンを指定する方法はいくつかあります。

`pip install colander`での例をみてみましょう。これをいくつかのパターンでバージョン指定してインストールしてみます。

▼バージョンの指定方法

```
$ pip install -U colander # 2.0 : 最新の安定版
$ pip install -U colander==1.0 # 1.0 : 指定バージョン
$ pip install -U "colander<1.0" # 0.9.9 : 1.0未満の最新安定版
$ pip install -U "colander<1.0" --pre # 0.9.9 : 1.0未満の最新版
$ pip install -U colander==1.0b1 # 1.0b1 : 指定バージョン
$ pip install -U "colander<=1.0" # 1.0 : 1.0以下の最新安定版
$ pip install -U "colander>=0.9,<0.9.9" # 0.9.8 : 0.9以上0.9.9未満の最新安定版
```

このように、さまざまなバージョン指定方法があります。指定方法によってはダブルクォート(`"`)で囲っています。これは、不等号記号(`<`、`>`)がシェルでリダイレクトとして解釈されないようにするためです。

ここでは説明のために`-U`(`--upgrade`)オプションを指定し、既に適合するバージョンがインストールされている場合にもバージョンをチェックしています。

また、pipは、アルファ版やベータ版などのプレリリース版(安定版になる前のお試し版)をインストールしません。

プレリリース版かどうかはバージョン番号に`1.3a1`、`1.3b1`というようにa1やb1という名前が付いているかどうかでわかります(PEP 440※1で定義されています)。上記のように、明示的にバージョン指定するか、`--pre`オプションを使用してプレリリース版をインストールできます。

※1 PEP 440：https://peps.python.org/pep-0440/

ソースコードが手元にある場合、以下のようにインストールします。

▼ソースパッケージからインストール

```
(venv) $ pip install ./logfilter-0.9.3
```

この例のようにローカルディレクトリーからインストールする場合、`./logfilter-0.9.3` や `file:///path/to/logfilter-0.9.3` のようにローカルパスであることを明示してください。単に `pip install logfilter-0.9.3` と指定すると、PyPIに `logfilter-0.9.3` というパッケージを探しに行ってしまいます。

ソースコードからのインストールには、`-e`（`--editable`）オプションも使用できます。これは、ソースコードをコピーインストールせずに、そのディレクトリーにあるままインストール状態にする仕組みです。開発中のソースコードを `editable` でインストールすれば、コードを書き換えるたびにインストールし直す必要はありません。編集したコードがそのまま実行時に使用されるため、editable=編集可能インストール、と言うわけです。

Column

バージョンの命名規則と大小関係

バージョンの命名規則（スキーム）と大小関係もPEP 440で規定されています。

バージョン番号のスキームは`[N!]N(.N)*[{a|b|rc}N][.postN][.devN]`に従います。

`N`は正の整数か0を利用できます。

`(.N)*`は0回以上の繰り返しが可能です。

`[]`に囲まれている部分は省略可能です。`a`、`b`はそれぞれ`alpha`、`beta`とも指定できます。

順番は単に文字列のソート順というわけではありません。大まかには以下のような順番で、下の方ほど新しいバージョンとして扱われます。

▼バージョンのつけ方と順番

```
0.9.1
0.10
1.0a1.dev1
1.0a1
1.0b1
1.0b2
1.0rc1
1.0
1.0.post1
1.0.1
```

▼ソースディレクトリーを editable 指定でインストール

```
(venv) $ pip install -e ./logfilter-0.9.3
```

リポジトリをcloneしてインストールする場合、リポジトリのURLの前に `git+` のようにリポジトリ種別を追加して `pip install` を実行します。この例では実行中に内部でgitコマンドを使用するため、gitコマンドが利用できる環境が必要です。

以下のように実行します。

▼git から clone してインストール

```
(venv) $ pip install git+https://github.com/shimizukawa/logfilter
```

cloneしたソースコードで開発も行う場合、`-e` オプションを併用できます。その場合、以下のようにURL末尾に `#egg=<<パッケージ名>>` が必要です。

▼git から clone して editable インストール

```
(venv) $ pip install -e git+https://github.com/shimizukawa/logfilter#egg=logfilter
```

pipは、指定されたパッケージが既にインストール済みの場合、新しいバージョンが公開されていても自動的に最新版に更新したりはしません。最新のバージョンに更新するには `-U`（`--upgrade`）オプションを使用します。

▼-U オプションでバージョン更新

```
(venv) $ pip install -U requests
```

pipは、PyPIからダウンロードしたパッケージを自動的にキャッシュします。キャッシュを使いたくない場合は、`--no-cache-dir` オプションでキャッシュを無視します。Dockerfileの中でこのオプションを使うことで、Dockerイメージのサイズ削減に利用できます。

▼ダウンロードキャッシュを使わない

```
(venv) $ pip install --no-cache-dir requests
```

● パッケージの一覧を記録

`pip freeze` は、インストール済みのパッケージとそのバージョンの一覧をrequirementsフォーマットで出力するコマンドです。以下のように実行します。

▼pip freeze

```
(venv) $ pip freeze
blinker==1.6.2
click==8.1.6
```

```
Flask==2.3.2
itsdangerous==2.1.2
Jinja2==3.1.2
MarkupSafe==2.1.3
Werkzeug==2.3.6
```

`pip freeze` の出力は、パッケージとそのバージョンを列挙したrequirementsフォーマットという形式です。この内容を `pip install` で利用するために、ファイルに保存します。ファイル名の `requirements.txt` は別の名前でも構いませんが、`requirements.txt` が多く利用されています。

▼pip freeze の出力を requirements.txt に保存

```
(venv) $ pip freeze > requirements.txt
```

これで、`pip install -r requirements.txt` のように使用することで、別の環境に同じバージョンのパッケージをインストールできます。

環境にインストールしているパッケージを変更した場合、再度 `pip freeze > requirements.txt` でファイルの内容を更新します。このとき、`-r`（`--requirement`）オプションで元の`requirements.txt`を指定すると、差分を確認できます。このオプションを利用して、意図しない変更が含まれていないか確認しましょう。

▼pip freeze -r の結果

```
(venv) $ pip install bottle
(venv) $ pip freeze -r requirements.txt
blinker==1.6.2
click==8.1.6
Flask==2.3.2
itsdangerous==2.1.2
Jinja2==3.1.2
MarkupSafe==2.1.3
Werkzeug==2.3.6
## The following requirements were added by pip freeze:
bottle==0.12.25
```

● パッケージのアンインストール

`pip uninstall` コマンドは、インストールされているパッケージをアンインストールします。以下のように実行します。

▼pip uninstall

```
(venv) $ pip uninstall Flask
Uninstalling Flask:
  ...
  /work/venv/lib/python3.11/site-packages/Flask/*
Proceed (y/n)? y
  Successfully uninstalled Flask-2.3.2
```

削除されるファイルの一覧が表示され、本当に削除して良いか確認されます。`y`を入力後にEnterキー押下で削除します。

確認が不要な場合は`-y`（`--yes`）オプションを使用して、以下のように実行します。

▼pip uninstall -y

```
(venv) $ pip uninstall -y Flask
```

Column

requirements.txt内のリポジトリ指定

リポジトリのコードを`-e`（`--editable`）状態でインストールしている環境で`pip freeze`を実行すると、以下のように出力されます。

```
$ pip install -e git+https://github.com/shimizukawa/logfilter#egg=logfilter
$ pip freeze
blinker==1.6.2
click==8.1.6
Flask==2.3.2
itsdangerous==2.1.2
Jinja2==3.1.2
-e git+https://github.com/shimizukawa/logfilter@1a9342c3f83532530530bea94ebb
9b552625f123#egg=logfilter
MarkupSafe==2.1.3
Werkzeug==2.3.6
```

この出力を保存したrequirements.txtを使ってpip installした環境には、リポジトリの特定リビジョンのコードがインストールされます。インストール時にリポジトリのcloneが実行されることと、リポジトリに新しいコミットがあっても指定リビジョンのコードを使い続けるという点に注意してください。`-e`でインストールしたパッケージをfreezeに含めたくない場合は、`pip freeze --exclude-editable`を使用してください。

`pip uninstall` コマンドでは指定したパッケージ以外はアンインストールされない、ということに注意してください。たとえばFlaskをインストールした場合、Jinja2などの依存パッケージが6つほどインストールされます。これらの依存パッケージはFlaskのアンインストール後もインストールされたまま環境に残っています。そういったパッケージが不要であれば `pip uninstall` で削除するか、venv環境を作り直して必要なパッケージをインストールし直してください。

10-02-03 まとめ

Pythonプロジェクトは `python3 -m venv` コマンドでプロジェクト専用の仮想環境を作成します。仮想環境を使っておけば、他のプロジェクトに影響を与えずにライブラリを利用できます。プロジェクトで扱うライブラリは `pip` コマンドを使ってインストールします。`pip freeze` で `requirements.txt` ファイルを作成しておけば、そのプロジェクトのための環境を簡単に再現できます。`pip` と `venv` はデプロイなどでも利用します。Pythonの開発環境の基本として、この2つのツールの使い方をしっかり覚えておきましょう。

10-03 パッケージを活用する

ここまで紹介してきたように、`pip`コマンドはPyPIからのインストールするだけでなく、他の場所からインストールするように引数を指定できます。また `requirements.txt` を活用することで、環境構築を柔軟に行うことができます。ここでは、パッケージを活用する方法について、より具体的に説明します。

10-03-01 プライベートリリース

PyPIで公開されていないパッケージを利用したい場合があります。PyPIに公開できない社内用のライブラリや、正式リリース前のライブラリを検証したり先行利用するためにインストールしたい場合などです。

このような場合、プライベートリリースという考え方が利用できます。プライベートリリースとは、PyPIなどのIndexサーバーに公開せずに行うリリースのことです。たとえば、PyPI上に公開する前の検証を行ったり、PyPIには登録はしないがバージョンのナンバリングをして配布したい、という場合に用いられます。前節で紹介した、リポジトリから直接インストールする方法では、パッケージの作者の意図とは無関係に、利用者が利用したいリビジョンのパッケージを利用できました。この手法を推し進めて、パッケージ作者が提供するのがプライベートリリースです。

リポジトリサーバーとしてGitHubやBitbucketを使っている場合、ソースのアーカイブファイルがタグ名やブランチ名ごとにzipファイル形式などで提供されています。そして、pipはパッケージのファイル名まで含む完全なURLを指定することによって、Web上に公開されているソース配布されたパッケージを直接インストールできます。この2つを組み合わせることで、PyPIにリリースされていないプライベートリリースされたパッケージをインストールできます。

たとえば、GitHubでソースコードを公開管理しているlogfilterというツールがあります。

Part 1 Chapter 01 Chapter 02 Chapter 03 Part 2 Chapter 04 Chapter 05 Chapter 06 Chapter 07 Chapter 08 Chapter 09 Part 3 Chapter 10 Chapter 11 Chapter 12 Part 4 Chapter 13 Chapter 14 Appendix A

このツールはパッケージをPyPIに登録していません(同じ名前の別のパッケージが登録されています)。

このため`pip install logfilter`ではインストールできませんが、以下のようにURLを直接指定すればインストールできます。

▼プライベートリリースされたパッケージをインストール

```
$ pip install https://github.com/shimizukawa/logfilter/archive/logfilter-0.9.3.zip
```

10-03-02 requirements.txtを活用する

`pip`でインストールした依存パッケージは`pip freeze`コマンドで一覧を確認できます。この一覧を保存したファイルを`pip install`の`-r`オプションで指定すれば、ある環境でインストールしておいたライブラリを他の環境で復元できます。通常、ファイル名には`requirements.txt`が使われます。

▼依存パッケージの一覧を requirements.txt に保存

```
(venv) $ pip freeze > requirements.txt
```

▼別の仮想環境に requirements.txt の内容をインストール

```
(venv2) $ pip install -r requirements.txt
```

`requirements.txt`に依存パッケージの一覧を保存するのは多くのプロジェクトで利用されています。`requirements.txt`でできることは、これだけではありません。`requirements.txt`は内部でさらに別のファイルを参照できます。この機能を使って、`requirements.txt`を分割しましょう。

`requirements.txt`は、多くの人やツールがデフォルトのrequirementsファイルの名前として認識します。そこで、`requirements.txt`には以下のように本番環境での実行時に必要なライブラリの一覧だけを保存し、それを`requirements-dev.txt`から参照します。

▼requirements.txt

```
pyramid
sqlalchemy
psycopg2
alembic
```

▼requirements-dev.txt

```
-r requirements.txt
-r requirements-tests.txt
-r requirements-doc.txt
```

requirements-dev.txtには、開発中に必要なライブラリだけを参照するように書きます。ライブラリ名をこのファイル内に直接書いてもよいですが、上記のようにそれぞれの用途別にファイルを用意しておくと、メンテナンスしやすくなります。

requirements-tests.txtには、テストランナーやフィクスチャツールなどを書いておきます。requirements-doc.txtにはドキュメントの生成用ツールを書いておきます。

▼requirements-tests.txt

```
pytest
pytest-cov
coverage
webtest
```

▼requirements-doc.txt

```
Sphinx
```

パッケージのバージョンを制御するためにconstraints.txtを記述します。requirements.txt や requirements-tests.txt や requirements-doc.txt に直接ライブラリのバージョンを記述することもできますが、constraints.txtを活用することでライブラリのインストールを強制することなく依存として入るライブラリバージョンを制限できます。

constraints.txt はプロジェクトで1つに統合しておき、常に参照するようにします。ライブラリバージョンの依存を制限してるファイルだと明示するために、requirements.lock のように記述されることもあります。この一覧を保存したファイルをpip installの-cオプションで指定すれば、ある環境でインストールしておいたライブラリのバージョンを固定した状態で他の環境で復元できます。

▼constraints.txt

```
alabaster==0.7.13
alembic==1.12.0
Babel==2.12.1
beautifulsoup4==4.12.2
certifi==2023.7.22
charset-normalizer==3.2.0
coverage==7.3.1
docutils==0.20.1
hupper==1.12
idna==3.4
imagesize==1.4.1
iniconfig==2.0.0
Jinja2==3.1.2
Mako==1.2.4
MarkupSafe==2.1.3
```

```
packaging==23.1
PasteDeploy==3.0.1
plaster==1.1.2
plaster-pastedeploy==1.0.1
pluggy==1.3.0
psycopg2-binary==2.9.7
Pygments==2.16.1
pyramid==2.0.2
pytest==7.4.2
pytest-cov==4.1.0
requests==2.31.0
snowballstemmer==2.2.0
soupsieve==2.5
Sphinx==7.2.6
sphinxcontrib-applehelp==1.0.7
sphinxcontrib-devhelp==1.0.5
sphinxcontrib-htmlhelp==2.0.4
sphinxcontrib-jsmath==1.0.1
sphinxcontrib-qthelp==1.0.6
sphinxcontrib-serializinghtml==1.1.9
SQLAlchemy==2.0.21
translationstring==1.4
typing_extensions==4.8.0
urllib3==2.0.5
venusian==3.0.0
waitress==2.1.2
WebOb==1.8.7
WebTest==3.0.0
zope.deprecation==5.0
zope.interface==6.0
```

これで、本番環境へのインストールは`pip install -r requirements.txt -c constraints.txt`で行い、開発環境へのインストールは`pip install -r requirements-dev.txt -c constraints.txt` で行えます。また`requirements-tests.txt`などは、目的別の定番のパッケージ一覧として、他のプロジェクトに流用してもよいでしょう。

10-03-03 デプロイやCI + toxのためのrequirements.txt

CIやデプロイで活用するために、依存パッケージを簡単にインストールできるようにしましょう。

`pip`でパッケージ管理をする場合、依存パッケージは`requirements.txt`に記述しています。先ほどの例でも`requirements.txt`に依存パッケージを列挙していますが、本番で実行するのに必要なライブラリの一覧と、本番環境へのインストール時に必要なオプションの両方を`requirements.txt`に書いてしまうと、`requirements-dev.txt`で設定するオプションと競合する場合があります。そこで、依存パッケージをrun-requires.txtに列挙し、requirements.txtとrequirements-dev.txtから参照するように変更します。インストールオプションはrequirements.txtに書いておきます。

▼requirements.txt

```
-r run-requires.txt
-c constraints.txt
```

▼requirements-dev.txt

```
-r run-requires.txt
-r requirements-tests.txt
-r requirements-doc.txt
-c constraints.txt
```

では、これをテスト環境ツールであるtoxにも適用してみましょう。toxではテスト環境ごとに、virtualenvで仮想環境を作成します。toxでは、tox.ini形式の状態からインストールできれば、効率的に環境作成できます。toxでは、tox.iniファイルの中で環境にインストールするライブラリを指定できます。この部分はpipに直接渡されるため、ライブラリではなくrequirements.txtなどの指定も可能です。

▼tox.ini

```
[testenv]
deps = -r requirements-dev.txt
```

tox.iniにこのように設定すると、先ほど用意したrequirements-dev.txtに基づいて依存パッケージがインストールされます。

10-03-04 requirements.txt の内容と実際のインストール状態を一致させる

ここでは、requirements.txtの内容と実際にインストールされているライブラリやバージョンを常に一致させるための方法をいくつか紹介します。

開発環境、CI環境、本番環境、など、どの環境でも同じバージョンのライブラリを使用しましょう。このためには、requirements.txtには依存パッケージ名だけでなく、バージョンも指定します。依存パッケージのバージョンが異なると、ほんの少しの差異でもそのライブラリを利用している箇所の挙動が変わる可能性があります。その場合、CIではエラーが発生するのに、開発環境では既にライブラリがインストール済みのためエラーを再現できない、といった問題が起こります。このような問題に悩まされないように、バージョンを指定します。pip freezeで作成したrequirements.txtには、バージョンが指定されています。

開発環境や本番環境で、requirements.txtに書かれている依存パッケージと、実際にインストールされているライブラリの差異を確認するには、`pip freeze -r requirements.txt`コマンドを実行します。

たとえば、開発中のBottle製Webアプリケーションの依存パッケージを記述した`requirements.txt`から、`redis`を削除して`python-memcached`を追加します。この状態で`pip freeze -r requirements.txt`コマンドを実行すると、以下のように差分が表示されます。

▼requirements.txt の内容と実際にインストールされているライブラリの差異を調べる

```
(venv) $ cat requirements.txt
bottle==0.12.13
python-memcached==1.59
six==1.16.0
(venv) $ pip freeze -r requirements.txt
bottle==0.12.13
## The following requirements were added by pip freeze:
redis==5.0.1
```

本番環境では、プログラムを実行している仮想環境からライブラリを削除するのはリスクが高くなります。venvやDockerコンテナで環境を始めから作成し直して、nginxなどからのリバースプロキシ先を切り替えるなどの工夫が必要となります。

Column

requirements.txt以外の選択肢

複数のrequirements.txtを扱うのは面倒なのでもっと便利にしたい。さらにいえばPython環境自体の準備まで含めて扱うツールがほしいといったニーズは根強いです。執筆時点ではPoetry※1やPipenv※2、Rye※3といった複数のツールが公開されています。開発やパッケージングまで一括で扱えるのは便利なので、特徴をおさえて活用を検討するとよいでしょう。それぞれに特徴があり、執筆時点ではPoetryを使っているプロジェクトも見受けられます。しかしながらその便利な機能が本番環境でも必要かどうかはよく検討しましょう。本番環境では必要最小限の仕組みで揃えることで、仕組みの理解やセキュリティ更新の適用が簡単になります。仕組みを理解することは、トラブルが発生した場合に短時間で問題を解決するために必要です。

Poetryを例にするとエクスポート用のコマンドも用意されているため、本番環境では生成しておいたrequirements.txtを使ってデプロイすることも可能です。本番環境では公式のDockerイメージ+pip+requirements.txtのようなシンプルな組み合わせを活用することで、なにか問題が発生したときも問題の切り分けがしやすい組み合わせにすることをおすすめします。

※1 Poetry：https://python-poetry.org/
※2 Pipenv：https://pipenv.pypa.io/en/latest/
※3 Rye：https://rye-up.com/

10-04 ファイル構成とパッケージリリース

ここまで既存のパッケージを扱う方法を紹介していましたが、自分たちで作成したプログラムが完成した後にパッケージ化して配布するとなるとまだ多くの手順が必要です。第2章で作成した「読みログ」アプリケーションをパッケージ化してPyPIに登録、公開するまでの流れを追いながら、`pyproject.toml`の書き方やPyPIへのアップロード手順について紹介します。

10-04-01 パッケージの配布形式

パッケージの配布形式にはさまざまな種類があります。ここでは、sdistとwheelについて紹介します。

sdistはパッケージのソース、メタデータ、ビルド方法などをアーカイブしたソース配布形式です。PyPIにアップロードされている多くの定番パッケージが後述するwheel形式で配布されていますが、sagemakerなどの一部の定番パッケージは`sdist`形式で配布されています。

`sdist`形式は、インストールのたびに各環境でアーカイブに同梱されるpyproject.tomlファイルを読み込み、C拡張があればビルドし、必要なPythonパッケージを確認して、`site-packages`へコピーしています。また、`sdist`には、実際にはインストールされないファイルも多く含まれています。

これに対してバイナリパッケージは、ビルド済みのC拡張やPythonパッケージのみを含み、ファイルを展開するだけでインストールが完了します。

Pythonの公式バイナリパッケージは**wheel**形式で、PEP 491[※1]で定義されています。`pip`コマンドは、`wheel`形式を優先して利用します。このためパッケージ利用者は配布形式を意識しなくても、多くの場合にwheelを利用しています。

Column

wheel以前のバイナリパッケージ

`wheel`登場以前から、Pythonではバイナリパッケージとして**egg**形式が用いられており、長い間バイナリ配布物のデファクトスタンダードとして活躍していました。しかし、`egg`形式はsetuptoolsが独自に定めていた形式で、PEPでの提案や仕様もなく、進化が止まっていました。2013年に、時代に合ったバイナリ配布形式として`wheel`形式の仕様がPEP 491でまとめられ、`pip`もこの形式をサポートしたため、多くの開発者がwheel形式のパッケージをPyPIで提供しはじめました。定番パッケージのwheel配布状況を確認できる https://pythonwheels.com/ というサイトも登場しました。2022年現在、`egg`を見掛けることはまだありますが、バイナリ配布形式としての役目は終わりました。

※1 PEP 491：https://peps.python.org/pep-0491/

pipはPyPIにアップロードされているwheel形式のパッケージを直接インストールできます。たとえばDjangoをインストールしてみましょう。

▼wheel形式でDjangoをインストール

```
(venv) $ pip install Django
Collecting Django
  Obtaining dependency information for Django from https://files.pythonhosted.o
rg/packages/bf/8b/c38f2354b6093d9ba310a14b43a830fdf776edd60c2e25c7c5f4d23cc243/
Django-4.2.5-py3-none-any.whl.metadata
  Downloading Django-4.2.5-py3-none-any.whl.metadata (4.1 kB)
Collecting asgiref<4,>=3.6.0 (from Django)
  Obtaining dependency information for asgiref<4,>=3.6.0 from https://files.pytho
nhosted.org/packages/9b/80/b9051a4a07ad231558fcd8ffc89232711b4e618c15cb7a392a1738
4bbeef/asgiref-3.7.2-py3-none-any.whl.metadata
  Downloading asgiref-3.7.2-py3-none-any.whl.metadata (9.2 kB)
Collecting sqlparse>=0.3.1 (from Django)
  Downloading sqlparse-0.4.4-py3-none-any.whl (41 kB)
     ━━━━━━━━━━━━━━━━━━━━━━━━━━━━━━━━━━━━━━━━━━━━━━━━━━━━━━━━━━━━━━━━━━━━━━━━━━━━
━━━━ 41.2/41.2 kB 2.3 MB/s eta 0:00:00
Downloading Django-4.2.5-py3-none-any.whl (8.0 MB)
   ━━━━━━━━━━━━━━━━━━━━━━━━━━━━━━━━━━━━━━━━━━━━━━━━━━━━━━━━━━━━━━━━━━━━━━━━━━━━━
━━ 8.0/8.0 MB 1.6 MB/s eta 0:00:00
Downloading asgiref-3.7.2-py3-none-any.whl (24 kB)
Installing collected packages: sqlparse, asgiref, Django
Successfully installed Django-4.2.5 asgiref-3.7.2 sqlparse-0.4.4
```

実行結果を見ると、PyPIからwheel形式のパッケージ(拡張子が.whl)をダウンロードしているのがわかります。ここで、wheelを提供していないパッケージで動作の違いを確認するために、--no-binaryオプションでDjangoのwheelパッケージを使わずにインストールしてみましょう。

▼wheelを使わず、sdistでDjangoをインストール

```
(venv) $ pip install Django --no-binary Django
Collecting Django
  Downloading Django-4.2.5.tar.gz (10.4 MB)
     ━━━━━━━━━━━━━━━━━━━━━━━━━━━━━━━━━━━━━━━━━━━━━━━━━━━━━━━━━━━━━━━━━━━━━━━━━━━━
━━━━ 10.4/10.4 MB 2.4 MB/s eta 0:00:00
  Installing build dependencies ... done
  Getting requirements to build wheel ... done
  Installing backend dependencies ... done
  Preparing metadata (pyproject.toml) ... done
Collecting asgiref<4,>=3.6.0 (from Django)
  Obtaining dependency information for asgiref<4,>=3.6.0 from https://files.pytho
nhosted.org/packages/9b/80/b9051a4a07ad231558fcd8ffc89232711b4e618c15cb7a392a1738
4bbeef/asgiref-3.7.2-py3-none-any.whl.metadata
```

```
  Using cached asgiref-3.7.2-py3-none-any.whl.metadata (9.2 kB)
Collecting sqlparse>=0.3.1 (from Django)
  Using cached sqlparse-0.4.4-py3-none-any.whl (41 kB)
Using cached asgiref-3.7.2-py3-none-any.whl (24 kB)
Building wheels for collected packages: Django
  Building wheel for Django (pyproject.toml) ... done
  Created wheel for Django: filename=Django-4.2.5-py3-none-any.whl size=7990294 s
ha256=897a3a3d21cb8f94e917e56f16e4dbb3aa07bbecd1d83a139757e24061e74722
  Stored in directory: /root/.cache/pip/wheels/e4/ec/37/2dd3c8ffc5232ffdde13fd983
5e1659cd469a3a681da8ce268
Successfully built Django
Installing collected packages: sqlparse, asgiref, Django
Successfully installed Django-4.2.5 asgiref-3.7.2 sqlparse-0.4.4
```

この場合は`tar.gz`でアーカイブされた`sdist`からインストールしていることがわかります。また、`wheel`からインストールした場合と比べて、`sdist`からのインストールではダウンロード後に`pyproject.toml`を使ったビルド処理が行われ、実行時間も多くかかります。

`Django`のようにC拡張を含まないパッケージでは十数秒の差ですが、`Pillow`や`numpy`のように依存パッケージを多く必要とするC拡張があった場合は大きな違いが出ます。

例えば`Pillow`は、現在PyPIでさまざまなPythonバージョンやCPUに対応した`Windows`用の`wheel`形式パッケージを提供しています。コンパイラの用意が難しい`Windows`環境で`Pillow`を使う場合でも`pip`でインストールするだけで利用可能になります。

Column

wheelパッケージのファイル名

wheelパッケージ名のルールはPEP 491で決められています。wheelパッケージがどのPythonやOSに依存しているかが、ファイル名でわかるようになっています。

wheelパッケージ名は、以下のスキームで作成、解釈されます。

```
{distribution}-{version}(-{build tag})?-{python tag}-{abi tag}-{platform tag}.whl
```

たとえば、以下のようなファイル名でPyPIにアップロードされています。

▼wheel パッケージファイル名の例

```
bpmappers-1.3-py2.py3-none-any.whl
Django-4.2.5-py3-none-any.whl
Pillow-10.0.1-cp311-cp311-macosx_11_0_arm64.whl
```

詳細はPEP 491を参照してください。

Column

wheel形式ファイルとPythonバージョンの互換性

wheel形式ファイルにはPythonのバージョンや実装に依存するものがあります。こういったwheelは、特定のPythonバージョンやPython実装でのみ使用できます。このため、同じプラットフォーム向けのwheel配布物であっても、使用するPythonのバージョンに合ったwheelでないと利用できません。広く使われているパッケージは、それぞれのバージョンや実装向けに別々のwheelを提供しています。また、1つのwheel配布物で複数のPythonバージョンをサポートしているUniversal Wheelという形式もあります。

wheel形式ファイルがどのPythonバージョンに依存するか確認するには、ファイル名のPython tagを見てください。

py2	Python 2にのみ対応
py3	Python 3にのみ対応
py2.py3	Python 2/3両方に対応
それ以外	Pythonのバージョンと実装に依存

「それ以外」の場合、Python tagは`{Pythonの実装}{ドットなしのPythonの実装}{ドットなしのPythonのバージョン}`という形式になります。

本書で利用するPythonの実装はCPythonです。このため`{Pythonの実装}`部分は`cp`であらわされます。

例えばMarkupSafeのwheelは次のようなファイル名になります。

```
MarkupSafe-2.1.3-cp311-cp311-manylinux_2_17_x86_64.manylinux2014_
x86_64.whl
```

Python tagが`cp311`であることから、このwheelはCPython 3.11向けであることがわかります。したがってこのwheelは、CPython 3.10などほかのバージョンでは利用できません。

異なるPythonのバージョンで利用する必要がある場合は、それぞれのPythonのpipを用いてwheelを作成してください。

Python tagについてはPEP 425[※1]の「Python Tag」のセクションを参照してください。

※1 PEP 425：https://peps.python.org/pep-0425/

10-04-02 読みログのプロジェクト構成

まず、Pythonプロジェクトの一般的なディレクトリー構成について紹介します。パッケージング対象となるファイルが.pyファイル1つだけの場合、以下のようになります(LICENSE、MANIFEST.in、README.mdについては後述します)。

▼ファイル1つのみのプロジェクト構成例

```
/projectname
   +-- LICENSE
   +-- MANIFEST.in
   +-- README.md
   +-- packagename.py
   +-- pyproject.toml
```

パッケージング対象が、ディレクトリー以下に複数の.pyファイルやテンプレートファイルなどを持つ場合、以下のようになります。

▼ファイルが複数のプロジェクト構成例

```
/projectname
   +-- LICENSE
   +-- MANIFEST.in
   +-- README.md
   +-- packagename/
   ¦     +-- __init__.py
   ¦     +-- module.py
   ¦     +-- templates/
   ¦           +-- index.html
   +-- pyproject.toml
```

読みログアプリケーションは、以下のファイル構成でした。

ファイルパス	説明
yomilog	読みログDjangoプロジェクト
yomilog/app	読みログアプリケーション
yomilog/app/templates/app/index.html	テンプレート
yomilog/yomilog	Djangoプロジェクト用設定ファイル郡
manage.py	Djangoの管理コマンド用ユーティリティ
compose.yaml	読みログの実行環境を定義する設定ファイル
Dockerfile	読みログのDockerイメージを構築する設定ファイル
README.md	開発環境セットアップ手順
requirements.txt	依存パッケージの一覧

ファイルが複数のプロジェクト構成例のようにDjangoプロジェクトが定義されています。ここにPyPIで配布するパッケージングに必要となるファイルを追加していきます。
最終的には以下のように配置します。

▼読みログプロジェクトのディレクトリー構成

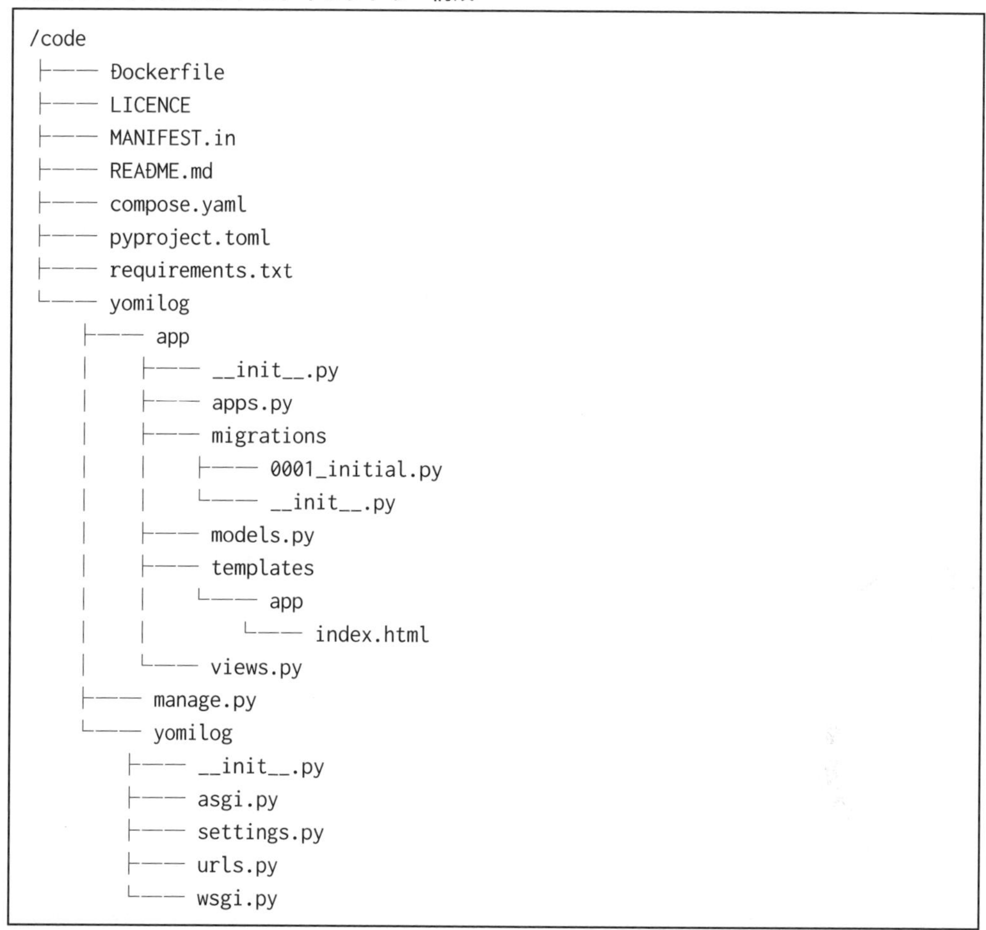

```
/code
├─── Dockerfile
├─── LICENCE
├─── MANIFEST.in
├─── README.md
├─── compose.yaml
├─── pyproject.toml
├─── requirements.txt
└─── yomilog
     ├─── app
     │     ├─── __init__.py
     │     ├─── apps.py
     │     ├─── migrations
     │     │     ├─── 0001_initial.py
     │     │     └─── __init__.py
     │     ├─── models.py
     │     ├─── templates
     │     │     └─── app
     │     │           └─── index.html
     │     └─── views.py
     ├─── manage.py
     └─── yomilog
           ├─── __init__.py
           ├─── asgi.py
           ├─── settings.py
           ├─── urls.py
           └─── wsgi.py
```

10-04-03 パッケージ情報と同梱するファイルの設定

`pyproject.toml` でパッケージの情報を設定し、`MANIFEST.in` で同梱するファイルを指定します。順番にみていきましょう。

● pyproject.toml

Pythonでのパッケージングにはプロジェクト仕様を示すファイルが必要で、`pyproject.toml` というファイル名で用意します。`pyproject.toml` は、Pythonのパッケージ情報(メタデータ)を設定し、パッケージを定義するために使用されます。`pyproject.toml` というファイル名は

Pythonの仕様で決められています。このファイルにメタデータとして、パッケージ名やバージョン、依存パッケージの情報を定義します。

それではyomilogプロジェクトの `pyproject.toml` を以下の内容で作成します。

▼必要最小限の pyproject.toml

```
[build-system]
requires = ["setuptools"]
build-backend = "setuptools.build_meta"

[project]
name = "yomilog"
version = "1.0.0"
dependencies = [
  "Django>=4.2",
  "psycopg2>=2.9"
]
```

`[build-system]` に定義している `setuptools` は、Pythonのパッケージング処理における代表的な選択肢です。現在ではパッケージインストーラーとしての `pip` や、配布パッケージを作るための `build` などツールの分離が進んでいますが、それらのフロントエンドのツールがpyproject.tomlで定義したパッケージをビルドするために必要となります。

次に `[project]` に記述している、それぞれのパラメーターの意味について説明します。

- name
  パッケージ名です。 `"yomilog"` としました。
  プロジェクト名と一緒にするのが一般的です。
  配布するパッケージの名前は、他とかぶらないユニークな名前にする必要があります。
  名前をつける前に、既に使われている名前かどうかをPyPIで確認しておきましょう。
  今回使用する `yomilog` という名前はユニークですが、常にユニークな名前をつけられるとは限りません。
  たとえば、auth のようなパッケージ名を使いたい場合には、組織名などを追加して `beproud-auth` などにするのがよいでしょう。

- version
  バージョン番号の文字列です。 `"1.0.0"` としました。

- dependencies
  依存パッケージをリストで指定します。
  2章 Webアプリケーションを作るで説明した「読みログ」アプリははDjangoとpsycopg2に依存しているため指定しています。

Part 1 Chapter 01 Chapter 02 Chapter 03 Part 2 Chapter 04 Chapter 05 Chapter 06 Chapter 07 Chapter 08 Chapter 09 Part 3 Chapter 10 Chapter 11 Chapter 12 Part 4 Chapter 13 Chapter 14 Appendix A

● MANIFEST.in

HTMLファイルやCSSファイルなどのパッケージリソースを同梱するためには、`MANIFEST.in`ファイルにパッケージング対象のファイルを指定します。

pyproject.tomlと同じディレクトリーに `MANIFEST.in` ファイルを作成し、パッケージング対象ファイルを指定しましょう。

▼MANIFEST.in にパッケージング対象のファイルを指定する

```
recursive-include yomilog *.html
```

`recursive-include` は、指定ディレクトリー以下の、指定したパターンに一致するファイルすべてを同梱します。前述のリスト「`MANIFEST.in`」の指定で、yomilogディレクトリー以下にある`*.html`に一致するファイルが同梱されます。

インストール先の環境に同梱したファイルを置きたい場合は、`include-package-data` をTrueに指定する必要があります。これはpyproject.tomlではデフォルト値で設定されています。

yomilogアプリケーションで使用しないファイルも、MANIFEST.inに指定してパッケージに同梱できます。ここでは、ライセンス条項を記載した `LICENSE` を同梱する例を紹介します。パッケージを配布する場合、ライセンスファイルは同梱したほうがよいでしょう。

▼MANIFEST.in

```
recursive-include yomilog *.html
include LICENSE
```

`include` は、指定したパターンに一致するファイルをすべて同梱します。

前述のリスト「MANIFEST.in」の指定で、LICENSEファイルが同梱されます。なお、LICENSEファイルはインストールするyomilogディレクトリーの外にあるため、利用環境にはインストールされません。

MANIFEST.inの書き方によって、特定の拡張子のファイルすべてを同梱指定したり、逆に除外したりできます。MANIFEST.inの記載方法について詳しくはPythonのリファレンスマニュアルを参照してください。

- **MANIFEST.in を使ってソースコード配布物にファイルを含める**
  https://packaging.python.org/ja/latest/guides/using-manifest-in/

● 動作確認

ここまでの設定を確認するため、パッケージを開発するためのvenv環境を作成し、インストールしてみます。ここでは、venv環境のディレクトリー名をvenvとします。

▼venv 環境作成とインストール

```
$ cd ..
$ python3.11 -m venv venv
```

この時点でディレクトリー構成は以下のようになります。

▼ディレクトリーの構成

```
/code
├─── venv
├─── Dockerfile
├─── LICENSE
├─── MANIFEST.in
├─── README.md
├─── compose.yaml
├─── pyproject.toml
├─── requirements.txt
└─── yomilog  #（Djangoプロジェクトの中身は省略）
```

そして、作成したvenv環境をactivateしてインストールを実行します。インストール時には **10-02-02 pipでパッケージをインストールする** で紹介したように、`-e` オプションをつけてください。

▼venv環境作成とeditableインストール

```
$ source venv/bin/activate
(venv) $ pip install -e .
Obtaining file:///code
  Installing build dependencies ... done
  Checking if build backend supports build_editable ... done
  Getting requirements to build editable ... done
  Installing backend dependencies ... done
  Preparing editable metadata (pyproject.toml) ... done
-中略：依存パッケージインストール-
Building wheels for collected packages: yomilog
  Building editable for yomilog (pyproject.toml) ... done
  Created wheel for yomilog: filename=yomilog-1.0.0-0.editable-py3-none-any.whl s
ize=2774 sha256=ed695abe5c984290b2e50107640c073a25753605718e28f0abaac4f0ed572821
  Stored in directory: /private/var/folders/38/n_r0sjc54b30d0p7y25623n40000gn/T/
pip-ephem-wheel-cache-5893kp7h/wheels/7f/9a/94/cea95255101bef50fced8a7bac712e62ca
adbd4fdd74ce5856
Successfully built yomilog
Installing collected packages: sqlparse, psycopg2, asgiref, Django, yomilog
Successfully installed Django-4.2.5 asgiref-3.7.2 psycopg2-2.9.7 sqlparse-0.4.4 y
omilog-1.0.0
```

yomilog-1.0.0がvenv環境にインストールされました。venv環境内には、パッケージのメタデータの位置を記載した `yomilog-1.0.0.dist-info` ファイルがインストールされていることがわかります。yomilogのソースの位置は `direct_url.json` ファイルに追記されています。

Djangoやpsycopg2とその関連パッケージが期待通りにインストールされたことを `pip freeze --exclude-editable` で確認しておきましょう。ここで`--exclude-editable`オプションを付与しているのは、editableインストールしたパッケージは非表示にしたいからです。

▼依存パッケージが期待通りにインストールされているか確認

```
(venv) $ pip freeze --exclude-editable
asgiref==3.7.2
Django==4.2.5
psycopg2==2.9.7
sqlparse==0.4.4
```

dependenciesを指定したおかげで、他のPCやサーバーで環境を構築する際に、依存パッケージをインストールする手順は不要になりました。今後、依存パッケージの追加や変更があれば、上記の手順でpyproject.tomlを更新し、`pip install`を再実行してください。

10-04-04 リポジトリにコミットする

ここまでの内容で一度リポジトリにコミットしておきます。gitコマンドの操作については、**1章 Pythonをはじめよう** と **6章 GitとGitHubによるソースコード管理** で詳しく紹介しています。

現在のディレクトリー構成は以下のようになっています。

▼読みログプロジェクトのディレクトリー構成

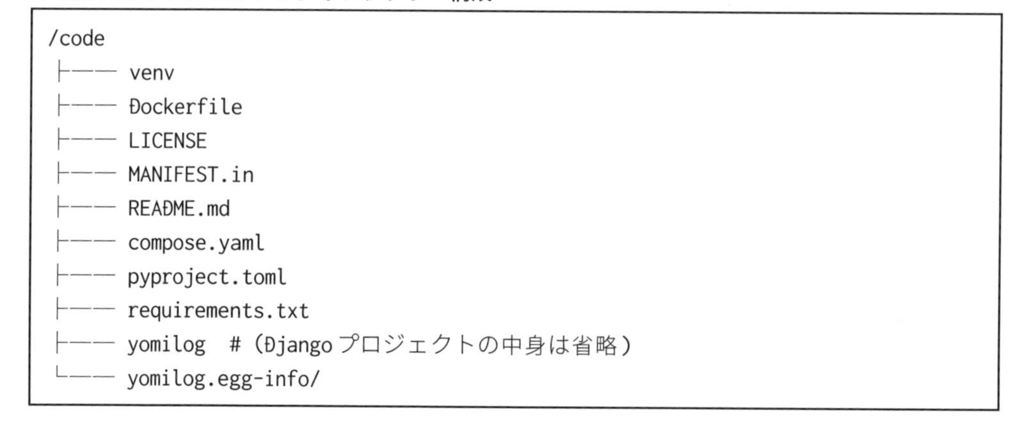

```
/code
├─── venv
├─── Dockerfile
├─── LICENSE
├─── MANIFEST.in
├─── README.md
├─── compose.yaml
├─── pyproject.toml
├─── requirements.txt
├─── yomilog  #（Djangoプロジェクトの中身は省略）
└─── yomilog.egg-info/
```

Pythonプロジェクトの場合、一般的にリポジトリの最上位ディレクトリー（ルートディレクトリー）にpyproject.tomlを置くように構成します。これによって、リポジトリからのpipインストールなどが可能になります。

また、いくつかリポジトリに保存する必要がないファイル、ディレクトリーがあります。

`yomilog.egg-info` はパッケージのメタデータを記録しているディレクトリーです。メタデータは `pip install -e .` の実行時に自動的に作成されました。editableインストール中は、このメタデータがないと正しく動作しない場合があります。しかし、インストール時に自動的に作成されるものなので、リポジトリに保存する必要はありません。

`venv` ディレクトリーも再作成できるので、リポジトリに保存しません。

上記の3つ以外のファイルをリポジトリにコミットしましょう。

▼リポジトリに登録

```
(venv) $ cd ~/yomilog
(venv) $ git init
(venv) $ git add LICENSE MANIFEST.in yomilog pyproject.toml Dockerfile compose.ya
ml README.md requirements.txt
(venv) $ git commit -m "initial"
```

また、このままでは、先ほど不要としたファイルやディレクトリーが **git status** コマンドで管理外ファイルとして表示されてしまいます。管理不要なファイルを表示対象外とするために、`.gitignore` ファイルに除外対象ファイルを指定しておきましょう。

▼.gitignore

```
*.egg-info
venv
```

`.gitignore` ファイルもコミットしておきます。他の環境でこのリポジトリのコードを利用する場合でも、上記の除外設定を利用するためです。

▼.gitignore をコミット

```
(venv) $ git add .gitignore
(venv) $ git commit -m "add ignore list"
```

ここで一旦、リポジトリサーバーにプッシュしておきます。GitHub[※1] に空のyomilogプロジェクトを作成して、以下を実行してください。

▼git push

```
(venv) $ git push https://github.com/<あなたのGitHubのアカウント>/yomilog
```

これ以降、ソースコードを追加、変更した場合は適宜リポジトリにコミットしていきましょう。

10-04-05 README.md: 開発環境セットアップ手順

`README.md` ファイルに、セットアップ手順書として、読みログアプリケーションの開発環境を用意する手順をまとめておきます。

これまでの手順は以下の通りです。

※1 GitHub: GitHubについて詳しくは**6章 GitとGitHubによるソースコード管理** を参照してください。

1. プロジェクトのリポジトリをcloneする
2. プロジェクト用のvenv環境を作る
3. venv環境内で pip install <directory> を実行する(開発用の場合は pip install -e <directory>)

▼セットアップ手順

```
$ git clone https://github.com/beproud/yomilog
$ cd yomilog
$ python3.11 -m venv venv
$ source venv/bin/activate
(venv) $ pip install -e .
(venv) $ python manage.py runserver
 * Running on http://127.0.0.1:8000/
```

上記の手順をそのままREADME.mdに書いておきましょう。拡張子 `.md` のファイルは、Markdown記法で記述するテキストファイルです。以前はPythonプロジェクトではreStructuredText(reST)記法で書くのが一般的でしたが、2018年2月にPEP566がアクセプトされ、Markdown記法に対応してからは、README.mdを書くのが一般的になっています。

README.mdには、大まかに以下の内容が書いてあれば十分でしょう。

▼README.md

```
# 読みログ

## 目的
Webブラウザーでコメントを投稿するWebアプリケーションの練習。

## ツールのバージョン
:Python:    3.11
:Django:    4.2

## インストールと起動方法
リポジトリからコードを取得し、その下でdocker compose環境を用意します。

```bash
$ git clone https://github.com/beproud/yomilog
$ cd yomilog
$ docker compose run --rm yomilog python manage.py migrate  # DBマイグレーションを実行
$ docker compose up -d          # yomilogアプリケーションを起動する
$ open http://127.0.0.1:8000/  # ブラウザーからURLを開く
```


開発手順
```

```
### 開発用インストール

1. チェックアウトする
2. 以下の手順でインストールする

```bash
$ cd yomilog
$ python3.11 -m venv venv
$ source venv/bin/activate
(venv) $ pip install -e .
```
```

書き終えたらREADME.mdファイルをリポジトリに追加、コミットしてください。

インストール手順ではDockerfileの中でアプリケーションを `pip install .` を使ってインストールしていますが、開発手順では `pip install -e .` でインストールしていることに注意してください。この違いについて、README.mdでは説明していません。このドキュメントを読む人の前提として、pipの `-e` オプションの使い分けは知っているだろうと期待しているからです。一般的に広く使われているツールやオプションを使う利点はここにあります。読んだときに知らなくても、すぐに調べられますし、知識の使い回しができます。

Column

環境の構築手順は短く、定型化する

時間が経つと、自分のプロジェクトであってもどうやって動かす環境を作れば良いのか忘れてしまいます。将来の自分のためにも、プログラムを動かすまでの一通りの手順をドキュメントの最初に書いておきましょう。また、ドキュメントを見てすぐに「ああ、あの手順で実施すれば良いんだな」と把握できるようにしましょう。そのためには、手順は短かく、開発者の間で共有されている一般的な構成にすべきです。

短く、一般的なコマンドで定型化された手順には以下のメリットがあります。

- タイプミスや、手順の間違いなどのヒューマンエラーが起きにくくなる
- プロジェクトごとに覚えるべきことが少なくなる
- 他の開発者や利用者に伝えることが少なくて済むため、ドキュメントを書く量が減る
- テストやデプロイを自動化しやすくなる

10-04-06 依存パッケージを変更する

「読みログ」アプリはDjangoパッケージに依存しています。しかし、アプリケーションの依存パッケージは開発初期にすべて決められるとは限りません。採用したパッケージをやめて別のパッケージを使用することもあるでしょう。特に、短いサイクルでリリースするタイプのプロジェクトでは、依存パッケージはその都度変更されていきます。

たとえば、DjangoをやめてFastAPIに変更することになったとしましょう。このとき、pipコマンドで直接DjangoやFastAPIをインストールしてしまうと、その手順を未来の自分や他の開発者に伝える必要があります。

「読みログ」アプリのpyproject.tomlには依存パッケージを記載しているので、pyproject.tomlの設定を変更すればよいでしょう。

▼依存パッケージの変更をpyproject.tomlに反映する

```
 dependencies = [
-    "Django>=4.2",
+    "FastAPI>=0.104.1",
     "psycopg2>=2.9"
 ]
```

pyproject.tomlのdependenciesの行を書き換えたら、**pip install -e .** を再度実行します。

この手順では、インストール時のコマンドは変わらないため、手順書の更新は不要です。新規にプロジェクト環境を用意する開発者は、**pip install -e .** を実行すれば必要なパッケージがインストールされます。

ただし、1つ注意点があります。pyproject.tomlからDjangoを削除しても、一度環境にインストールされたDjangoとその関連パッケージは残っています。不要なパッケージを消すためには、一度deactivateして `python3 -m venv --clear venv` などで環境を作り直しましょう。

▼環境リフレッシュ

```
(venv) $ deactivate                 # venvを作り直す前に仮想環境を抜ける
$ python3.11 -m venv --clear venv  # venv環境内の依存パッケージをすべて削除
$ source venv/bin/activate          # venv環境をactivate
(venv) $ pip install -e .   # ./pyproject.tomlに従って依存パッケージをインストール
```

この処理では、依存パッケージの最新バージョン確認と、ファイルが再インストールされるので、実行には多少時間がかかります。

また、README.mdにも以下のように手順を追記しておくとよいでしょう。

▼README.md

```
## 開発手順

### 依存パッケージ変更時
```

```
1. `pyproject.toml` の `dependencies` を更新する
2. 以下の手順で環境を更新する::

```bash
(venv) $ deactivate
$ python3 -m venv --clear venv
$ source venv/bin/activate
(venv) $ pip install -e ./yomilog
```

3. pyproject.tomlをリポジトリにコミットする
```

10-04-07 requirements.txt で開発バージョンを固定する

ここまでpyproject.tomlで依存パッケージを管理する方法を紹介してきました。別の方法として、requirements.txtでも依存パッケージを管理できます。

PyPIにパッケージを公開する場合はpyproject.tomlが必要になりますし、インストール時の依存パッケージはpyproject.tomlのdependenciesが使われます。PyPIでパッケージを公開する場合、利用者が依存パッケージのバージョンをどのように扱いたいかは事前に想定できません。このため、依存パッケージのバージョンは厳密に指定せず、最低限の指定をします。requirements.txtを手動で編集して、バージョン指定を外すことはできるでしょう。しかし、仮にそのようなrequirements.txtを配布パッケージに同梱しても、**pip install yomilog**ではrequirements.txtを参照しないため、依存パッケージがインストールされません。

逆に、パッケージングせず、Webアプリケーションとしてサーバーにデプロイするだけであれば、依存パッケージの指定をpyproject.tomlに記載する必要はありません。多くのライブラリやアプリケーションは、開発環境や本場環境などで同じバージョンを使うために、厳密なバージョン指定が必要です。パッケージを公開する必要がなく、プロジェクト自体もパッケージ化が不要であればpyproject.tomlもまた不要になります。pyproject.tomlが不要なプロジェクトでは、requirements.txtを使うほうが効率的です。

requirements.txtを作るには、以下のようにコマンドを実行します。

▼requirements.txtを作る

```
(venv) $ pip freeze --exclude-editable > requirements.txt
```

requirements.txtの中には、その環境にインストールされているすべてのパッケージがバージョン番号固定で記載されています。

▼requirements.txt

```
asgiref==3.7.2
```

```
Django==4.2.4
psycopg2==2.9.6
sqlparse==0.4.4
```

pyproject.tomlで管理したときは、Djangoが依存するパッケージを指定していませんでした。ここがpyproject.toml管理とrequirements.txt管理の大きな違いです。

別の環境に同じパッケージ群をインストールするには、このrequirements.txtをその環境に持っていき、以下のようにインストールします。

▼requirements.txtでインストールする

```
(venv) $ pip install -r requirements.txt
```

これで、同じバージョンのパッケージがインストールされます。

作成したrequirements.txtは、リポジトリにコミットしておきましょう。また、このファイルは依存パッケージを変更した場合にも更新が必要です。README.mdに先ほど記載した、依存パッケージ変更時の手順を以下のように更新しておきましょう。

▼README.md

````
# 開発手順

## 依存パッケージ変更時

1. `pyproject.toml` の `dependencies` を更新する
2. 以下の手順で環境を更新する

```bash
(venv) $ deactivate
$ python3 -m venv --clear venv
$ source venv/bin/activate
(venv) $ pip install -e ./yomilog
(venv) $ pip freeze  --exclude-editable > requirements.txt
```

3. pyproject.tomlとrequirements.txtをリポジトリにコミットする
````

pyproject.tomlでの管理と、requirements.txtでの管理のどちらを使えば良いかは、そのプロジェクトの公開方法や利用方法によります。

この手順では、pyproject.tomlとrequirements.txtの両方で依存パッケージを管理しています。pyproject.tomlには、直接依存するパッケージを指定しました。requirements.txtには、動作を確認したバージョンの組み合わせがわかるように、間接的な依存パッケージを含むすべての依存パッケージについてバージョン指定付きで指定します。

10-04-08 python -m build: 配布パッケージを作る

配布用のパッケージを作成するために、以下のように **python -m build** コマンドを実行します。

▼python -m build

```
(venv) $ python -m build
* Creating venv isolated environment...
* Installing packages in isolated environment... (setuptools >= 40.8.0, wheel)
* Getting build dependencies for sdist...
running egg_info
creating yomilog.egg-info
-中略: 配布パッケージの作成-
Successfully built yomilog-1.0.0.tar.gz and yomilog-1.0.0-py3-none-any.whl

(venv) $ ls dist/
yomilog-1.0.0-py3-none-any.whl  yomilog-1.0.0.tar.gz
```

これで、distディレクトリーに `yomilog-1.0.0.tar.gz` と `yomilog-1.0.0-py3-none-any.whl` が作成されました。

tar.gzファイルにはyomilog/__init__.py、pyproject.toml、LICENSE、HTMLなどが含まれています。このファイルをインストールしたい環境にコピーすれば、**pip install yomilog-1.0.0.tar.gz** コマンドでファイルから直接インストールできますが、pipは拡張子 `.whl` のファイル、wheelパッケージを優先します。

wheelパッケージにはインストール後のディレクトリー構成でソースコードや各種ファイルが同梱されています。ソースパッケージと異なり、pyproject.tomlは含まれません。

このファイルをインストールする環境にコピーすれば、**pip install yomilog-1.0.0-py3-none-any.whl** でファイルから直接インストールできます。このとき、pyproject.tomlは実行されないため、ソースパッケージに比べて高速にインストールされます。

10-04-09 PyPIにアップロードして公開する

pipコマンドでパッケージ名を指定してインストールできるのは、PyPIに登録されているからです。PyPIは誰でもPythonパッケージを登録したりダウンロードしたりできるPythonの公式サイトです。作成したパッケージが公開して良いものであれば、PyPIに登録しましょう。

PyPIは、パッケージ配布の中央サーバーとして機能します。ただし、PyPIには、特定ユーザーのみへのパッケージ公開機能などはありません。このため、社外秘のライブラリを登録してしまわないよう注意してください。

それでは、作成したパッケージファイルをPyPIに登録します。PyPIに本当に登録する前にテスト用サーバーに登録したいのであれば、本節のコラム「PyPIのテスト用サーバー」を参照してください。

まず、アップロードのためのツール `twine` をインストールします。

▼twineのインストール

```
(venv) $ pip install twine
```

次に、PyPIのユーザーアカウントを作成します。https://pypi.org/の **[登録]** メニューからアカウントを作成してください。このときに指定したユーザー名とパスワードは次の手順で使用します。PyPIは2024年1月1日に二要素認証を義務化した※1ので、合わせて設定しておきましょう。

登録が済んだら、いよいよパッケージをPyPIにアップロードします。以下のコマンドにより、パッケージがPyPIにアップロードされます。

▼twineでパッケージがPyPIにアップロード

```
(venv) $ twine upload dist/*
Uploading distributions to https://upload.pypi.org/legacy/
Enter your username: beproud
Enter your password:
Uploading yomilog-1.0.0-py3-none-any.whl
100% ━━━━━━━━━━━━━━━━━━━━━━━━━━━━━━━━━━━━━━━━ 13.4/13.4 kB • 00:00 • ?
Uploading yomilog-1.0.0.tar.gz
100% ━━━━━━━━━━━━━━━━━━━━━━━━━━━━━━━━━━━━━━━━ 10.9/10.9 kB • 00:00 • ?

View at:
https://pypi.org/project/yomilog/1.0.0/
```

`username` と `password` にはPyPIに登録した値を入力します。ここで二要素認証を有効にしている場合、パッケージのアップロードが失敗することがあります。その場合API_TOKENを使った形式で認証する方法が推奨されていますので、認証アプリケーションを使って設定するようにしてください。これで、先ほどsdistコマンドやbdist_wheelコマンドを実行して作成したパッケージがアップロードされます。上記のように `dist/*` を指定すると、`dist/` ディレクトリー以下のすべてのパッケージがアップロード対象となります。特定のファイルだけをアップロードしたい場合は、そのファイル名を指定してください。

● パッケージの詳細を書く

アップロードが完了すると、PyPIにそのパッケージのためのURLが用意されます。yomilogパッケージをアップロードした場合、URLはhttps://pypi.org/project/yomilogになります。PyPIのページにはpyproject.tomlの `readme` フィールドに指定した内容が表示されます。

先ほど作成したpyproject.tomlの場合、PyPIのページには詳しい説明がなく、ダウンロードファイルの一覧のみが表示されます。これは、readmeを指定しなかったためです。pyproject.tomlに記述することでPyPIに掲載される、利用者にとって有用な情報がほかにもいくつかあります。記述例を以下に示します。

※1 https://blog.pypi.org/posts/2024-01-01-2fa-enforced/

Column

.pypirc

IDとパスワードを毎回手入力するのが面倒であれば、`$HOME/.pypirc` に以下のように記載しておくことで、パスワード入力を省略できます(値は仮です)。

▼.pypirc

```
[pypi]
username = beproud
password = yourpassword
```

`.pypirc` にはユーザー名とパスワードがプレーンテキストで保存されています。このため.pypircを第三者に覗かれないように、パーミッションを `chmod 600 ~/.pypirc` 等に設定するなどの対策をしておきましょう。

パスワードフィールドを使う変わりに、Twineによってインストールされるキーリングを使ってAPIトークンやパスワードを安全に保存することも検討するとよいでしょう。

▼キーリングを使ってAPIトークンを安全に保存する

```
(venv) $ keyring set https://upload.pypi.org/legacy/ __token__
(venv) $ keyring set https://test.pypi.org/legacy/ __token__
(venv) $ keyring set <private-repository URL> <private-repository username>
```

Column

PyPIのテスト用サーバー

本書の手順に従って実行すると、本当にyomilogパッケージがPyPIに登録されてしまいます。練習のためだけにPyPIサーバーに登録するのはおすすめできません(PyPIサイトで `printer` で検索してみてください)。

練習のためにはPyPIのテスト用サーバー、TestPyPI※1 を利用しましょう。TestPyPIは自由に利用できる実験用のサービスです。PyPIにパッケージをアップロードする練習や、そこからダウンロードする練習などに利用できます。

利用方法についてはTestPyPIの説明ページ※2 を参照してください。

- **Python のプロジェクトをパッケージングする**
  https://packaging.python.org/ja/latest/tutorials/packaging-projects/

※1 testpypi：https://test.pypi.org/
※2 TestPyPIの説明ページ：https://packaging.python.org/ja/latest/guides/using-testpypi/

▼yomilog の pyproject.toml の記述例

```
[build-system]
requires = ["setuptools"]
build-backend = "setuptools.build_meta"

[project]
name = "yomilog"
version = "1.0.0"
authors = [ { name="BeProud", email="project@beproud.jp"}]
description = "The YomiLog web application."
readme = "README.md"
requires-python = ">=3.11"
classifiers = [
  "Development Status :: 4 - Beta",
  "Framework :: Django",
  "License :: OSI Approved :: BSD License",
  "Programming Language :: Python",
  "Programming Language :: Python :: 3.11",
]
dependencies = [
  "Django>=4.2",
  "psycopg2>=2.9"
]
keywords = ["web", "yomilog"]
license = {text = "BSD License"}
```

追加した項目は以下の7項目です。

- authors
  パッケージの作者を識別するために使用します。テーブル形式で作者ひとりひとりに対して名前とメールアドレスを指定します。

- description
  1文で短くパッケージを説明します。

- readme
  パッケージの詳細な説明を含んだファイルへのパスです。Markdown記法で記述することでPyPIで自動的にHTMLに変換され、サイト上にreadmeに記述した説明が表示されます。上記の例では、README.mdを読み込んで設定しています。

- requires-python
  サポートしているPythonのバージョンを記載します。pipのようなインストーラーはPythonバージョンが合致するまでパッケージのバージョンをさかのぼって探索します。

- classifiers
  trove classifiers[※1]で定義されているものから適切な項目を選んでリストで列挙します。このリストに掲載されている項目はPyPIのカテゴリーになっています。PyPIのサイト上でカテゴリーで絞り込みながらパッケージを探すことができます。
  上記の例では、ライセンス情報やPythonのバージョンなどを記載しました。 指定したいカテゴリーがtrove classifiersに定義されていなければ、指定しなくてもかまいません。

- keywords
  検索しやすい単語か、利用者が見て意味をつかみやすい単語をリストで列挙します。

- license
  ライセンス情報を記載します。classifiersへの指定はtrove classifiersで定義された値しか利用できませんでした。licenseにはテーブル形式で2つのキーのうち1つを記述します。fileキーはpyproject.tomlファイルを配置しているディレクトリからライセンス情報を含むファイルへの相対パスとなる文字列です。textキーは、プロジェクトのライセンス条項そのものである文字列を記載します。上記の例では、`{text="BSD License"}`と記載しました。

ここではpyproject.tomlに記述するメタデータのうち、主にPyPIに掲載される項目を中心に紹介しましたが、ほかにもいくつか種類があります。

- **pyproject.toml を書く**
  https://packaging.python.org/ja/latest/guides/writing-pyproject-toml/

● pyproject.tomlに指定したパラメーターを確認する

パッケージを実際にアップロードしてPyPIのページを確認したときに、readmeの内容がHTMLに変換されずにそのままMarkdownのテキストで表示されてしまう場合、記述方法にエラーがある可能性があります。この問題を避けるためには、アップロード前にエラーがないことを確認しておくのがよいでしょう。エラーを確認するには、`readme_renderer` をインストールしてから、`twine check` コマンドを実行します。

▼pyproject.toml に指定したパラメーターを確認する

```
(venv) $ pip install readme_renderer
(venv) $ twine check dist/*
Checking dist/yomilog-1.0.0-py3-none-any.whl: PASSED
Checking dist/yomilog-1.0.0.tar.gz: PASSED
```

checkコマンドは、pyproject.tomlの各パラメーターが正しく設定できているか確認します。不足しているパラメーターや間違った指定があれば、エラーや警告が表示されます。エラーがなければ上記実行例のように確認対象となったファイルの末尾に `PASSED` と表示されます。

※1 trove classifiers：https://pypi.org/pypi?:action=list_classifiers

このcheckコマンドに `--strict` オプションを指定することで警告があったときに失敗させることができます。次の実行例は、readme指定したファイルがMarkdownでなくreStructuredText(reST)記法で認識されている場合の表示例です。

▼--strict オプションを使用して、警告があったときに失敗させる

```
(venv) $ twine check dist/* --strict
Checking dist/yomilog-1.0.0-py3-none-any.whl: FAILED
ERROR    `long_description` has syntax errors in markup and would not be rendered
on PyPI.
         No content rendered from RST source.
Checking dist/yomilog-1.0.0.tar.gz: FAILED due to warnings
WARNING  `long_description` missing.
```

最後にメタデータを更新するためにPyPIにリリースしましょう。

▼最終成果物を PyPI に公開する

```
(venv) $ python -m build
(venv) $ twine check dist/* --strict
(venv) $ twine upload dist/*
```

10-04-10 pyproject.tomlを活用する

Pythonで作成したライブラリやアプリケーションを配布するには、`pyproject.toml` を利用したパッケージングが標準的な方法です。`pyproject.toml` でパッケージングした配布パッケージはPyPIに登録して、`pip` で簡単にインストールできます。また、特に公開しない場合でも配布可能な状態にしておくと、他のプロジェクトで再利用したり、違う環境で実行したりできます。また、再利用するために `README.md` にプロジェクトの概要や、実行方法、設定などを書いておくのは良い習慣となるでしょう。

`pyproject.toml`の書き方やパッケージングについてより詳しく知りたい方は、Python Packaging User Guideを参照してください。

- Python Packaging User Guide
  https://packaging.python.org/ja/latest/

10-05 まとめ

本章では、パッケージの使い方と活用方法、そしてPyPAツールを用いた開発環境のセットアップについて紹介しました。また**2章 Webアプリケーションを作る**で作成した「読みログ」アプリを再構成し、PyPI へアップロードする手順を紹介しました。

紹介した手順は、自動テストやサーバーへのデプロイなど、何度も環境を作成する状況でさ

らに効果を発揮します。また、個人の開発だけでなく、チームでの開発にも効果があるでしょう。ここで紹介した方法を使って、それぞれのプロジェクトに適した構成を考えてみてください。

Column

PyPIで公開する？

「PyPIにパッケージを公開しているPythonエンジニアってかっこいい！」と思いませんか？

「プログラムを作ったらPythonの標準的な配布形式にまとめて、PyPIで世界に公開しましょう！」と言われても、大抵の開発者は困ってしまいます。標準的な配布パッケージの作り方もわからないし、自分が作ったものを公開してもあまり役に立つような気がしない、というのが主な理由でしょう。あるいは、世界中のとても便利なプログラムが登録されているPyPIに自分が登録してしまって良いのか、自分にその資格はあるのか、といった心理的なハードルもあるでしょう。

PyPIにパッケージを公開する最大の理由は何でしょうか？　これは人によって異なると思いますが、多くは、「プログラムについてフィードバックを得たい」「誰かの役に立ちたい」「Pythonエンジニア仲間に自慢したい・評価されたい」といった理由から始まるのではないでしょうか。そして、私たちは普段いくつかのパッケージをPyPIにアップロードしていますが、いまも公開を続けているのは「コミュニティーや企業のPRをしたい」「みんなに使ってもらいたい・知ってもらいたい」「これまで色々なOSSを使わせてもらっているんだから、自分で何か作ったなら、それを公開することでOSSの世界に貢献したい」というモチベーションからです。

パッケージを公開する際には、クオリティーを維持し、ドキュメントを整備し、テストします。そこには「世の中のエンジニア仲間に下手なものを見せたくない」といった理由もありますが、何にしても、この段階を経ることによってライブラリはブラッシュアップされ、綺麗な状態になり、日々の開発で余分な機能が入り込まないようになります。もちろん、公開したことによるフィードバックも期待できます。

これは、個人で作成したプログラムだけでなく、業務で開発したプログラムについても当てはまります。ビープラウドの例ではbpmappersやbpcommonsがこれに該当します。これらは一般に公開することによって、適切な機能やドキュメントが維持されています。社内・社外からのフィードバックもあり、徐々に改善されています。

「PyPIにパッケージを公開しているかっこいいPythonエンジニア」になりましょう。技術的にやらなければならないことはそれほど多くありません。

Chapter

11 Webアプリケーションの公開

開発したWebアプリケーションを実際にユーザーに使ってもらうためには、インターネットに公開する必要があります。開発段階においても、動作検証やテストなどのために、開発メンバーが共同で使える環境が不可欠です。

Webアプリケーションの開発時は、主にWebフレームワークやプログラミングの知識が求められます。また開発効率が重視されるため、デバッグモードをONに設定し、Webフレームワーク付属の開発サーバーを使用します。しかし、開発時と同じ構成のままインターネットに公開してしまうと、セキュリティやパフォーマンス面で問題が発生します。そのため、Webアプリケーションを公開する際は、適切な設定や本番環境用のサーバーの導入が必要になります。またインフラ環境構築やデプロイ方法など、開発時とは異なる分野の知識も必要です。

そこで本章では、Djangoで開発したWebアプリケーションを例に、Webアプリケーションの公開に必要な設定・ミドルウェアの選定・インフラ環境構築・デプロイ方法について解説します。

11-01 Webアプリケーションの公開に必要な知識

2章 Webアプリケーションを作るで開発した「読みログ」アプリでは、Djangoを使用しました。Djangoで開発したWebアプリケーションを公開するには、Django以外にも以下のような知識が必要になります。

1. 環境に応じたWebアプリケーションの設定変更
2. アプリケーションサーバーとリバースプロキシ
3. 静的ファイルの配信方法
4. インフラ構成の検討と環境構築方法
5. デプロイ方法

本章では、これらを順番に解説していきます。そして最後にハンズオンで学んだことを実践します。

11-01-01 ハンズオンで利用するサービス

ハンズオンでは、「読みログ」アプリを**Amazon Web Services**(以下、AWSと表記)を使ってインターネットに公開します。

AWSにはさまざまなサービスがありますが、今回は主に**Amazon Elastic Container Service**(以降、ECSと表記)を使います。ECSはAWSが提供するフルマネージドのコンテナオーケストレーションサービスです。「読みログ」アプリはDockerコンテナを使って開発したため、ECSを使うことでDockerコンテナを活用できます。

また、AWSの環境構築には**AWS CloudFormation**(以降、CloudFormationと表記)を使います。CloudFormationはAWSのインフラ構築を自動化するのためのサービスです。

ECSとCloudFormationについては、また後ほど解説します。

そして、AWSの環境を構築したら、**9章 GitHub Actionsで継続的インテグレーション** でも使用した**GitHub Actions**を使ってWebアプリケーションをECSにデプロイします。

それではハンズオンの前に、Webアプリケーションを公開するために必要な知識を理解しましょう。

MEMO

本書はあくまでPythonの本であるため、インフラの設計方法やデプロイのベストプラクティスなどについては扱いません。また、ハンズオンで使うAWS等のサービスやツールについても、必要最小限の解説となります。

これらについての詳しい情報は、AWSおよび各種ミドルウェアの公式サイトや専門書を参照して下さい。

11-02 環境に応じたWebアプリケーションの設定変更

Webアプリケーションは、デプロイする環境に応じて、設定を変更する必要があります。たとえば、デバッグモードのON/OFFの切り替えや、データベースの接続先などです。

Djangoの場合、これらはsettingsファイルで管理します。

そこで本節では、Djangoのsettingsファイルにおいて、環境に応じて設定値が異なる項目のポイントと具体例を示します。また、環境ごとにsettingsファイルの設定値を切り替える方法も紹介します。

11-02-01 環境ごとに設定値が変わるかどうかのポイント

環境によって設定値を変える必要があるかどうかのポイントは、以下の通りです。

- 外部接続のための設定
- 機密情報の設定
- 実行環境の設定

これらに当てはまる項目は、環境によって設定値が異なるのが一般的です。

11-02-02 環境ごとに設定値が異なる項目の具体例

settingsファイルで設定値が変わる項目について、いくつか具体例をあげてみましょう。

項目名	説明	分類
SECRET_KEY	セッションなどに使われるシークレットキー。同じ値を使い回すとセキュリティ上のリスクとなるため、環境ごとに異なる値を設定する必要がある。	機密情報
DEBUG	デバッグモードのON/OFFを設定する。本番環境では必ずOFFにする(デフォルト: OFF)。	実行環境
ALLOWED_HOSTS	接続を許可するホストやドメイン名のリスト。ローカル開発時は空リスト、それ以外は環境に応じたドメイン名を設定することが多い。	実行環境
CSRF_TRUSTED_ORIGINS	CSRF対策のために、信頼するオリジンを設定する。ローカル開発時は空リスト、それ以外は環境に応じたオリジンを設定することが多い。	実行環境
DATABASES	データベースの設定。データベースは環境ごとに接続先やパスワードなどが変わることが多い。	外部接続
EMAIL_BACKEND	Eメールバックエンドの設定。ローカル開発時はメールを標準出力に書き出す設定にすることも多い。	外部接続

実際のWebアプリケーション開発では、他にも環境依存となる設定項目が増えると思いますが、前述のポイントを参考にしてください。

11-02-03 環境ごとにsettingsファイルの設定値を変える方法

環境ごとにsettingsファイルの設定値を変えるには、**環境変数を利用する**のがおすすめです。

理由は、settingsファイルの設定値を環境変数から取得することで、コードからアプリケーションの設定値を分離できるからです。そして、デプロイ先ごとに適切な環境変数を設定することで、どの環境でも同じコードをデプロイできるようになります。

環境変数を扱うために、Pythonでは標準ライブラリに含まれるosモジュールが利用できますが、より便利なパッケージがいくつか存在します。

ここでは、Djangoで環境変数を扱うためのパッケージである`django-environ`を紹介しましょう。このパッケージを使うと、環境変数のデフォルト値を設定したり、特定の形式の環境変数をパースして設定できるようになります(下記サンプルコードを参照)。

`django-environ`は、`pip`コマンドでインストールできます。

▼django-environのインストール

```
$ pip install django-environ
```

以下は`django-environ`を使ったsettingsファイルのサンプルです。

解説はコード中のコメントを参照してください。

▼settings.py

```
# django-environ をインポート
import environ


# 環境変数を取得するためのオブジェクトを作成
env = environ.Env(
    # 必要に応じてデフォルト値を設定できる
    DEBUG=(bool, False)
)

# 環境変数 DEBUG から値を取得
DEBUG = env('DEBUG')

# 環境変数 SECRET_KEY から値を取得
SECRET_KEY = env('SECRET_KEY')

DATABASES = {
    # 環境変数 DATABASE_URL の値を取得してパース
    # DATABASE_URL は psql://user:pass@127.0.0.1:8458/db のような書式の値
    # .db()でこのような書式の文字列をパースして辞書に変換できる
    'default': env.db(),
}
```

`django-environ`の詳細については、公式ドキュメント※1を参照してください。

MEMO

環境変数で設定を切り替える方法は、開発・運用しやすいアプリケーションの開発方法についてまとめた「The Twelve-Factor App※2」で提唱されているものです。

11-03 アプリケーションサーバーとリバースプロキシ

ローカル環境ではWebアプリケーションの利用者は自分だけですが、Webアプリケーションを公開すると、多くの人からアクセスされることになります。

多くのアクセスがあってもWebアプリケーションを高速かつ安定して動作させるためには、適切なミドルウェアが必要です。

ここでは、Django製のWebアプリケーションの公開時によく使われるミドルウェアとして、アプリケーションサーバーのgunicornおよびリバースプロキシのnginxを紹介します。

※1 django-environ公式ドキュメント：https://django-environ.readthedocs.io/en/latest/
※2 The Twelve-Factor App：https://12factor.net/ja/

11-03-01 公開時にDjangoのrunserverを使用しない

2章 Webアプリケーションを作るで「読みログ」アプリを開発したときは、Djangoの`runserver`コマンドで開発サーバーを起動しました。このDjangoが用意している開発サーバーは、コードの変更を検知して自動リロードするなど、開発時にはとても便利です。

しかし、Webアプリケーションの公開時に`runserver`コマンドを使ってはいけません。主な理由は以下の2つです。

- セキュリティの検査をしていない
- パフォーマンステストを行っていない

Djangoの開発チームはあくまでWebフレームワークを開発しており、`runserver`コマンドはプロダクションレベルでの使用を想定していません。そのため、Djangoの`runserver`コマンドは開発時のみ使用し、Webアプリケーションを公開するときは、実運用向けのサーバーを使う必要があります。

11-03-02 アプリケーションサーバー：gunicorn

DjangoはWSGIとASGIに対応したWebフレームワークですが、執筆時点ではWSGIを使うことが多いです。そのため、ここではWSGIに対応したアプリケーションサーバーとして、シンプルで使いやすい**gunicorn（ジーユニコーン）**を紹介します（アプリケーションサーバーの説明は**02-01-03 WebアプリケーションサーバーとWeb API**を参照）。

gunicornはPythonモジュールとして作成されており、Linux/Unix上で動作します。軽量で高速な動作が特徴で、1つの制御用プロセスと複数のワーカープロセスによってWebアプリケーションを実行します。もしアプリケーションに何か不具合が発生し、ワーカープロセスが落ちてしまったとしても、制御用プロセスが新たなワーカープロセスを立ち上げてワーカー数を一定に保ちます。

gunicornは、`pip`コマンドでインストールできます。

▼gunicornのインストール

```
$ pip install gunicorn
```

gunicornがインストールされると、`gunicorn`コマンドが使えるようになります。

▼gunicornのバージョン確認

```
$ gunicorn --version
gunicorn (version 21.2.0)
```

Djangoの`startproject`コマンドでプロジェクトを作成すると、`<プロジェクト名>/wsgi.py`というモジュールが自動で作成されます。このモジュールを`gunicorn`コマンドの引数に指定することで、gunicornでDjangoアプリを起動できます。
「読みログ」アプリの場合は、以下のようにします。

▼gunicornの起動

```
$ gunicorn yomilog.wgsi
```

`gunicoron`コマンドは、ワーカー数やバインドするアドレス、ログの出力先などをオプションで指定できます。たとえばワーカー数を「2」、バインドするアドレスを「0.0.0.0:8000」で起動したい場合は、以下のようにします。

▼gunicornの起動（オプション指定あり）

```
$ gunicorn --workers=2 --bind=0.0.0.0:8000 yomilog.wgsi
```

また、これらのオプションは設定ファイルにまとめることもできます。設定ファイルは任意の名前のPythonファイルとして記述でき、`--config`オプションで設定ファイルのパスを指定します。
たとえば上記の設定を`gunicorn.conf.py`というファイルにまとめると、以下のようになります。

▼gunicorn.conf.py

```
workers = 2
bind = ["0.0.0.0:8000"]
wsgi_app = "yomilog.wgsi"
```

この設定ファイルを使ってgunicornを起動するには、以下のようにします。

▼gunicornの起動（設定ファイルを指定）

```
$ gunicorn --config=gunicorn.conf.py
```

なお、`--config`オプションのデフォルト値は`./gunicorn.conf.py`です。そのため、この名前の設定ファイルが存在するディレクトリでgunicornを起動する場合、`--config`の指定は不要です。

▼gunicornの起動（設定ファイルが ./gunicorn.conf.py の場合）

```
# 設定ファイルが./gunicorn.conf.pyであれば、--configオプションの指定は不要
$ gunicorn
```

● gunicornのワーカー数

gunicornのワーカー数は、未指定だと「1」になります。
ワーカー（プロセス）数を増やせば処理できるリクエストも増えますが、単純にワーカー数が

多ければ良いというものではありません。CPUは有限のため、ワーカー数を増やしたとしてもスループットはどこかで頭打ちになります。また、ワーカー（プロセス）数を増やすとその分メモリも消費します。

最適なワーカー数について、gunicornの公式ドキュメント※1には、「(CPUのコア数 × 2) + 1」から始めて必要に応じて調整することが推奨されています。

前述のとおり、gunicornの設定はPythonファイルで記述できるため、ワーカー数をCPUのコア数から自動的に計算して設定することも可能です。

たとえば以下のようにすることで、ワーカー数を「(CPUのコア数 × 2) + 1」に設定できます。

▼gunicorn.conf.py

```
import multiprocessing

# ワーカー数: (CPUのコア数 × 2) + 1
workers = multiprocessing.cpu_count() * 2 + 1
```

11-03-03 リバースプロキシ: nginx

gunicornは単体でもWebサーバーとして機能します。

しかし、gunicornの公式ドキュメント※2では、gunicornの手前にリバースプロキシとしてnginxを設置することが推奨されています。主な理由は、リバースプロキシを置くことで、より効率よくリクエストを処理できるようになるからです。

gunicornのワーカーにはいくつか種類がありますが、デフォルトではsyncワーカー（同期ワーカー）が使われます。この同期ワーカーは、1度に1つのリクエストを処理します。そして、1つのリクエストを処理している間、そのワーカーは他のリクエストを処理できません。もしリクエストを受けたクライアントとの間の通信が遅い場合、データの転送中もワーカーは他の処理をブロックしてしまうため、gunicornとクライアントの間の通信は高速であることが望まれます。しかしながら、クライアントのネットワーク環境は、アプリケーション側で制御できるものではありません。

そこで対策として、gunicornの手前にリバースプロキシとしてnginxを設置します。

▼リバースプロキシとアプリケーションサーバーの関係

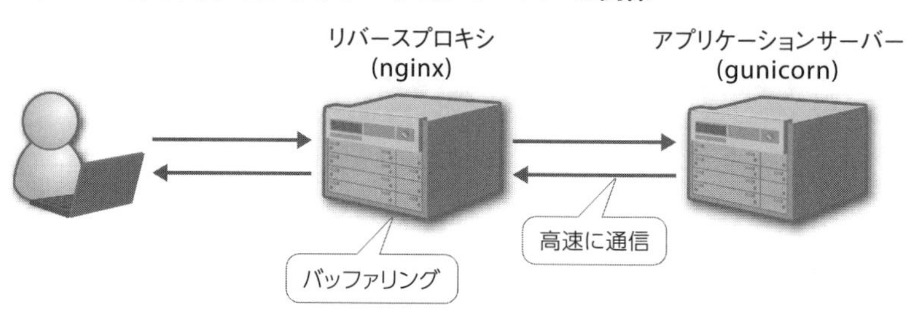

※1 https://docs.gunicorn.org/en/latest/design.html#how-many-workers
※2 https://docs.gunicorn.org/en/latest/deploy.html

nginxとgunicorn間の通信は高速のため、通信によってワーカーがブロックされる時間を短縮できます。また、nginxのバッファリング機能により、ワーカーが処理をブロックしている間もnginxが他のリクエストをバッファリングします。これにより、全体として、より効率よくリクエストを処理できます。

なお、リバースプロキシとしてnginxを使うための設定例については、後述のハンズオンのサンプルコードを参照してください。

11-04 静的ファイルの配信方法

Webアプリケーションには、アプリケーションコードの他にも「静的ファイル」が含まれます。「静的ファイル」とは、サーバー側で処理せず「そのまま」ブラウザーへ送るファイルのことです。具体的にはCSS・JavaScript・画像ファイル・フォントファイルなどがこれにあたります。

Webアプリケーションを公開する場合、これらの**静的ファイルはアプリケーションサーバー以外から配信する**のが一般的です。理由を以下に説明します。

11-04-01 静的ファイルの配信を分ける理由

静的ファイルをアプリケーションサーバー以外から配信する理由は、アプリケーションサーバーをアプリケーションの処理に専念させるためです。

Djangoの場合、デバッグモードをONにすれば、静的ファイルもDjangoの開発サーバーが返却します。設定も簡単であるため、開発効率が重視される開発時はこれでよいでしょう。しかし、静的ファイルには、アプリケーションによる処理は必要ありません。

そこで、静的ファイルの配信を分け、アプリケーションサーバーをアプリケーションの処理に専念させることで、スループットの向上が図れます。

静的ファイルの配信方法はいくつかありますが、今回はAWSとECSを使うことを前提に、以下の2通りの方法を紹介します。

- 方法1: nginx内に配置した静的ファイルを配信する
- 方法2: クラウドストレージに配置した静的ファイルを配信する

● 方法1: nginx内に配置した静的ファイルを配信する

こちらはnginxに静的ファイルを含め、nginxから静的ファイルを返却する方法です。

前節にて、リバースプロキシにnginxを使うことを解説しました。このnginxのDockerイメージをビルドするときに、イメージ内に静的ファイルをコピーしておきます。そして、リクエスト先のパスが静的ファイルの場合、そのままnginxから返却するように設定します。

これにより、静的ファイルへのリクエストではアプリケーションサーバーへプロキシせず、nginxから静的ファイルを返却できます。

▼静的ファイルを nginx 内に配置する場合

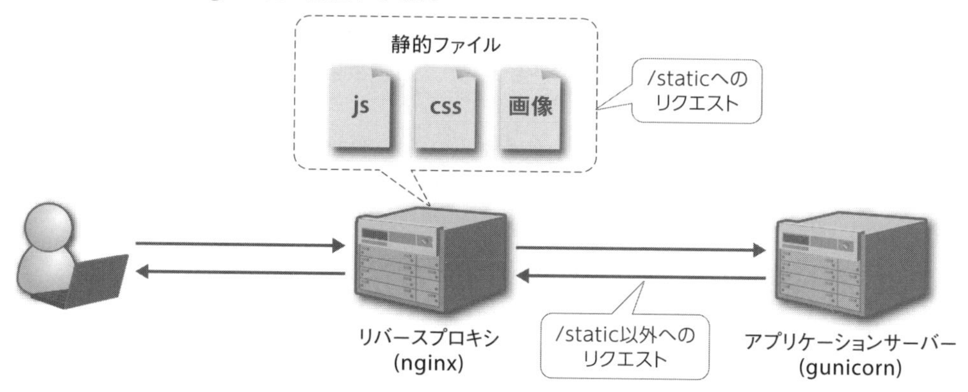

なおこの方法では、静的ファイルを更新する場合、nginxイメージの再ビルドおよびデプロイが必要になります。

● 方法2: クラウドストレージに配置した静的ファイルを配信する

こちらはクラウドストレージを活用した方法です。AWSを使うため、ここではクラウドストレージをAmazon S3(以降、S3と表記)として説明します。

まず、静的ファイルをS3にアップロードします。そして、リクエストのパスが静的ファイルの場合、S3にプロキシされるようnginxを設定します。

これにより、静的ファイルへのリクエストではアプリケーションサーバーへプロキシせず、S3に配置した静的ファイルをnginx経由で返却できます。

▼静的ファイルをクラウドストレージに配置する場合

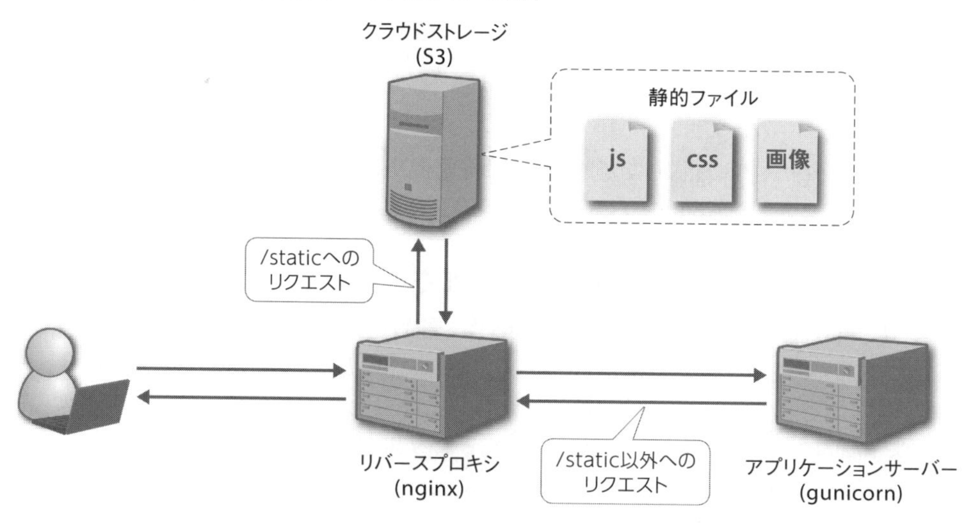

なおこの方法では、静的ファイルを更新する場合、S3にアップロードするだけで済みます。nginxイメージの再ビルドおよびデプロイは不要です。

11-04-02 静的ファイルをまとめるためのDjangoコマンド

Djangoテンプレートで画面を開発する場合、静的ファイルの集約に使用するのが、Djangoの`collectstatic`コマンドです。このコマンドを使うと、Djangoアプリ内の静的ファイルを1箇所にまとめることができます。

まとめる先は、以下のようにsettingsファイルの`STATIC_ROOT`で指定します。

▼settings.py

```
STATIC_ROOT = '/app/dist/static/'
```

そして、`collectstatic`コマンドを実行すると、Djangoアプリ内の静的ファイルが`STATIC_ROOT`で指定したディレクトリ配下に収集されます。

▼collectstaticコマンドの実行

```
python manage.py collectstatic --no-input
```

なお、`--no-input`オプション無しだと、実行前の確認として`yes`の入力が求められます。

● nginxのイメージに静的ファイルを含めるには

マルチステージビルドなどを使うことで、nginxのイメージ内に`collectstatic`コマンドで集めた静的ファイルをコピーできます。

たとえば、以下のような`Dockerfile`になります。

▼nginx/Dockerfile

```
# myappという名前でDjangoアプリのイメージを作成した場合
FROM myapp:latest as builder
WORKDIR /app
# collectstaticを実行
RUN python manage.py collectstatic --no-input

FROM nginx
# builderステージで集約した静的ファイルをnginxのイメージ内にコピー
COPY --from=builder /app/dist/static /var/www/myapp/static
```

Column

CDNを使った静的ファイルの配信

S3にアップロードした静的ファイルを配信する方法として、CDNを使う方法もあります。AWSのCDNサービスは、Amazon CloudFrontです。

CloudFrontを使うとAWSが用意するエッジロケーションを直接参照するため、サーバー負荷を減らし、かつ高速で静的ファイルを配信できます。

そしてnginxの設定ファイル(nginx.conf)にて、リクエスト時に/var/www/myapp/を参照するようにします。

たとえば、rootディレクティブなどを設定します。

▼nginx.conf

```
root /var/www/myapp;
```

● S3に静的ファイルをアップロードするには

django-storages[※1]というパッケージを使うことで、S3に静的ファイルをアップロードできます。こちらの設定方法は、公式ドキュメントを参照してください。

11-05 環境構築と自動化

ここまでで、Webアプリケーションを公開するときに必要なミドルウェアや静的ファイルの配信方法を解説しました。

続いて、どのようなインフラ構成でWebアプリケーションを実行するのかを検討していきましょう。また、合わせてインフラ環境の構築方法についても考えます。

11-05-01 インフラ構成の検討

どのようなインフラ構成にするかは、ビジネス要件やアプリケーションの特性によってさまざまです。

今回はクラウドインフラとしてAWSを利用し、アプリケーションはコンテナ上で実行する、という前提があります。また、多くのサービスでは負荷分散や可用性向上などのために、単一のサーバーではなく複数台のサーバーでサービスを運用しています。

そこで、今回は以下のような構成を想定して進めていきます。

※1 django-storages：https://pypi.org/project/django-storages/

▼簡易的なインフラ構成図

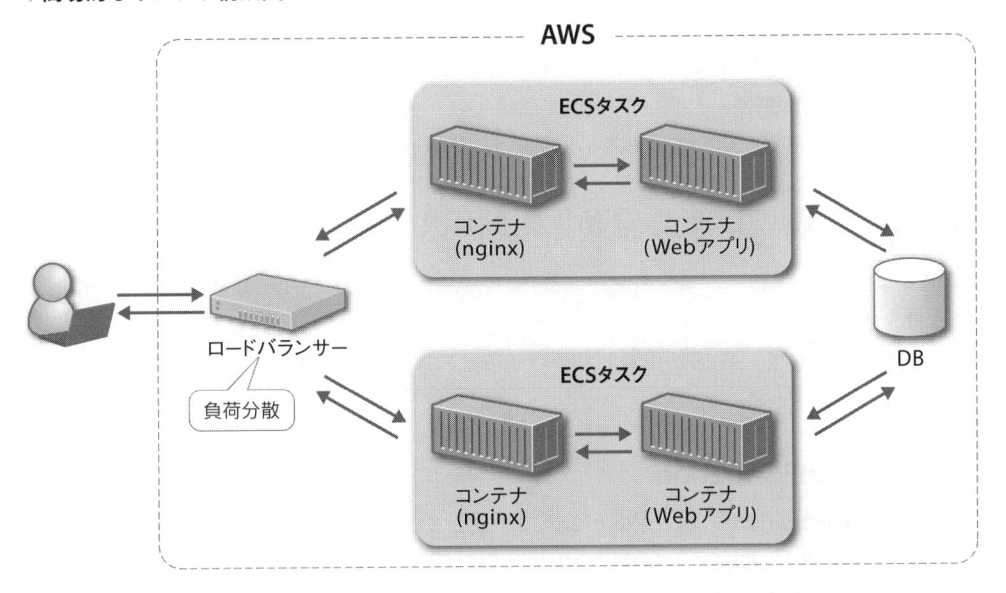

具体的なAWSのサービスを記載した構成図は、後のハンズオンにて掲載します。また、図中の「ECSタスク」についてもハンズオンにて解説します。

11-05-02 環境構築の自動化

環境構築には、後述するCloudFormationやTerraformなどを使った自動化を検討しましょう。これらを活用することで、インフラ構成をコードで管理でき、さらにAWSのリソース作成・変更・削除を自動化できます。

● 環境構築を自動化するメリット

AWSにはブラウザ上の画面で操作できるマネジメントコンソールがあります。それなのに、なぜわざわざこのような方法をとるのでしょうか。

理由の1つは、実際の開発では、**複数の環境を構築する必要がある**からです。多くの場合、本番環境の他にも、開発環境やステージング環境を用意します。これらの環境は、インスタンス数やスペックの違いがあっても、基本的な構成はどれもほぼ同じものになるでしょう。このように、似た環境を複数構築しなければなりませんが、それらを1つずつ手作業で構築していくのは効率が悪いですし、ミスも起きかねません。

インフラ構成をコード化し、ツールを使った環境構築の自動化を行うことで、**複数の環境をミスなく効率よく構築できます**。さらに、インフラ構成をコード化することで、インフラ構成のバージョン管理もできるようになります。これにより、環境構成の履歴が追いやすくなり、なにか問題が発生した場合の切り戻しも容易にできます。また、別プロジェクトで似たようなインフラ構成にするなら、コードの再利用も可能でしょう。

逆にデメリットは、自動化ツールの学習コストと、最初にインフラ構成のコードを記述する手間が考えられます。特に慣れないうちは試行錯誤を繰り返すことになり、想定よりも時間がかかってしまうケースもしばしばです。

しかし、上記のようにさまざまなメリットがあるため、コードによる環境構築の自動化をぜひ検討してみてください。

それでは、環境構築を自動化するための具体的なサービスやツールを紹介します。

11-05-03 環境構築の自動化に利用できるサービス・ツール

本書ではインフラ環境にAWSを使用するため、AWSに対応したサービスやツールが検討対象となります。

代表的なものとして、AWSが用意しているサービスと、HashiCorp社が開発したTerraformがあるので、それぞれ簡単に紹介します。

● AWS CloudFormation

AWS CloudFormation※1は、AWSが公式で用意しているAWSのインフラ構築のためのサービスです。YAMLかJSONでインフラ構成のコードを記述し、マネジメントコンソールかCLIツールでインフラ構築を実行できます。また、AWS マネジメントコンソールでも各種操作ができるため、必ずしもCLIを使う必要はありません。

なお本章のハンズオンでは、準備の簡単さを考慮し、CloudFormationおよびAWS マネジメントコンソールを使用します。

Column

さまざまな環境

アプリケーションを動作させる環境には、目的別にいくつか種類があります。

- ローカル環境、ローカル開発環境
  開発者が実際に開発を行う環境。基本的には手元の開発マシンを指すが、近年ではクラウド上で開発できるサービスも登場している。
- 開発環境
  開発メンバーが動作確認などのために共同で利用できる環境。ローカル開発環境を開発環境と呼ぶケースもあるが、ここでは区別する。
- 検証環境
  テスト用の環境。開発環境を検証環境と兼用する場合もある。
- ステージング環境
  本番環境にデータなどが近い環境。本番環境にリリースする前の最終確認などに使う。
- 本番環境
  実際のユーザーにアプリケーションを公開するための環境。

※1 AWS CloudFormation：https://aws.amazon.com/jp/cloudformation/

● Terraform

Terraform※1は、HashiCorp社が開発したインフラ構築のためのツールです。HCLという独自言語またはJSONでインフラ構成のコードを記述し、TerraformのCLIツールを実行することでインフラを構築できます。また、ツール実行による更新内容の確認等もCLIで行います。

なお、こちらはAWS以外にも、Microsoft AzureやGoogle Cloud Platformなど、さまざまなクラウドプラットフォームに対応していることが特徴です。

11-05-04 AWS CloudFormation の使い方

この後のハンズオンでは、CloudFormationを使ってAWS環境を構築します。そのため、ハンズオンを進めるのに必要最小限なCloudFormationの知識について、ここで簡単に説明しておきます。

詳細を知りたい方はCloudFormationの公式ドキュメント※2を参照してください。

● スタックとテンプレート

CloudFormationでは、関連するリソースを**スタック**という単位で管理します。そして、スタックは**テンプレート**を使って作成・更新します。CloudFormationのテンプレートはYAMLまたはJSON形式のテキストファイルです。

まずは、テンプレートファイルの書き方を簡単に説明しましょう。

● テンプレートファイルの構成

テンプレートはいくつかのセクションに分かれており、以下のような構造になります。

▼CloudFormation のテンプレートの構造

```
AWSTemplateFormatVersion: "version date"

Description:
  String

Parameters:
  set of parameters

Resources:
  set of resources

Outputs:
  set of outputs
```

※1 Terraform：https://www.terraform.io/
※2 CloudFormationの公式ドキュメント：https://docs.aws.amazon.com/ja_jp/AWSCloudFormation/latest/UserGuide/Welcome.html

- AWSTemplateFormatVersion(任意)
  テンプレートの形式バージョンを記述する。執筆時点で有効な値は `2010-09-09` のみ。

- Description(任意)
  テンプレートの説明を記述する。

- Parameters(任意)
  テンプレートのパラメータを宣言する。

- Resources(**必須**)
  スタックに含めるAWSリソースを宣言する。

- Outputs(任意)
  テンプレートの出力値を宣言する。他のスタックから参照するために出力値をエクスポートすることも可能。

これらのセクションのうち、必須なのは`Resources`セクションのみです。`Resources`セクションは、以下のような構造になります。

▼Resourcesセクションの構造

```
Resources:
  <論理ID>:
    Type: <リソースタイプ>
    Properties:
      <リソースプロパティ>
```

- 論理ID
  テンプレート内で一意なID。テンプレート内で他のリソースを参照するために使用する。

- リソースタイプ
  宣言しているリソースのタイプ。たとえば、VPCであれば `AWS::EC2::VPC` と宣言する。

- リソースプロパティ
  リソースに指定できるオプション。たとえば、VPCリソースのCIDERブロックを指定するには `CidrBlock: 10.0.0.0/16` のように宣言する。

なお、CloudFormationのテンプレートでは他にも宣言できるセクションはありますが、今回は使わないため省略しています。

● CloudFormationのテンプレートのサンプル

以下は、YAML形式で記述したCloudFormationのテンプレートのサンプルです。

▼sample.yaml

```
AWSTemplateFormatVersion: 2010-09-09
Description: sample template

Parameters:
  VpcName:
    Description: Vpc Name
    Type: String

Resources:
  SampleVpc:
    Type: AWS::EC2::VPC
    Properties:
      CidrBlock: 10.0.0.0/16
      Tags:
        - Key: Name
          Value: !Ref VpcName

Outputs:
  SampleVpcId:
    Value: !Ref SampleVpc
```

こちらはVPCを1つ作成するだけのテンプレートになっています。

VPCは、`Resources`セクションにて`SampleVpc`という論理IDで宣言しています。

このVPCは、`CiderBlock`の他に`Tags`で`Name`タグを設定しています。この`Name`タグの値は、`Parameters`セクションにてスタック作成時に指定します。

`!Ref`はCloudFormationのテンプレートで使える関数で、`!Ref VpcName`で`VpcName`の値を参照できます。また最後の`Outputs`セクションでも、`!Ref SampleVpc`で作成したVPCのIDを取得するのに使っています。

● スタックの作成

このサンプルテンプレートを使って、CloudFormationのスタックを作成してみましょう。

まず、AWSマネジメントコンソールでCloudFormationのダッシュボードを開き、**[スタックの作成]** - **[新しいリソースを使用(標準)]** をクリックします。

▼スタックの作成

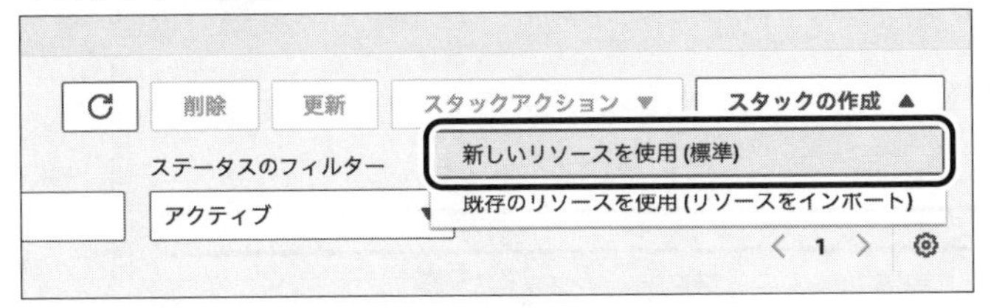

「スタックの作成」で **[テンプレートの準備完了]** と **[テンプレートファイルのアップロード]** を選択し、**[ファイルの選択]** をクリックします。

▼テンプレートのアップロード

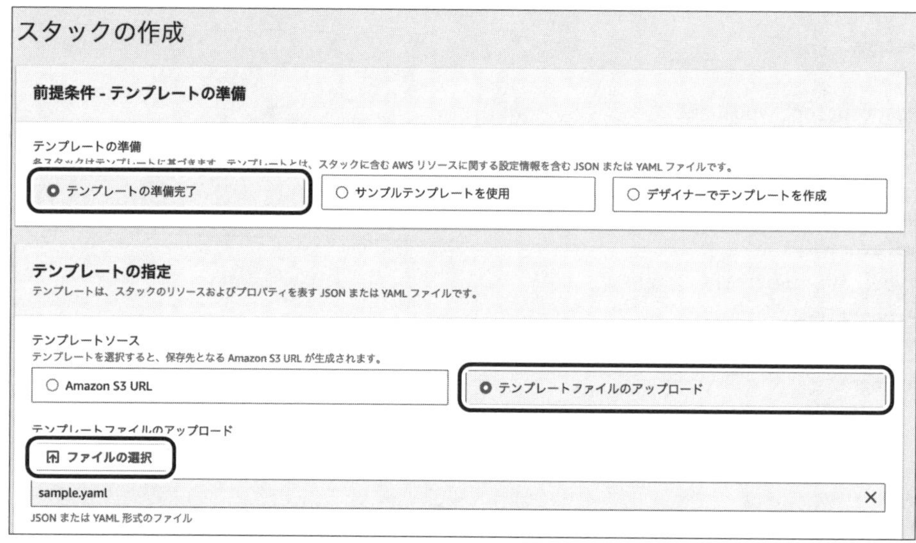

そして、`sample.yaml`をアップロードし **[次へ]** をクリックします。次の「スタックの詳細を指定」では、「スタック名」と「パラメータ」を設定し、**[次へ]** をクリックします。今回は、以下のような設定とします。

項目	設定値
スタック名	sample-stack
VpcName	sample-vpc

▼スタックの詳細

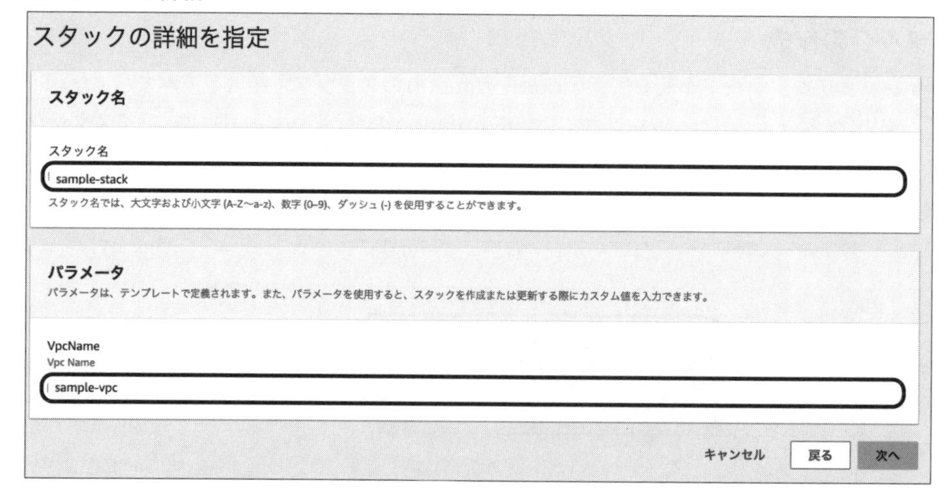

次の「スタックオプションの設定」は、何も入力せず、そのまま **[次へ]** をクリックします。次の「レビュー」で内容を確認したら、**[送信]** をクリックします。

CloudFormationが実行され、**[イベント]** タブにはリソースが作成中であることを示すイベントが表示されます。しばらく待って、論理 ID「sample-stack」のイベントのステータスに「CREATE_COMPLETE」と表示されれば、スタックの作成は完了です。

▼スタックのイベント

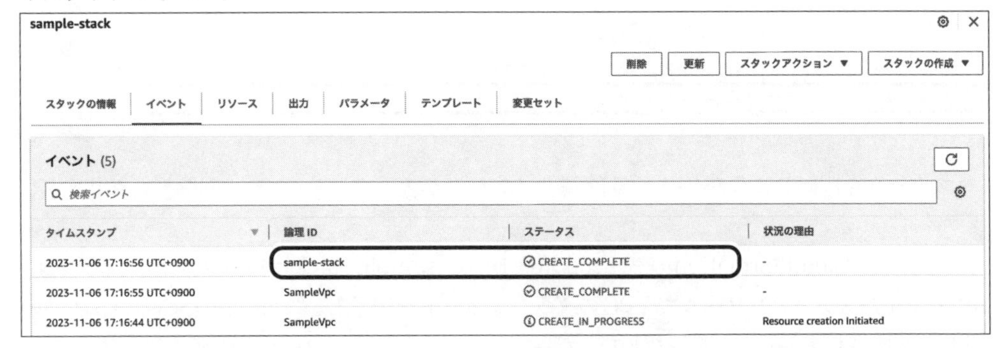

[出力] タブには作成したVPCのIDが表示されます。

▼スタックの出力

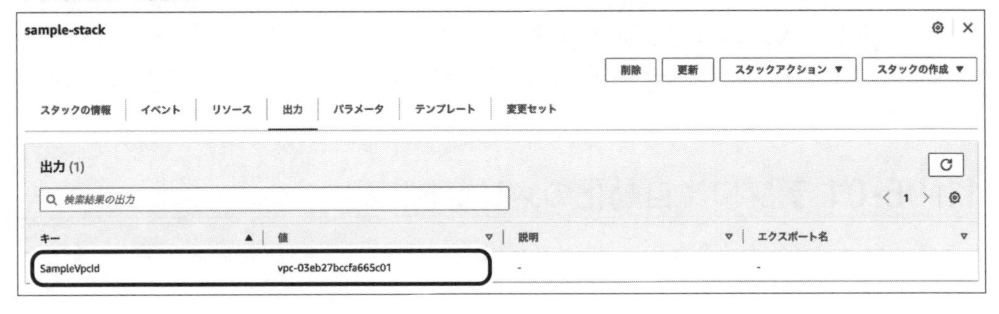

AWS マネジメントコンソールでVPCのダッシュボードを表示し、「sample-vpc」という名前のVPCが作成されていることを確認してください。

▼CloudFormation で作成された VPC

● スタックの削除

スタックを削除すると、CloudFormationで作成したリソースは削除されます。「sample-stack」を削除することで、作成したVPCを削除してみましょう。

AWS マネジメントコンソールでCloudFormationのダッシュボードを表示し、スタック一覧からスタック名「sample-stack」を選択します。そして、**[削除]** をクリックします。

▼削除するスタックを選択

「スタックを削除しますか?」という確認ダイアログが表示されるので、**[削除]** をクリックします。

少し待ってCloudFormationのダッシュボードから「sample-stack」が消えたら削除完了です。AWS マネジメントコンソールでVPCのダッシュボードを表示し、「sample-vpc」という名前のVPCが削除されていることを確認してください。

11-06 デプロイの自動化

インフラ環境が構築できたら、次はその環境にどのようにアプリケーションをデプロイするかが問題になります。手作業でデプロイすることも出来ますが、デプロイもぜひ自動化を検討しましょう。

11-06-01 デプロイ自動化のメリット

デプロイの自動化には、以下のようなメリットがあります。

1. デプロイ時の人的ミスを減らし、それらの作業ミスによるリスクを軽減できる
2. デプロイに伴う作業負担を減らし、迅速にリリースできる

デプロイを手作業で行う場合、一番恐ろしいのは、手順を間違えてシステムが正しく動作しなくなることです。たとえば、データベースの変更を伴う改修があった場合、データベースのマイグレーション作業を忘れてしまうと、アプリケーションが正しく動作しません。デプロイが自動化されていれば、このような人的ミスを防止できます。

通常、手作業でデプロイする場合、ミスが起きないようデプロイ作業前に「デプロイ手順書」を準備します。さらに、「デプロイ手順書」の各ステップを「チェック担当者」と1つずつ確認しながら作業します。このように、デプロイを手作業で行うと、作業者の負担が大きいです。また、絶対にミスしてはならないというプレッシャーもあり、精神的にも疲れます。

バグなどが発見された場合、なるべく早く対処してリリースするのが望ましいですが、このようにデプロイ作業の負荷が大きいと、頻繁にリリースするのはなかなか大変です。

デプロイを自動化することで、作業者の肉体的・精神的な負担を減らし、改修内容を迅速にリリースできるようになります。

11-06-02 デプロイに必要なステップ

デプロイを自動化するにあたり、まずデプロイに必要なステップを確認しましょう。

本章では、ECSにデプロイするという前提なので、おおまかに以下のようなステップが考えられます。

1. アプリケーションのDockerイメージをビルドする
2. 作成したDockerイメージをECRにプッシュする
3. タスク定義を更新する
4. DBマイグレーションを行う
5. ECSサービスのタスクを更新する

DBマイグレーションをどのタイミングで行うかは議論の余地がありますが、今回はタスク更新前に行うこととします。

それでは、どのような方法でデプロイを自動化できるかを見ていきましょう。

11-06-03 デプロイ自動化に利用できるサービス

本章ではコード管理にGitHub、インフラ環境にAWSを使用します。そのため、デプロイ自動化もこれらのサービスを利用することが基本方針となります。いずれのサービスにも、デプロイ自動化に利用できる機能があるので、それぞれ簡単に説明します。

● Github Actionsを利用する

まずは、GitHubのサービスを利用する場合です。**9章 GitHub Actionsで継続的インテグレーション**で説明したように、GitHubにはGitHub Actionsという機能があり、これを活用することでビルドやデプロイを自動化できます。

GitHub Actionsを使ってECSデプロイする方法は、GitHub Actionsの公式ドキュメント※1に解説があります。また、GitHub Actionsのワークフローのテンプレートである「スターターワークフロー」にも、ECSデプロイ用のスターターワークフロー※2が用意されています。Github Actionsを使ってECSにデプロイする場合は、これらを参考にするとよいでしょう。この後のハンズオンでも、GitHub Actionsを使ってECSへデプロイしますが、このスターターワークフローをベースにしています。

なお、GitHub Actionsを利用してECSにデプロイする場合、以下のようなアクションがAWSにより用意されています(「タスク定義」などの用語は後ほど解説します)。

※1 https://docs.github.com/ja/actions/deployment/deploying-to-your-cloud-provider/deploying-to-amazon-elastic-container-service
※2 https://github.com/actions/starter-workflows/blob/main/deployments/aws.yml

アクション	説明
aws-actions/configure-aws-credentials	AWSの資格情報を設定する
aws-actions/amazon-ecr-login	ECRにログインする
aws-actions/amazon-ecs-render-task-definition	ECSのタスク定義をレンダリングする
aws-actions/amazon-ecs-deploy-task-definition	ECSのタスク定義を登録し、ECSサービスにデプロイする

これらはECSデプロイのためのスターターワークフローでも使用されており、この後のハンズオンでも使っています。

またハンズオンでは、ECSデプロイ時にDBマイグレーション用のタスクも実行するため、以下のアクションも使用しています。

アクション	説明
geekcell/github-action-aws-ecs-run-task	ECSのタスクを実行する

執筆時点ではECSタスクを実行するアクションにはAWS公式のものがなく、類似のアクションが複数ありますが、今回はこちらを使用しました。

● AWS Codeシリーズを利用する

次に、AWSのサービスを利用する場合です。AWSにもビルド・テスト・デプロイを自動化するサービスがあります。具体的には以下のサービスです。

サービス名	説明
AWS CodeBuild	ソースコードのテスト実行やビルドを行うサービス
AWS CodeDeploy	様々なコンピューティングリソース(EC2、ECS、など)に対してデプロイを行うサービス
AWS CodePipeline	ビルド・デプロイといった一連の流れを自動実行できるサービス

これらはCodeシリーズとも呼ばれています。本書ではこちらは扱わないため、簡単な紹介のみにとどめます。詳細はAWSの公式ドキュメント等を参照してください。

なお、GitHub ActionsとCodeシリーズを組み合わせることも可能です。

11-07 ハンズオン

Webアプリケーションの公開に必要な知識について、一通り解説しました。それでは、実際に「読みログ」アプリを公開するハンズオンを行います。

11-07-01 ハンズオンで構築するインフラ構成

ハンズオンで構築するAWS環境の簡易的な構成図は以下の通りです。

▼ハンズオンで構築する AWS のアーキテクチャ構成図

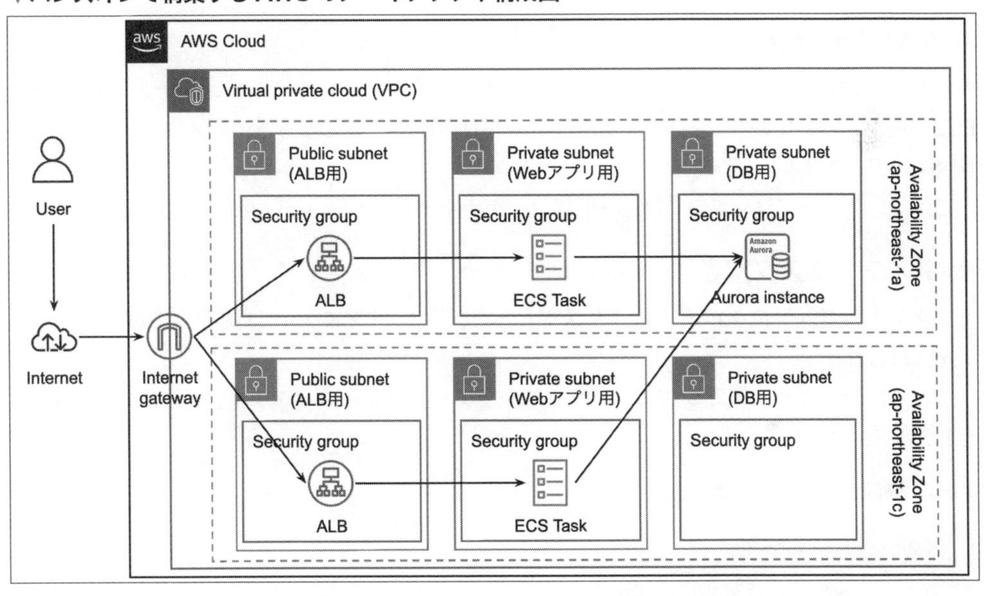

リージョンは**東京リージョン**とし、アベイラビリティーゾーン(AZ)は「ap-northeast-1a」「ap-northeast-1c」の2つを使います。

なお、図では2つのALB(Application Load Balancer)を配置しているように書いていますが、論理的には1つのALBを作成します。ターゲットが2つのAZにまたがるため、ALBの実体も2つのAZにまたがります。

また、図ではAuroraインスタンス(データベースのインスタンス)を「ap-northeast-1a」に配置しています。しかし、実際に配置されるAZはプロビジョニング時に自動で決まるため、「ap-northeast-1c」になる可能性もあります。

さらに、この図に記載してませんが、ECRやNATゲートウェイなども作成します。作成するすべてのリソースについては、後述するCloudFormationのテンプレートを確認してください。

11-07-02 ハンズオンのための Amazon ECS 基礎知識

このハンズオンではECSの用語がいくつか登場するため、ここで簡単に説明します。ECSについての詳細は、公式ドキュメント※1等を参照してください。

● Amazon ECS

ECSはAWSが提供するフルマネージドなコンテナオーケストレーションサービスで、コンテナ化されたアプリケーションのデプロイ・管理・スケーリングを容易にします。

コンテナの実行環境として、EC2もしくは次の**Fargate**が選択できます。

● AWS Fargate

コンテナ向けのサーバーレス・コンピューティングエンジンです。コンテナの実行環境にEC2を使う場合と比較すると、Fargateはホストの管理が不要になるというメリットがあります(価格面ではEC2よりも割高です)。

このハンズオンでは、このFargete上でコンテナを実行(ECS on Fargate)します。

● タスク・タスク定義

コンテナの実行単位をECSでは**「タスク」**と呼びます。「タスク」には関連する複数のコンテナを含められます。

たとえば今回のハンズオンでは、「Webアプリケーションのコンテナ」と「nginxのコンテナ」を1つのタスクにしています。

▼ECS タスク内のコンテナ構成

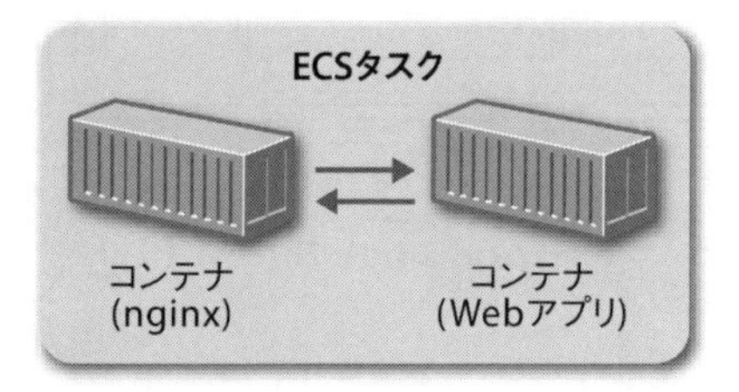

タスクの構成は**「タスク定義」**によってJSON形式で記述します。「タスク定義」では、DockerイメージやCloudWatch Logsの出力先などを指定できます。なお、「タスク定義」はAWS マネジメントコンソールを使って作成することも可能です。

● ECSサービス

タスクを指定した数だけ維持するスケジューラーです。ECSでは単に「サービス」と表記されますが、一般的すぎるため本書では**「ECSサービス」**と表記します。

ロードバランサーとECSサービスを関連づけることで、ECSサービス内のタスクに対し、負荷分散できます。

※1 https://docs.aws.amazon.com/AmazonECS/latest/userguide/what-is-fargate.html

● Amazon ECR

Amazon Elastic Container Registry(以降、ECRと表記)は、AWSが提供するフルマネージドなコンテナレジストリです。ECSとは異なるサービスですが、ECSと合わせて使うことがほとんどなので、ここで紹介します。

ハンズオンでは、ECSにデプロイするDockerイメージを、このECRにプッシュします。

11-07-03 ハンズオンを行うための準備

ハンズオンを行うには、以下の準備が必要です。

- GitHubの「読みログ」リポジトリ
- AWSのアカウント

● 「読みログ」リポジトリ

ハンズオンは、GitHubに「読みログ」アプリのリポジトリがすでに存在することを前提に進めます。まだリポジトリが準備できてないという方は、**2章 Webアプリケーションを作る**や**6章 GitとGitHubによるソースコード管理**を参考にしてリポジトリをご用意ください。

● AWSのアカウントとコスト

AWSに環境を構築するため、AWSのアカウントが必要です。AWSのアカウントをお持ちでない場合は、AWSのドキュメント等を参照してアカウントをご準備ください。

なお、本章で作成するAWS環境には**有料サービス**が含まれています。ハンズオンで環境構築後、そのまま放置すると約250ドル/月かかるのでご注意ください(執筆時点での料金)。そのため、ハンズオン終了後は、すぐに作成したリソースを削除することをおすすめします。

● 必要なIAMユーザーの権限

このハンズオンでは、CloudFormationを使ってVPCやRDSなど、さまざまなAWSリソースを作成します。また、GitHub ActionsからAWSにアクセスするためのIAMユーザーも作成します。そのため、CloudFormationの操作は、**AdministratorAccess**など強い権限をもつIAMユーザーで行ってください。

● サンプルコードの準備

ハンズオンでは「読みログ」アプリの既存のコードを修正したり、その他必要なファイルを追加していきます。しかし、中には数百行あるファイル(CloudFormationのテンプレートファイルなど)もあるため、手作業でコードを書くのは大変です。本書のサポートページからハンズオンで使うファイルをダウンロードできますので、そちらを使ってハンズオンを進めてください。

またハンズオンは手順の説明がメインです。紙面の都合でコードは一部しか掲載できず、詳細な解説も割愛しています。代わりにサンプルコード中にコメントで説明を記載していますので、そちらも合わせて参照してください。

11-07-04 ハンズオンの流れ

ここまで準備ができたら、いよいよハンズオンに進みましょう。大まかに以下の手順でハンズオンを進めていきます。

1. Webアプリケーションの設定変更
2. gunicorn・nginxの導入
3. CloudFormationによるAWSの環境構築
4. GitHub Actionsによるデプロイ

このあと、いくつかのファイルを追加・修正していきますが、最終的なファイル構成は以下のとおりです。

▼ハンズオンのファイル構成

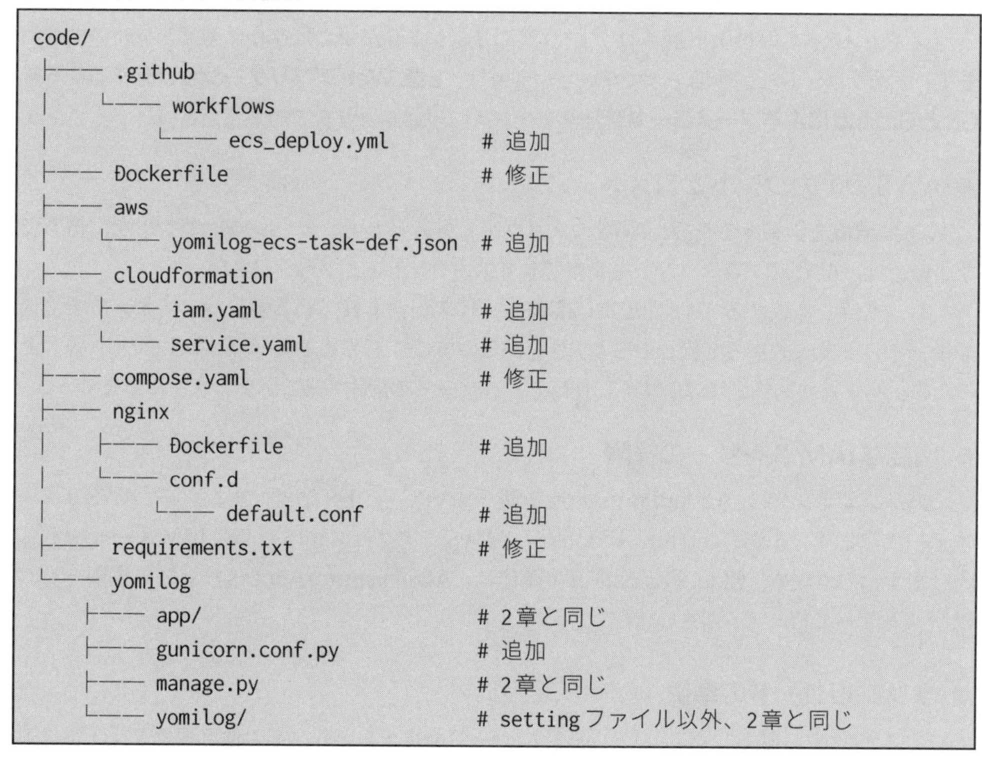

```
code/
├─── .github
│     └─── workflows
│           └─── ecs_deploy.yml          # 追加
├─── Dockerfile                          # 修正
├─── aws
│     └─── yomilog-ecs-task-def.json    # 追加
├─── cloudformation
│     ├─── iam.yaml                      # 追加
│     └─── service.yaml                  # 追加
├─── compose.yaml                        # 修正
├─── nginx
│     ├─── Dockerfile                    # 追加
│     └─── conf.d
│           └─── default.conf            # 追加
├─── requirements.txt                    # 修正
└─── yomilog
      ├─── app/                          # 2章と同じ
      ├─── gunicorn.conf.py              # 追加
      ├─── manage.py                     # 2章と同じ
      └─── yomilog/                      # settingファイル以外、2章と同じ
```

それでは順番に進めていきましょう。

11-07-05 Webアプリケーションの設定変更

まずは、「読みログ」アプリの設定値を環境変数から取得できるようにしましょう。

● パッケージの追加

環境変数でsettingsファイルの値を設定できるよう、`django-environ`を導入します。また、アプリケーションサーバーに`gunicorn`を使うため、こちらもインストールします。

`requiments.txt`にこれらのパッケージを追加しましょう。サポートページからダウンロードしたサンプルコードを使って、`requiments.txt`を置き換えてください。

● settingsファイルの修正

`django-environ`を使用するために、`yomilog/yomilog/settings.py`を修正します。サポートページからダウンロードしたサンプルコードを使って、`yomilog/yomilog/settings.py`を置き換えてください。

なお、サンプルコードでは以下の設定値を環境変数から取得するようにしています。

- SECRET_KEY
- DEBUG
- ALLOWED_HOSTS
- DATABASES

これで、`django-environ`の導入は完了です。

● Dockerイメージの再ビルドとローカル動作確認

後続の手順のために、ここで「読みログ」アプリの`Dockerfile`も修正します。`yomilog/`配下のコードをDockerイメージに含めるため、サンプルコードを使って`Dockerfile`を置き換えてください。

ここで一旦ローカル開発環境で動作確認してみましょう。

settingsファイルに`django-environ`を導入したため、環境変数を設定する必要があります。今回は、`compose.yaml`にてコンテナの環境変数を設定します。サンプルコードを使って`compose.yaml`を置き換えてください。

`requirements.txt`にパッケージを追加したため、「読みログ」アプリのDockerイメージを再ビルドしてからコンテナを起動してみましょう。

▼Dockerイメージの再ビルドとコンテナ起動

```
# Dockerイメージ再ビルド
$ docker compose build yomilog
# コンテナを起動
$ docker compose up -d
```

コンテナ起動後、Webブラウザーで `http://localhost:8000/` にアクセスし、修正前と同様に「読みログ」アプリが動作すれば、`django-environ`が導入できたことを確認できます。

● gunicornの設定ファイルを追加

続いて、gunironの設定ファイルを準備します。

gunicornを起動するとき、コマンドの引数でワーカー数などのオプションを指定できますが、今回はgunicornの設定ファイルにまとめることとします。サンプルコードを使って、「読みログ」アプリのルートディレクトリに`gunicorn.conf.py`を追加してください。

なお`gunicorn.conf.py`の中で、バインドするアドレス(`bind`)は未指定のため、デフォルト値である`127.0.0.1:8000`となります。ECS on Fargateでは、同一タスク内のコンテナは`127.0.0.1`で通信できるため、この設定で問題ありません。

● nginx用のDockerfileを追加

gunicornのリバースプロキシとしてnginxも準備します。nginxもDockerコンテナで実行するため、nginx用の`Dockerfile`が必要です。nginxのDockerイメージは後述するGitHub Actionsのワークフローでビルドしますが、ここでは必要なファイルを準備しておきます。

`nginx`ディレクトリを作成し、その中にサンプルコードから以下のファイルを配置してください。

ファイル	説明
nginx/Dockerfile	nginx用のDockerfile
nginx/conf.d/default.conf	リバースプロキシ用の設定ファイル

今回は簡単のために`nginx.conf`(nginxの設定ファイル)はnginxイメージ内にデフォルトで用意されているファイルをそのまま使います。このデフォルトの`nginx.conf`は、httpディレクティブ内で以下のように`/etc/nginx/conf.d/`をincludeしています。

▼/etc/nginx/nginx.conf

```
http {
    #（中略）
    include /etc/nginx/conf.d/*.conf;
}
```

そのため、リバースプロキシ用の設定ファイル(`default.conf`)を`conf.d`ディレクトリ配下に置き、それを`Dockerfile`にてコピーします。

▼nginx/Dockerfile

```
FROM nginx

# リバースプロキシ用のnginxの設定ファイルをコピー
COPY ./conf.d/ /etc/nginx/conf.d/
```

`nginx/conf.d/default.conf`の内容はサンプルコードを確認してください。また、nginxの設定の詳細については、nginxのドキュメントなどを参照してください。

なお「読みログ」アプリには静的ファイルがないため、`collectstatic`コマンドは使用しません。

11-07-06 CloudFormationによるAWSの環境構築

「読みログ」アプリの修正や、nginx用の`Dockerfile`の準備ができたので、次はCloudFormationを使ってAWSの環境を構築しましょう。

使用するCloudFormationのテンプレートは、サンプルコードの以下のファイルです。

ファイル	説明
cloudformation/iam.yaml	IAMユーザー・IAMロールを作成するCloudFormationのテンプレート
cloudformation/service.yaml	VPC、ECS、RDS等を構築するCloudFormationのテンプレート

メインは`service.yaml`のほうで、`iam.yaml`はECSやGitHub Actionsで必要なIAMリソースのみを作成するテンプレートです。

CloudFormationのスタック操作には、AWS マネジメントコンソールを使用します。なお紙面の都合上、画面キャプチャは必要最小限のものとなっているため、**11-05-04 AWS CloudFormationの使い方**も参照しながら進めてください。

● IAMユーザー・IAMロールの作成

まずは、ECSやGitHub Actionsで必要となるIAMユーザーおよびIAMロールをCloudFormationで作成します。作成するリソースは以下の通りです。これらの設定の詳細は、`iam.yaml`を確認してください。

リソース	名前	説明
IAMユーザー	github_actions	Github ActionsでAWSにアクセスするためのIAMユーザー
IAMロール	yomilog_ecs_task_execution	ECSでタスクを実行するためのIAMロール

それでは、CloudFormationでリソースを作成していきましょう。

AWS マネジメントコンソールでCloudFormationのダッシュボードを開き、**[スタックの作成]** を行います。続いて **[テンプレートファイルのアップロード]** で`iam.yaml`をアップロードし、「スタックの詳細を指定」にて「スタック名」を以下のように設定してください。

項目	設定値
スタック名	yomilog-iam

「スタックオプションの設定」は、特に何も入力する必要はありません。次の「レビュー」画面にて、画面の最下部にIAMリソースが作成されることを確認するチェックボックスがあるので、それをチェックして **[送信]** をクリックします。

▼IAM リソース作成時の確認

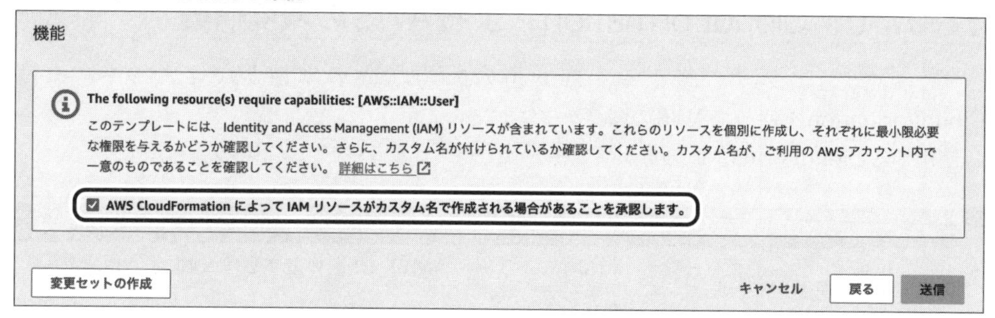

これでCloudFormationが実行されます。少し待って、**[イベント]** タブに「CREATE_COMPLETE」と表示されれば、スタックの作成は完了です。

AWS マネジメントコンソールでIAMの画面を開くと、IAMユーザー（`github_actions`）とIAMロール（`yomilog_ecs_task_execution`）が作成されていることが確認できます。

● アクセスキー ID・シークレットアクセスキーの取得

後続の手順で作成するGitHub Actionsのワークフローから AWSにアクセスするため、作成したIAMユーザー（`github_actions`）のアクセスキー IDとシークレットアクセスキーを取得しておきます。

AWS マネジメントコンソールでIAMのダッシュボードを表示し、左サイドメニューにある **[ユーザー]** をクリックします。続いてユーザーの中から「github_actions」をクリックします。さらに **[セキュリティ認証情報]** タブをクリックし、「アクセスキー」の項目にある **[アクセスキーを作成]** をクリックします。

「アクセスキーを作成」画面で最初に「ユースケース」をたずねられますが、「その他」を選択します。ここで以下のような注意書きが表示されますが、ここでは作業を簡単にするため、今回は **[次へ]** をクリックします。

▼「その他」を選択

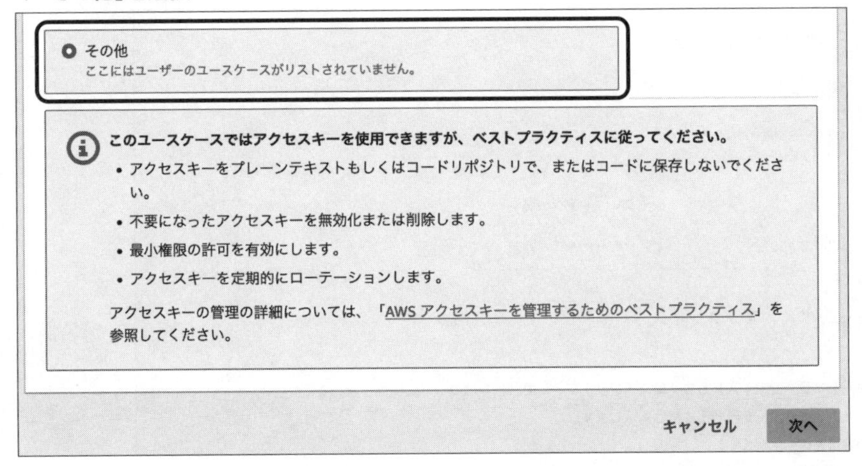

「説明タグを設定」画面では何も入力せず、**[アクセスキーを作成]** をクリックしてアクセスキーを作成します。

▼アクセスキーを作成

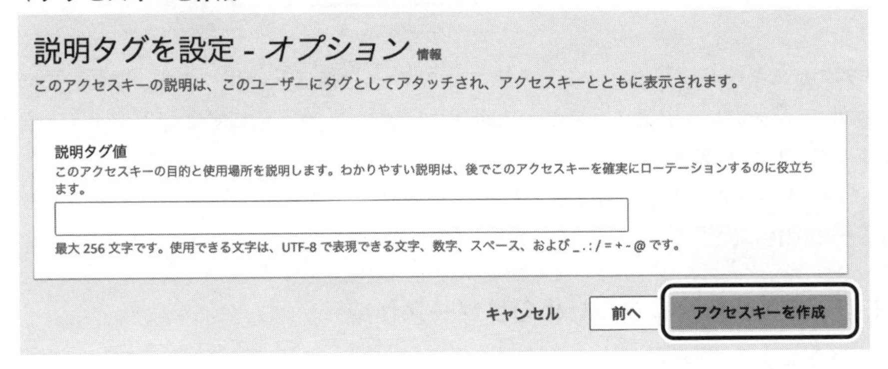

次の「アクセスキーを取得」画面で **[.csv ファイルをダウンロード]** をクリックすると、「アクセスキー ID」と「シークレットアクセスキー」が記載されたCSVファイルがダウンロードできます。

▼CSVファイルをダウンロード

アクセスキーを取得 情報

アクセスキー

シークレットアクセスキーを紛失または失念した場合、それを取得することはできません。代わりに、新しいアクセスキーを作成し、古いキーを非アクティブにします。

アクセスキー	シークレットアクセスキー
AKIAVFBQ5C5H6EA557JS	*************** 表示

アクセスキーのベストプラクティス

- アクセスキーをプレーンテキストもしくはコードリポジトリで、またはコードに保存しないでください。
- 不要になったアクセスキーを無効化または削除します。
- 最小権限の許可を有効にします。
- アクセスキーを定期的にローテーションします。

アクセスキーの管理の詳細については、「AWS アクセスキーを管理するためのベストプラクティス」を参照してください。

.csv ファイルをダウンロード　完了

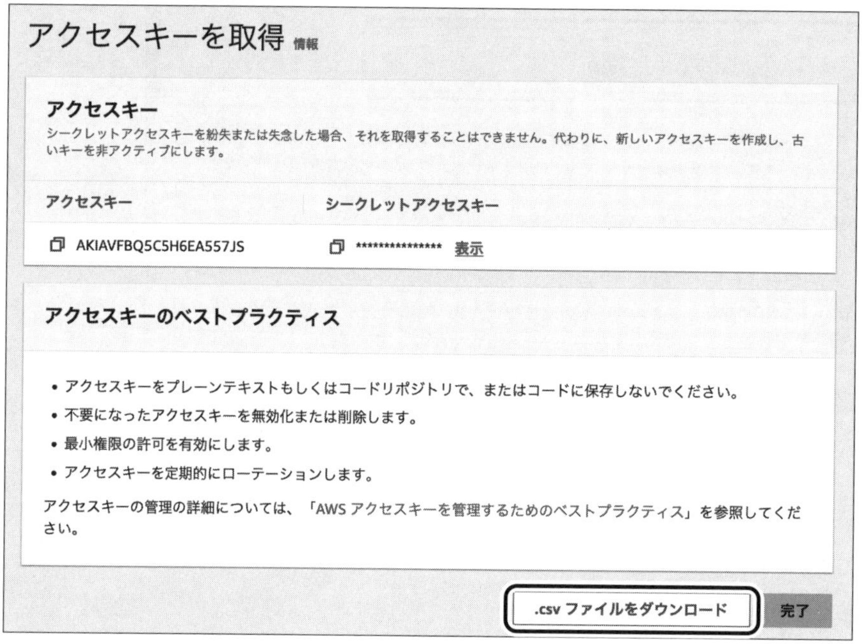

これらの「アクセスキーID」と「シークレットアクセスキー」は後ほど使用します。なお、このタイミング以外で「シークレットアクセスキー」は取得できないため、忘れずにCSVファイルをダウンロードしておいてください。

CSVファイルをダウンロードしたら **[完了]** をクリックして、アクセスキーID・シークレットアクセスキーの取得は完了です。

●「読みログ」アプリを公開するためのリソース作成

続いて、メインとなる「読みログ」アプリ公開のためのリソース(VPC、ECS、RDSなど)をCloudFormationで作成します。今回はハンズオンの手順を簡単にするため、すべてのリソースを`service.yaml`の1ファイルに記述しています。

しかし、1ファイルにすべてのリソースを記述してしまうと、ファイルが長大になり、メンテナンス性が悪くなります。そのため、実際の運用では、適切にテンプレートファイルを分割するほうがよいでしょう。テンプレートファイルの分割方法については、CloudFormationのドキュメントにある「ライフサイクルと所有権によるスタックの整理※1」などを参照してください。

それでは、CloudFormationでリソースを構築しましょう。

AWS マネジメントコンソールでCloudFormationのダッシュボードを開き、**[スタックの作成]** を行います。**[テンプレートファイルのアップロード]** で`service.yaml`をアップロードし、「スタックの詳細を指定」にて「スタック名」を以下のように設定してください。

※1 https://docs.aws.amazon.com/ja_jp/AWSCloudFormation/latest/UserGuide/best-practices.html#organizingstacks

項目	設定値
スタック名	yomilog-service

次の「スタックの詳細を指定」では、以下のようにパラメータを設定してください。

パラメータ名	設定値	説明
AppContainerName	app	読みログアプリのコンテナ名
DBName	yomilog	DB名
DBPassword	任意のパスワード	DBパスワード
DBUsername	postgres	DBユーザー名
IamStackName	yomilog-iam	IAMを作成したスタックのスタック名
NginxContainerName	nginx	nginxのコンテナ名

パラメータの中の`DBPassword`には任意のパスワードを設定してください。なお、この`DBPassword`は後述するパラメータストアにも設定するため、設定値を控えておいてください。

▼スタックのパラメータ入力

パラメータ
パラメータは、テンプレートで定義されます。また、パラメータを使用すると、スタックを作成または更新する際にカスタム値を入力できます。

AppContainerName
App Container Name
app

DBName
Database Name
•••••••

DBPassword
Password for Aurora PostgreSQL database access
••••••••

DBUsername
Username for Aurora PostgreSQL database access
••••••••

IamStackName
Stack Name for IAM
yomilog-iam

NginxContainerName
Nginx Container Name
nginx

キャンセル 戻る 次へ

次の「スタックオプションの設定」は何も入力せず、「レビュー」で内容を確認したら **[送信]** をクリックします。これでCloudFormationが実行されます。

RDSの作成には少し時間がかかるため、しばらく待ちます(筆者が実行したときは10分程かかりました)。**[イベント]** タブに「CREATE_COMPLETE」(論理ID「yomilog-service」)と表示されれば、スタックの作成は完了です。

▼スタックの作成完了

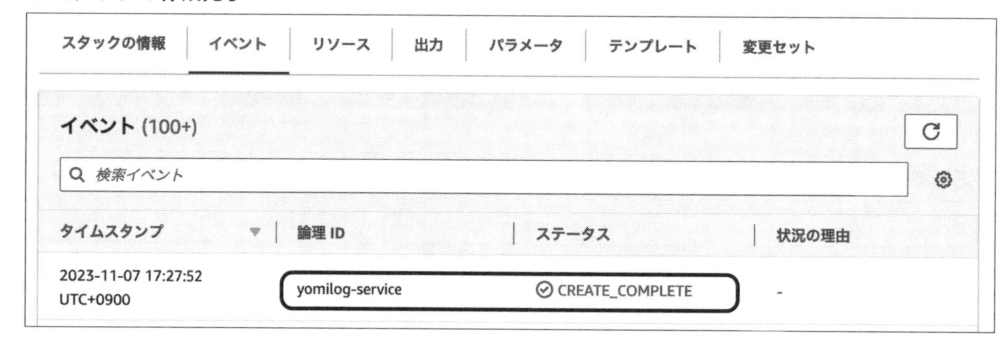

なお、この時点でECSサービスが作成されていますが、まだDockerイメージがECRに登録されていないため、タスクを起動できません。そのため、ECSサービスの「必要なタスク数」は「0」にしてあります。この「必要なタスク数」は、ECRにDockerイメージを登録後に修正します。

● パラメータストアへ機密情報の登録

`yomilog-service`のスタックが構築できたら、**パラメータストア** に機密情報を登録します。

パラメータストアは、AWS Systems Managerの一機能で、これを使うことで設定データや機密データを一元管理できます。今回はこのパラメータストアを使ってデータベースのパスワードなどの機密情報を管理し、コンテナのデプロイ時には、パラメータストアから機密情報を取得するようにします。なお、パラメータストアへの機密情報の登録はCloudFormationではできないため、AWS マネジメントコンソールから手作業で設定します。

まず、AWS マネジメントコンソールでAWS Systems Managerの画面を表示します。左サイドメニューにある「パラメータストア」をクリックし、続けて **[パラメータの作成]** をクリックします。「パラメータの詳細」にてパラメータを設定値を入力し、**[パラメータを作成]** をクリックするとパラメータを登録できます。

今回は、以下の2つのパラメータを登録してください。

名前	タイプ	値
yomilog-database-url	安全な文字列	psql://postgres:DBパスワード@DBクラスターのエンドポイント:3306/yomilog
yomilog-secret-key	安全な文字列	`compose.yaml` の SECRET_KEY と同じ値

「DBパスワード」は、CloudFormationで`yomilog-service`スタックを作成したときにパラメータで設定した`DBPassword`と同じ値です。「DBクラスターのエンドポイント」は、CloudFormationの`yomilog-service`の出力値`DBClusterEndpoint`の値です。

▼DBクラスターのエンドポイント

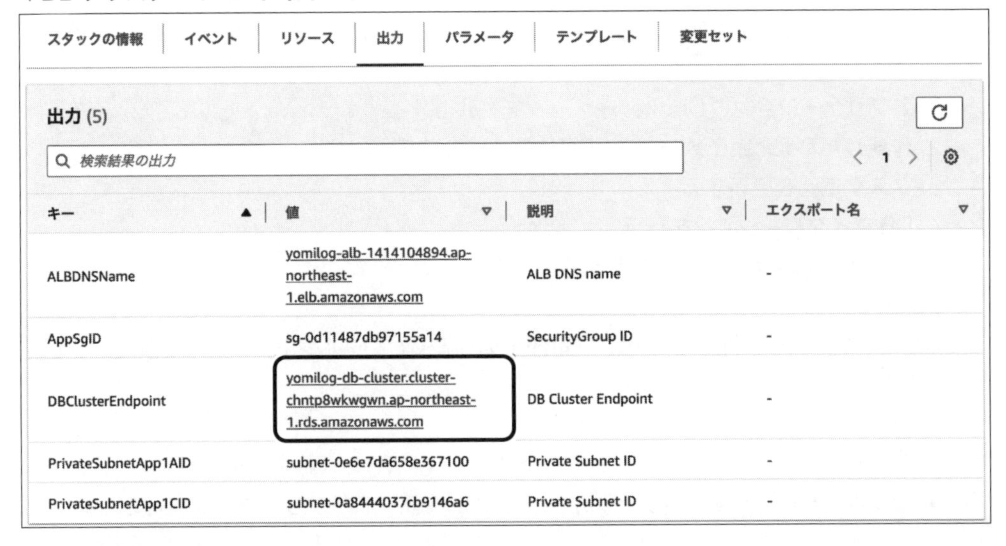

その他の設定はデフォルトのままで構いません。登録後は以下のようになります。

▼パラメータストアの設定

なお、本来`yomilog-secret-key`には`compose.yaml`の`SECRET_KEY`とは異なる値を設定すべきですが、ハンズオンの手順を簡単にするため、ここでは同じ値を使い回しています。

11-07-07 GitHub ActionsによるECSへのデプロイ

AWSの環境が構築できたので、次はGitHub Actionsを使って「読みログ」アプリをECSにデプロイします。サンプルコードから以下のファイルを「読みログ」アプリのディレクトリ内に配置してください。

ファイル	説明
.github/workflows/ecs_deploy.yml	Dockerイメージのビルド、タスク定義の作成、マイグレーションの実行、ECSへのデプロイを行うGitHub Actionsのワークフロー

このワークフローは**11-06-02 デプロイに必要なステップ**で説明した以下のステップを満たす内容となっています。実際のワークフローの詳細は、ダウンロードしたファイルを確認してください。

1. アプリケーションのDockerイメージをビルドする
2. 作成したDockerイメージをECRにプッシュする
3. タスク定義を更新する
4. DBマイグレーションを行う
5. ECSサービスのタスクを更新する

このワークフローを実行するために、GitHubの「読みログ」リポジトリに以下を設定する必要があります。

- アクセスキーID・シークレットアクセスキー（AWSの資格情報のため）
- サブネットID・セキュリティグループID(DBマイグレーションタスク実行のため)

また、「読みログ」リポジトリに以下のファイルを追加する必要があります。

- タスク定義ファイル(タスク定義の更新のため)

順番に用意していきましょう。

● アクセスキーID・シークレットアクセスキーの設定

デプロイ・ワークフローの中でAWSの資格情報を設定するために、AWSのアクセスキーIDとシークレットアクセスキーを使用しています。

▼アクセスキーID・シークレットアクセスキーの設定

```
# AWSの資格情報の設定
- name: Configure AWS credentials
  uses: aws-actions/configure-aws-credentials@v1
  with:
    # アクセスキーIDとシークレットアクセスキーを
    # GitHubリポジトリの「Secrets」から取得
    aws-access-key-id: ${{ secrets.AWS_ACCESS_KEY_ID }}
    aws-secret-access-key: ${{ secrets.AWS_SECRET_ACCESS_KEY }}
    aws-region: ${{ env.AWS_REGION }}
```

アクセスキーIDとシークレットアクセスキーは、**11-07-06 CloudFormationによるAWSの環境構築**でCSVファイルにて取得しました。これをGitHubの「読みログ」リポジトリに機密情報として設定します。

GitHubの「読みログ」リポジトリにアクセスし、**[Settings]** - **[Secrets and variables]** -

[Actions] で「Actions secrets and variables」の画面を表示します。続いて **[Secrets]** タブを選択し、**[New repository secret]** をクリックして、以下のように「アクセスキーID」と「シークレットアクセスキー」を登録してください。

項目名	設定値
AWS_ACCESS_KEY_ID	アクセスキーIDの値を設定
AWS_SECRET_ACCESS_KEY	シークレットアクセスキーの値を設定

登録後は以下のようになります。

▼GitHub リポジトリシークレットの設定

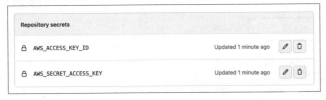

なお、ここでは手順を簡単にするためにアクセスキーIDとシークレットアクセスキーを使用していますが、この方法はAWSでは推奨されていません。資格情報を取得するのに推奨された方法については、このアクションのドキュメント※1を参照してください。

● サブネットID・セキュリティグループIDの設定

デプロイ・ワークフローの中でECSのタスクを実行する際、「サブネットID」と「セキュリティグループID」を指定する必要があります。

▼サブネット ID・セキュリティグループ ID の設定

```
  # DBマイグレーションのタスクを実行
  - name: DB migrate
    id: db-migrate-task
    uses: geekcell/github-action-aws-ecs-run-task@v1.0.0
    with:
      cluster: ${{ env.ECS_CLUSTER }}
      task-definition: ${{ env.DB_MIGRATE_TASK_NAME }}
      # サブネットIDをGitHubリポジトリの「Variables」から取得
      subnet-ids: |
        ${{ vars.YOMILOG_APP_SUBNET_1A_ID }}
        ${{ vars.YOMILOG_APP_SUBNET_1C_ID }}
      # セキュリティグループIDをGitHubリポジトリの「Variables」から取得
      security-group-ids: |
        ${{ vars.YOMILOG_APP_SG_ID }}
```

※1 https://github.com/aws-actions/configure-aws-credentials

サブネットIDとセキュリティグループIDは、CloudFormation(yomilog-serviceスタック)の出力値から取得できます。

▼サブネットID・セキュリティグループID

これらをGitHubの「読みログ」リポジトリに変数として設定します。

「Secrets」を設定したときと同様の手順で、「読みログ」リポジトリの「Actions secrets and variables」画面を表示します。**[Variables]** タブを選択し、**[New repository variable]** をクリックして、以下のように「サブネットID」と「セキュリティグループID」を登録してください。

項目名	設定値
YOMILOG_APP_SUBNET_1A_ID	PrivateSubnetApp1AIDの値を設定
YOMILOG_APP_SUBNET_1C_ID	PrivateSubnetApp1CIDの値を設定
YOMILOG_APP_SG_ID	AppSgIDの値を設定

登録後は以下のようになります。

▼GitHubリポジトリ変数の設定

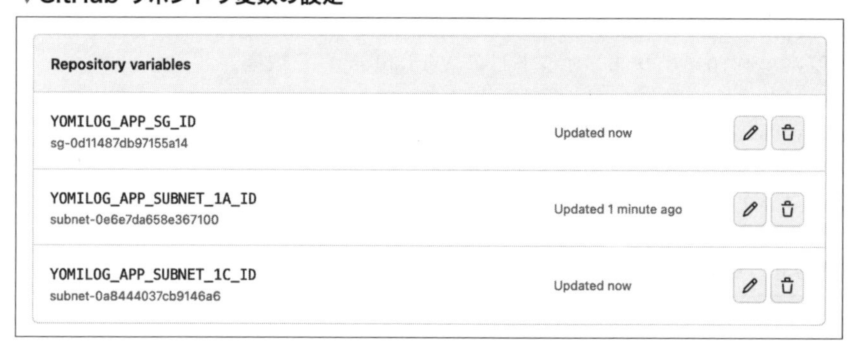

● タスク定義ファイルの追加

Dockerイメージをビルドしたあとは、ビルドしたDockerイメージのURIを使ってタスク定義を作成します。

デプロイ・ワークフローの中では、以下の部分です。

▼タスク定義の設定

```
# 読みログアプリのイメージをタスク定義にレンダリング
- name: Fill in the new image ID in the Amazon ECS task definition (App)
  id: render-app-container
  uses: aws-actions/amazon-ecs-render-task-definition@v1
  with:
    task-definition: aws/yomilog-ecs-task-def.json
    container-name: ${{ env.CONTAINER_NAME_APP }}
    image: ${{ steps.build-image-app.outputs.image }}

# nginxのイメージをタスク定義にレンダリング
- name: Fill in the new image ID in the Amazon ECS task definition (Nginx)
  id: render-nginx-container
  uses: aws-actions/amazon-ecs-render-task-definition@v1
  with:
    task-definition: ${{ steps.render-app-container.outputs.task-definition }}
    container-name: ${{ env.CONTAINER_NAME_NGINX }}
    image: ${{ steps.build-image-nginx.outputs.image }}
```

このステップでは、タスク定義ファイル(`aws/yomilog-ecs-task-def.json`)中のDockerイメージの指定部分を、作成したDockerイメージのURIで置き換えています。そのため、この置き換え元となるタスク定義ファイル(`aws/yomilog-ecs-task-def.json`)を準備します。

AWS マネジメントコンソールでECSのダッシュボードを開き、**[タスク定義]** - **[yomilog-web-app]** - **[yomilog-web-app:<最新のリビジョン>]** をクリックします。タスク定義の詳細画面が表示されるので、**[JSON]** タブをクリックし、**[JSON のダウンロード]** をクリックしてタスク定義のJSONファイルをダウンロードします。

▼タスク定義の JSON ファイルをダウンロード

ダウンロードしたファイル名を `yomilog-ecs-task-def.json` とし、`aws` ディレクトリを作成して、`aws/yomilog-ecs-task-def.json` に配置してください。このJSONファイルでは、

taskDefinitionArnやrevision、また未設定の項目などは削除しても構いません。
以下のサンプルコードのファイルを参考に、不要な項目を削除してください。

ファイル	説明
aws/yomilog-ecs-task-def-sample.json	タスク定義のサンプルJSON

デプロイ・ワークフローを実行するのに必要な設定は以上です。追加したファイルをコミットして、GitHubにpushしてください。

▼ファイルのコミットとGitHubへのpush

```
$ git add .
$ git commit -m "Add ecs deploy workflow"
$ git push
```

● デプロイ・ワークフローの実行

GitHub Actionsを実行する準備が整ったので、ECSのデプロイ・ワークフローを実行してみましょう。

GitHubの「読みログ」リポジトリを表示し、画面上部の **[Actions]** をクリックします。続いて左サイドメニューのワークフローから **[Deploy to Amazon ECS]** をクリックします。そして **[Run workflow]** というプルダウンがあるのでクリックすると「Use workflow from」でブランチを選択できますが、今回は「Branch: main」のままとします。

そして **[Run workflow]** をクリックすると、ワークフローが起動します。

▼ワークフローの手動実行

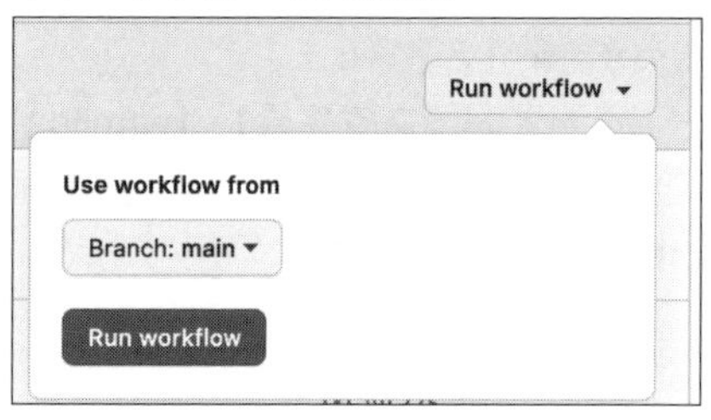

ワークフローが成功したら、実際にリソースが更新されているか、AWS マネジメントコンソールで以下のような内容を確認してみましょう。

- ECRのリポジトリにイメージがpushされているか
- ECSのタスク定義(yomilog-web-app)に新しいリビジョンが追加されてるか
- CloudWatch Logsのロググループ yomilog-task にDBマイグレーションのログが出力されているか

● ECSサービスでタスクを起動

デプロイ・ワークフローによりECRにDockerイメージが登録され、ECSのタスク定義も更新されました。しかし、ECSサービスの「必要なタスク数」が「0」なので、まだタスクは起動していません。ECSサービスの「必要なタスク数」を増やしてタスクを起動しましょう。

AWS マネジメントコンソールでECSの画面を表示します。そして「クラスター」から「yomilog-cluster」をクリックします。

▼クラスターの選択

さらに **[サービス]** タブで「yomilog-service」をクリックします。

▼サービスの選択

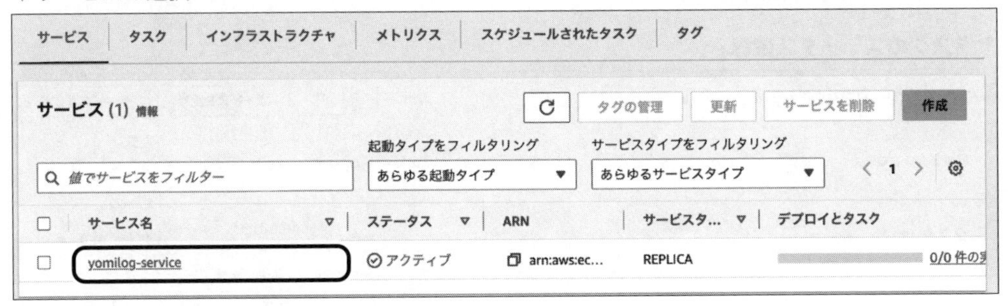

続いて **[サービスを更新]** をクリックします。

▼サービスを更新

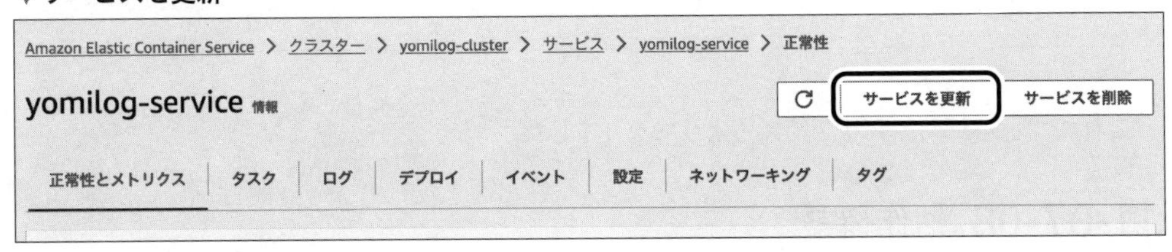

「デプロイ設定」の「必要なタスク」を「2」に修正して **[更新]** をクリックします。

▼必要なタスク数を更新

デプロイ設定

□ 新しいデプロイの強制

タスク定義
既存のタスク定義を選択します。新しいタスク定義を作成するには、タスク定義 にアクセスしてください。
□ リビジョンの手動指定
選択したタスク定義ファミリーに最新の 100 個のリビジョンを選択する代わりに、リビジョンを手動で入力します。

ファミリー: yomilog-web-app
リビジョン: 10 (最新)

サービスタイプ
REPLICA

必要なタスク
起動するタスクの数を指定します。
2

最小実行タスク % 情報
サービスのデプロイ中に許可される実行タスクの最小率を指定します。
100
値 (%)

最大実行タスク % 情報
サービスのデプロイ中に許可される実行タスクの最大率を指定します。
200
値 (%)

[タスク] タブを表示するとタスクが2つ表示されるので、「前回のステータス」が「実行中」になればタスクの起動は成功です。

▼タスクのステータス確認

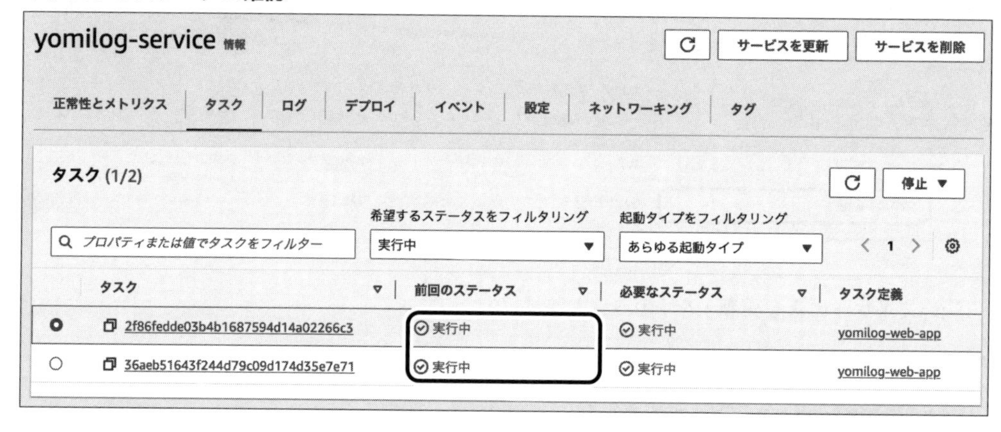

これで「読みログ」アプリが使えるようになりました。

11-07-08 動作確認

それでは、実際に「読みログ」アプリが公開されたか、動作を確認しましょう。

CloudFormationのマネジメントコンソールで、`yomilog-service` のスタックを表示します。**[出力]** タブ「ALBDNSName」の値が、そのまま「読みログ」アプリのURLのリンクになっているのでクリックします。

▼「読みログ」アプリのURL

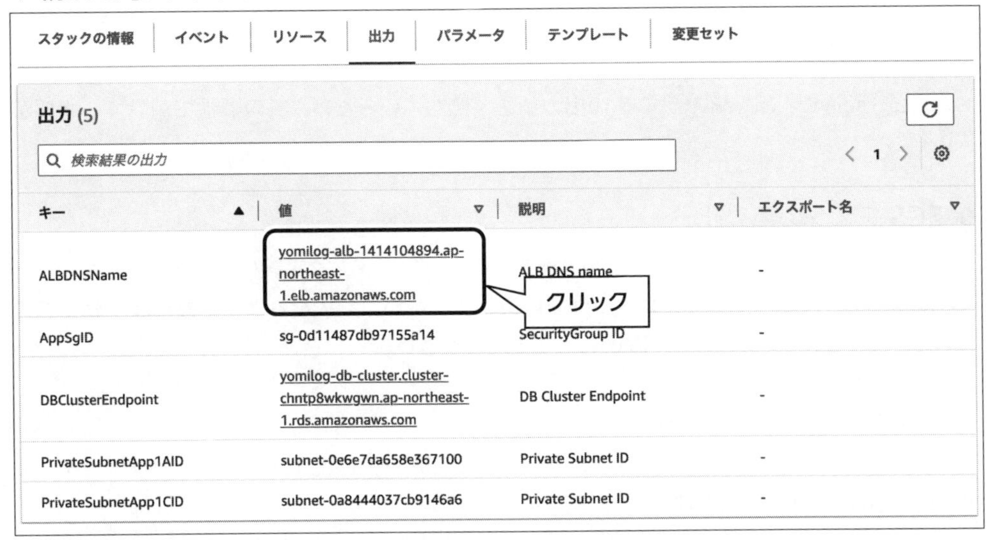

「読みログ」アプリの画面が表示されたら公開成功です。いろいろ触って動作するか確認してみましょう。

▼公開された「読みログ」アプリ

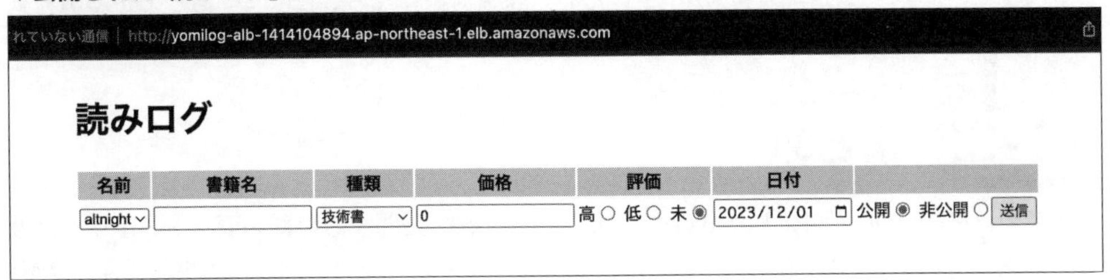

なお、今後このアプリを改修した場合、改修したコードをGitHubにプッシュし、ECSへのデプロイ・ワークフローを実行すれば、改修したアプリがECSにデプロイされます。

11-07-09 作成したリソースの削除

ハンズオンが終了したら、余計な課金を避けるためにリソースを削除しておきましょう。削除対象は以下の通りです。

● CloudFormationのスタックの削除

CloudFormationのコンソールでスタックを削除すれば、そのスタック内のリソースが自動的に削除されます。スタックを次の順番で削除してください。

1. yomilog-service
2. yomilog-iam

`yomilog-service` は `yomilog-iam` の出力値を参照しているため、この順番で削除する必要があります。

● ECSタスクの無効化

スタックを削除しても、GitHub Actionsで更新したECSタスク定義はそのまま残ります。こちらは残っていても特に課金されるわけではありませんが、気になるようであれば手動でタスク定義の各リビジョンを「INACTIVE」に変更してください。

● パラメータストアの削除

「パラメータストア」も手動で登録したためそのまま残っています。こちらはパラメータストアの画面から登録した値を削除してください。

● S3に保存されたCloudFormationのテンプレートファイルの削除

CloudFormationのスタック作成・更新時にアップロードしたテンプレートファイルは、実はS3に保存されています。そして、スタックを削除しても、テンプレートを格納したS3はそのまま残っています。これらは容量が小さいため、課金対象になることはまずありませんが、気になるようであれば手動で削除してください。

11-08 まとめ

本章では、Djangoで開発したWebアプリケーションを公開するのに必要なミドルウェアの設定や環境構築、デプロイ方法について解説しました。そして、ハンズオンで実際に「読みログ」アプリをインターネット上に公開しました。

開発から本番環境への公開までに、Webアプリケーションは複数の環境で実行されます。そこで、環境ごとにWebアプリケーションの設定を変える方法として環境変数の利用を推奨し、それに役立つパッケージも紹介しました。

また、公開したWebアプリケーションは高速かつ安定した動作が求められます。そのために必要なアプリケーションサーバーとしてgunicornを紹介し、リバースプロキシについても解説しました。

そして、環境構築やデプロイ作業を自動化する手段としてCloudFormationやGitHub Actionsなどを紹介しました。これらの自動化サービスを活用することで、機能改修やバグ対応時に迅速かつ安定したデプロイができるようになります。これによりプロジェクトの生産性や品質も向上するため、環境構築やデプロイ作業は自動化をおすすめします。

Chapter

12 テストを味方にする

皆さんは、開発していてこんな経験をしたことはありませんか？

・どんなものを作ればいいのか曖昧なまま手探りで開発を進めてみたら、後から「想定していたものと違う」と言われて、結局作り直すことになった。
・仕様書があるのでその通りに実装したら、結合テストの段階になって周辺機能と繋がらずに障害が続出した。

本章では、開発の各プロセスにテストの視点を導入し、開発中に起こるこういった問題を解決、または回避する方法を提案します。開発の初期段階からテストを意識し、何を考え、何を見る必要があるのかを知ることで、開発を行う上での一助になれば幸いです。

MEMO

本書の主題はPythonによる開発手法であるため、テスト個々の具体的な手法については解説しません。

12-01 現状認識：テストを取り巻く環境

皆さんのまわりで、テストはどのように扱われているでしょうか。大事だと頭ではわかっていても、なかなか時間を確保することができないというのが実情ではないでしょうか。

プロジェクトの性質、取引先・パートナー・マネージャーの方針などさまざまな要因によって左右されるので、思い通りにテストの時間を取れないこともあるでしょう。その結果、予定していたスケジュールが諸々の事情によって短縮・削除されてしまうことも起こり得ます。

炎上プロジェクトになってしまった場合は特に、どこから手をつければ良いのかわからないという状況も多いのではないでしょうか。

テストは作業の性質から外部の状況に影響を受けやすいので、以下のようなさまざまな理由で困難な状況に陥ることでしょう。

- 時間がない
  - テストの期間が短縮される
  - 作業を合意した関係者間で「テスト」が示す範囲に認識違いがあったため、作業内容が大幅に増えた

- 資料がない
- 人手が足りない
- 必要な環境の用意がない
  - テスト実施可能な環境(ステージング環境)
  - テストデータ
  - テスト用端末(携帯端末など)
- 予定の時期に開始できない
  - テスト開始時期になっても実装が終わらない

これらはテスト担当者の責任ではありませんが、テスト担当者はこのような状況下でもできる限りのことをしていく必要があります。このような状況下でテストを進めるにあたっては、必要な情報を効率よく集めて活用することが大切です。

とはいえ、テストにかかわる人が参画する・できるのは佳境に入ってからになることが往々にしてあるので、後から情報を集めて回るのはなかなか大変です。後々テスト担当者が参画することがわかってるときには、あらかじめプロジェクトの情報が集まる場所へアクセスできるようにしておくことをおすすめします。

たとえば、**4章 チーム開発のためのツール**でもふれられているslackチャンネルやRedmineへアクセスできるようにしておくと、全体の進捗具合やメンバー間の雰囲気などを大まかにつかんでおくことができます。**7章 開発のためのドキュメント**で触れられているドキュメントが集まる場所へのアクセス権限を付与しておけば、情報の集まりを事前に確認しておけます。

また、事前に背景情報や手がけるサービスにまつわる業界の慣習などを予習しておくと、テスト担当者は参画後スムースにチームの中に入っていけます。

実際に参画したタイミングでは、ここまでの状況を手短に共有する会合を30分から1時間程度で開催するとよいでしょう。その場では良い情報も悪い情報も包み隠さず共有し、今後の進め方を柔軟に検討しましょう。

12-02 開発の各プロセスへのテスト導入

テスト工程にかけられる時間が少ない時でも、なるべく時間をかけずに各フェーズを効率良く進めていくために、プロジェクトが始まったらできるだけ早くテストの視点を導入しましょう。開発においては、工程が進むにつれ修正や変更に大きなコストがかかるようになってしまうからです。正しい状態を定義して、そこから乖離しているものを見つけて改善への道を作ることが、テストの視点になります。最近では早期テスト、シフトレフトなどと呼ばれています。

たとえば、初めての場所へ出かける時を想像してみてください。地図を見て、現在地と目的地を確認してから歩き出せば大筋の方向は合っていますし、仮に間違えてもすぐに引き返せます。要所要所で現在地を確認すれば、次の交差点で補正するなりの対策をとることができます。しかし、何も確認せずに何キロも歩いてしまった場合、ふと地図を見た時に間違いに気づいても、正しいゴールはおろかスタート地点に戻るのも困難です。システム開発においてもそれは同様で、背景や目的を正しく理解してからプロジェクトを始め、なるべく初期の段階で間違いに気づいて軌道修正することが重要になってきます。

プログラムをテストするときだけでなく、要件定義や設計の段階からテストの視点でプロジェクトを見ることは、開発初期段階の誤りを修正するのに有効です。

次項から、開発の流れに沿って各フェーズにおけるテストの視点の使い方について説明していきます。

12-02-01 見積もりについて

ここでは、テストに関係する工数見積もりについて説明します。算出された時間を元に見積書の金額が作られることはありますが、お金の話はここでは割愛します。

テスト依頼者からテスト担当者に「テストをしてください」と言われたとき、作業として含めておきたいことは以下が挙げられます。

- 調査（業界研究や仕様の確認を含む）
- テストケース作成
- テストデータ準備
- ステージング環境準備
- テスト実施
- 修正（依頼）
- 修正後確認　他

しかし、テスト依頼者に同様の認識がない場合、1度のテスト実施だけやケース作成までを作業範囲として考えていることがあります。

テスト依頼者と受ける側の間で認識がずれるとのちに問題となりますので、どの範囲までの作業を求められているのかは、テスト担当者は先に確認しておきましょう。

特に、調査やデータ準備、修正後の確認は関係者の協力がいるので、なかなか思い通りには進みません。周囲の状況も確認しながら進めましょう。

テストデータの準備については、作成したテストケースを網羅できるようなデータを作る必要があります。誰が用意するのか、いつ頃までにどのようなデータが必要かが決まるのか、実際にデータを用意するのにどのくらい時間がかかるのか、を確認してください。

【テストデータを用意する人の例】

- 開発者
- テスト設計者
- テストの依頼者（企画者、開発の発注者、など）

そのほか不確定要素を考慮して、想定した時間の大体1.5～2倍くらいで見積もっておくとちょうど良い塩梅になると思ってください。この数値はあくまで私たちの実感なので、何度か試してみて調節するとよいでしょう。

逆に、自分の想定より少ない日数での依頼であれば、求める品質に対して期間が不足していることを丁寧に説明して、作業内容を調整します。

- 減らせる作業はないか(事前調査のための資料がすぐに入手可能、データの準備がすでにできている、など)
- 範囲を絞れないか(機能ABC → 機能AC)
- テスト内容を減らせないか(機能ABCすべて確認するが、正常系優先で異常系が終わらなくても良いとする、など)
- 納期を延ばす(具体的に追加したい日数と、その期間でできることを伝えると話がしやすい)

作業内容の見直しをしてもプロジェクトとして必要最低限確認しなければいけない内容を満たせないと判断したら、早めに相談してください。テスト依頼者とよく話し合って、外してはいけないポイントは必ず確認しておきましょう。

12-02-02 ドキュメントのテスト(レビュー)

ドキュメント類のテストは一般的に**レビュー**と呼ばれます。レビューを丁寧に実施することで、認識違いによる手戻りや余分な機能を実装してしまうことを防止します。レビュー時間が取れない場合でも、実装やテスト設計を始める前に、簡単で良いのでドキュメント全体に目を通しましょう。

ドキュメントには、さまざまな種類があります。一例を紹介すると、以下のようになります。

【主なドキュメント】

- 要求仕様書
- 要件定義書
- 基本設計書
- 詳細設計書
- テーブル設計書
- テスト仕様書/テスト設計書

ドキュメントは大きく分けて、あるべき姿を決めたもの(要求仕様・要件定義など)と、それを実現するためのもの(基本設計書・詳細設計書など)、データの取り扱いについての取り決め(ER図・テーブル定義書など)に分類できます。これらは、それぞれに異なる目的や役割がありますが、本項では個別には取り上げず、すべてレビュー対象として扱います。

ドキュメントのレビューの際よく発生する問題点として、以下のようなものがあります。

- 更新されておらず、記述内容が古い
- 未確定事項が不明

- 記述が曖昧

記述が古いものや誤っているものについては、見つけたタイミングで地道に更新し、定期的な見直しを実施していきましょう。作成したドキュメント類は、ソースコードと同様にバージョン管理の対象に含めてしまうのが有効なこともあります。

そのほかの問題については、以下のような方法で1つずつ解決していきましょう。

● 未確定事項は「未確定」と明記する

各ドキュメントは、プログラムやテストの正しさを担保する重要な指標となりますので、過不足なく記載されていることを確認していきましょう。特に新規プロジェクトや新機能を開発する場合には、何が必要なのか、何を決めなければいけないのかなどが曖昧なことも多いかと思います。そのような時は、該当する部分が不明確であることをはっきりさせ、ドキュメントの対象箇所に「未確定」と印をつけるのが有効です。未確定な項目を明確にすることで、後から決めなければいけない項目が残っていることを可視化しましょう。

具体的には次のように進めます。ドキュメントを受け取ったら、いきなり作業を始めようとするのではなく、まずは最後まで目を通してみます。そこでパッと目についた疑問点や、確認が必要そうなものはメモしておきましょう。一通り目を通したあとはメモを読み返して、この時点で解消された点は確認対象から外します。最後に残った項目を課題として、該当箇所への参照ができる形でリスト化します。

記述の抜け・漏れをなくす上で残課題の可視化は必須です。「何がわからないのかがわからない」という状況は早急に解消しましょう。未確定な項目を記載する時には、確定させるために必要な条件を書いておくと後から見返した時に確認が容易になります。

また、ドキュメントに記載されていないことを探すのは難しいですが、そのような時は2つの有効な探し方があります。

1つは、一段階前のフェーズのドキュメントを調べて、書き漏れなどがないか確認することです。各ドキュメントの元となるのは前フェーズのドキュメントなので、見比べたときにずれがある場合はどこかに漏れがあるはずです。

もう1つは、機能・画面・データの流れなどに繋がりのあるもの同士を並べて矛盾がないかを確認することです。ドキュメントを見比べてつながっていない場合は、やはりどこかに問題がある可能性が高いでしょう。

【不明点をなくす】
- 決まっていないことは、対象のドキュメントに「未確定」と記載してリスト化する
- 「未確定」と記載する場合は、確定させるための条件を添えておく
- 1つ前のフェーズのドキュメントを見て、項目が揃っていることを確認する
- 機能・画面・データの関係を意識して、正しく繋がることを確認する

● 解釈の余地のない記述を心がける

ドキュメントは、誰が読んでも同じ理解を得られるよう、余計なことを書かない/必要なこと

をしっかりと書くことを心がけましょう。

一通り読んでみたが曖昧な記述がある、という状況は、何が正しいものであるのかを出し切れていません。たとえば、以下のような説明は曖昧な記述とみなします。

- 同じことを表現していると思われる部分で違う言葉を使っている(表記ゆれ)
- 「○○など」「○○程度」など、リスト化すべき部分がはっきり決まっていない
- 数値の推移の幅や上限/下限が不明(1～10と書かれた場合、1、2、3…なのか1.0、1.1、1.2…なのかわからない)
- 数値化・記号化できるものを文章で書いている(～より大きい、以上/未満など)

このような書き方は、実装の際に解釈の入り込む余地を生み、意図していたものと異なる実装になってしまう可能性が高くなります。

改善していくには、まず、同じものを表す言葉は1つに決めて、必ずその言葉を使うようにしましょう。言葉が統一されると、共通認識となります。業務中の会話や打ち合わせのやり取りなどでも意識するようにすると、効果が高いです。リスト化する必要があるものは、必ずリスト化し、全項目を記載します。リストは一か所に集約し、それを参照する必要がある箇所にどの資料を見ればわかるのかを記載しておくと、変更があった場合に修正の手間が軽減されます。

数値の推移の幅についても、なるべく記載しましょう。上限/下限も同様です。入力内容に制限をかける必要の有無や項目の表示幅など、デザイン面にも影響があります。

数値化・記号化できるものは、文章ではなく具体的に数値や記号で表現すると、文章よりも正確に伝わります。

曖昧な記述を見つけた時、それが数カ所程度であれば、発見した段階で各方面と情報共有し、該当する箇所を修正すれば統一作業は完了です。しかし、曖昧な記述があちこちに散見される場合は注意してください。自分の手元にある一通りのドキュメントを含めて確認し、同様の状態になっていたら、検討が不十分なまま進んできてしまった可能性が高いです。プロジェクトの責任者にすぐ相談しましょう。場合によってはプロジェクト全体の進捗に関わる可能性があります。

【曖昧な記述をなくす】

- 同じことを表現する言葉は1つに決めて、記述を統一する
- 「○○など」「○○程度」などの記述は、全パターンを記載する → A.○○、B.□□、C.△△というように記載する
- 数値化・記号化できるものは文章で書かない →「>」「<」や「≧」「≦」のような記号や具体的な数値に置き換える
- 数値の推移の幅は付属情報として追記する。上限/下限も同様

各ドキュメントのレビューが正しく実施されていると、後のフェーズで悩んだ際の拠り所となります。プログラムを作り始める前に一手間かけることで、以降の時間を有効活用しましょう。

12-02-03 テストを設計する(インプットとアウトプット)

テスト設計は、遅くとも実装と同じタイミングには実施します。

プログラムに求められる堅牢性やリリースまでの日程などを考慮しながら、各テストフェーズでの方針とふさわしい粒度を決定し、それに沿ってテストを設計し、テスト設計書としてまとめましょう。仕様に変更があれば、テスト設計書は書き換えなくてはなりません。そのため、なるべくテスト項目を追加・削除しやすいようなフォーマットで作成しましょう。

テストには、保証内容・目的によってさまざまな種類があります。作成されたプログラムに対して、さまざまな角度からテストすることで、より障害の少ないものとするためです。また、それぞれ元となるドキュメントがあります。

ドキュメント	テスト	保証内容/目的
機能要件	システムテスト (総合テスト・通しテストとも)	最終的にすべてが過不足なく動作する
非機能要件	性能テスト・負荷テスト	利用者がストレスなく扱える
基本設計	結合テスト (内部結合/外部結合)	各機能同士の連携ができている
詳細設計	単体テスト	当該機能が過不足なく動作する
(実装)	(動作確認)	実装者の想定通りに実装されている

この時、テストをどれだけ楽に設計できたかということは意識してください。各ドキュメントに記載されている内容(= 正しい状態)を確認してテストの実施項目にしていくため、この時点でドキュメントの問題点がわかります。テストを楽に設計できるのが、良いドキュメントです。前項ドキュメントのテスト(レビュー)で説明したような問題が散見される場合は、ドキュメントのレビューを再度実施するのがよいでしょう。

テストの設計時に発生する問題点としては、以下のようなものが挙げられます。

- ドキュメントの記載内容に問題がある
- 元となるドキュメントが存在しない
- 何をどの程度書けばいいのかわからない
- テスト設計の時間が足りない

ドキュメントそのものに問題がある場合は、テストの設計を始める前にドキュメントを確認し、レビューを実施することで解決します。「時間がないから」と、ドキュメントの更新をせずにテスト設計だけを最新仕様に合わせて作成・更新することは避けてください。あとからテスト設計の根拠を客観的に説明できなくなってしまうからです。ドキュメントを更新することで関係者に最新の情報を共有できるというメリットもあるので、時間をかけてでもしっかり更新することをおすすめします。

そのほかの問題については、1つずつ改善していきましょう。

● テストの目的をはっきりさせる

テストの項目は､書こうと思えばいくらでも項目を増やすことができてしまいます。そのため、テストで保証しなければいけない点(＝テストの目的)を意識して、大事なところとそうでないところの区別をつけましょう。自分が手がけているテスト設計がどのフェーズに相当し、何を保証すべきなのかを意識するよう心がけましょう。他のフェーズで確認するべき内容を記載すると、テスト項目が重複して無駄な時間となってしまいます。できるだけ最小の項目数で最大の効果をあげられるように意識すると、無駄なテスト項目を減らせるでしょう。

また、テスト設計が文章の形で表現しづらい場合は、別途表を作ることで楽にまとめられます。パターンの記載がある場合などは、テスト手順をテスト設計書の中に書き、パターンを別紙の表にまとめると、見た目もすっきりして確認漏れも防ぎやすくなります。1つの形にとらわれず、その項目をテストするのにふさわしい形式で作成してください。

なお、1つの項目で確認する内容は必ず1つに限定します。たとえば、ボタンをクリックするとデータベースにデータが書き込まれるといったケースでは、レコードが作成されることと、各項目の保存内容が正しいことは項目を分けて書きます。そうすることで、実施時にOKかNGかの判定が容易になります。

【何をどの程度書くのか】

- そのテストで保証しなければいけない点(＝テストの目的)を意識して、大事なところとそうでないところの区別をつける
- 他のテストで保証すべき項目は書かない(重複させない)
- 文章の形で表現しづらいものは別に表などを作る
- 1つのテスト項目で確認する項目は1つにする

● 重要な部分から書き始める

リリースまでの残り時間に余裕がないときほど、元となるドキュメントをしっかり確認して、大事な部分からテストケースを書き始めるようにしましょう。ドキュメントを確認せずにいきなり書き始めても、途中で行き詰まります。また、何をどこまで書くか、あるいは書かないかということは常に意識してください。仮に時間切れになっても、大事な部分から先に書き始めていれば、その部分はテストを実施できます。本当に時間が確保できない場合は、チェックしたい観点や方針を箇条書きでメモしておくだけでも、テスト実施時に必ず役に立ちます。

【時間が足りない時】

- ドキュメントをしっかり確認する
- 重要な部分から書き始める
- テスト設計の時間が取れなくても、観点や方針は箇条書きで出しておく

● あるものはすべて情報源となる

特に小規模での開発現場では、ドキュメント類を作成しない、プロトタイプのまま更新が止まっていてドキュメントが実質ないのと同じ、という状況が起こり得ます。

そのような場合は、知りたいことについて知っている人に確認を取りながら進めていきます。その時点である程度動いている動作確認環境があれば、実際に使わせてもらうのがよいでしょう。確認したことは、メモ書き程度でかまわないので共有資料を作っておくと、何かの時に役に立ちます。気になって確認したことはその都度まとめておきましょう。何度も同じことを訊いて確認相手の手間を増やすことも避けられます。

ドキュメントがない時は、テスト設計をしっかり進めると、最終的にでき上がったテスト設計書が仕様確認のための資料として使うこともできるようになります。

【ドキュメントがない時】

- 動いているプログラムを見て、大枠を把握する
- 知りたいことを知っている人に確認する
- 確認した内容はメモを取り、まとめて共有する
- ドキュメントがある時よりも丁寧なテスト設計を心がける

12-02-04 テスト実施フェーズの回し方

プロジェクトの後半戦ということで、とにかく残り時間との勝負になることが多いのがテスト実施の工程です。一般的にテストと言った時に思い浮かぶ部分だと思います。テスト実施を計画的に進め、最小限の労力で最大限の効果を上げていきましょう。テスト実施時には、関連するドキュメント(テスト設計時に元として利用したドキュメント)とテスト設計書を並べて見ながら進めると、不具合を見つけた時に手間なく確認できます。

実際にプログラムのテストを始める時に発生する問題点としては、以下が挙げられます。

- すべてのテスト項目を実施する時間がない
- 不具合が多すぎてなかなかテスト実施が進まない
- 不具合を見つけた時の報告の仕方がわからない
- テスト設計がない

これらも、1つずつ改善していきましょう。

● テスト実施にも優先順位をつける

テスト項目の量が膨大過ぎて、納期までにすべてを実施することができない、全体の優先順位によってテストの全項目実施よりも納期が優先されることは十分にあり得ます。そのような時はどうすれば良いのでしょうか。

まず確認すべきは、その締め切りは本当に延ばせないのか、ということです。テスト期間が短くなるということは、保証できる内容がその分だけ減ります。それはリリース後の障害発生リスクが高まり、信頼低下につながるということです。

本当にそれらを切り捨てても残り時間を優先すべきなのか、もう一度よくプロジェクト全体を考えて再考を促しましょう。

全体のバランスを鑑みて切り捨てる項目を選ぶときは、以下の条件に沿ってテスト項目を洗い出していきましょう。その上で、境界線を決めて区切ります。

- 実装が終わっている機能/未実装な機能
- 実装完了しないとリリースできないもの/最悪できあがらない場合は切り捨ててリリースできるもの
- 細かくテストしないといけないところ/大まかに確認できれば問題ないところ

次に上記で決めた区切りを参考に、優先順位をつけていきます。

- ランクA：既に実装が終わり、ないとリリースできない機能
- ランクB：現時点で未実装で、ないとリリースできない機能
- ランクC：実装状況に関わらず大まかに確認できれば良い/最悪切り捨てても問題ない機能

ランクAとBはリリース時点で最低限必要な機能なので、該当するテストは完遂できる時間を確保してください。この2つのテスト時間が確保できそうにない場合は可能な限り交渉しましょう。

どうしても追加できる時間が捻出できない場合は、機能をより細かく切り分け、切り詰められる所は粒度を調整します。保証範囲を狭めて、外した機能を保証対象外とします。その際は必ずチーム全体で認識を共有し、テスト実施担当者の勝手な判断で行ってはいけません。

ランクCの部分は残り時間と相談して、その中での優先順位の高い順に実施していきます。

ランクCの中での優先順位をつける際は、同じ順位のものを複数作らないようにします。これは、優先度が高い重要なものから仕上げていくために必要なことです。ここで曖昧な順位づけをしてしまうと、切羽詰まった状況になった時に順位を決めた意味をなさなくなります。優先順位をつけることは、線を引いて切り捨てられるようにすることと同義です。「何を保証するか」ではなく、「何を保証しないか」の線引きのための準備なのです。

方針を決めて共有できたら、残り時間を常に意識しながらその中でできる最善を尽くしましょう。

【時間がない時】

- 本当に期間を延ばせないのか確認する
- 優先順位を決めて、必須部分からテストを実施していく
- 優先順位の低い部分は、順番を決めて端からテストを実施する(時間がなくなった時に残項目を切り捨てられるように)
- 非機能要件テストはなるべく早めに始め、継続的に実施する

● 問題が多すぎる場合は一旦大枠でとらえる

いざテストを始めてみたら、完成しているはずの機能がまったく動かず、予定していたテスト実施を進められない。こんな時は、一旦テストから離れてください。

実装フェーズの進捗が認識とずれている場合は、プロジェクト全体の進捗に関わる問題になる可能性があります。早々に情報共有するため、簡単にわかる範囲でリスト化して報告しましょう。実装完了と言われたものの、その品質に問題がある場合は、確認する観点に優先順位をつけます。問題があるからといって1つの機能に囚われていると、全体を確認する時間がなくなります。

① 機能として正しく動くか
② データが正しく表示され、読み書きできているか
③ 非機能的な面の問題
④ デザイン面の問題

大まかに、上記のようにあたりをつけて、優先順位の低い問題は飛ばして次の機能のテストに移ります。優先順位の高いテスト項目を一通り実施したら、改めて優先順位の低い項目のテストを実施していきます。

【不具合が多すぎる時】
- 不具合と未実装の区別をつけ、未実装部分はリスト化して共有する
- テスト実施する項目に優先順位をつける
- 1つの機能に固執し過ぎず、なるべく全体をテストする

● 不具合報告は簡潔に、詳しく

テストを実施していて不具合を発見した時、どのように報告したらよいでしょうか。単に「動かなくなりました」「おかしな動きをします」というだけでは、改修する側もどうすればいいのか見当がつきません。改修対応する側の考えに寄り添って、細かい情報をつけ加えましょう。

- 実施時間
- どの環境で（ブラウザーや端末など）
- 誰が（テスト実施者、あるいはそのシステムにログインしているアカウントなど）
- どんな意図で
- 操作手順
- どんな問題が起こったのか（想定結果との違い）

これらの情報は、不具合を再現するため、あるいは起こった結果の現状を確認するために必要な情報となります。実施時間を報告に含めるのは、プログラムのログから調査を行うためです。特定時間帯にのみ発生する現象かもしれません。

報告する際は、できる限り**エビデンス**（証拠）も残します。画面キャプチャや返却されたエラー

メッセージの内容などがこれにあたります。また、テスト実施時の入力値や実施前後のデータベースの状態も一緒に保存できるとなおよいでしょう。これらは問題が起こった時の調査に大変役立ちます。問題発生時の状況を再現できるか否かは、解決スピードに影響します。

ドキュメント類を確認しても明確に不具合であると言い切れないが違和感を感じるような場合は、ひとまず報告するようにしてください。一人で悩むより、チームの力を借りるほうが早く解決できます。また、そういう判断が難しいものは、設計段階での大きな問題が潜んでいる可能性があります。

【不具合を見つけた時】

- 状況をなるべく詳しく記録して報告する
- エビデンスはできるだけ残す
- 障害かどうか悩んだときは、自分で判断しないでまずは報告してみる

障害は見つけただけでは品質は上がりません。報告して修正して修正内容が正しいことを確認して、初めて品質が上がります。開発者が気持ち良く修正作業に取り掛かれるように、報告・修正依頼には工夫が必要です。「バグを憎んで人を憎まず」の精神で、客観的な事実を中心に、推測や可能性は事実とは分けて記載し、感情は書かないようにしましょう。以下のようなことはしてはいけません。

- プログラマーの人格攻撃
- 報告にネガティブな気持ちを乗せたコメントを書く
- 高圧的な指示

テスト実施者からしたら気分が高揚するような珍しい障害を発見しても、開発者からするとショックを受けるものです。謙虚、尊敬、信頼の気持ちを持って丁寧に報告し、協力して障害の解決に向かいましょう。

● テスト設計がなくても方針は共有する

全体の規模感やリリースまでのスケジュールによって、テスト設計をあえて用意しない場合と、本来用意すべきであるけれど用意できなかった場合があります。

テスト設計の項でも触れましたが、本当に時間が確保できない場合でも、このプロジェクトで保証すべき観点や方針だけは確認しておきます。その上で、実施時の優先順位に沿って、障害があった時に大きな問題になりそうな箇所から進めていきます。テストを始めてから、思ったよりも複雑で手詰まりになるようでしたら、箇条書きでも項目を洗い出しましょう。

【テスト設計がない時】

- 観点や方針は確認・共有する
- 問題になりそうな箇所から優先的に進めていく
- 複雑すぎてテストが難しい場合は、確認項目の洗い出しをする

12-02-05 チームでテストする(方針の共有、ツール導入)

チームを組んで作業するときには、ここまで書いてきた内容に加えて、共同作業における工夫をするとなおよいでしょう。複数人で作業を進める際、一人で作業を進める時とはまた別の注意点が必要となります。基本的な考え方は前項までに書いた通りなのですが、それに加えてチーム内でも情報共有が大切です。

直接システムにかかわる要件や仕様などのことだけでなく、全体のスケジュール感や実装者・テスト担当者同士の進捗なども共有するべき情報として扱いましょう。仕様理解については、できればテスト担当者全員が全体に対して同様に深めるのが理想ですが、そうもいかない場合も多くあります。そういう場合は、俯瞰してある程度大きな枠で担当範囲を区切って作業を分担するとよいでしょう。

例えば、機能が10個あるとして、機械的に割り振るのではなく、機能間のつながりや運用上近い位置にある機能群をまとめて分割してから担当を決める、といった具合です。テストケースを作成する際にはチーム内で話し合って共有するべき方針を決めて、ケースの粒度を揃えましょう。

その際、以下の点に注意します。

- 使う言葉は統一する (固有の言葉だけでなく、「クリック or 押下」などもできる限り揃えるのが望ましい)
- ケースを起こす基準も統一する

また、ケースを作成した時は、設計や実装同様に相互レビューしましょう。お互いに足りなかった観点や抜け漏れ等に気づきやすくなります。レビューをすることで、自分が担当していない機能や画面についての理解も深まります。また、実施するときは作成者と担当を入れ替えると、意外な気づきを得ることがあります。余裕があるときは試してみると面白いと思います。

作業の共有にあたってはツールを使うと便利に進められます。ビープラウドでは複数人でテストフェーズを進める場合、テスト管理ツールのCAT※1を利用しています。

CATを利用することで、以下のようなメリットがあります。テストの管理に特化していますので、スプレッドシートに計算式を入れて管理するよりは効率よく管理できます。

- ケース数や実施率を可視化できる
- 誰がどのケースの担当なのか一目でわかる
- (複数プロジェクトを担当する場合)プロジェクトごとにまとめられる

逆に、以下のようなデメリットもあるので、採用するかはご自身の周囲の事情と照らし合わせて検討してください。

※1 CAT : https://www.catcloud.net/

- 決まったフォーマットなので、変則的な形のケースを作りたい場合は扱いづらい
- アカウントを持っていない相手にリアルタイムで情報共有しづらい（ダウンロードは可能）
- ユーザー数が10名より多くなると有料になる

12-03 自動E2Eテストツールについて

12-03-01 自動E2Eテストツールを導入する目的

近年、品質への関心が高まっており、それに伴い画面上からの操作をしながら総合的なテストを繰り返し実施できる自動E2Eテスト(End to End テスト）への需要も高まっています。これまでは、自動E2EテストというとSelenium や Playwright などのツールを用いて実装同様にコーディングするのが代表的でしたが、最近は操作をそのまま記録する形でシナリオとして保存してくれる便利なサービスが出てきています。それらを上手に活用すると、効率よく回帰テストを実施することが可能になるでしょう。

- 同じケースで繰り返しテストを実施したい
- テストケースを作る技術はあるがテストコードを書く技術がないテスト担当者をアサインしたい
- 繰り返しテスト実施するコストを減らして、効率よく品質を保ちたい

など、導入を検討しているシステム・サービスやプロジェクトのためになるのかは、よく検討しましょう。

12-03-02 自動E2Eテストツールのメリット・デメリット

ツール導入の検討に際しては、テスト作成、実施の方法ごとによるメリット・デメリットを比較して、適した方法で進めるのがよいでしょう。

大まかに3パターンほどが考えられるかと思います。

手動でテストケース作成、手動で実施

- メリット
  - 簡単にケースを作成できる
  - ちょっとした画面の変更ならその場で修正しながら実施を進められる
- デメリット
  - 何度もテスト実施すると都度手間がかかる
  - 過去に作成したケースを紛失しがち

手動ツールでテストコードを作成、自動で実施

- メリット
  - テストコードを自由に書ける
  - 繰り返しテスト実施できる
- デメリット
  - テストコードを作成するのにプログラミングの技術が必要
  - 画面に小さな変更が入るたびに追従する必要がある

自動E2Eテストサービスでケースを作成、自動で実施

- メリット
  - プログラミングの技術がなくてもテストケースが作成できる
  - 繰り返しテスト実施できる
  - サービスにより小さな画面変更ならある程度追従してくれる
- デメリット
  - 常に大きな変更が加わるようなシステムの場合、ケース作成の労力にテスト実施回数が見合わない
  - サービスにより環境などに制限があるため、利用したい環境が対象外の場合がある

まとめると、期間限定のサービスであったり見た目が安定せずに追加・変更を繰り返しているようなシステムではあまり向かず、逆に業務管理のような一度決まると長期にわたって運用されるようなシステムでは自動E2Eテストサービス導入の効果が高くなることを期待できます。

12-03-03 サービス選びの基準

前節では、導入可否についてよく検討してから決めたほうが良いという話をしました。導入すると決めた場合、どのサービスを利用するかという課題が浮上します。

現在は様々なサービスが存在しますが、以下のような観点に沿って検討すると自分たちにあったサービスを利用できるでしょう。トライアルを提供しているサービスもあるので、積極的に試してみることをおすすめします。

- 利用可能な環境の条件が導入検討しているプロジェクトに求められるものと合致しているか
  - ブラウザーでの利用可否、可能な場合の種類やバージョンのバリエーション
  - アプリでの利用可否、可能なら対象のOSバージョンなど
  - モバイル端末向けの設定など

- テストケース(シナリオ)の作成方法
  - 操作手順からある程度のシナリオを起こしてくれるようなサービスもある
    - うまく情報が拾われない場合のフォローの仕方も確認する

- テスト実施結果の確認方法
    - 大抵のサービスはシナリオごとに実行した結果をまとめたページが用意されている
        - 実施結果を外部サービス (slackなど) に通知してくれるものもある
        - NG箇所の前後の様子を録画で確認できるか、なども確認すると良い

- 料金形態
    - ユーザー数、シナリオの数やテストの実行回数、対象ブラウザーの種類などいろいろなケースがある
        - 導入を検討しているプロジェクトで支払い可能な範囲で目標が達成できそうかを確認する

日本でよく使われるサービスとしては、Autify※1 MagicPod※2 などがあげられます。

Autify は、Webブラウザーに特化した自動E2Eテストサービスです。パソコンだけでなくモバイル端末用のブラウザー含めて様々な種類のブラウザーでのテスト実施をサポートしています。人間が操作した内容を記録して、テストシナリオとして登録、繰り返しの実施が簡単にできます。テストシナリオ実行時の様子を常時確認はできませんが、結果確認から重要な箇所については詳細の確認が可能です。

MagicPod は、Webサービスだけでなくモバイルアプリにも対応しています。操作は、対象アプリの画面上から項目を自動で取り込み、その項目を選択していく形でシナリオを作成できます。

どちらも、多少の仕様変更についてはAIが自動判定してシナリオの修正ができるとうたっています。それぞれ異なる特徴がありますし、ほかにも自動E2Eテストサービスを提供しているところはいくつかあるので、検討するのが良いと思います。

12-03-04 自動E2Eテストとのより良い付き合い方

ここまで、自動E2Eテストサービスの導入についてお話ししました。

大切なのは、あくまで目的は品質の維持・向上のための一手であるという考えを忘れないことです。導入して満足して終わりではなく、実施結果を受けてシステムに適切なフィードバックをすること、テストシナリオのメンテナンスを続けてくことが大切です。NG項目は報告して改修をうながし、シナリオも同様に改修します。継続してこそ価値が上がっていきますので、気負わず、けれどもゆるまず続けていきましょう。

※1 Autify : https://autify.com/ja/
※2 MagicPod : https://magicpod.com/

12-04 まとめ：テストは怖くない

テストの視点をプロジェクトの早い段階から導入することで改善できる、いくつかの点について述べてきました。

正しい状態を確認し、そこから外れたものはないか調べ、外れていた場合正しいものにするにはどうしたら良いのかを考える。このような考え方や確認すべき事項など、プログラムを組む際に転用できることがあるのではないかと思います。

この章で紹介した例は手動・自動かかわらずテスト全般に適用可能です。本章で説明した自動E2Eテストのシナリオ作成や、自動テストコードの実装などに対しても、手を動かす前に検討することとして共通で使える考え方になっているはずです。テストによって担保できることはさほど多くありません。限られた範囲内についての保証をする以上のことはできず、完全に正しいことは保証できません。テストで「ここに障害がある」ことは証明できても、「ここには障害はない」ことは証明できないからです。

また、設計者、実装者、テスト担当者も人間である以上、意図しないミス、あるいは考え違いはあるでしょう。どんなに慎重にことを運んでいても、問題が起こる可能性はゼロにはできません。テストは、無計画に行えば時間を浪費する割に得るものも少ないですが、計画的に行えばより良い物作りへのアシストになります。開発行程の後半部分で焦点が当たることが多いため、設計や実装と比べてなかなか目の届きにくい分野ではありますが、是非プロジェクトの初期段階から意識して取り入れてみてください。恐れることなくテストと上手に共存して、より良い開発ライフを送ってください。

リリース後を見据えて

第4部では、リリース後を見据えた施策に関する話題を扱います。サービス公開後に課題となるパフォーマンス計測と改善、システムのバージョンアップや追加開発に関する考え方について解説します。

Chapter

13 Webアプリケーションの監視

11章 Webアプリケーションの公開 で紹介したように、近年はAmazon ECSやKubernetes(k8s)のようなクラウドサービスにコンテナ基盤を用意してアプリケーションを動かすことが主流になっています。データベースなどのミドルウェアは設定を変更するだけでCloudWatchにログを出力したり、CPUやメモリ、ディスクの使用率などを簡単にモニタリングできます。しかしアプリケーションが健全に動作しているかどうかを観測できるようにするには、ログを出力するためのコードを記述したり、例外が発生したら通知が届く仕組みを導入する必要があります。

本章では、Webアプリケーションの監視について説明します。死活監視やログの設定、Sentryによるエラー追跡やパフォーマンス監視などの導入を進め、各段階でどの程度改善したのかを見ていきます。アプリケーションとして価値あるものができた後に、速く、安定した稼働ができるようにしていきましょう。

13-01 死活監視を設定する

「アプリケーションが実際に動作しているか」を観測できるようにすることが大切です。実際に運用しているアプリケーションにアクセスしないと動作しているかどうかがわからない状況だと、安定したアプリケーションを提供しているとはいえません。ここではアプリケーションが動作していることを監視し、価値を生み出していくために必要なことを説明します。

13-01-01 外形監視で動作していることを監視する

アプリケーションが動作していることを監視するために、できるだけユーザー目線に近い指標を把握できるようにします。これには外形監視と呼ばれる外部のネットワークからサーバーのURLなどにアクセスし、正常な応答があるか確認することで実現できます。たとえばアプリケーションへのアクセス数が増えてデータベースのCPUやメモリの使用率が高くなっていても、応答時間が許容範囲でやるべき処理が動いているのであれば、ユーザー目線では問題なく動作していると言えます。

サーバーの内部で`gunicorn`や`Celery`のワーカープロセスが期待している数だけ起動していることや、`AWS Console`から確認したCPUやメモリのメトリクスの取得を確認できるのも重要ですが、まずはアプリケーションがユーザー目線で「動いているか」を基準にして通知を送ったり、通知が送られた後の対処を考えるのが有意義です。定期的にアプリケーションが動作しているか確認する仕組みを導入していきましょう。

Chapter 01 Chapter 02 Chapter 03 Chapter 04 Chapter 05 Chapter 06 Chapter 07 Chapter 08 Chapter 09 Chapter 10 Chapter 11 Chapter 12 Chapter 13 Chapter 14 A
Part 1 Part 2 Part 3 Part 4 Appendix

13-01-02 UptimeRobotを導入する

Webアプリケーションが動作していることを監視するのに効果的な方法が、HTTPレスポンスステータスコード、特にHTTP 5XX番台を監視することです。「何が」問題かは教えてくれませんが、「何かが」問題でユーザーに影響を与えていることがわかります。

UptimeRobot※1 という稼働監視のサービスを活用すると、外部からアクセスした際にアプリケーションが正常に閲覧できるかを確認できます。まずは https://uptimerobot.com/ にアクセスして、アカウントを作成してください。監視対象は以下のようになっています。

- HTTP(s): HTTPレスポンスステータスコードを監視
- Keyword: HTTPレスポンスに期待した文字列が含まれているか
- Ping: pingが返ってくるか
- Port: 指定ポートが空いているか

通知先もEmailやSlack、WebHookなど豊富に扱えます。無料版は執筆時点で監視対象を50個まで設定可能で、モニタリング間隔も5分毎から選択できます。アプリケーションにコードを記述したり、インストールする必要がないので簡単に監視を始められます。次の図では、HTTPレスポンスステータスコードをもとに死活監視を設定し、Slackへの通知を追加しています。

▼UptimeRobotの設定例

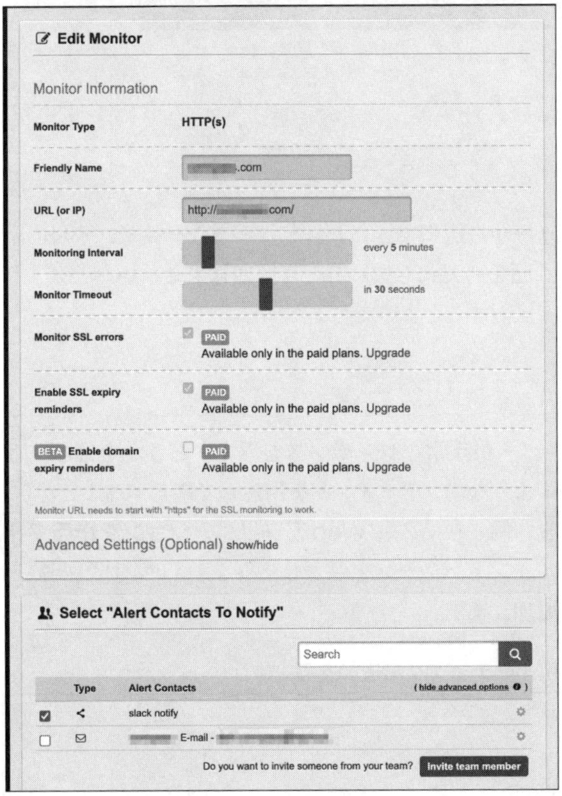

※1 UptimeRobot：https://uptimerobot.com/

設定後にトップ画面に戻ると、ダッシュボードに表示されているサービスの稼働状況が確認できます。

▼UptimeRobotのダッシュボード例

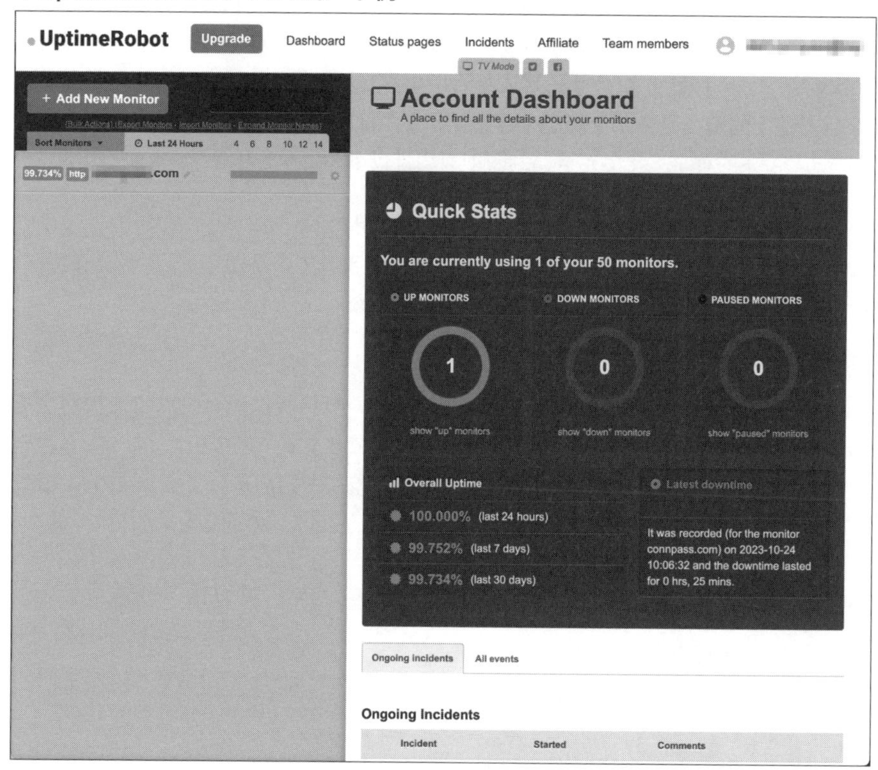

有償版を使うとモニタリング間隔を1分毎から選択できたり、忘れがちなドメインやSSL証明書切れのモニタリング、メンテナンス画面を有効にしているときは通知させないなど、より詳細に通知を設定できます。要件に応じて検討するとよいでしょう。

13-01-03 healthエンドポイントパターン

死活監視の仕組みは、APIやWebサーバーが正常なレスポンスを返すかどうかを確認することにも活用できます。これを `/health` のようなエンドポイントを用意して確認することから、healthエンドポイントパターンと言います。例として**2章 Webアプリケーションを作る**で作成した「読みログ」アプリにhealthエンドポイントパターンを導入してみます。`health()`関数を呼べるように、urls.pyにルーティングを追加します。

▼yomilog/app/urls.py ヘルスチェック用ルーティングを追加する

```
urlpatterns = [
    # ...中略...
    path("health/", views.health, name="health"),
```

```
]
```

続いて、views.pyにヘルスチェック用関数を追加します。

▼yomilog/app/views.pyにヘルスチェック用関数を追加する

```
# 末尾に追加
def health(request):
    from django.db import connection as sql_connection

    try:
        # SQLを使ってデータベースに接続し、SELECTできることを確認する
        with sql_connection.cursor() as cursor:
            cursor.execute("SELECT 1 FROM read_history")
            cursor.fetchone()
        return JsonResponse({"status": 200}, status=200)
    except Exception as e:
        return JsonResponse({"status": 503, "error": e}, status=503)
```

このコードでは`/health`にHTTPリクエストが送られたとき、データベースにアクセスしてクエリが発行できることを確認して、Djangoアプリケーションが正常であることを示すためにHTTP 200 OKを返します。もし正常でない状態だった場合、HTTP 503 Service Unavailableのような500版台のコードを返しましょう。状況に応じたステータスコードを使うことで、レスポンスに含まれる文字列をパースする処理を書かなくても正常に動作しているか確認できます。

上記は簡単な例ですが、外部サービスに依存しているような場合はさきほどのコードを拡張してアプリケーションからの接続状態をチェックできるようにするとよいでしょう。検索サービスにElasticSearchが依存していたり、キャッシュにRedisを使っているような場合は同様に`check_es()`関数や`check_redis()`関数を用意し、実際に接続できるか確認すると稼働状況が確認できます。

すべての動作状況を確認するために`health()`関数にまとめていくこともできますが、healthエンドポイント自体の処理が複雑になっていくと問題があった場合のデバッグが難しくなります。監視をするときには問題がどこにあるのか切り分けしやすくすることも重要です。

Column

セキュリティに対する懸念

複数のエンドポイントを公開しておくと、ユーザーからアクセスされる可能性があります。

もしこれにアクセスしてほしくない場合は、Webサーバーでアクセス制限をかけて、特定のIPアドレスなどからのみエンドポイントにアクセスできるようにして、それ以外からのアクセスはリダイレクトするようにするとよいでしょう。

Part 1 Chapter 01 Chapter 02 Chapter 03 Part 2 Chapter 04 Chapter 05 Chapter 06 Chapter 07 Chapter 08 Chapter 09 Part 3 Chapter 10 Chapter 11 Chapter 12 Part 4 Chapter 13 Chapter 14 Appendix A

13-02 構造化ログを導入する

アプリケーションを運用していく中で、エラーの影響範囲の調査やその対処のために、頼りになるのがロギングです。ログの設計や実装をおろそかにすると、いつ誰がどのような処理を行ったのかがわからないということが起こり得ます。後述する構造化ログを活用することで通常のテキストによるログに比べて検索や解析をしやすいしくみを導入できます。今回はstructlog※1を使った構造化ログを扱う方法を紹介します。

13-02-01 ログはなぜ必要なのか

ビジネスロジックを実装することに注力しすぎて、ログの設計や実装をおろそかにすると、問題発生時のトラブルシューティングが難しくなります。

アプリケーションがいつどこで誰が何を行ったのかを正確に記録することで次の情報が得られます。

- 処理が正常に開始・終了しているか
- エラーが発生した時間
- エラーが発生したユーザーやジョブ
- エラーが発生した場所
- エラーの内容

これらの情報なしで不具合を調査することになった場合、莫大な時間がかかります。自分のローカル環境でプログラムを実装していて不具合を見つけた場合は、トレースバックの情報やデバッガーを活用することで問題解決に取り組めますが、本番環境にリリースされたあとにログやトレースバックの情報なしで問題を解消するのはいかに難しいか想像できるでしょう。調査に時間がかかると、人件費と時間を消費するだけでなく、サービス自体の機会損失にもつながります。運用へ乗せる前に適切なログ出力をアプリケーションに組み込むことで、状況を正確に把握し、不具合などの問題を迅速に解決できるようにしましょう。

13-02-02 構造化ログはなぜ便利なのか

ログの出力形式には以下の2つがあります。

▼ログの出力形式

形式	説明
テキストログ	人間が読みやすい。1つのログはテキスト（文字列）で出力され、grepなどにより該当するログを見つける
構造化ログ	機械が読みやすい。JSON（JavaScript Object Notation）やLTSV（Labeled Tab-Separated Values）の形式で構造化されており、何らかのアプリケーションにより検索・解析する

※1 structlog：https://www.structlog.org/en/stable/

たとえば次のようなログが出ることを考えてみましょう。

```
INFO: 購入処理開始
INFO: 在庫確認API呼び出し
INFO: 在庫引き当てNG
INFO: 購入処理開始
INFO: 在庫確認API呼び出し
INFO: 在庫引き当てOK
INFO: 購入完了
```

このログには日時情報がなく、誰が何をいくつ購入しようとしたのかがわかりません。そのため複数のユーザーが操作した場合、どのログを見れば問題の手がかりになるかわからないでしょう。

ほかにもDjangoで開発している場合、`manage`コマンドのrunserverを使ってアプリケーションを実行します。そのときデフォルトでエンドポイントにアクセスしたときにコンソールにアクセスログを出力しますが、本番環境ではgunicornのようなWebサーバを使っているために期待したログが出力されず、処理が正常に終了されているのかわからないということにもなりかねません。

従来のテキストログではログのフォーマットを指定することによって日時の情報を埋め込んでいました。それによって人間が読める出力を作成しますが、プログラム的に解釈し分析するのは難しい場合があります。これらのログには値が任意に表示される可能性があり、時間の経過とともに形式が変化する可能性があります。

ここで役立つのが構造化ログです。キーと値のペアで、発生するイベントをログに記録できます。ログメッセージに埋め込んでいたコンテキストに応じた情報を、それぞれ独立したフィールドに持たせることができ、あとから解析しやすくなります。次節以降でPythonのロガー実装とstructlogによる構造化ログを見比べてみましょう。

13-02-03 基本的なログ出力

Python標準のloggingモジュールは以下のように使用できます。

▼simple_log.py（シンプルなログ出力の例）

```
import logging

# ロギングの基本的な環境設定
logging.basicConfig(
    format="%(asctime)s [%(levelname)s] %(message)s",
    level=logging.INFO,
)
# ロガーをPythonパッケージ階層と同一にしてインスタンス化
logger = logging.getLogger(__name__)
logger.info("out_of_the_box: %r, user_id: %r", True, 1)
```

▼simple_log.py の実行例

```
$ python3 simple_log.py
2023-10-30 10:54:41,373 [INFO] out_of_the_box: True, user_id: 1
```

loggingのセットアップを行うことで日時やログレベル、メッセージなどの情報を出力できますが、個々の開発者(人間)には読みやすいものの、機械では扱いにくいためログの解析は難しくなります。

13-02-04 structlogでより便利に構造化ログを出力しよう

structlogを使うことで構造化ログを出力できます。構造化ログの形式もJSONのほかにlogfmt※1 をサポートしています。

● structlogを導入して利用する

`pip install structlog`でインストールします。執筆時点では23.2.0が最新です。

デフォルトの構成でstructlogを設定すると以下のようになっています。

▼default_config_structlog.py（デフォルトの structlog の構成）

```
import logging
import structlog

structlog.configure(
    processors=[
        structlog.contextvars.merge_contextvars,
        structlog.processors.add_log_level,
        structlog.processors.StackInfoRenderer(),
        structlog.dev.set_exc_info,
        structlog.processors.TimeStamper(fmt="%Y-%m-%d %H:%M.%S", utc=False),
        structlog.dev.ConsoleRenderer(),
    ],
    wrapper_class=structlog.make_filtering_bound_logger(logging.NOTSET),
    context_class=dict,
    logger_factory=structlog.PrintLoggerFactory(),
    cache_logger_on_first_use=False,
)
```

以下はstructlogの初期設定を使って出力した例です。

▼default_structlog.py（structlog で出力した例）

```
import structlog
```

※1 logfmt：https://brandur.org/logfmt

```
logger = structlog.get_logger()
logger.info(
    "key_value_logging", out_of_the_box=True, effort=0
)
```

▼default_structlog.py で実行した例

```
(venv) $ python3 default_structlog.py
2023-10-30 10:54.09 [info     ] key_value_logging    effort=0 out_of_the_box=True
```

● JSON形式で構造化ログを出力する

構造化ログを扱う上で標準出力のレンダラーをJSON形式に変更します。キーと値のペアで、発生するイベントをログに記録できます。

▼jsonrenderer_structlog.py（JSONRenderer でログ出力した例）

```
structlog.configure(
    processors=[
        # structlog.dev.ConsoleRenderer()を以下に書き換える
        # ...
        structlog.processors.JSONRenderer()
    ]
)

logger = structlog.get_logger()
logger.info("key_value_logging", out_of_the_box=True, effort=0)
```

JSON型で日時やログレベル、イベントのメッセージのフィールドが分かれているのでパースしやすくなります。

▼jsonrenderer_structlog.py を実行した例

```
(venv) $ python3 jsonrenderer_structlog.py
# 可読性のために出力結果をフォーマットしていますが、通常はされません
{
    "out_of_the_box": true,
    "effort": 0,
    "event": "key_value_logging",
    "level": "info",
    "timestamp": "2023-10-30 10:54.09"
}
```

● データバインディングして情報を追跡しやすくする

ログエントリ(項目)は辞書なので、キーと値のペアをロガーにバインドする(紐づける)ことで、後続のすべてのログ呼び出しで出力できます。これを活用してアプリケーションのGitコミットのハッシュ値や、マルチテナントのテナント情報を紐づけることでどのようなコンテキストで実行されたかの情報が追跡しやすくなります。

▼databinding.py

```
# 何も紐づけない状態でログ出力
logger = structlog.get_logger()
logger.info("user.logged_in")

# Gitコミットのハッシュ値を紐づけてログ出力
structlog.contextvars.bind_contextvars(commit_hash="4165ff0")
logger.info("user.logged_in")

# マルチテナントのIDを紐づけてログ出力
structlog.contextvars.bind_contextvars(tenant_id=1)
logger.info("user.logged_in")

# 紐づけたコンテキスト情報を初期化
structlog.contextvars.clear_contextvars()
```

上記では何も紐づけない状態でログ出力した後、bind_contextvars関数を使いGitコミットのハッシュ値やマルチテナントのIDを紐づけています。最後にログ出力後にclear_contextvars関数を実行することで紐づけたコンテキスト情報を初期化できます。

▼databinding.pyを実行した例

```
(venv) $ python3 databinding.py
{"event": "user.logged_in", "level": "info", "timestamp": "2023-10-30 17:34.38"}
{"event": "user.logged_in", "commit_hash": "4165ff0", "level": "info", "timestam
p": "2023-10-30 17:34.38"}
{"event": "user.logged_in", "commit_hash": "4165ff0", "tenant_id": 1, "level": "i
nfo", "timestamp": "2023-10-30 17:34.38"}
```

今回は固定値でログ出力する値を設定しましたが、実際には環境変数の値やログイン時に取得した値を設定することでアプリケーションを実行するごとに必要な情報を設定し直すことができます。次に紹介するdjango-structlogを使うことで値の紐づけや初期化の処理の仕組みも提供しているので説明します。

13-02-05 django-structlogでリクエストとレスポンスログを拡張しよう

structlogを使うことで便利に構造化ログを実現できますが、Djangoを使ってWebアプリケーションを構築するときはさらに複雑な機能が欲しくなるでしょう。そんなときはdjango-structlog※1という拡張を利用すると便利です。django-structlogは、Django REST framework※2やCelery※3もサポートしており、request_id、user_id、timestamp、IPアドレスがデフォルトで出力できます。

`pip install django-structlog`でインストールします。執筆時点では6.0.0が最新です。Djangoでログ出力するときは`settings.py`を編集します。

まずimport文を追加します。

▼モジュール先頭部分に追記

```
import structlog
```

INSTALLED_APPにアプリを、MIDDLEWARE定数にミドルウェアを追加してリクエストやレスポンス処理をフックします。

▼INSTALLED_APPとMIDDLEWAREの末尾に追加

```
INSTALLED_APP += ["django_structlog"]
MIDDLEWARE += ["django_structlog.middlewares.RequestMiddleware"]
```

LOGGING定数を以下のように設定します。django-structlog特有の設定はformatterやhandlerを構造化ログ用にしているところです。出力したいloggersにhandlerとformattersを設定することで設定できます。

▼structlogで構造化ログを扱うためにLOGGINGを編集

```
LOGGING = {
    "version": 1,
    "disable_existing_loggers": False,
    "formatters": {
        # JSONで構造化ログにするフォーマッターを定義
        "json_formatter": {
            "()": structlog.stdlib.ProcessorFormatter,
            # 日本語を読みやすくする
            "processor": (
                structlog.processors.JSONRenderer(
                  ensure_ascii=False,
                )
```

※1 django-structlog：https://pypi.org/project/django-structlog/
※2 Django REST framework：https://www.django-rest-framework.org/
※3 Celery：https://docs.celeryq.dev/en/stable/

```
                ),
            },
        },
        "handlers": {
            "console": {
                "level": "INFO",
                "class": "logging.StreamHandler",
                "formatter": "json_formatter",
            },
        },
        # 省略
}
```

最後にstructlog.configure関数を呼び出します。

▼structlogでフォーマットするときの設定を追加

```
structlog.configure(
    processors=[
        # 最初の処理系としてmerge_contextvarsを追加
        structlog.contextvars.merge_contextvars,
        # ログレベルが低すぎる場合パイプラインを中断し、ログエントリを破棄する
        structlog.stdlib.filter_by_level,
        # ISO 8601形式のタイムスタンプを追加する
        structlog.processors.TimeStamper(fmt="iso"),
        # イベントの辞書にロガー名を追加する
        structlog.stdlib.add_logger_name,
        # イベントの辞書にログレベルを追加する
        structlog.stdlib.add_log_level,
        # %演算子の形式でフォーマットを実行する
        structlog.stdlib.PositionalArgumentsFormatter(),
        # イベントの辞書の"stack_info"キーがTrueの場合、
        # 削除し"stack"キーに現在のスタックトレースをレンダリングする
        structlog.processors.StackInfoRenderer(),
        # イベントの辞書の"exc_info"キーがTrueかsys.exc_info()タプルである場合、
        # "exc_info"を削除しトレースバック付きの例外を"exception"にレンダリングする
        structlog.processors.format_exc_info,
        # 値がバイトである場合、それをUnicodeのstrにデコードする
        structlog.processors.UnicodeDecoder(),
        # json_formatterに指定したProcessorFormatter用に辞書の構造を変更する
        structlog.stdlib.ProcessorFormatter.wrap_for_formatter,
    ],
    # logger_factoryは出力に使用するラップされたロガーを作成するために使用される
    # これはlogging.Loggerを返す
    # 最終的な処理系(JSONRenderer)からの値(JSON)は、
```

```
    # バインドしたロガーに対して呼び出したものと同じ
    # 名前のメソッドに渡される
    logger_factory=structlog.stdlib.LoggerFactory(),
    # 最初のバインドロガーを作成したあと、設定を効果的にフリーズする
    cache_logger_on_first_use=True,
)
```

この状態でDjangoにアクセスすると以下のようにアプリケーションログが出力されます。

▼エンドポイントにアクセスしたときのアプリケーションログ

```
{"request": "GET /api_view", "user_agent": "Mozilla/5.0 (Macintosh; Intel M
ac OS X 10_15_7) AppleWebKit/537.36 (KHTML, like Gecko) Chrome/107.0.0.0 S
afari/537.36", "event": "request_started", "ip": "172.18.0.1", "request_
id": "a4c3c661-5f83-4480-b942-fb2a6ea6c944", "user_id": null, "timestamp":
"2022-11-01T06:07:06.736354Z", "logger": "django_structlog.middlewares.request",
"level": "info"}
{"event": "This is a rest-framework structured log", "ip": "172.18.0.1", "requ
est_id": "a4c3c661-5f83-4480-b942-fb2a6ea6c944", "user_id": null, "timestamp":
"2022-11-01T06:07:06.748412Z", "logger": "django_structlog_demo_project.home.api_
views", "level": "info"}
{"code": 200, "request": "GET /api_view", "event": "request_finished", "ip":
"172.18.0.1", "request_id": "a4c3c661-5f83-4480-b942-fb2a6ea6c944", "user_id": nu
ll, "timestamp": "2022-11-01T06:07:06.786760Z", "logger": "django_structlog.middl
ewares.request", "level": "info"}
```

この構造化ログは以下のように構成されています。

▼django-structlog で実現した構造化ログの構成

request_id	リクエストのUUID、またはX-Request-ID HTTPヘッダの値
user_id	ユーザーのIDまたはNone※1
ip	リクエストのIPアドレス

以下のメタデータは、関連するイベントと一緒に一度だけ表示されます。

▼django-structlog で表示されるメタデータ

request	HTTPメソッドやエンドポイントのリクエスト情報
user_agent	ユーザーエージェント
code	リクエストのステータスコード
exception	例外のトレースバック

※1 django.contrib.auth.middleware.AuthenticationMiddlewareが必要

共通のデータバインディング処理を行ったりするには、loggingモジュールのconfig.dictConfig[※1]を活用してロギングの環境設定を定義するとよいでしょう。DjangoはLOGGING_CONFIG[※2]を設定することでロギング設定の参照先を変更できます。

13-02-06 ログを活用する

ここまでログを出力する方法について説明してきましたが、実際に出力したログをどう扱うのかを見ていきます。簡単にデプロイできるアプリケーションを構築するためのプラクティスであるThe Twelve-Factor App[※3]に沿ったシンプルで強力なアプローチは、標準出力にログを記録し、ほかのツールに残りの処理を任せることです。ここではAmazon CloudWatch Logs[※4]を例にして説明します。

● CloudWatch Logs Insightsでログを横断的に検索する

まずは構造化されていないログの例です。複数回処理を実行すると、CloudWatch Logsに次図のように表示されます。

▼構造化されていないログ例

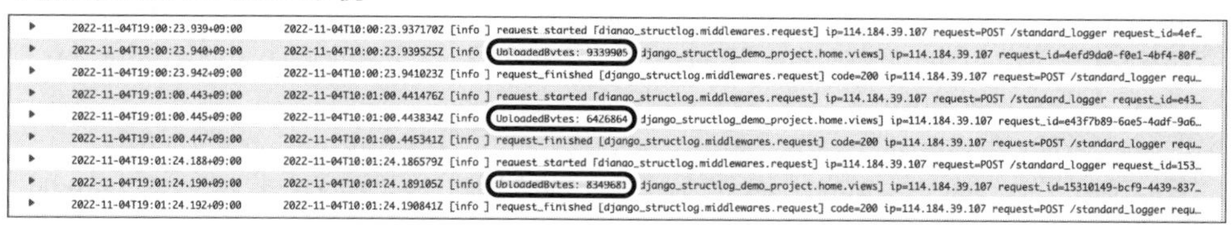

CloudWatch Logs Insightsのparseコマンドを使用すると、globまたは正規表現を使用してログフィールドからデータを抽出し、さらに処理できます。この例では、次のクエリでUploadedBytesの値を抽出し、これを使用して最小、最大、平均の統計情報を作成しています(次図)。

※1 config.dictConfig：https://docs.python.org/ja/3/library/logging.config.html#logging.config.dictConfig
※2 LOGGING_CONFIG：https://docs.djangoproject.com/ja/4.2/ref/settings/#logging-config
※3 The Twelve-Factor App：https://12factor.net/ja/
※4 Amazon CloudWatch Logs：https://docs.aws.amazon.com/ja_jp/AmazonCloudWatch/latest/logs/WhatIsCloudWatchLogs.html

▼最小、最大、平均の統計情報

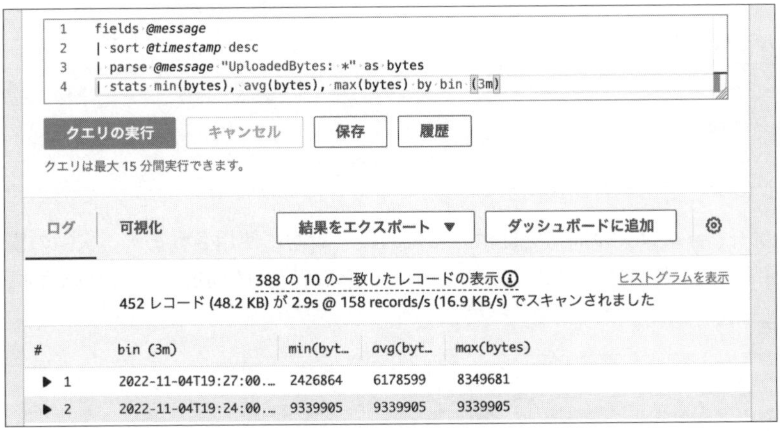

```
1  fields @message
2  | sort @timestamp desc
3  | parse @message "UploadedBytes: *" as bytes
4  | stats min(bytes), avg(bytes), max(bytes) by bin (3m)
```

クエリの実行　キャンセル　保存　履歴

クエリは最大 15 分間実行できます。

ログ　可視化　結果をエクスポート ▼　ダッシュボードに追加

388 の 10 の一致したレコードの表示　ヒストグラムを表示

452 レコード (48.2 KB) が 2.9s @ 158 records/s (16.9 KB/s) でスキャンされました

#	bin (3m)	min(byt...	avg(byt...	max(bytes)
▶ 1	2022-11-04T19:27:00....	2426864	6178599	8349681
▶ 2	2022-11-04T19:24:00....	9339905	9339905	9339905

この方法は変更が困難な既存のシステムからのログを処理するのに便利ですが、構造化されていないログの種類ごとにカスタム解析フィルターを構築するのは時間がかかり、やっかいな場合があります。

本番システムに監視のしくみを適用するには、アプリケーション全体に構造化されたログを実装するほうが簡単です。Pythonでは前述したstructlogのようなライブラリでこれを実現できます。ほかのほとんどのランタイムでも同様の構造化ロギングライブラリやツールを利用できます。また、AWS(Amazon Web Services)のクライアントライブラリを使用して、埋め込みのメトリック形式でログを生成できます。

ログレベルを使用するとWARNINGやERRORといった情報をメッセージから分離して、フィルタリングしやすいログファイルを生成しやすくなります。以下のコードでログレベルを提供します。

▼ログレベルを指定して出力する

```
import structlog
logger = structlog.get_logger()
logger.info("success")
logger.warning("an_waring_occurred")
logger.exception("an_error_occurred")
```

CloudWatchのログファイルには、ログレベルを指定する別のフィールドがあります(次図)。

▼ログレベルを指定するフィールド

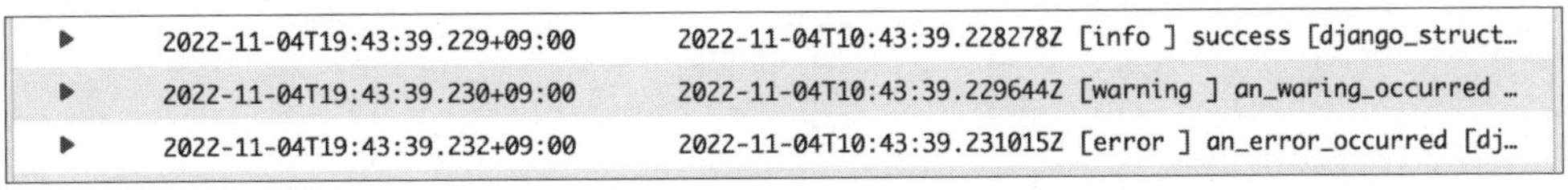

▶	2022-11-04T19:43:39.229+09:00	2022-11-04T10:43:39.228278Z [info] success [django_struct...
▶	2022-11-04T19:43:39.230+09:00	2022-11-04T10:43:39.229644Z [warning] an_waring_occurred ...
▶	2022-11-04T19:43:39.232+09:00	2022-11-04T10:43:39.231015Z [error] an_error_occurred [dj...

CloudWatch Logs Insightsのクエリは、ログレベルでフィルタリングできるため、たとえば

エラーのみに基づいたクエリを簡単に生成できます。

▼エラーでログレベルを絞り込んだ CloudWatch Logs Insights のクエリ

```
fields @timestamp, @message
| filter @message like 'error'
| sort @timestamp asc
```

JSONは、アプリケーションログの構造を提供するために一般的に使用されます。次図の構造化ログを出力した例では、ログがJSONに変換され、いくつかの異なる値が出力されています。

▼構造化ログの出力例

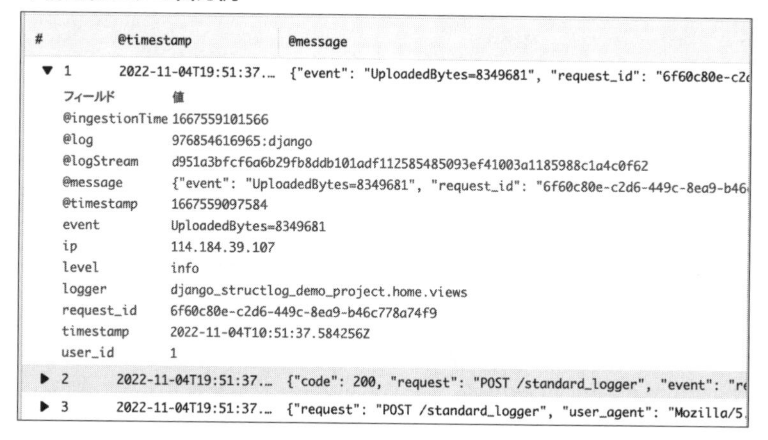

CloudWatch Logs Insightsは、カスタムのglobや正規表現を必要とせず、JSON出力内の値を自動的に検出して、メッセージをフィールドとして解析します。JSONで構造化されたログを使用して、次図のクエリはアップロードされたファイルが1MBより大きく、アップロード時間が1秒以上のログを検索します。

▼CloudWatchLogsInsights クエリ結果

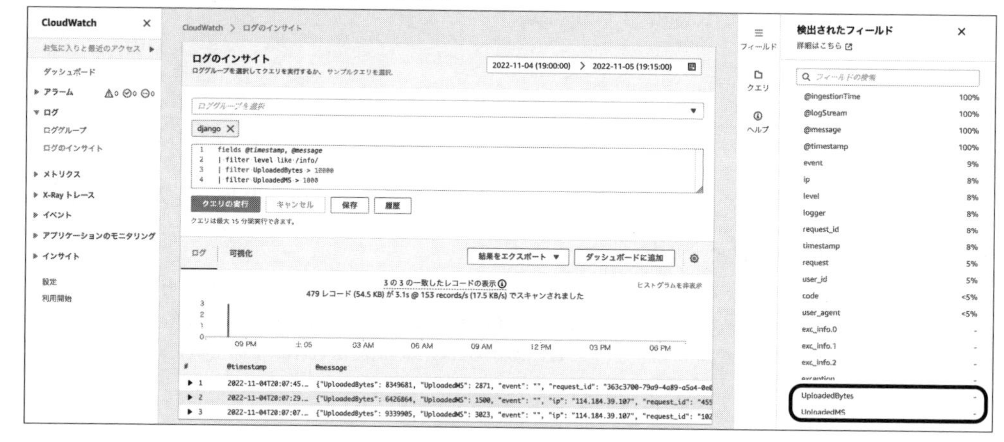

JSONで発見されたフィールドは、右側のFieldsドロワーに自動的に追加されます。ログ出力される標準的なフィールドには'@'が付加されており、これらのフィールドに対しても同様にクエリを実行できます。ここでは@ingestionTime、@logStream、@message、@timestampフィールドが常に含まれています。

構造化ロギングを活用することでエラーの影響範囲の調査やその対処をしやすくするための流れを説明しました。これらの工夫を取り入れて運用で苦労しないアプリケーション開発をしていきましょう。

13-03 エラー通知を設定する

ここまででアプリケーションからエラーやログは出力できるようになりましたが、次はどのようにして検知したらよいのかが問題となります。

エラー発生時に開発メンバーがなるべく早くエラーを検知できる仕組みがないと、調査や対応の初動が遅れ、エラーによる被害が拡がるかもしれません。そして実際にログを確認する手順が煩雑だと、余計な手間がかかり解決に時間がかかってしまいます。

13-03-01 Sentryを導入する

SentryというDjango製のエラートラッキングサービスを活用するとエラーログの検知や監視がしやすくなります。設定したログレベルに応じてWARNINGやERRORがあった場合にメールやSlackの通知ができるので、開発チームはそこから調査が開始できます。また発生当時のログメッセージだけでなく、エラーが発生した環境やPOSTされたデータや実行されたSQL、エラーの発生頻度なども把握できるので、現象を再現して調査する手がかりになります。

SentryはPythonやDjangoに限らず、数多くの言語やライブラリに対応しています。たとえば1つのプロジェクトが複数の技術スタックで実装されている場合でも、各プラットフォームにSentryのSDKをインストールすることで、エラー情報を俯瞰して確認できます。そのためDjangoやCelery、AWS Lambda、React/Next.jsで作成されたようなプロジェクトの通知を1つのSentryプロジェクトで受け取ることができます。

13-03-02 基本的なSentry設定

例としてDjangoアプリにSentryを導入する方法を紹介します。まずは sentry.io※1 にアクセスして、アカウントとSentryプロジェクトを作成してください。Sentryプロジェクトを作成したら、Python側からデータを取得できるようにするためにSDKをインストールします。

▼Sentry SDKをインストール

```
(venv) $ pip install sentry-sdk
```

続けてDjangoのsettings.pyファイルにSentryの設定をします。dsnには自身が作成した

※1 sentry.io：https://sentry.io/signup/

Sentryプロジェクトで作成された値を記載することで、イベントの送信先を指定できます。未指定の場合は環境変数 SENTRY_DSN からその値を読み取ろうとします。もし環境変数も設定されていない場合はSDKはイベントを送信しません。

▼settings.pyに必要最小限のSentryの設定をする

```
import sentry_sdk

sentry_sdk.init(dsn="<your DSN here>")
```

設定が完了できたことを確認するために「読みログ」アプリのviews.pyでread_log()関数にアクセスしたときにエラーが発生するコードを記述します。

▼意図的に例外を発生させてSentryにエラー通知がくることを確認する

```
# 中略
def read_log(request):
    division_by_zero = 1 / 0
    # 以降省略
```

views.pyにアクセスしたときにエラーが発生し、Sentryにイベントが通知されることを確認してください。以上で、基本的な設定が完了しました。

13-03-03 Django向けのSentry設定

さきほどの設定でもエラーを通知できますが、DjangoアプリでSentryを使うときに設定しておくと便利な項目があるので紹介します。次の例はSentryにイベントを送信するときの情報をカスタマイズして、Djangoのインテグレーションを有効にしています。ログレベルを調整し、Djangoに導入したときにORMで発行されたSQLや、実行時のパラメーターを取得したくなるので_experminets={'record_sql_params': True} と長さを調整するために max_value_length=2048 の記述を追加します。

またデフォルト設定では個人を特定できるデータ(PII:Personally Identifiable Information)に関してはデータの安全性を優先してユーザーをエラーに関連付けて取得しない設定になっていますが、send_default_pii=True を設定することで取得できます。HTTPヘッダーやCookie、ログインユーザーに関する情報やHTTPリクエストのボディ部分などを送信できるようにすることで、エラー発生時の原因調査もしやすくなることが期待できます。どこまで外部サービスにデータを送信するかはセキュリティ要件やデータポリシーに応じて変更が必要になる場合があります。自身のプロジェクトで必要な項目を確認した上で送信するデータを決定してください。

▼settings.pyにDjango向けのSentryの設定する

```
import logging
import sentry_sdk
```

```
from sentry_sdk.integrations.django import DjangoIntegration
from sentry_sdk.integrations.logging import LoggingIntegration

# デフォルトでは ERROR 以上しかevent登録されないので、WARNING以上にする
sentry_logging = LoggingIntegration(
    level=logging.INFO, event_level=logging.WARNING
)
sentry_sdk.init(
    integrations=[sentry_logging, DjangoIntegration()],
    # 長いクエリをログに残せるように文字列長を長くしておく
    max_value_length=2048,
    # django.contrib.authを使ってる場合、ユーザーをエラーに関連づける
    send_default_pii=True,
    _experiments={"record_sql_params": True},
)
```

▼Sentryで検知したエラーの詳細例

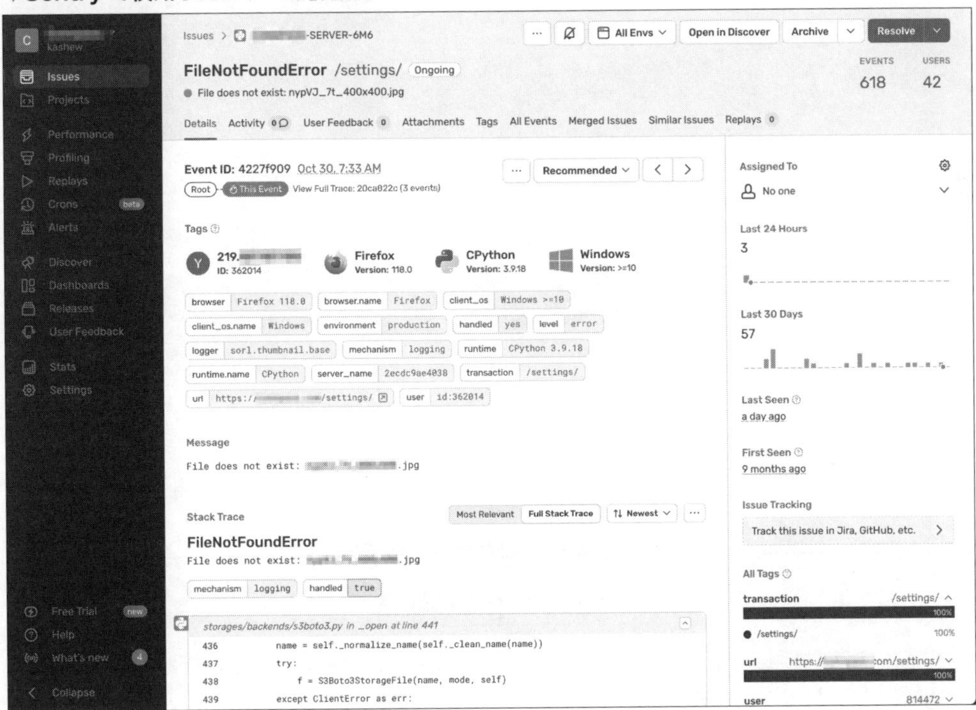

Sentryにはインテグレーションを追加することでさまざまな言語やライブラリとの連携機能を有効にできます。詳しい設定例についてはPlatforms | Sentry Documentation※1 から参照してください。

※1 Platforms | Sentry Documentation：https://docs.sentry.io/platforms/

13-04 パフォーマンスを監視する

13-04-01 アプリケーションのパフォーマンスを改善する

SentryはAPM(Application Performance Monitoring/Management)の機能としてPerformance Monitoring※1を提供しています。APMを使うことでアプリケーションのパフォーマンスの問題を解消する手助けとなります。さきほど作成したsettings.pyでの初期化処理に`traces_sample_rate=1.0`の記述を追加します。

▼初期化処理時にtraces_sample_rateに値を設定する

```
sentry_sdk.init(
    # 中略...
    # Enable Performance Monitoring
    traces_sample_rate=1.0
)
```

Column

structlogとの統合

前の節で説明したstructlogを導入している場合、デフォルトの設定だとJSONログがパースされずそのままメッセージとして表示される場合があります。

structlog-sentry※2といったサードパーティツールを活用してログを解析しやすくしましょう。

※1 Performance Monitoring：https://docs.sentry.io/product/performance/
※2 structlog-sentry：https://pypi.org/project/structlog-sentry/

▼Sentry の Performance Monitoring 一覧画面

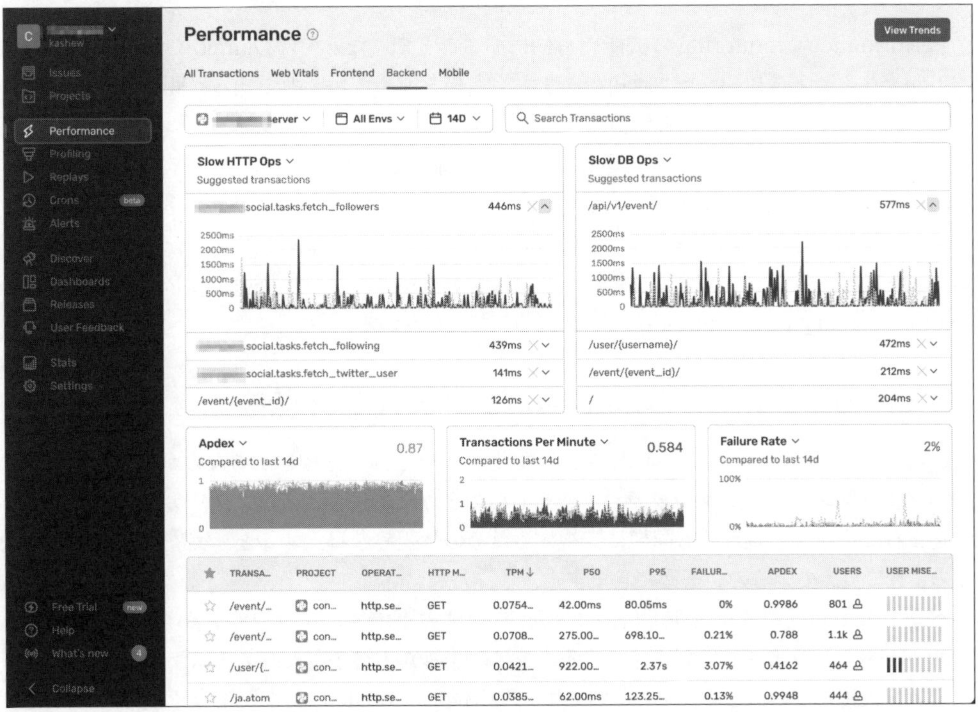

traces_sample_rateに0から1の間の数値を定義すると、0〜100%の間の指定された割合でSentryにサンプリングされたデータを送信します。ここでは1を指定して100%のデータを送信することを示しています。データベースのクエリにかかった時間や、外部APIからの応答時間、1日あたりのログインの数、エラーの割合などを一覧化して確認できるので、開発者が気づいていないトラブルを発見する手がかりとなります。

Pythonの場合、人気のあるサードパーティパッケージの多くはこの設定を追加するだけで自動的にパフォーマンス状況を追跡してくれます。以下のサードパーティパッケージを使用している場合、すぐに活用できるでしょう。

- すべてのWSGIベースのWebフレームワーク: Django, Flask, Pyramid, Bottle
- Celery
- AIOHTTPを使ったWebアプリケーション
- Redisキュー（RQ）

記録された各エンドポイントの詳細を確認すると、以下のような操作のパフォーマンスへの影響を分析できます。

- SQLAlchemyやDjango ORMを使ったデータベースクエリ
- HTTPX, requests, stdlibを使ったHTTPリクエスト
- 生成されたサブプロセス

- Redisの操作

Performance Monitoringの機能を有効にすることで、たとえばDjango ORMでN+1のクエリが発生したときにSlackに通知できます。実装を進めていく中で知らぬ間にパフォーマンスが悪化してることに気づける仕組みを構築できます。

実際のプロダクトに適用するときは、データの流量を見ながらサンプルとして使う割合を0.01(1%)に減らすなど調整してください。外部連携やメール送信の処理がボトルネックになっており、特定の処理だけサンプリングの割合を増やしたいときはアプリケーションに計測用のコードを追記することで対応できます。詳しくは公式ドキュメント: "Set Up Performance for Python | Sentry Documentation"※1 を参照してください。

13-04-02 フロントエンドのパフォーマンス監視

Djangoアプリケーションの監視は実装しましたが、意識から抜けがちなのがフロントエンドのパフォーマンスです。WebブラウザーやiOSのようなネイティブなアプリケーション上で読み込まれて実行する処理にも同様に監視するための仕組みを導入すると、実際にユーザーからどのように見えているのか把握できます。

ページの表示速度を一定時間以下に抑えるのは大事です。ブラウザーからURLを開いてTOPページにアクセスしてログインするまでに数十秒かかるようなシステムが充分なパフォーマンスを維持しているとは言いにくいです。2018年のGoogleの調査※2では下記のように表示時間が長くなるほど離脱率が増加しています。

▼ロード時間と離脱率の関係

ページのロード時間の変化	離脱率の変化
1秒から3秒に増加	32%増加
1秒から5秒に増加	90%増加
1秒から6秒に増加	106%増加
1秒から10秒に増加	123%増加

この結果からもページの読み込み時間は2～3秒以下を目指すことが望ましいと言えます。実際にどのように測定するかは現在ではGoogle社が提唱しているCore Web Vitals※3のようなWebでユーザーエクスペリエンス(UX)を測定する指標があり、パフォーマンスを評価できます。Core Web Vitalsは以下の内容を土台としています。

※1 https://docs.sentry.io/platforms/python/performance/
※2 https://www.thinkwithgoogle.com/marketing-strategies/app-and-mobile/mobile-page-speed-new-industry-benchmarks/
※3 Core Web Vitals : https://web.dev/articles/vitals?hl=ja

▼Core Web Vitals

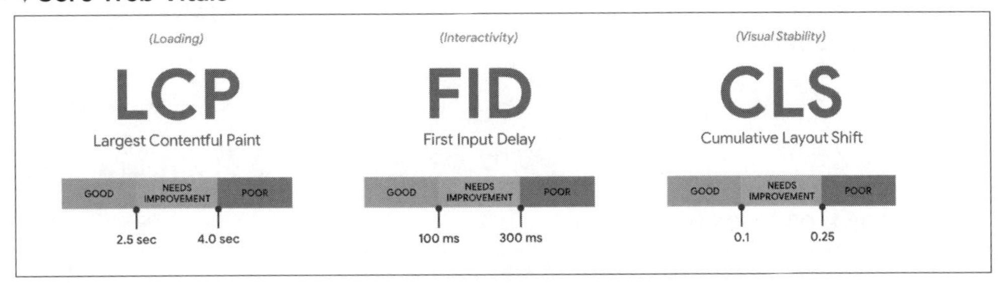

▼Core Web Vitals の説明

種類	説明	良好	悪い
LCP (Largest Contentful Paint)	主要コンテンツが読み込まれたパフォーマンスを測定する。	最大 2,500ミリ秒	4,000秒超
FID (First Input Delay)	最初の入力までの遅延を表す。ユーザーが最初にページ入力しようとしたときの体験を定量化する。	100ミリ秒 以下	300ミリ秒超
CLS (Cumulative Layout Shift)	ページがどのぐらい安定してしているように感じるかを表す。予期しないレイアウトのずれを定量化。	0.1以下	0.25超

PageSpeed Insights※1 にアクセスして、Webページの URL を入力することでモバイルおよびデスクトップ向けのデータを計測できます。connpass.com を例にして実行してみた結果が以下になります。

※1 PageSpeed Insights：https://pagespeed.web.dev/

▼PageSpeed Insights の計測結果例

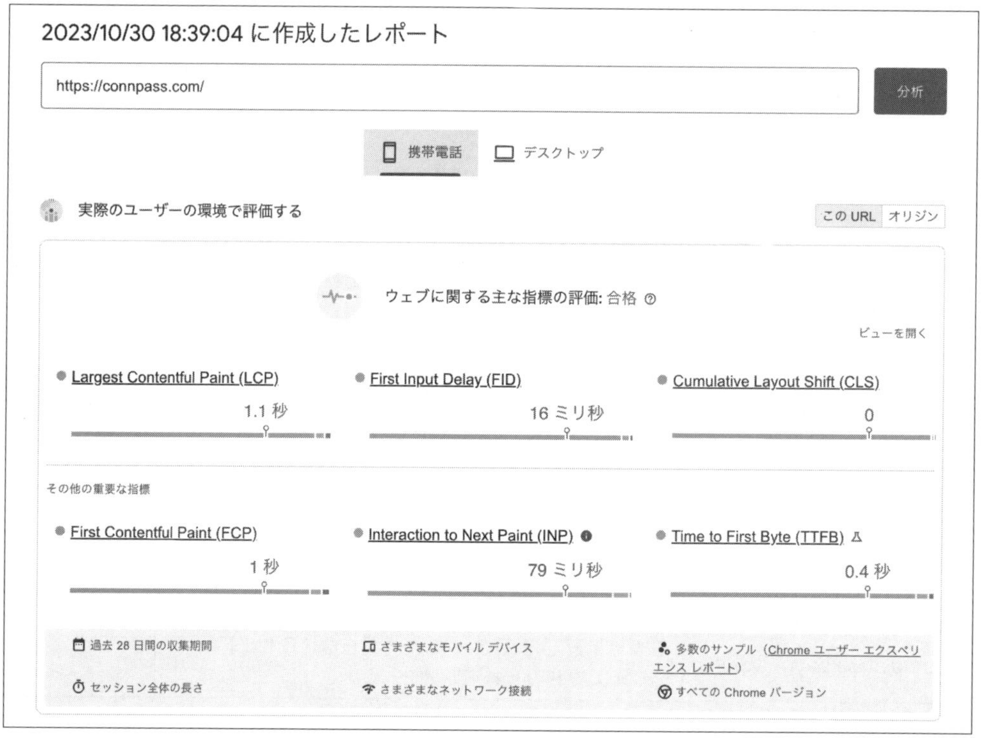

2023/10/30 18:39:04 に作成したレポート

https://connpass.com/ 分析

携帯電話 デスクトップ

実際のユーザーの環境で評価する　この URL オリジン

ウェブに関する主な指標の評価: 合格

ビューを開く

Largest Contentful Paint (LCP)	First Input Delay (FID)	Cumulative Layout Shift (CLS)
1.1 秒	16 ミリ秒	0

その他の重要な指標

First Contentful Paint (FCP)	Interaction to Next Paint (INP)	Time to First Byte (TTFB)
1 秒	79 ミリ秒	0.4 秒

過去 28 日間の収集期間　さまざまなモバイル デバイス　多数のサンプル（Chrome ユーザー エクスペリエンス レポート）

セッション全体の長さ　さまざまなネットワーク接続　すべての Chrome バージョン

定期的にPageSpeed Insightsにアクセスして状況を確認できますが、使い慣れたツールで一括して管理できると便利です。JavaScriptにSentryの設定を追加することで、Core Web Vitalsの指標にそっているかも確認できます。閾値を設定してパフォーマンスを監視できるので、パフォーマンスが悪化している処理に気づきやすくなるでしょう。

13-05 できるところから改善しよう

本章ではアプリケーションを安定稼働させていくために、ユーザーに近いところの監視や内部の状態を追跡できる実装やツールの導入を紹介しました。自分たちのサービスを改善していくのは自分たち自身なので、アプリケーションの特性をよく理解して問題が発生したときに調査しやすい環境作りをしていきましょう。

プロジェクトによってはツールの使用に制限があってそのまま導入できないこともあるかもしれませんが、できることから取り入れて行くとよいでしょう。特に、ログに関してはアプリケーションを実際に開発しているわたしたちが実装する箇所なので、比較的コントロールしやすく、初めの取り掛かりに最適です。

監視は一度設定したら終わりというわけではなく、監視ツールから通知がきたときに対応したり、アプリケーションの運用状況によって監視対象を増減することもあります。ツールを活用しながら運用環境を育てていくことで、安定稼働するシステムを作っていきましょう。

Column

サーバーやその他の監視

ここまでユーザーから近いところの監視としてアプリケーションを中心に説明してきましたが、他にも動作しているサーバーやビジネスのKPIを計測するための監視も必要になる場合があります。たとえば次のような項目が挙げられます。

- ビジネス上のKPI監視
  - ユーザー登録数
  - アクティブユーザー数
  - 検索実行回数
  - 決済の完了有無
  - 上記各項目の変化の方向と変化率

- セキュリティ監視
  - auditログ
  - AWS Security Hubのようなクラウドサービスのベストプラクティスに則っているか

- サーバー監視
  - DBサーバーの監視
    - コネクション数
    - レイテンシー
    - スロークエリ
  - メッセージキューの長さと消費率の監視

監視ツールは1つだけで目的を達成できるとは限りません。ビジネス上のKPIを測定するためにGoogle Analyticsを導入したり、AWSの場合はCloudWatchやSecurityHubのように各クラウドサービスに特化したサービスを活用する必要がでてくることも考えられます。

ツールの導入後にプロジェクトの特性に合わせて監視項目のカスタマイズが必要になったり、重要な観点を統合的に監視するためにDatadog※1やGrafana※2のようなツールを活用して可視化を進める場合もあります。サービスを安定して運用し、ユーザーに価値を届けていくために問題に適したツールを使い分けていきましょう。

※1 Datadog：https://www.datadoghq.com/
※2 Grafana：https://grafana.com/

Chapter

14 システムの追加開発

エンジニアとしての実務に従事していく中では、既にユーザーにサービスを提供中のWebアプリケーションに追加開発を行うことがあります。この章では、既存のWebアプリケーションに対する開発業務の説明や追加開発時の注意点を紹介します。なお、本章ではDjangoによるWebアプリケーションを前提にして説明します。

14-01 システムのバージョンアップ

ユーザーにサービスを提供し続けるシステムは、OSやデータベース、Python、Django、ライブラリなど様々な要素で構成されています。また、ソフトウェアは日々古くなっていくため、サービスを継続的に提供していくためにはシステムの計画的なバージョンアップが必要となります。ここでは、システムを構成する様々な要素のバージョンアップに役立つ情報を紹介します。

14-01-01 なぜ、システムをバージョンアップするのか

システムのバージョンアップはソフトウェア開発において不可欠なプロセスです。そこには様々な理由と目的が存在します。以下でバージョンアップの様々な必要性と効果を説明します。

▼バージョンアップの狙い

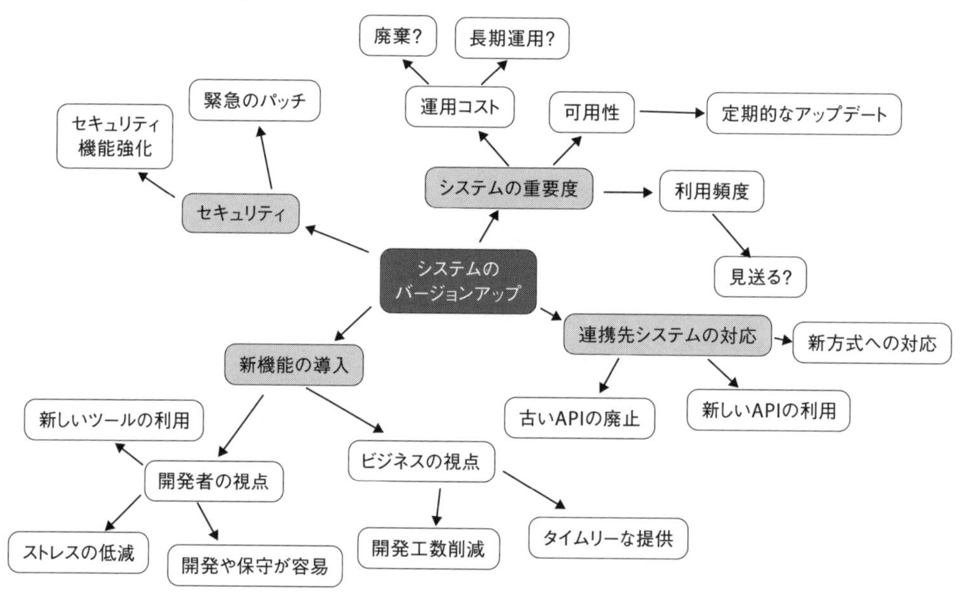

● セキュリティ

システムのバージョンアップを実施する最も多い理由はセキュリティです。緊急のセキュリティパッチが提供されることもあります。パッチを適用するには、サポート対象のバージョンを利用する必要があります。他にもバージョンアップにより既存のセキュリティ機能が強化されることもあります。バージョンアップの目的としてセキュリティは最も想像しやすいものです。しかし、セキュリティ以外にもバージョンアップの目的は存在します。

● 新機能の導入

システムをバージョンアップすることで、追加開発の際により新しい技術を利用して機能を開発できるようになります。例えば、Python 3.9以降でないと使えない機能や、依存するPythonやDjangoのバージョンに指定のあるライブラリがあります。それらの機能を利用することにより新機能の開発や既存機能の保守が容易となります。

タイムリーな追加開発、についてこのセクションの最後にもあるのでこれは開発者自身のストレスの低減に繋がることもあります。なぜなら、新しいバージョンのソフトウェアを利用することで、より新しい開発手法やツールが使えるようになることも多く、開発力の向上が見込まれるからです。これにより開発者視点で納得感のある開発を行いやすくなります。

新しい機能の導入は新機能の開発工数削減にも繋がります。古いバージョンのソフトウェアを利用していると、それだけで新機能の開発に大きな工数がかかることもあります。一方で新しいバージョンのソフトウェアを使っていれば、少ない工数で簡単に実現できることもあります。バージョンアップは、よりタイムリーに新機能を開発しユーザーに届けるための土台づくりであるとも言えます。

● 連携先システムの対応

セキュリティや新機能の導入といった内発的な動機だけでなく、連携先システムの対応といった外発的な要因によりバージョンアップが必要となるケースもあります。例えば、外部サービスとの連携において、連携先のサーバーが古い方式での通信に対応しなくなった場合はバージョンアップが必要となります。他にも、新しい方式や新しいAPIで外部サービスと連携するために、バージョンアップが必要となるケースもあります。

このような外発的な要因によるバージョンアップは、多くの場合、期限が定められています。新しいバージョンのソフトウェアを使っていれば少ない工数で対応できたものが、古いバージョンのソフトウェアを使っているが故に連携先システムの更新に対応できず、サービス継続が難しくなることもありえます。

● システムの重要度

様々な理由や背景を考慮した上でシステムの重要度により、バージョンアップ対応の実施を判断します。例えば、業務の中での利用頻度が低いシステムや、緊急時の素早い対応が必須ではないシステムでは、戦略的にバージョンアップが見送られることもあります。すべてのシステムに高頻度なバージョンアップが求められるわけではありません。

システムが継続的に価値を提供していくためには、新機能の追加だけでなく、継続的なバージョンアップ対応が必要です。しかし、一度開発したシステムの重要度が常に同じとは限りません。システムには様々な関係者が関わり、時間の経過とともにシステムの重要度は変化していきます。その時々のシステムの重要度からバージョンアップ対応の実施がを判断します。

14-01-02 バージョンアップ計画の前提

システムは多くの要素に依存しているため、1つを変更すると他に影響が出ることがあります。バージョンアップの対象となるシステムは様々な利用者の業務や生活の中で利用されています。バージョンアップ対応のコストを抑えつつ利用者への影響を防止・抑止するためには、計画が重要になります。計画を立てるためには、前提となる情報の整理が必要です。

● 対象の明確化

計画にあたり、何をどのようにバージョンアップするかを明確にしましょう。バージョンアップの対象はライブラリ、フレームワーク、ミドルウェア、プログラミング言語、そしてOSなど様々存在します。それぞれのソフトウェアは、密接に関係しています。依存関係によっては、ある1つを更新すれば、別のソフトウェアも更新や動作確認が必要となります。

バージョンアップの対象が明確になれば、計画を立てやすくなります。

▼パズルのように組み合わされたソフトウェアのイメージ

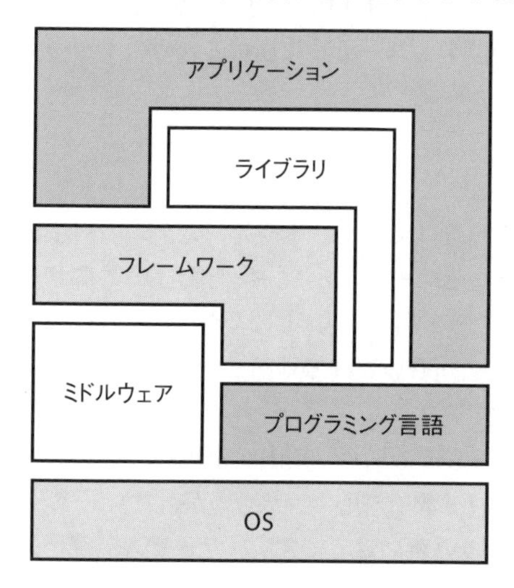

バージョンアップの対象を明らかにするためには、インフラ構成を把握することも必要です。なぜなら、インフラ構成によって一回のバージョンアップ対応の中でまとめて対応すべき内容が変わるからです。Webアプリケーションは、構築された時期や業務の性質によってインフラ構成が異なります。

例えば、VM上にOSをインストールし、そこにデータベースのようなミドルウェアをインストールして運用していることもあります。そのような場合、OSをバージョンアップするタイミングに合わせてミドルウェアのバージョンアップが必要になることが多いでしょう。

一方でマネージドサービスを利用している場合、ミドルウェアのバージョンアップはホスティングサービス上で行え、アプリケーションのバージョンアップと切り離して考えられます。比較的新しいシステムは、Dockerコンテナ上で稼働していたり、クラウドベンダーの提供するマネージドサービスを利用していることも多々あります。

▼Webアプリケーションのインフラ構成の違い

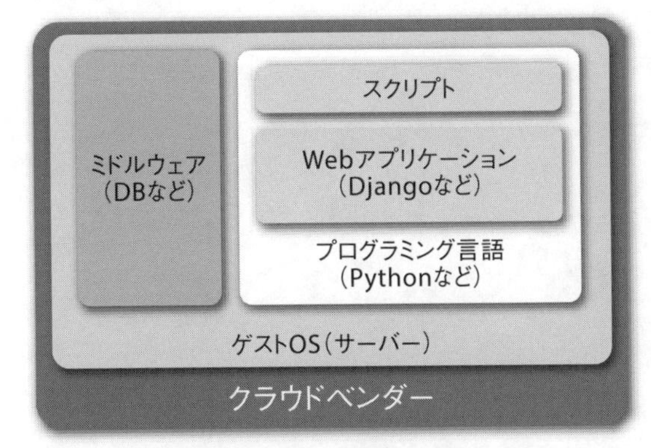

一つのサーバー上に構築されたシステム

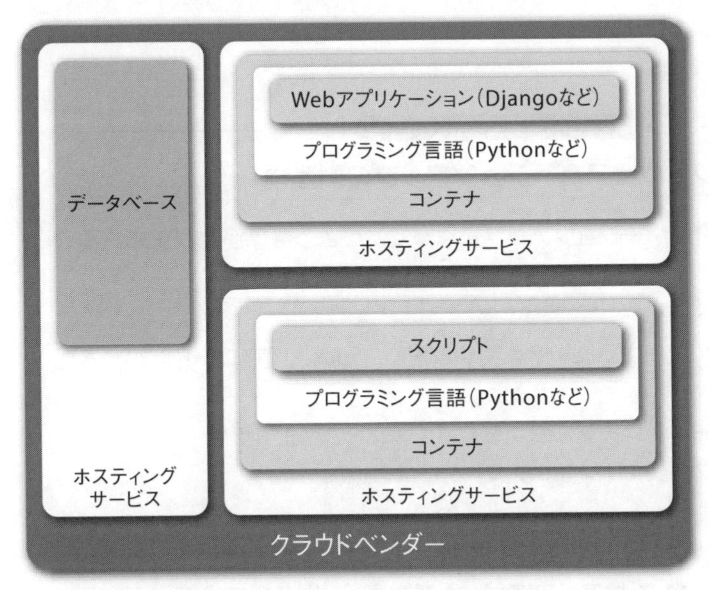

コンテナ技術やホスティングサービスを利用したシステム

バージョンアップの計画を立てるにあたり、何をバージョンアップする必要があるかを明らかにすることが重要です。

● 期限の把握

対象が明確になったら、期限を把握しましょう。EoL(End of Life)やLTS(Long Term Support)が、バージョンアップの計画を考える上で重要な情報になります。例えば、endoflife.date※1では、UbuntuやPython、Djangoなどの主要なソフトウェアのEoLとLTS情報が掲載されています。以下はendoflife.dateのDjangoのサポート情報の表示です。

Djangoでは2つのLTSがサポートされている期間が設けられているため、並行してサポートがある期間内にバージョンアップをするのが一般的です。

Column

ソフトウェアバージョンアップの副産物

ソフトウェアの定期的なバージョンアップによって次のような副産物が生まれることもあります。

- 開発チーム内でのアーキテクチャに関する理解や知識、既存コードに対する理解の促進
- 既存コードやアーキテクチャに関するドキュメントの訂正・更新
- 既存コードのリファクタリングやテストケースの追加

これにより、ソフトウェアがより堅牢になり開発チームの成熟が進みます。この副産物は定量的に測ることが難しくはありますが、新機能追加、既存機能の修正、障害発生時の対応などのスピードアップが期待できます。逆に定期的にバージョンアップされないソフトウェアは、次第に日々の対応コストが膨らんでいき、追加開発や保守は難しくなっていきます。

※1 https://endoflife.date/

▼endoflife.date での Django の表示

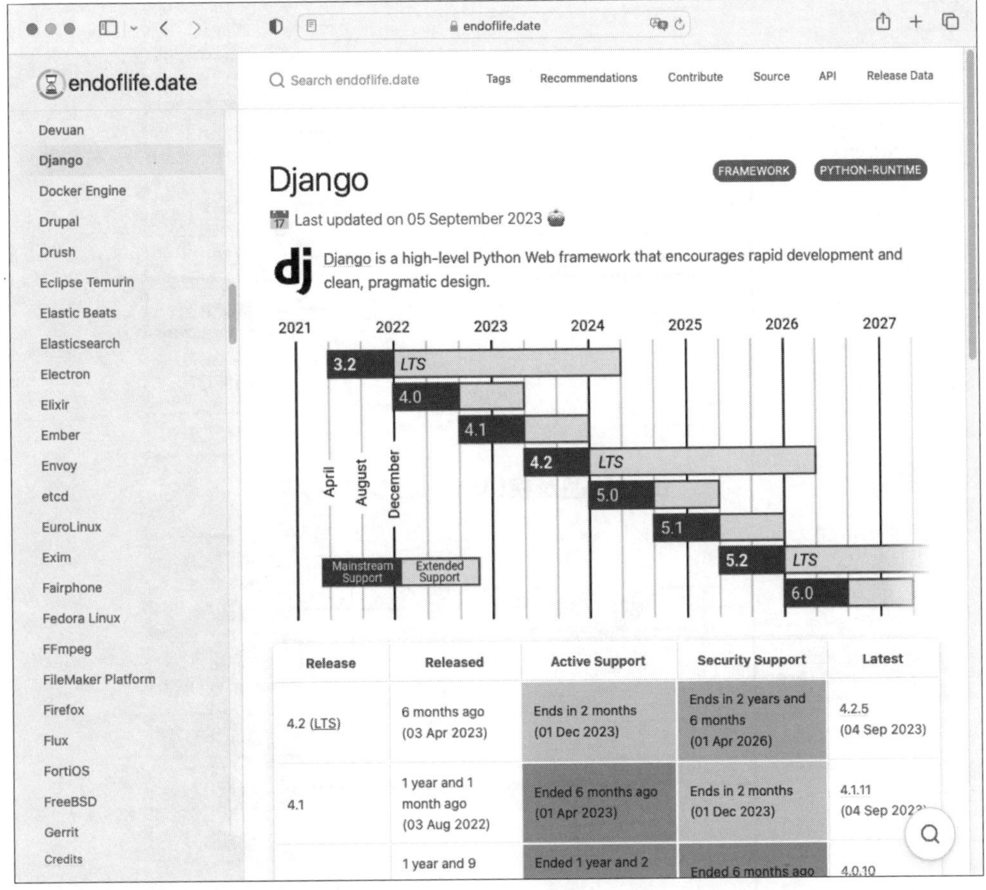

● バージョンアップと影響範囲

バージョンアップの対象が明確化され、期限も明らかになったら影響範囲を把握しましょう。多くの機能が影響を受け、広範囲の回帰テストが必要となるバージョンアップから特定の機能のみが影響を受けるバージョンアップまで様々なバージョンアップがあります。

多くの機能に影響があるバージョンアップは、テスト対象の粒度や漏れに注意しながらテスト計画を慎重に立てることが重要になります。また、特定の機能のみに影響があるライブラリのバージョンアップでは、その機能の挙動に変化がないかを意識したテスト計画が大切です。

▼バージョンアップ対象と影響範囲の違いのイメージ

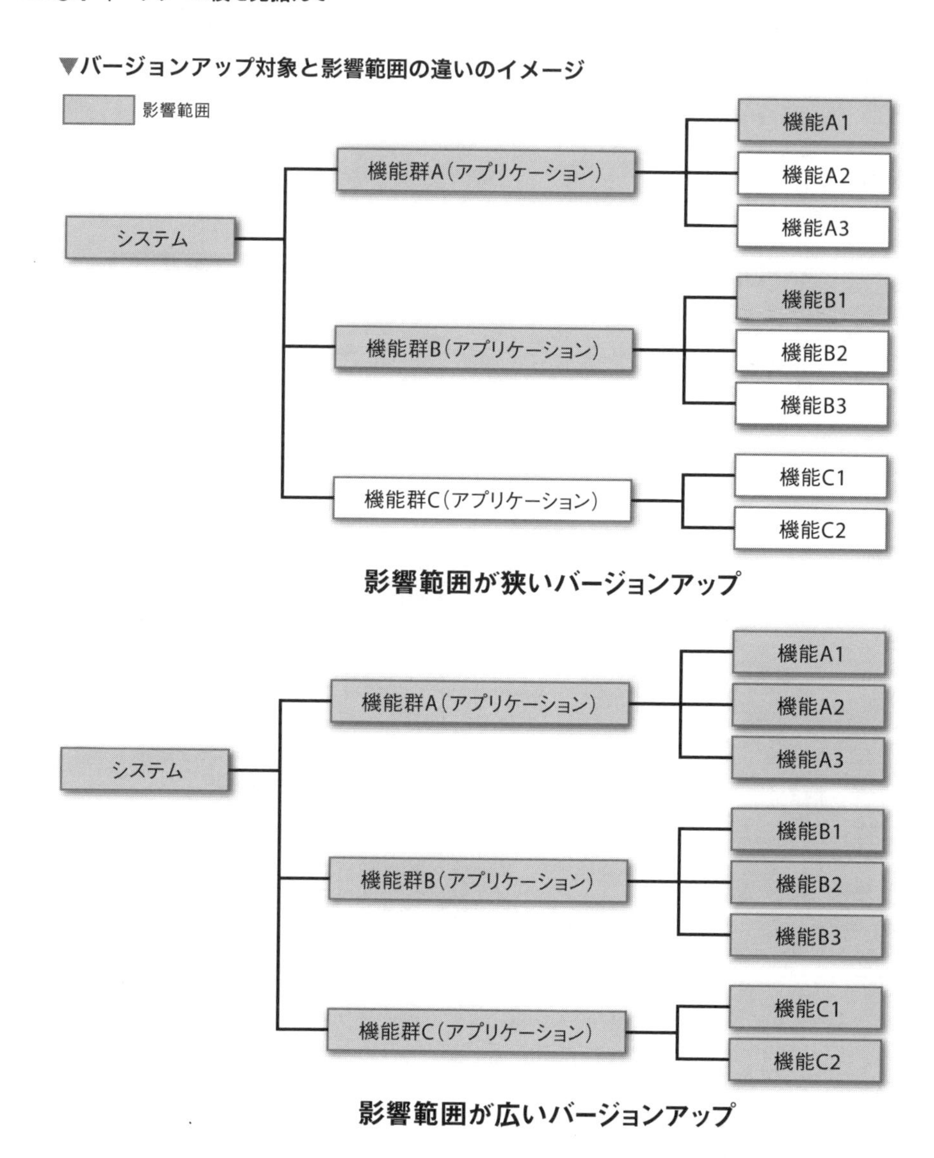

● リリース戦略と並行開発

システムのリリース戦略や並行開発の体制も考慮します。通常、リスク低減のために新機能の開発とバージョンアップは別のものとして対応します。理想的には、バージョンアップが終了するまで新機能の開発を停止します。なぜなら、機能開発とバージョンアップ対応が並行すると、それぞれの変更をまとめる作業が必要となるからです。

どうしても避けられない場合は、バージョンアップ側に機能開発からの取り込みが発生することを考慮し、余裕を持った計画を作成しましょう。新機能の開発を停止した状態でバージョンアップするよりも時間がかかることがあります。機能開発が進むたびに次のような情報を考慮して計画の見直しが必要となることは少なくありません。

- 機能開発中に、古いバージョンでのみ動く新しいライブラリやコードが追加されることがある。
- 機能開発中に新機能追加や連携先の追加が行われると、バージョンアップ後のテストがより広範囲になる。
- リリースやマージのタイミングの調整が必要になる。また、コンフリクトが発生する可能性もある。

例えば、バージョンアップ対応と機能開発が並行した場合、次のようなブランチ運用が発生します。

▼バージョンアップと機能開発が並行した際のブランチ運用の例

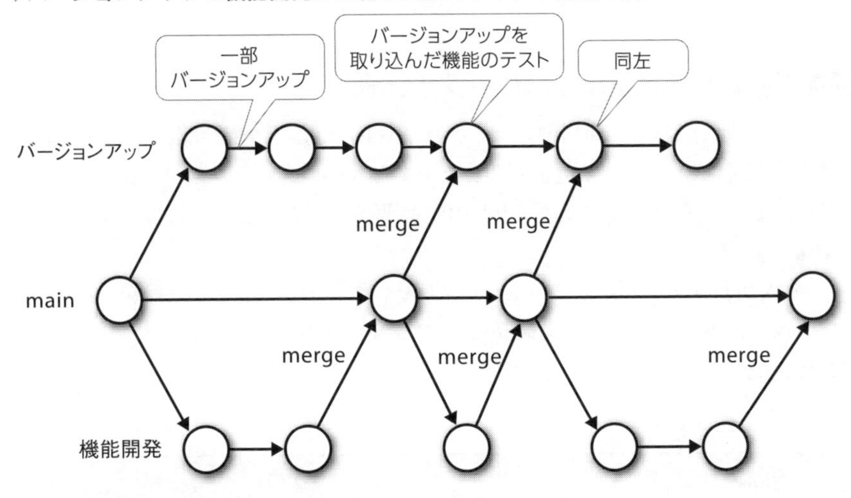

バージョンアップ対応をリリースするためには運用中の機能がすべて動作する必要があるため、並行開発により発生した修正はすべて取り込む必要があります。また、バージョンアップ対応は問題の切り分けが複雑になりやすいため、mainブランチにマージされた機能を適宜取り込むほうが切り分けが容易となるでしょう。

バージョンアップと機能開発の並行化を避けつつ、テストやリリースのコストを削減するための方法として後述の「分散リリース戦略」も参照してください。

以上の前提を考慮して、次はシステムのバージョンアップ計画について考えていきましょう。

14-01-03 システムのバージョンアップ計画

今回は、次の架空のシステムを対象にバージョンアップの計画を考えます。

項目	詳細
対象	主にPythonのバージョンアップ。Djangoも一緒にバージョンアップする。関連ライブラリも合わせてバージョンアップする。
機能開発の状況	機能開発は落ち着いている。バージョンアップ時に並行で機能は追加しない。
既存テストの状況	ユニットテストは部分的に存在している。テストは手動が中心となっている。
対応方針	可能な限り、広範囲のテストやリリース対応を一度にまとめて、全体の対応工数を抑える。

Pythonのバージョンアップが必要なので、まずは移行先のPythonのバージョンを選択しましょう。基本的にStable Releaseの最新バージョンを選択しますが、利用ライブラリやフレームワークがサポートしていないケースがあります。そのような場合は、1つ前のバージョンも考慮に入れます。

● 依存関係を考慮したライブラリのバージョン検討

バージョンアップ計画に際して、利用中のライブラリやDjangoとの依存関係を整理します。整合性の取れた最終的なバージョン一覧を整理した上で個々のライブラリのバージョンアップに着手すれば手戻りを避けられます。ライブラリの依存関係を確認するために役に立つコマンドを紹介します。

まず、`pip list` を実行すると利用しているライブラリの現在のバージョンと最新バージョンを出力できます。以下は実行例です。`--outdated` オプションは古くなったライブラリの一覧を出力するオプションです。

▼古くなったライブラリ一覧を出力

```
$ pip list --outdated
Package    Version Latest Type
---------- ------- ------ -----
Django     4.2.5   4.2.6  wheel
pip        22.3    23.3.1 wheel
psycopg2   2.9.7   2.9.9  sdist
setuptools 65.5.0  68.2.2 wheel
wheel      0.38.4  0.41.2 whee
```

また、pipdeptree[※1] を使うとライブラリ間の依存関係を表示できます。pipdeptreeはpipでインストールして使用します。

▼pipdeptreeをインストールして使用

```
$ pip install pipdeptree
$ pipdeptree
Django==4.2.5
```

※1 pipdeptree：https://pypi.org/project/pipdeptree/

```
├── asgiref [required: >=3.6.0,<4, installed: 3.7.2]
└── sqlparse [required: >=0.3.1, installed: 0.4.4]
pip==22.3
pipdeptree==2.13.0
psycopg2==2.9.7
setuptools==65.5.0
wheel==0.38.4
```

より参照しているライブラリが多いケースでは次のように表示されます。このケースでは、requests や Django は複数のライブラリの依存ライブラリになっていることがわかります。

▼複数のライブラリから依存されている場合の表示例

```
$ pipdeptree
django-allauth==0.57.0
├── Django [required: >=3.2, installed: 4.2.5]
│   ├── asgiref [required: >=3.6.0,<4, installed: 3.7.2]
│   └── sqlparse [required: >=0.3.1, installed: 0.4.4]
├── PyJWT [required: >=1.7, installed: 2.8.0]
├── python3-openid [required: >=3.0.8, installed: 3.2.0]
│   └── defusedxml [required: Any, installed: 0.7.1]
├── requests [required: >=2.0.0, installed: 2.31.0]
│   ├── certifi [required: >=2017.4.17, installed: 2023.7.22]
│   ├── charset-normalizer [required: >=2,<4, installed: 3.3.1]
│   ├── idna [required: >=2.5,<4, installed: 3.4]
│   └── urllib3 [required: >=1.21.1,<3, installed: 2.0.7]
└── requests-oauthlib [required: >=0.3.0, installed: 1.3.1]
    ├── oauthlib [required: >=3.0.0, installed: 3.2.2]
    └── requests [required: >=2.0.0, installed: 2.31.0]
        ├── certifi [required: >=2017.4.17, installed: 2023.7.22]
        ├── charset-normalizer [required: >=2,<4, installed: 3.3.1]
        ├── idna [required: >=2.5,<4, installed: 3.4]
        └── urllib3 [required: >=1.21.1,<3, installed: 2.0.7]
django-anymail==10.1
├── cryptography [required: Any, installed: 41.0.4]
│   └── cffi [required: >=1.12, installed: 1.16.0]
│       └── pycparser [required: Any, installed: 2.21]
├── Django [required: >=2.0, installed: 4.2.5]
│   ├── asgiref [required: >=3.6.0,<4, installed: 3.7.2]
│   └── sqlparse [required: >=0.3.1, installed: 0.4.4]
├── requests [required: >=2.4.3, installed: 2.31.0]
│   ├── certifi [required: >=2017.4.17, installed: 2023.7.22]
│   ├── charset-normalizer [required: >=2,<4, installed: 3.3.1]
│   ├── idna [required: >=2.5,<4, installed: 3.4]
│   └── urllib3 [required: >=1.21.1,<3, installed: 2.0.7]
```

```
└── urllib3 [required: >=1.25.0, installed: 2.0.7]

... 一部省略
```

なお、矛盾した依存関係を持つライブラリをインストールしようとした場合、`pip` はエラーを出力します。上の例を見ると `django-allauth` の `0.57.0` は `Django>=3.2` を要求しています。例えば、`Django` のバージョン `2.2` をインストールしている状況で `django-allauth` の `0.57.0` をインストールしようとすると、次のようなエラーメッセージが出力されます。

▼依存関係が矛盾している場合のエラーメッセージ

```
The conflict is caused by:
    The user requested Django==2.2
    django-allauth 0.57.0 depends on Django>=3.2

To fix this you could try to:
1. loosen the range of package versions you've specified
2. remove package versions to allow pip attempt to solve the dependency conflict

ERROR: ResolutionImpossible: for help visit https://pip.pypa.io/en/latest/topics/
dependency-resolution/#dealing-with-dependency-conflicts
```

上記のツールを利用しながら、ライブラリの依存ライブラリとそのバージョンを整理し、最終的なライブラリのリリース一覧を検討します。

● ライブラリがサポートするPythonバージョン

ライブラリの依存関係が把握できたら、それぞれのライブラリのサポートするPythonバージョンをチェックしましょう。最新のPythonを利用しようとすると、ライブラリによってはサポートされていないことがあります。バージョンアップ対応の途中でこのことに気づくと、場合によっては追加の作業が必要になります。

Column

pipの依存ライブラリの解決ロジック

以前、`pip` は、既にインストールされたライブラリで宣言されている要件を満たさないライブラリでもインストールが可能でした。しかし、2020年11月に `pip` のバージョン `20.3` で新しい依存性解決のロジックがデフォルト有効になったことで、依存関係に不整合がある場合は、警告が表示されるようになりました。

- Python Insider [featuring new dependency resolver]
  https://blog.python.org/2020/11/pip-20-3-release-new-resolver.html

ライブラリのサポートするPythonバージョンの記載場所は、ライブラリによって異なります。多くの場合は、各ライブラリのPyPI、ドキュメント、リポジトリ、pyproject.toml、setup.py、Change Logsを確認すると見つけられます。

早い段階でライブラリが移行先のPythonバージョンをサポートしていないことに気づいた場合、いくつかの方針を検討できます。例えば、移行先のPythonバージョンを落とす、ライブラリをリプレイスする、自分でライブラリのサポート対応を追加するといった対応が考えられます。

このようなサポート状況に関する対応方針の変化は、Pythonだけでなく、Djangoにも存在します。Djangoに拡張するライブラリはDjangoに依存しており、依存するDjangoのバージョンに制約もあります。

ライブラリの依存関係とサポートバージョンを考慮した上で、最終的なライブラリおよびPythonのバージョンを決定します。

● テスト計画・移行計画の検討

最終リリースのライブラリバージョンが決まったら、テストや移行の内容も見通しを立てていきます。大きなバージョンアップが含まれている場合は、影響範囲が広く、その分の修正工数が必要になります。また、運用中のシステムでは特に丁寧な移行が必要となり、業務停止を伴うメンテナンスが発生することもあります。

テストは、既存でどの程度が整備されているかによって必要な工数が変わります。システムの状況によっては、網羅的にユニットテストが用意されているケースもあれば、部分的なケースや限定的なケースもあります。また、手動でテストを行っている場合も網羅的なテストケースが用意されているケースもあれば、更新が必要なケースもあります。網羅的なテストケースが整理されていない場合は、テストケースの整理・更新の工数が必要となります。

なお、網羅的にユニットテストが用意されている場合、バージョンアップ先のPythonを利用してユニットテストを実行してみるとよいでしょう。すると、エラー数がわかりますので、エラー修正工数の見積もりに利用できます。

ここまで情報が整理されるとバージョンアップ対応のリリースまでの対応期間がわかります。移行計画も考慮して、予定に問題がないかを確認しておきましょう。移行に際してメンテナンスが必要となる場合、メンテナンス可能なタイミングが限られたり、事前の調整が必要となります。

このようにして、システムのバージョンアップの計画を立てます。次は実際にバージョンアップを行なっていきます。

14-01-04 システムのバージョンアップ

ここでは、前節で説明した架空のシステムのバージョンアップの具体的な流れを説明します。

● 開発環境の更新

まず、プロダクションコードのバージョンアップを始める前に開発環境を更新しましょう。開発環境が古い技術や構成となっている場合は更新が必要です。また、利用されていない場合は新しく開発を支援する技術を導入するとよいでしょう。例えば、次のような要素をチェックします。

考慮点	説明	関連する章
Lint/FormatのCI	リンターやフォーマッターの実行漏れを防ぎコード品質を高める	1章、9章
ユニットテストのCI	ユニットテストを頻繁に実行し、エラー発生状況の把握を容易にする	9章
ユニットテストのpytest実行	ユニットテスト失敗時の原因調査ハードルを下げる	8章
開発環境のDocker化	開発環境に関するトラブルを予防する	Appendix

バージョンアップ前に開発環境を新しい技術に切り替えておくことで、効率的に対応が進められます。また、開発環境のDocker化といった開発環境の更新は、バージョンアップを始める前に行いましょう。そうすることで、バージョンアップ対応中に現行システムでの挙動を確認する必要が出た際、以前の挙動が確認しやすくなります。

● エラー状況の可視化

開発環境が更新されたら、バージョンアップした際にどのようなエラーが発生するか、そのエラー状況を確認しましょう。開発環境がDocker化されていれば、Pythonやライブラリのバージョン変更は気軽に行えます。また、CIでテストが実行されている場合も、気軽にバージョンアップ後の環境でテストを実行できます。

以下のメッセージはpytestを実行した結果、テストケースが325のテストケースのうち、211が失敗、10の警告が出たメッセージになります。

▼pytestで失敗・警告がある場合のメッセージ例

```
======================= 211 failed, 104 passed, 10 warnings in 37.38s ==========================
py311: exit 1 (41.92 seconds) /code/src> pytest pid=6537
  py311: FAIL code 1 (132.03=setup[90.11]+cmd[41.92] seconds)
  evaluation failed :( (132.10 seconds)
```

今回のようにすべてのバージョンアップ対応を一度にまとめてリリースする方針の場合、バージョン指定のみを更新したブランチをリリース用のブランチとして作成するとよいでしょう。そして、リリース用のブランチに対してCIが実行されるように設定しておけば、ユニットテストで見つかるエラーの残数を確認しやすくなります。また、リリースや動作確認の際に利用するブランチも明確になり、複数人で手分けしてエラーを解消しやすくもなります。

● 個別のバージョンアップとエラー修正

エラー状況が可視化できたら、個別のバージョンアップとエラー修正を行なっていきます。

影響が広範囲に及ぶバージョンアップ対応はコードベースの差分が大きくなりがちです。また、変更の原因も多岐にわたるため、適切にブランチやPRを分割しなければレビュアーの負担が大きくなります。そのため、修正のトピックごとにPRを作ることでレビュアーとのコミュニケーションがスムーズに行えます。バージョンアップ対応の場合は、リリース用ブランチにエラーに対する個別のPRを作る、もしくは要素ごとのバージョンアップでPRを作るとよいでしょう。

バージョンアップ対応を進める準備が整ったら、粛々とバージョンをあげてユニットテストで見つけたエラーに対応していきます。

▼バージョンアップ対応におけるPRの分岐イメージ

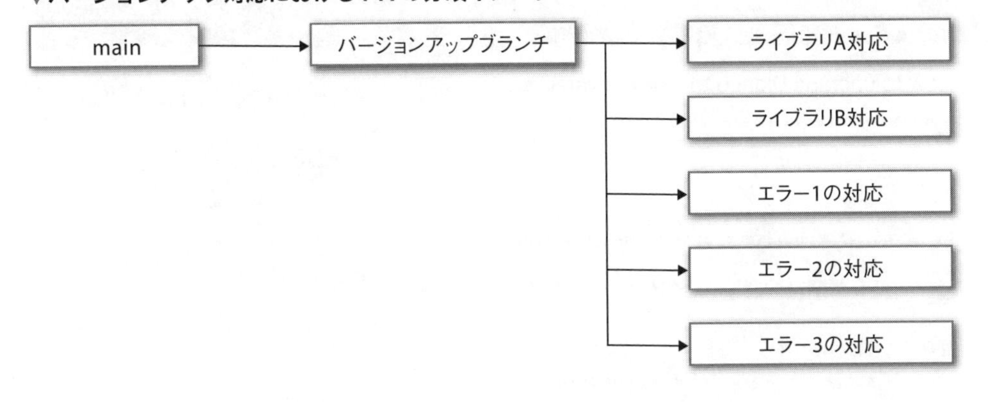

● バージョンアップ対応の難しさ

バージョンアップ対応の難しさは、1つ1つの課題の難易度よりも依存関係のある軽微な課題が大量に見つかることにあります。また、それらの課題にまとめて取りかかろうとすると、問題の特定に時間がかかることもあります。

特に、拡張が進められてきたシステムは多数の技術要素で構成されていることが多いです。多数の技術要素に複数の問題が組み合わさると、問題を切り分けが非常に困難になります。このような場合は、バージョンアップを計画的に細かく分解して段階的に対応しましょう。そうすることで問題の切り分け難易度を下げ、スムーズに進めやすくなります。

次は、Python、Django、個別のライブラリのバージョンアップに役立つTipsを紹介していきます。

14-01-05 Djangoバージョンアップのtips

Djangoのバージョンアップは定期的に実施され、その中で新機能追加やセキュリティ対策が行われています。

まず、Djangoにはバージョンアップのガイドがついてます。アップグレードガイド、マイグレーションガイドと呼ばれることもあります。Djangoを利用したプロジェクトをバージョンアップする場合は、Djangoの新しいバージョンへの更新ガイド※1を参照しましょう。

※1 https://docs.djangoproject.com/ja/4.2/howto/upgrade-version/

▼Django 公式ドキュメントのバージョンアップガイド

ここでは、特にDjangoをバージョンアップする際の参考情報や注意点を紹介します。

● バージョン番号とリリースサイクル

Djangoのバージョン番号は通常、A.BまたはA.B.Cの形式で表示されます。A、B、Cには数字が入ります。(例：4.2、3.2.7)

ここでA.Bは機能リリース、Cはセキュリティパッチやバグ修正に関連するパッチリリースを意味します。AやBが更新された場合は、構造の変更や機能の廃止が含まれるケースがあるため、しっかりとしたテストや計画が必要です。Cが更新された場合はセキュリティ関連の更新の可能性もあるため、注意が必要になります。

Djangoのバージョン番号とリリースのプロセスは、公式ドキュメント※1でも言及されています。合わせて参照するとよいでしょう。

● 段階的なバージョンアップと非推奨機能

Djangoの公式ドキュメントでは、Djangoをバージョンアップする際には、2.0 → 2.1 → 2.2といったように段階的にバージョンアップすることを推奨しています。特に大規模なプロジェクトでは、一気にバージョンを上げるのではなく段階的にアップデートし各段階でユニットテ

※1 https://docs.djangoproject.com/en/4.2/internals/release-process/

ストを行うほうが効果的にDjangoの警告メッセージを参照できます。

Djangoは機能削除を行う際は非推奨を経由するといった開発プロセスがあります。Djangoの推奨するよう段階的にバージョンを上げると、警告メッセージを参照できます。例えば、次のような警告がDjango 3.2で表示されました。

▼非推奨機能に対する警告メッセージの例

```
myapp/tests/test_views.py::AppCreateTest::test_create
  /code/src/myapp/urls.py:43: RemovedInDjango40Warning: django.conf.urls.url() is
deprecated in favor of django.urls.re_path().
    url("^myapp/$", views.create_app, name="create-view"),
```

この警告は、Django 4.0で削除される非推奨機能に対する警告です。`django.conf.urls.url()` は非推奨で、`django.urls.re_path()` への切り替えが推奨されていることを示します。利用している機能に関わる非推奨機能の警告メッセージを参照できれば、バージョンアップの対応はよりスムーズに行えます。

● Release Note

DjangoではRelease Noteが公開されています。 他のライブラリでは、Change Logsという名称で情報が公開されることもあります。Release Noteには、対応しているPythonのバージョン、新しいバージョンでの変更点や廃止された機能、新機能などが記載されています。これらをチェックすることで、スムーズなバージョンアップが可能です。

既存システムのバージョンアップ対応では、互換性のない変更の情報が重要です。DjangoのRelease Noteでは、Backwards incompatible changesと記載されています。例えば、デフォルトの挙動が変更されたり既存の機能が利用できなくなった時の情報がここに記載されています。

Column

Django公式ドキュメントの日本語化

Django公式ドキュメントの日本語化は有志の日本人により行われています。

Django公式ドキュメントの日本語部分を見ていると、一部で英語の文章が残っていることもあります。これは未翻訳の部分やバージョンアップにより元の英語ドキュメントが変化した部分です。「一部が英語になっている」のではなく、「元々、英語ドキュメントだけの状況からほとんどが日本語に翻訳されている」という状況です。

Django公式ドキュメントの翻訳化プロジェクトは、Transifex上で行われています。Transifexはソフトウェアプロダクトのための翻訳管理システムで、Djangoはドキュメント翻訳のためにTransifexを利用しています※1。日本語化プロジェクトへ参加方法は、djangoproject.jp で紹介されている※2ので、興味のある方は参加をおすすめします。

※1 https://docs.djangoproject.com/en/dev/internals/contributing/localizing/
※2 https://djangoproject.jp/translate/

14-01-06 ライブラリバージョンアップのTips

次は、Pythonおよび関連ライブラリのバージョンのあげ方について説明します。基本的にPython 3系においては、バージョンアップの中で詰まるところはほとんどありません。Pythonのバージョンアップで課題となることの大部分は、新しいPythonのバージョンへの依存ライブラリの対応状況とライブラリのバージョンアップ作業です。そのため、ライブラリのバージョンアップを中心にTipsを紹介します。

● 分散リリースの戦略

理想的には、依存ライブラリのバージョンアップはリリースタイミングをできる限り分散させてリスクを低減するのがよいでしょう。これにより対応ブランチの寿命を短くし、mainブランチとの差分も最小限に保つことができます。こうすれば、機能開発とバージョンアップ対応が並行したときのマージの手間を抑え、バージョンアップ対応のスケジュールの上振れを抑えられます。

ただし、十分なテスト自動化やCI/CDが設定されていない場合、テストやリリースのコストが増加する可能性があります。そのため、CI/CDが不十分なシステムやリリースタイミングが限定的なシステムにおいては、一括でリリースする戦略が取られることがあります。それにより広範囲の手動テストの工数を削減したり、システムメンテナンスの業務負担を低減します。

ライブラリのバージョンアップ対応はアプリケーションの規模に依存して時間がかかることもあります。新機能の開発や既存機能の改修が同時進行で行われる場合、バージョンアップ対応のブランチが長引くと、コードのコンフリクトが頻発し、その解消に手間がかかることがあります。そのため、新機能の開発とバージョンアップが並行する場合はmainブランチとの乖離を最小限に抑えることが重要になります。

頻繁にリリースすることで、マージの手間を軽減できます。頻繁にリリース可能なシステムでは影響が小さいバージョンアップは、影響範囲を把握した上で他のリリースに組み込んで段階的に実施するのがおすすめです。

▼頻繁にリリースすることでマージの手間を抑える

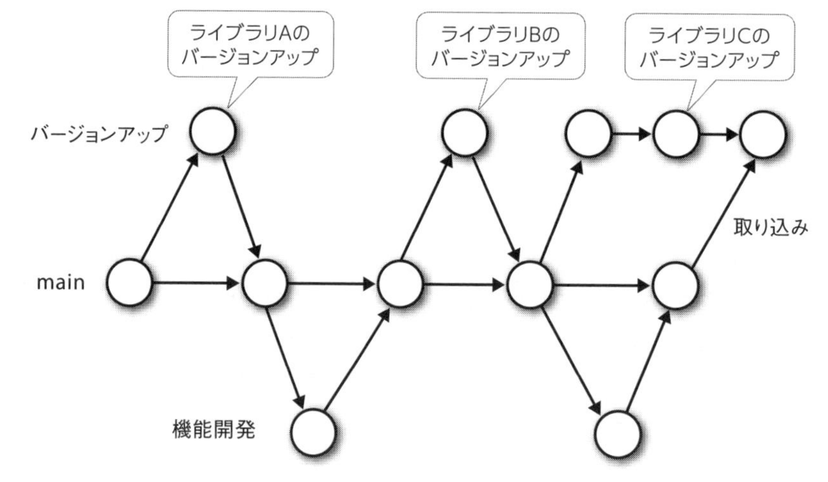

● 利用が限定的なライブラリ

一度に複数のライブラリをまとめてバージョンアップする場合、ライブラリをバージョンアップしたことによる影響が不透明な状況になりがちです。しかし、多くのライブラリは特定の用途のために利用され呼び出される機能も限定的です。そのため、1つ1つ丁寧に確認していけば影響範囲を把握できます。

▼利用が限定的なライブラリでの影響範囲のイメージ

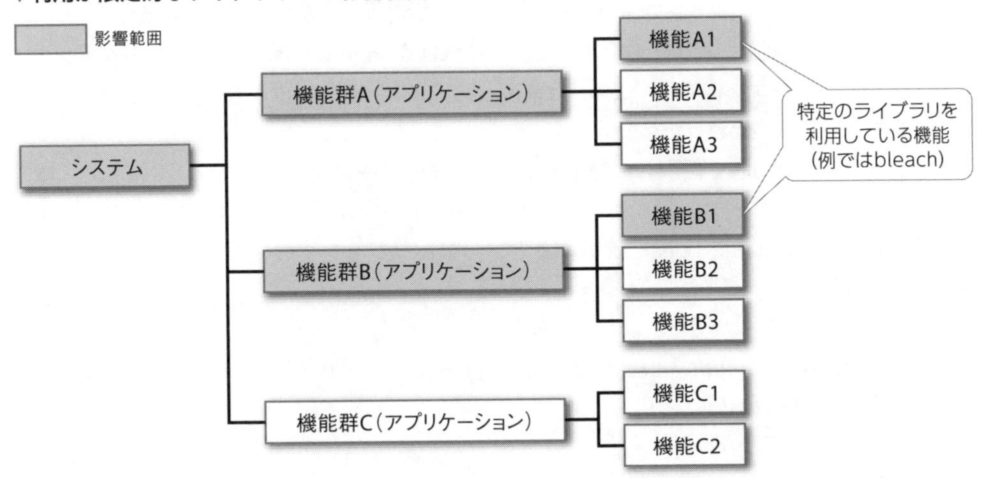

バージョンアップ対象のライブラリが機能A1とB1で利用されている場合の影響範囲

例えば、bleach※1 というライブラリがあります。これは、ユーザーが入力したテキストから悪意のあるタグをエスケープしたり、URLをaタグでリンク化するために利用できるライブラリです。以下のような利用イメージになります。

▼bleachの利用イメージ

```
>>> import bleach
>>> bleach.clean('悪意のある<script>evil()</script>例')
'悪意のある&lt;script&gt;evil()&lt;/script&gt;例'
>>> bleach.linkify('リンク http://example.com ')
'リンク <a href="http://example.com" rel="nofollow">http://example.com</a> '
```

このようなライブラリは利用箇所で必ず `bleach` という文字列が登場し、importされています。そのため、grepなど文字列で検索すれば利用箇所は簡単に特定でき、テストの実施も容易です。

ライブラリが複数のPythonバージョンをサポートしていることは多々あります。移行先のPythonバージョンと利用中のPythonバージョンの両方をサポートしている場合、先にライブラリのみをバージョンアップできます。バージョンアップ対象のシステムのリリース運用が許すなら、単体でバージョンアップを行いリリースするほうがリスクは低くなります。

※1 bleach：https://pypi.org/project/bleach/

● 依存関係のあるライブラリ

Djangoとその拡張ライブラリ、そして暗号化ライブラリなどは依存関係が複雑です。バージョンアップする際には、依存関係がコンフリクトしていないか確認する必要があります。例えば、Djangoの拡張ライブラリが最新版のDjangoに対応しているかどうかを確認しながら、最適なバージョンを選ぶ必要があります。

バージョンアップ後、挙動が変わることもあります。エラーが発生した場合、ユニットテストを用意して、どのバージョンでエラーが出たのかを特定するのが良いアプローチです。

例として、筆者が経験したケースを挙げます。それはdjango-bootstrap3※1のバージョンアップで問題が発生したケースです。このライブラリのバージョンアップで特定の条件でバリデーションのエラー表示が変わったケースです。

ユニットテストで問題を再現し、対象のライブラリのバージョンを変化させてみると、特定のバージョンでバリデーションエラー表示のデフォルト設定が変わっていたことがわかりました。ライブラリのChange Logsを確認すると、そのバージョンでの変更点に以下のような記載※2がありました。

> *BREAKING Default setting of error_types to non_field_errors is different from behavior in versions < 9*

ライブラリのバージョンアップで問題が発生する主な理由は以下です。

- 機能追加により破壊的な変更があった場合
- 実装がリファクタリングされた場合

共に回帰テストにより発見できます。前者の原因はChange Logsを確認することで特定できます。ライブラリの内部実装に依存した実装を行なっている場合は、後者が問題になることがあるでしょう。このような場合、バージョンアップ後のバージョンで目的とする処理を実現する方法を改めて調べて実装することで解決することになります。

● Pythonバージョンアップの影響

Pythonのバージョンアップにおける注意点について説明します。最近は、Typingの型が頻繁に追加され問題が生じることがあります。Python3.5で型ヒントのサポートが追加されて以来、機能の追加や更新がされてきました。その中で非推奨になった機能も存在するため、サードパーティパッケージが対応していない場合は、動作するPythonバージョンの選択が必要となりえます。

例えば PEP 585※3 で標準コレクションのエイリアスが非推奨になりました。それにより、

※1 django-bootstrap3：https://pypi.org/project/django-bootstrap3/
※2 https://django-bootstrap3.readthedocs.io/en/latest/changelog.html#id21
※3 PEP 585：https://peps.python.org/pep-0585/

Python3.9にバージョンアップすると、依存するライブラリのリプレイスが検討になることもあります。

14-01-07 ライブラリをリプレイスする

継続的にシステムを改善していると、使用中のライブラリをリプレイスすることもあります。なぜライブラリをリプレイスするのでしょうか。OSSのライブラリを使用していると、次のような状況に遭遇することがあります。

- メンテナンスが停止し、セキュリティアップデートが行われなくなった
- ライブラリの開発が停滞し、自分たちのニーズに対して機能が不足してきた
- 連携先の外部サービスがバージョンアップしたが、新しい方式に対応していない

このような場合、ライブラリのリプレイスが必要になります。

▼ライブラリをリプレイスする

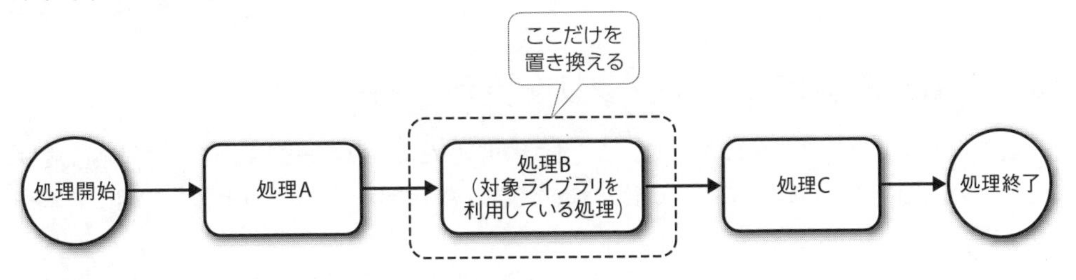

リプレイスをする際には、次のような情報の調査が必要です。

- 対象のライブラリで使用している機能、対象ライブラリの呼び出し方
- 上記の機能の利用状況、負荷、および非機能要件

ライブラリが一箇所だけでなく複数箇所で使用されている場合もあります。その場合、ライブラリのバージョンアップ時と同様にコードベースでライブラリのパッケージ名を検索して使用している箇所を洗い出します。

ライブラリを使用している機能がわかればその機能がどのように呼び出されているかを確認します。Webアプリケーションであればユーザーの画面操作で実行されることもありますし、定期的に実行される処理で呼び出されることもあります。また、何らかのデータ変更が発生した際に非同期で実行される処理もあります。

ライブラリの呼び出し方がわかれば、そのライブラリを利用する機能の非機能要件を確認します。それらの処理がどれくらいの頻度や状況で実行されるのか、実行時間がどの程度か、も考慮しましょう。

切り替え前後のライブラリで呼び出している処理の中身をざっと確認しておくとよいでしょ

う。pdbでステップ実行しながら進めると何が行われているかが明確になります。そうすることで考慮漏れを防ぎやすくなります。

既存機能の実装を考慮して、移行先となるライブラリを調査します。また、どのように修正するかを検討した上で移行先のライブラリを選択します。

実際の修正にあたっては前後の処理を踏まえて挙動が変わらないように注意します。そのため、可能な限り修正前の挙動を確認するテストケースを作成します。その後、ライブラリをリプレイスします。

▼ライブラリをリプレイスのテスト

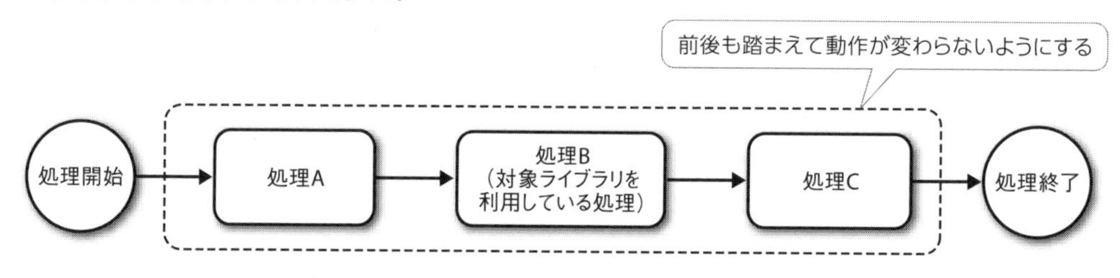

14-01-08 継続的にライブラリを更新する

継続的なソフトウェア開発において、ここまで説明したようなバージョンアップ対応は避けて通れない課題です。継続的に開発が行われる実際の現場では、このプロセスを如何にスムーズかつ安全に行うかが問題となります。

まず、バージョンアップをこまめに行う利点を理解することが重要です。継続的な開発が行われている環境であれば、新しいライブラリのバージョンがリリースされたら、それを可能な限り早めに組み込みます。これは、こまめに対応することで一度に多くの変更を抱え込むリスクを減らし、それぞれの更新の影響を切り離せるからです。

GitHubには日々のバージョンアップをサポートする便利なツール、Dependabot※1があります。Dependabotは、プロジェクトで使用しているライブラリやパッケージにセキュリティ上の問題がある場合、警告メッセージを通知してくれます。さらに、新しいバージョンがリリースされたら自動的にプルリクエスト(PR)を作成してくれます。

※1 Dependabot：https://docs.github.com/ja/code-security/dependabot

▼Dependabot による PR のイメージ

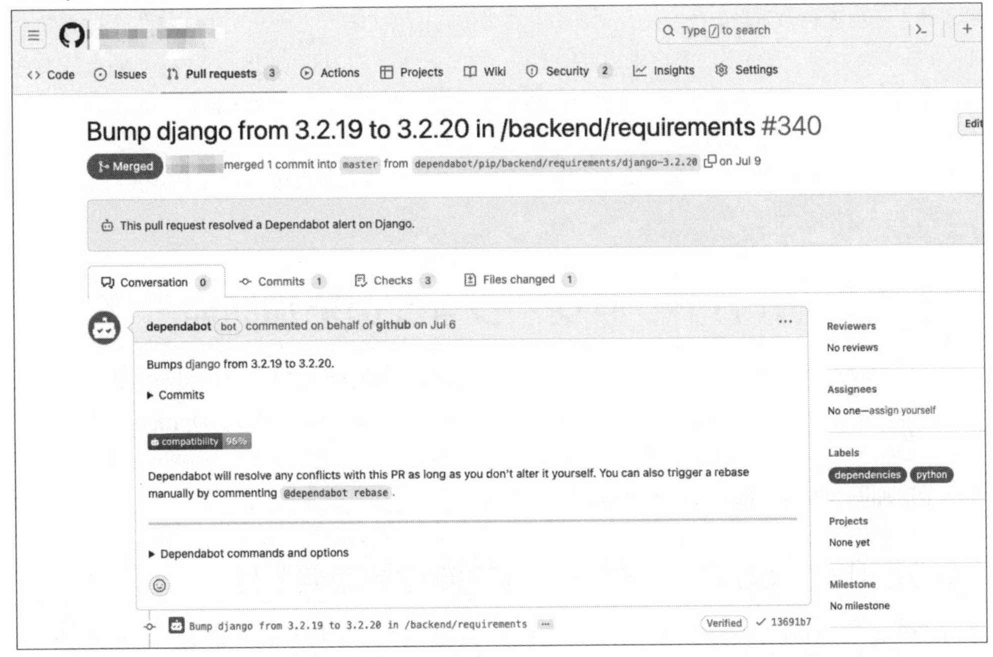

PR作成時に自動的にユニットテストが実行される状態にしておけば、人が実際に手を動かすことなく、新しいバージョンがシステムに与える影響を事前にチェックできます。また、E2E(End-to-End)テストが用意されている場合は、動作確認の手間をさらに抑えられます。

もし、テストが通れば、そのライブラリの新しいバージョンは、継続的に開発が行われている他のリリースと合わせてリリースすることを検討できます。このようにして機能追加や機能改修と同時にライブラリも更新することで、日々のコストを抑制しながらシステムを安全かつ最新の状態に保つことができます。

一度の大規模なバージョンアップよりも継続的な小規模なアップデートのほうが長期的には効率的でリスクも低くなります。このような手法を習慣化することで、開発プロセス全体がスムーズになり、システムの品質も高まります。

14-01-09 まとめ

ここではシステムのバージョンアップで役に立つ情報や注意点を紹介しました。システムはさまざまなソフトウェアによって構成されており、それらは依存関係にあります。そのため、システムのバージョンアップではその依存関係を保ったまま、どのようにバージョンアップしていくかが重要になります。

システムのバージョンアップは、継続的なソフトウェア開発において避けては通れない重要なプロセスです。この章ではWebサービスを提供するために必要なシステムのバージョンアップに焦点を当て、その計画と実施に役立つ情報を説明してきました。

システムはOS、データベース、Python、Django、ライブラリなど多様な要素で構成されています。それぞれの要素は依存関係にあり、この依存関係を維持した上でシステム全体を効率よくバージョンアップすることが求められます。ソフトウェアは日々進化していく性質を持つため、継続的なメンテナンスを行わなければ古くなっていきます。サービス提供のために計画的なアップデートが不可欠です。

ソフトウェアの進化を取り入れることで、より安定して高品質なサービスを提供していきましょう。

14-02 Webアプリケーションの追加開発

サービス提供を開始したWebアプリケーションも運用を続けながら日々拡張が進められていくことがあります。Pythonを使用したWebアプリケーションの開発では、Djangoがよく利用されます。ここでは、Djangoを使ったWebアプリケーションの追加開発を進める際に役立つ知識や追加開発ならではのヒントを紹介します。

14-02-01 Webアプリケーションの追加開発とは

前述のようにWebアプリケーションではリリース後も機能追加や既存機能の修正が行われていきます。ここでは、前提となるWebアプリケーション開発の特徴について説明します。そして、Webアプリケーションの拡張に必要な考慮点とDjangoを利用した開発での追加開発のヒントを紹介します。

● Webアプリケーション開発の特徴

前提として、Webアプリケーションの開発では開発側のタイミングでアプリケーションを更新できます。

デスクトップアプリの場合、提供側が最新版をリリースしても利用者によって最新版を利用し始めるタイミングは異なります。しかし、Webアプリケーションの場合、提供側がサーバー上のプログラムを更新すれば一括で更新ができます。これにより、Webアプリケーションでは古いバージョンのサポートを意識する必要がなくなります。

そのため、最初は最小限の機能で提供した後に利用者の状況やニーズに合わせて拡張を進める形が取りやすくなります。よく見かける多数の機能が搭載されたWebアプリケーションも最初は必要最小限の機能から提供され、少しずつ拡張されることによって出来上がったかもしれません。

▼多数の機能が搭載されたWebアプリケーションのイメージ

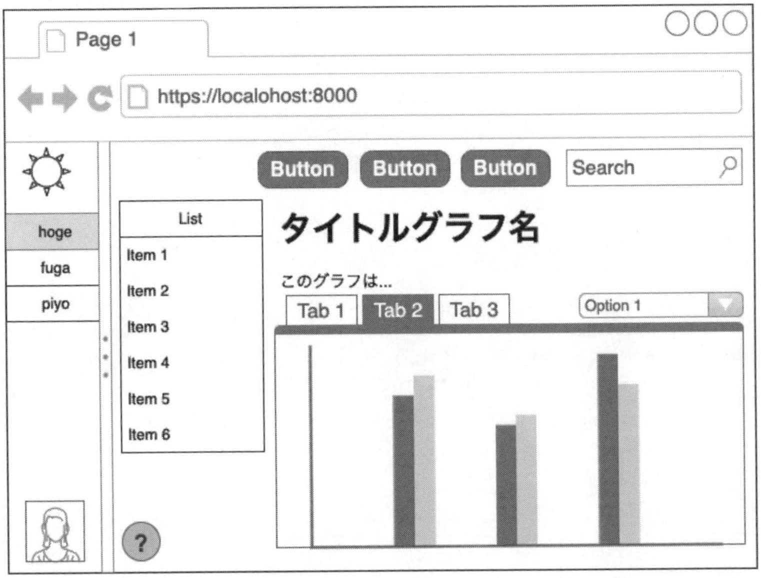

ただし、すでに利用者がいるWebアプリケーションの拡張では、様々なステークホルダーへの影響を考慮しながら進めていく必要があります。そのステークホルダーには、複数の利用者が含まれるだけでなく、開発費用を出している人、システムの運用担当者、ユーザーサポートの担当者や応援してくれる人など多岐にわたります。また、その中で複数人の開発者が1つのWebアプリケーションの開発に関わることも少なくありません。

Webアプリケーションの開発では提供を開始した後も拡張を進めることを考慮した開発が必要になります。

● Webアプリケーション開発とデータベース変更

ここでいうWebアプリケーションの拡張とは、既存のWebアプリケーションの機能を追加することを指します。例えば、Webアプリケーションの拡張では次のような話が出てきます。

- 既存のデータに新しくデータを関連づけたい
- データ一覧のフィルタや絞り込みを強化したい
- 既存のデータを新しい方法でCRUD(登録、表示、編集、削除)の操作をしたい

2章 Webアプリケーションを作るではDjangoを利用して、「読みログ」アプリを開発する例を紹介しました。例えば、「読みログ」を拡張する場合は次のような案が考えられます。

- ログインして自分の読みログを登録したい
- 同僚の「読みログ」に「私も読んだ」を登録したい
- まだ読了してないが、本を読み始めたら「読みログ」に登録したい

- 「読みログ」へ登録する際に感想コメントも一緒に追加したい
- 同僚が「読みログ」を追加したら、Slackに通知してほしい

▼読みログの拡張イメージ

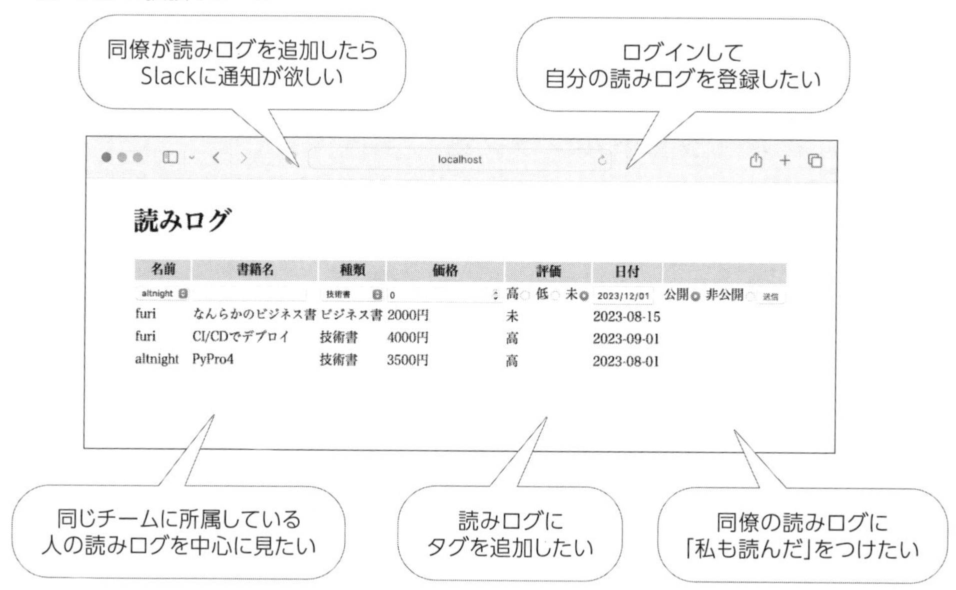

Webアプリケーションを拡張する場合、データベースに変更が入ることは多々あります。読みログを拡張する場合の例を見ても既存のデータベースで管理できない情報を扱う機能があります。そのような機能を追加するならデータベースへの変更が必要不可欠となります。

ただ、Webアプリケーションの開発において、データベースの変更は変更管理が複雑になりやすい部分です。Webアプリケーションの開発を安全かつ確実に進めるためには、データベース変更の履歴を管理しなければなりません。Djangoにはデータベース変更履歴の管理をスムーズに行うための仕組みが用意されています。

DjangoのDBマイグレーション機能を利用すれば、データベースの変更を安全かつ効率よく適用できます。次はDjangoのDBマイグレーション機能について説明します。

14-02-02 DjangoのDBマイグレーション機能

DBマイグレーションとは、DBに保存されているデータを保持したまま、既存のデータベースに変更を加えることです。DBマイグレーションには、テーブルの作成やカラムの変更などが含まれます。DjangoはDBマイグレーションを管理する機能を持っています。これによりDjangoプロジェクトでは、運用を開始したWebアプリケーションでの機能拡張のハードルが下がります。

確実にDjangoアプリケーションを拡張していくために、DjangoのDBマイグレーション機能についての理解を深めましょう。

● なぜ、DBマイグレーションの管理が必要か

DjangoのDBマイグレーション機能について説明する前に、なぜ、DBマイグレーションの管理が必要なのかを理解しましょう。

まず、DjangoはWebアプリケーションを開発するためのフレームワークです。ここまで学んできたようにWebアプリケーションでは、インターネット上のサーバーに最新のプログラムを配置してサービスを提供します。実際に、ユーザーにサービスを提供する環境のことを本番環境と呼びます。

また、一般的なWebアプリケーションの開発では、本番環境と別に開発環境やステージング環境と呼ばれる環境があります。これらの環境は、開発者など限られた人のみがアクセス可能とし、本番環境へ反映する前の動作確認で利用されます。さらに、それよりも前の段階として各自のローカルマシンに開発環境を作り、プログラムを修正しながら動作確認も行います。

複数の環境を構築する方法については、**11章 Webアプリケーションの公開**にも説明があります。合わせて参照してください。

▼複数の環境とアクセスできる人

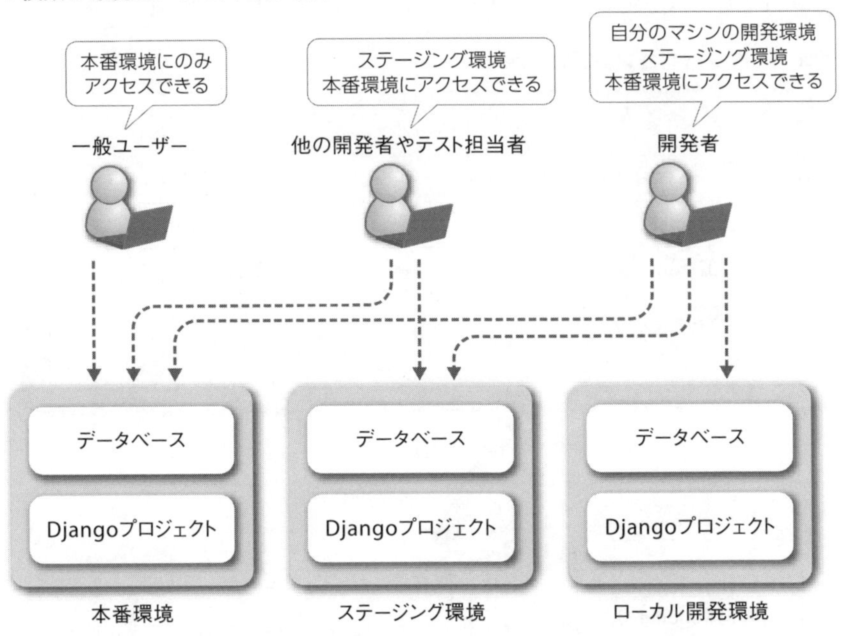

データベースを変更する際、ローカルマシンの開発環境、ステージング環境、そして本番環境と順を追って変更を反映していくのが一般的です。しかし、複数の開発者が同時に作業している場合、ローカルマシンでの変更をステージング環境や本番環境に取り込む前に別の開発者が担当したデータベースの変更が反映されることもあります。また、他の開発者が本番環境にリリースしたデータベースの変更をローカルマシンに取り込む必要もあります。

データベースの変更は、適用順序や直前の状態によって意図した状態にならないこともあります。他にも、Webアプリケーションのソースコードとデータベースの状態がずれていること

により問題が発生することもあります。そのため、データベースの変更は適切な適用順番やソースコードとの関係を考慮して行うことが重要になります。

DBマイグレーションを手作業で管理するのは、非常に大変です。このDBマイグレーションの管理の煩雑さを低減するために、DjangoのDBマイグレーション機能が非常に便利です。

● DBマイグレーション機能の仕組み

DjangoのDBマイグレーション機能は、データベースにマイグレーション履歴のテーブルを保存します。マイグレーションの実行時には、データベースに実行したマイグレーション情報を保存します。これにより同じマイグレーションが重複して実行されることを防ぎ、ソースコードの状態とデータベースの状態の同期が容易になります。

Djangoでは、DBマイグレーションの内容をPythonのファイル(以下、マイグレーションファイルと呼びます)として保持します。また、マイグレーションの実行時に適用したマイグレーションファイルの名前をデータベースに記録します。そのため、マイグレーションファイルの削除には注意が必要です。DBマイグレーションを進めた状態で、マイグレーションファイルを削除すれば、管理が壊れてしまいます。

▼DjangoのDBマイグレーション機能のイメージ

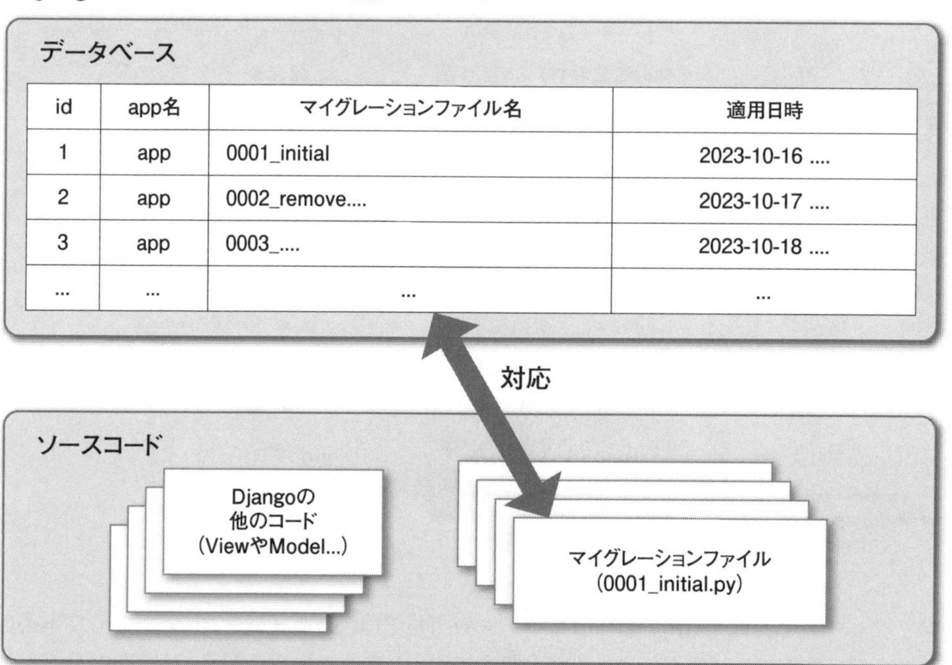

例えば、「読みログ」アプリのモデルを修正した際のDBマイグレーション機能の利用の流れの概要は以下のようになります。

まず、モデルを次のように修正します。ここでは `note` を追加し、読書ログの登録時にメモを追加できるようにします。

▼app/models.py

```
from django.db import models


class ReadHistory(models.Model):
    name = models.CharField("名前", max_length=255, choices=(
        ("altnight", "あるとな"),
        ("furi", "ふり")
    ))
    category = models.CharField("カテゴリ", max_length=255, choices=(
        ("tech", "技術書"),
        ("business", "ビジネス書"),
    ))
    title = models.CharField("書籍名", max_length=255)
    price = models.IntegerField("価格")
    read_at = models.DateField("読了日")
    is_public = models.BooleanField("公開するかどうか")
    is_favorite = models.BooleanField("評価", blank=True, null=True)
    note = models.TextField("メモ", blank=True)  # この行を追加

    class Meta:
        db_table = "read_history"
```

次に makemigrations を実行するとマイグレーションファイルができます。このファイルに実際のマイグレーション情報が記載されています。

▼makemigrations の実行例

```
$ python manage.py makemigrations
Migrations for 'app':
  app/migrations/0002_readhistory_note.py
    - Add field note to readhistory
```

▼app/migrations/0002_readhistory_note.py

```
# Generated by Django 4.2.5 on 2023-11-27 05:46

from django.db import migrations, models


class Migration(migrations.Migration):

    dependencies = [
        ('app', '0001_initial'),
    ]
```

```
    operations = [
        migrations.AddField(
            model_name='readhistory',
            name='note',
            field=models.TextField(blank=True, verbose_name='メモ'),
        ),
    ]
```

以下を実行すると、実際のデータベースにマイグレーションが適用されます。このタイミングで、マイグレーション履歴のテーブルにも情報が記録されます。

▼migrateの実行例

```
$ python manage.py migrate
Operations to perform:
  Apply all migrations: admin, app, auth, contenttypes, sessions
Running migrations:
  Applying app.0002_readhistory_note... OK
```

実際にデータベースに接続し、マイグレーションテーブルを確認できます。今回の場合は、次のようになっており、`id=21`に今回追加したマイグレーションが記録されていることがわかります。自身が追加したアプリケーションのマイグレーションだけでなく、Djangoに付属している機能のマイグレーションも同様に記録されていることがわかります。

▼マイグレーションテーブルを確認

```
$ python manage.py dbshell
yomilog=# select * from django_migrations;
 id |     app      |                  name                   |            applied
----+--------------+-----------------------------------------+-------------------------------
  1 | contenttypes | 0001_initial                            | 2023-10-23 04:46:53.933557+00
  2 | auth         | 0001_initial                            | 2023-10-23 04:46:54.010116+00

... 省略

 18 | auth         | 0011_update_proxy_permissions           | 2023-10-23 04:46:54.135845+00
 19 | auth         | 0012_alter_user_first_name_max_length   | 2023-10-23 04:46:54.143226+00
 20 | sessions     | 0001_initial                            | 2023-10-23 04:46:54.153515+00
 21 | app          | 0002_readhistory_note                   | 2023-10-23 04:47:06.564895+00
(20 rows)
```

ここではDjangoの便利なコマンドの1つである`dbshell`を利用しました。`dbshell`は、データベースに接続するコマンドです。なお、`dbshell`を利用してデータベースに接続する場合、実行環境でデータベースのコマンドラインが実行できる必要があります。(例: PostgreSQLの場合、psqlが実行できる必要がある)

他にもDjangoのDB操作に関する便利なコマンドがあります。次はそれらのコマンドを紹介します。

● DB操作で便利なDjangoのコマンド

DjangoのDBマイグレーション機能には開発や運用を支えるコマンドが付属しています。実際のプロジェクトではこれらのコマンドを利用して、DBマイグレーションの適用計画を検討していきます。

複数のブランチを使った開発では、ブランチごとに異なるマイグレーションファイルが存在していることがあります。そして、自分自身が開発中のブランチのみマイグレーションファイルが存在していることもあります。そんな時、別のブランチに切り替えると、ローカルのデータベースで管理しているマイグレーション履歴とソースコードに含まれるマイグレーションファイルがズレてしまいます。

このような場合、ブランチを切り替える前にデータベースに適用されたマイグレーションを戻し、その後にブランチを切り替えるとよいでしょう。こうすれば、ブランチを切り替えてもマイグレーションの管理が壊れることがありません。

具体的には、`migrate` コマンドにアプリ名と番号を指定して実行します。次のコマンドはappというアプリでマイグレーションの状態を0001の状態に戻すコマンドです。0002のマイグレーションの適用が解除されていることがわかります。

▼アプリ名と番号を指定してmigrateする例

```
$ python manage.py migrate app 0001
Operations to perform:
  Target specific migration: 0001_initial, from app
Running migrations:
  Rendering model states... DONE
  Unapplying app.0002_readhistory_note... OK
```

他にも現時点で、データベースに適用されているマイグレーションの状況を確認したいことがあります。そのような場合、`showmigrations` コマンドを実行すると確認できます。この例では、`app` の `0002_readhistory_note` が適用されていないことがわかります。

▼showmigrations実行例

```
$ python manage.py showmigrations
admin
 [X] 0001_initial
 [X] 0002_logentry_remove_auto_add
 [X] 0003_logentry_add_action_flag_choices
app
 [X] 0001_initial
```

```
 [ ] 0002_readhistory_note
auth
 [X] 0001_initial
 [X] 0002_alter_permission_name_max_length
 [X] 0003_alter_user_email_max_length
 [X] 0004_alter_user_username_opts
 [X] 0005_alter_user_last_login_null
 [X] 0006_require_contenttypes_0002
 [X] 0007_alter_validators_add_error_messages
 [X] 0008_alter_user_username_max_length
 [X] 0009_alter_user_last_name_max_length
 [X] 0010_alter_group_name_max_length
 [X] 0011_update_proxy_permissions
 [X] 0012_alter_user_first_name_max_length
contenttypes
 [X] 0001_initial
 [X] 0002_remove_content_type_name
sessions
 [X] 0001_initial
```

追加したアプリケーションを解除したい場合は、`migrate` で `zero` を実行すれば対象アプリのマイグレーションをすべて戻すこともできます。この場合、指定されたアプリに含まれるテーブルはすべて削除されますので注意してください。

▼migrate で zero を指定する例

```
$ python manage.py migrate app zero
Operations to perform:
  Unapply all migrations: app
Running migrations:
  Rendering model states... DONE
  Unapplying app.0001_initial... OK
$ python manage.py showmigrations
admin
 [X] 0001_initial
 [X] 0002_logentry_remove_auto_add
 [X] 0003_logentry_add_action_flag_choices
app
 [ ] 0001_initial
 [ ] 0002_readhistory_note
auth
 [X] 0001_initial

... 省略
```

マイグレーション機能により実行されるSQLを確認するためには、sqlmigrate コマンドが利用できます。特にすでにデータが存在するテーブルへのマイグレーションでは、実際にどのようなSQLが発行されるかを確認するのは重要です。次のようにsqlmigrate を利用すれば、実際に実行されるSQLを確認できます。sqlmigrate ではアプリ名と対象のマイグレーション番号を指定します。

▼sqlmigrateでSQLを確認する例

```
$ python manage.py sqlmigrate app 0002
BEGIN;
--
-- Add field note to readhistory
--
ALTER TABLE "read_history" ADD COLUMN "note" text DEFAULT '' NOT NULL;
ALTER TABLE "read_history" ALTER COLUMN "note" DROP DEFAULT;
COMMIT;
```

複数のマイグレーションを一度に実行する場合は、マイグレーション計画を確認するのもよいでしょう。

▼migrateでzeroを指定する例

```
$ python manage.py migrate --plan
Planned operations:
app.0001_initial
    Create model ReadHistory
app.0002_readhistory_note
    Add field note to readhistory
```

DjangoのDBマイグレーション機能を理解したら、次はDBマイグレーションの種類を理解して実践時の注意点を学びましょう。

14-02-03 DBマイグレーションの実践

ここまでWebアプリケーションを拡張する際にはDBマイグレーションが関わることが多いこと、Djangoにはそれを支援するDBマイグレーション機能があることを紹介してきました。しかし、DjangoのDBマイグレーション機能を利用している場合でも、実際にどのようなマイグレーションが行われているかを意識することが重要です。特に複雑なマイグレーションでは注意が必要となります。ここでは、DBマイグレーションの種類と実際の運用時の注意点を説明します。

● 基本的なDBマイグレーション

一言でDBマイグレーションといっても、様々な種類があります。例えば、基本的なDBマイグレーションには、次のようなものがあります。

- 新規テーブルの追加
- 既存テーブルの削除
- 既存テーブルの更新
- 既存テーブルへのカラム追加
- 既存テーブルのカラム更新・削除

新規テーブルは、Djangoのモデルを追加した際に作成されます。既存アプリケーションの拡張において、特に注意が必要なのは既存テーブルに対する操作です。実際に発行されるSQLやデータベースの状況を意識した上でDBマイグレーション機能を利用しないと意図しない問題が発生するケースがあります。

▼色々なDBマイグレーション

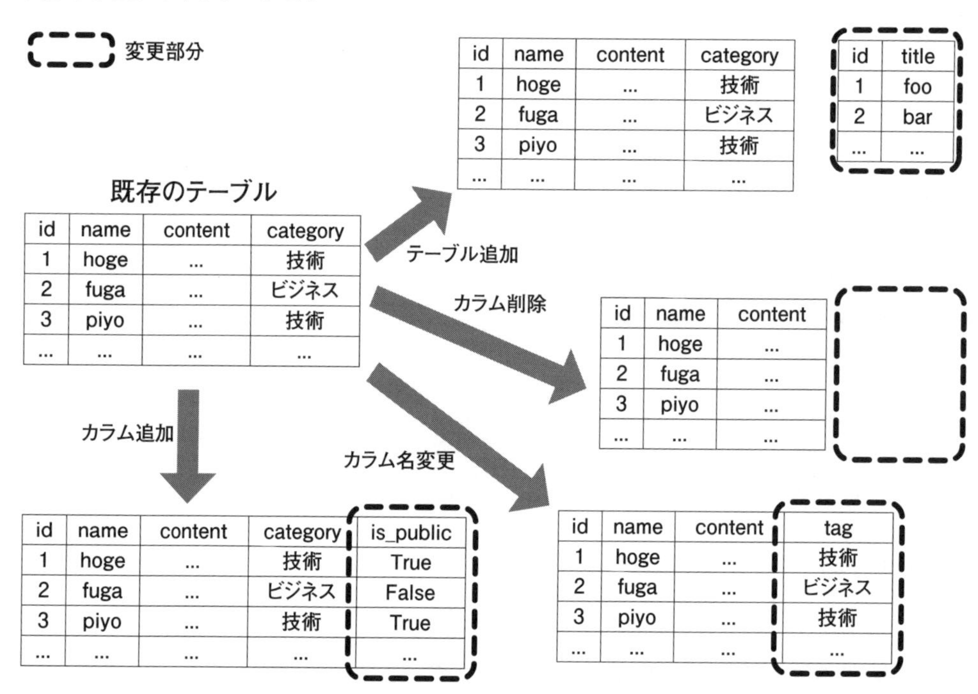

次は具体的なケースを考えながら、意図しないマイグレーションが発生するケースについて考えてみます。

● 意図しないマイグレーションが発生するケース

DjangoのDBマイグレーション機能を利用する際、テーブルやカラムをリネームする場合、特に注意が必要です。テーブルやカラムがリネームされる主なケースは以下です。

- コードの複雑さを下げるために、より適切な名前に変更したい
- 新機能の追加に際し、既存の名前を新しいテーブルやカラムで利用したい。そのため、既存のテーブルやカラムを変更したい

後者のケースで変更する際に、特に注意が必要になります。

2章の「読みログ」アプリの追加開発で考えてみます。例えば、次のような要求が出てきたとしましょう。

- 読書ログといっても「流し読み」「熟読」「つまみ読み」で意味が違う。登録者を増やすため、「流し読み」や「つまみ読み」で登録できるようにしたい。これを読書ログの「カテゴリ」として設定したい。
- 技術書やビジネス書という分類は「ジャンル」と呼びたい。そのため、既存のcategoryはgenreにリネームしたい。登録書籍は技術書がほとんどなので、技術書をデフォルトにしたい。

諸々の議論の末、次のようなモデルとすることになったとします。

▼app/models.py

```
from django.db import models


class ReadHistory(models.Model):
    name = models.CharField("名前", max_length=255, choices=(
        ("altnight", "あるとな"),
        ("furi", "ふり")
    ))
    genre = models.CharField("ジャンル", max_length=255, choices=(
        ("tech", "技術書"),
        ("business", "ビジネス書"),
    ), default="tech") # 既存のカテゴリをリネーム
    category = models.CharField("カテゴリ", max_length=255, choices=(
        ("fast", "斜め読み"),
        ("pickup", "つまみ読み"),
        ("perusal", "熟読"),
    ), default="perusal") # 新しくカテゴリを追加
    title = models.CharField("書籍名", max_length=255)
    price = models.IntegerField("価格")
    read_at = models.DateField("読了日")
    is_public = models.BooleanField("公開するかどうか")
    is_favorite = models.BooleanField("評価", blank=True, null=True)
    note = models.TextField("メモ", blank=True)

    class Meta:
        db_table = "read_history"
```

この変更を行なった後に、makemigrationsを実行すると次のようなマイグレーションファイルが生成されます。

▼makemigrationsを実行

```
$ python manage.py makemigrations
Migrations for 'app':
  app/migrations/0003_readhistory_genre_alter_readhistory_category.py
    - Add field genre to readhistory
    - Alter field category on readhistory
```

▼app/migrations/0003_readhistory_genre_alter_readhistory_category.py

```
# Generated by Django 4.2.5 on 2023-11-27 06:02

from django.db import migrations, models


class Migration(migrations.Migration):

    dependencies = [
        ('app', '0002_readhistory_note'),
    ]

    operations = [
        migrations.AddField(
            model_name='readhistory',
            name='genre',
            field=models.CharField(choices=[('tech', '技術書'), ('business', 'ビ
ジネス書')], default='tech', max_length=255, verbose_name='ジャンル'),
        ),
        migrations.AlterField(
            model_name='readhistory',
            name='category',
            field=models.CharField(choices=[('fast', '斜め読み'), ('pickup', 'つ
まみ読み'), ('perusal', '熟読')], default='perusal', max_length=255, verbose_nam
e='カテゴリ'),
        ),
    ]
```

このマイグレーションを実行した際のSQLは以下となります。

▼マイグレーションを実行した際のSQLを確認

```
$ python manage.py sqlmigrate app 0003
BEGIN;
--
-- Add field genre to readhistory
--
```

```
ALTER TABLE "read_history" ADD COLUMN "genre" varchar(255) DEFAULT 'tech' NOT NUL
L;
ALTER TABLE "read_history" ALTER COLUMN "genre" DROP DEFAULT;
--
-- Alter field category on readhistory
--
-- (no-op)
COMMIT;
```

`category` カラムはリネームされず、新しいカラム `genre` が追加されました。そして、新しい `genre` カラムにデフォルト値 `tech` が設定されました。

このままマイグレーションを実行して読書ログを登録していくと次のようになってしまいます。これは想定するDBマイグレーションではないでしょう。

▼想定外のマイグレーション実行イメージ

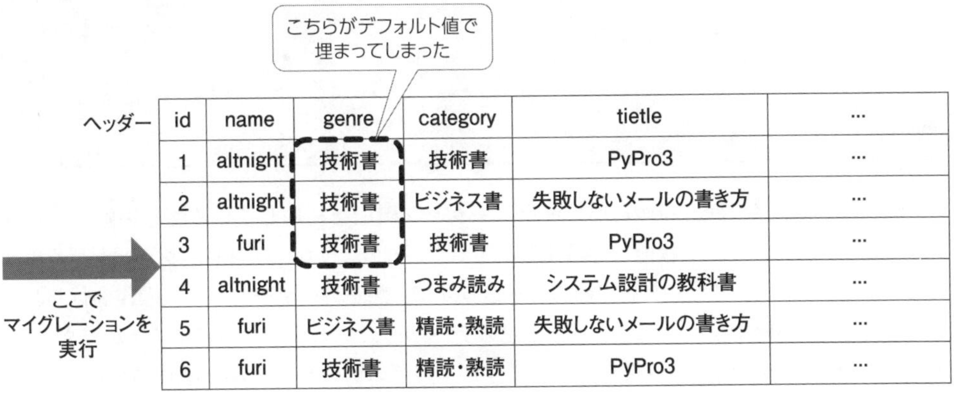

id	name	genre	category	tietle	…
1	altnight	技術書	技術書	PyPro3	…
2	altnight	技術書	ビジネス書	失敗しないメールの書き方	…
3	furi	技術書	技術書	PyPro3	…
4	altnight	技術書	つまみ読み	システム設計の教科書	…
5	furi	ビジネス書	精読・熟読	失敗しないメールの書き方	…
6	furi	技術書	精読・熟読	PyPro3	…

このようなケースではリネームと新規作成のマイグレーションを分割しましょう。
具体的には以下のように操作します。

1. 既存のモデルで命名を変更したい場所のみを修正し、makemigrationsでマイグレーションファイルを作成する
2. 改めてモデルを修正し、makemigrationsでマイグレーションファイルを作成する

実際にこの操作をすると、0003のマイグレーションファイルと0004のマイグレーションファイルが生成されます。作成されたマイグレーションで実行されるSQLを確認すると以下のようになります。マイグレーションファイルは2つになりますが、このようにすることで実際にrenameが実行された上でカラムの定義が修正されます。

▼2つに分けたマイグレーションを実行した際のSQLを確認

```
$ python manage.py sqlmigrate app 0003
```

```
BEGIN;
--
-- Rename field category on readhistory to genre
--
ALTER TABLE "read_history" RENAME COLUMN "category" TO "genre";
COMMIT;

> python manage.py sqlmigrate app 0004
BEGIN;
--
-- Add field category to readhistory
--
ALTER TABLE "read_history" ADD COLUMN "category" varchar(255) DEFAULT 'perusal' N
OT NULL;
ALTER TABLE "read_history" ALTER COLUMN "category" DROP DEFAULT;
--
-- Alter field genre on readhistory
--
-- (no-op)
COMMIT;
```

ここで重要なのは、DjagnoのDBマイグレーション機能を利用している際も実際に実行されるSQLやデータベースの状態を意識することです。どのようなマイグレーションを行うにせよ、実際にどのようなSQLが発行されるのかを意識し、想定外のデータベース操作が行われないように注意が必要です。これにより、不意のデータ損失や不整合を避けることができます。DjangoのDBマイグレーション機能は強力ですが、実際のデータベースに対する操作への意識は必要です。

● データマイグレーションとは

ここまでテーブル定義を変更するDBマイグレーションを紹介してきました。テーブルの定義はそのままにデータを追加する・更新する・削除する、いわゆるデータマイグレーションもDBマイグレーションの1つです。

データマイグレーションとはすでに存在するテーブルにレコードを追加・更新・削除するデータ操作のマイグレーションです。例えば、次のようなケースで実施されます。

- マスターデータをデータベースで管理し、データの追加・削除に履歴を持たせて管理したい
- 各環境でマスターデータの状態を揃えるために、初期データを投入したい
- その他、データの操作に対して履歴を管理したい

このような時、データマイグレーションが便利です。例えば、「読みログ」アプリで読書ログ

のタグをデータベース上のテーブルで管理しつつ、タグの初期データはデータマイグレーションで投入したい、といったケースを考えてみます。まずは、次のTagモデルを先に追加したとします。

▼app/models.py に Tag モデルを追加

```
class Tag(models.Model):
    name = models.CharField("タグ名", max_length=255, unique=True)
```

Column

運用中のシステムへのDBマイグレーション

運用中のシステムを拡張していく際、運用中のシステムへのDBマイグレーションを行うとダウンタイムが発生することがあります。ここでは、運用中のシステムへのDBマイグレーションに関する情報を記載します。

まず、運用中のシステムに対するDBマイグレーションは、実際に実行されるSQLだけでなく、既存のデータ量やデータベースの種類、デプロイの順序も考慮する必要があります。なぜなら、データ量が少ない場合には問題にならなくてもデータ量が多くなった際に問題が発生するケースや、データベースの種類やデプロイ順序の差によって問題が発生することがあるからです。運用中のシステムでは数秒でもテーブルへの書き込みが停止したことで問題に発展する可能性があります。

例えば、データベースの種類によっては、特定の操作が含まれるALTER TABLEの実行でテーブル再構築がかかる例を紹介します。MySQLの場合、MySQL 5.5以前のバージョンでは、ALTER TABLE実行時にMySQLはテーブルコピー方式でテーブル定義を変更します※1。

MySQL 8.0ではオンラインDDL(本番環境でのテーブル変更中の応答性や可用性を向上したDDL)に対応していますが、すべてのALTER TABLEが対応しているわけではありません※2。MySQL 8.0でもカラム削除はテーブル再構築がかかります。

他にもアプリケーションとDBマイグレーションの反映順序によって問題が発生する可能性もあります。データベースに新しいテーブルやカラムを追加する場合、DBマイグレーションの前にアプリケーションを更新すると、一時的に新しい項目を利用する機能でエラーが発生します。テーブルやカラムの削除の場合は逆になります。

運用中のシステムのマイグレーションは、マイグレーションの種類、データベースの種類とバージョン、現在のデータ量など、多くの要素が影響を与える可能性があります。それらを考慮して、慎重な実施が必要になります。

運用中のシステムのDBマイグレーションは多くの要素を考慮する必要があるため、可能な限りシステムを停止した上での実施をおすすめします。

※1 https://gihyo.jp/dev/serial/01/mysql-road-construction-news/0030#sec2
※2 https://dev.mysql.com/doc/refman/8.0/ja/innodb-online-ddl-operations.html

このTagモデルに対して、データを投入するデータマイグレーションを作成します。次のように makemigrations と --empty オプションを利用して空のマイグレーションを作成します。

▼空のマイグレーションを作成

```
$ python manage.py makemigrations app --empty
Migrations for 'app':
  app/migrations/0006_auto_20231127_1652.py
```

作成されたマイグレーションファイルは次のように空の状態となっています。

▼app/migrations/0006_auto_20231127_1652.py

```
from django.db import migrations


class Migration(migrations.Migration):

    dependencies = [
        ('app', '0005_tag'),
    ]

    operations = [
    ]
```

作成されたファイルを編集し、データマイグレーションを追記します。

▼app/migrations/0006_auto_20231127_1652.py を編集

```
from django.db import migrations

INITIAL_TAGS = ["Python", "Django", "機械学習", "Web"]

def insert_initial_tags(apps, schema_editor):
    Tag = apps.get_model("app", "Tag")

    for tag in INITIAL_TAGS:
        # なければ作成する
        Tag.objects.get_or_create(name=tag)

class Migration(migrations.Migration):

    dependencies = [
        ('app', '0005_tag'),
    ]
```

```
    operations = [
        # ロールバック時は何もしない
        migrations.RunPython(insert_initial_tags, migrations.RunPython.noop),
    ]
```

これでDBマイグレーションとして、データマイグレーションが実行可能になります。こうすればデータベース上でTagテーブルのデータを管理しつつ、ローカル開発環境やステージング環境、本番環境で必要なデータが格納された状態にできます。

今回は、ロールバック時にデータを削除する処理は追加していませんが、実装するとリリース時だけでなく開発時にも役立ちます。マイグレーションファイルを作成するときには切り戻しを考慮してロールバック処理を実装するとよいでしょう。

14-02-04 追加開発のリスクと向き合う

すでに運用が開始されているWebアプリケーションを拡張する場合、既存の利用者を考慮した対応が必要です。特に多くの利用者がいる機能の修正は少しのミスが大きな混乱に発展することもあり、リリースのリスクは大きくなります。

ここでは、このようなリスクと向き合うための方法を紹介します。

● 新機能のリリースリスクを低減するフィーチャーフラグ

新機能リリース時のリスクを低減するための1つの方法がフィーチャーフラグです。フィーチャーフラグとは、システムの設定で特定の機能をON/OFFできるようにする仕組みです。この仕組みを用いることで、新しい機能を特定のユーザーや環境でのみ適用できます。

▼ユーザーごとに利用できる機能を制御するイメージ

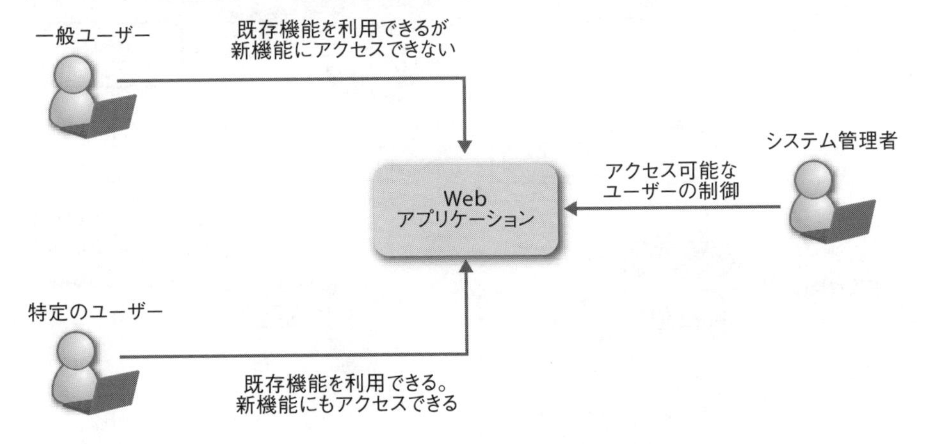

● フィーチャーフラグの切り替え単位

フィーチャーフラグの実装方法はWebアプリケーションによって異なります。Webアプリケーションによって、制御単位はシステム全体、組織・グループ、個々のユーザーといったように変わります。また、制御を切り替える方法も誰がどのようなケースで切り替えるかにより異なります。例えば、コード修正やデプロイによる切り替え、データベース更新による切り替え、画面操作による切り替えなどのケースがあります。最近では、ユーザー自らが開発中の新機能をON/OFFできるようにするサービスも出ています。

切り替え単位に対するDjangoでの実装方法は次のようなものがあります。

切り替え単位	ユースケース	Djangoでの実現方法(一例)
システム	3rd partyライブラリの特定機能を有効したい。顧客ごとに設定を切り替えたい。	settingsモジュールにフィーチャーフラグ用の設定項目を追加する。
環境	重要な環境(本番環境など)を制御したい。開発者と運用者を分けたい。	環境変数からフィーチャーフラグ用の設定値を読み込む。
ユーザー	ユーザー単位で制御したい。新しい機能を常に同じユーザーから提供したい。「開発者フラグ」「ベータ版利用」など。	Djangoの認証で利用するユーザーモデルに機能制御用の属性を追加する。
グループ/条件	特定のグループや条件に一致する場合に有効化したい。開発への協力者のみ、特定のプランに加入しているユーザーのみなど。	特定の機能を有効化するための専用テーブルを用意し、そのテーブルの値を元に機能を制御する。

▼フィーチャーフラグの様々なイメージ

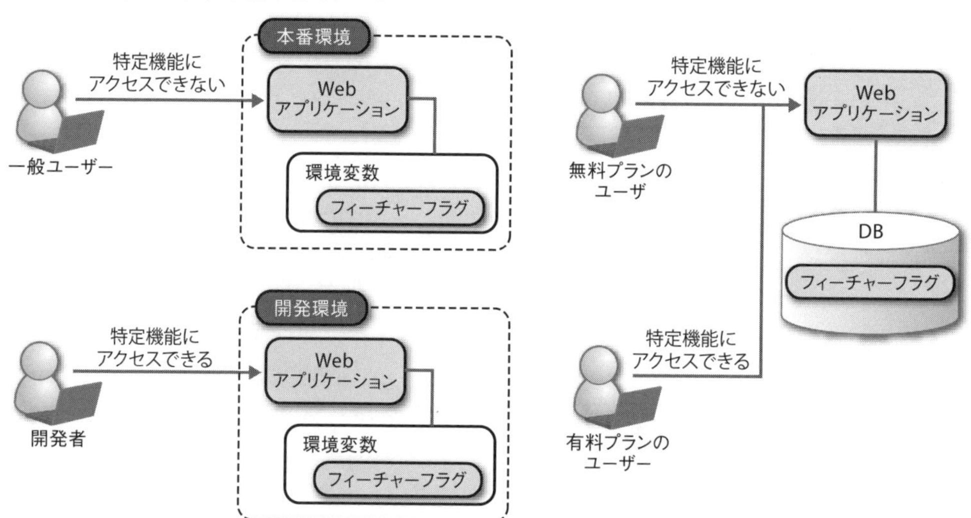

環境ごとの機能制御のイメージ　　特定条件による機能制御のイメージ

● フィーチャーフラグでの制御方法

制御単位だけでなく制御の方法も選択肢があります。機能を制御する方法もフロントエンドのみの制御か、バックエンドを含んだ制御か、が考えられます。

制御方法	制御例	説明
フロントエンドのみ	特定の機能を利用するためのリンクやボタンを非表示にする。	実装が簡易だが、抜け道が存在する(例：ブックマーク等で特定機能に直接アクセスできてしまう)
フロントエンド+サーバーサイド	画面上の導線を消し、機能が呼び出された際も機能を使って良いかチェックする。	厳密な機能制御が可能だがコストがかかるケースあり(フロントエンドとバックエンドの調整が必要)

ここで重要なことは以下です。

- 追加開発時のリリースには既存のユーザーへの影響を考慮する必要がある
- 新機能リリースのリスクを低減する方法としてフィーチャーフラグが利用できる
- 機能制御の単位や方式は様々な実装方法が存在しており、開発機能やシステムの特性に応じた選択が必要となる

14-02-05 Webアプリケーション拡張のまとめ

ここでは、Djangoのアプリケーションの追加開発に焦点を当て、DBマイグレーションに関連する知識や注意点と追加開発時のリスクへの向き合い方を紹介しました。すでにサービスを提供中のWebアプリケーションはデータも蓄積が進んでおり、データの損失や不具合を発生させないための考慮が必要になります。また、利用者のことを考え、戦略的に影響範囲を調整した計画や進め方が必要になってきます。ただ、これらの課題を乗り越えて継続的にWebアプリケーションを発展させることにより、より大きな価値を提供できるようになっていきます。

14-03 まとめ

この章では、DjangoによるWebアプリケーションを例に、システムのバージョンアップやWebアプリケーションの追加開発における注意点を紹介しました。

追加開発ではゼロからの開発と違い、既に運用されているシステムやそのシステムの利用者が存在します。そのため、日々のシステム運用やシステムの利用者を意識した開発が必要となります。本章ではその中で遭遇しやすい課題に対するアプローチや考え方を紹介しました。本章で説明した内容がすべてではありませんが、皆さんの今後の開発で何かしらの役に立てば幸いです。

Chapter 01
Chapter 02
Chapter 03
Chapter 04
Chapter 05
Chapter 06
Chapter 07
Chapter 08
Chapter 09
Chapter 10
Chapter 11
Chapter 12
Chapter 13
Chapter 14
A
Part 1
Part 2
Part 3
Part 4
Appendix

Column

フィーチャーフラグ以外の方法によるリスクへの対応策

ここでは新機能の追加リリースに伴うリスクの対応策として、フィーチャーフラグを紹介してきました。機能リリース時のリスクへの対応策は、フィーチャーフラグ以外にも存在します。例えば、事前に復旧方法やロールバックの手段、サポートの方針や体制を検討・用意することも有効な手段です。

特に多くのユーザーがいるサービスや外部と連携しているシステムの場合、事前にすべてのケースをテストし、問題の発生を抑止することが現実的に難しい場合もあります。そのような場合には、復旧方法やロールバックの手段、サポートの方針や体制を整備しておくことによって、万が一問題が発生した時の影響や混乱を抑止できます。一か八かでリリースするのではなく、保険をかけた上でリリースをする考え方です。

影響の多いシステムで、本番環境へのリリース後に問題が発覚した場合、大きな混乱が発生します。そこで、慌てて復旧やロールバックを行おうとすると、二次災害が発生し状況が悪化する懸念もあります。一度に多くの問題が発生すると、問題の解決にあたる人的リソースが不足しパンクしてしまいかねません。

特に、Webアプリケーションの開発現場では、少数のエンジニアがチームとなっていることが少なくありません。そして、問題の発生時にはチームでユーザーサポート向けの調査や検討を進めつつ、復旧や対策の検討に当たることもあります。サポートの方針や体制を強化することもリスク対策の一部として機能します。

これらは技術的な要素だけで解決できる問題ではありません。しかし、開発した機能に障害が発生した時のリスクの大きさは開発に関わっているエンジニアしか見えないこともあります。プロの技術者としてそれらのリスクは適切にハンドリングする必要があるでしょう。

Appendix

A Appendix

PCの仮想化技術が向上し、個人でも気軽に仮想マシンをセットアップして利用できるようになりました。また、昨今では仮想マシンよりさらに軽量であるコンテナも利用できるようになりました。コンテナは個人や企業を問わず、また開発環境から本番環境まで幅広く利用する事例が増えました。

ここではDocker社が提供する「Docker」「Docker Compose」を使用した開発環境の構築について説明します。また、ホストマシンのOSはmacOSを想定していますが、Windowsの場合もほぼ同様の手順を想定しています。

▼ホストマシンとDockerの関係

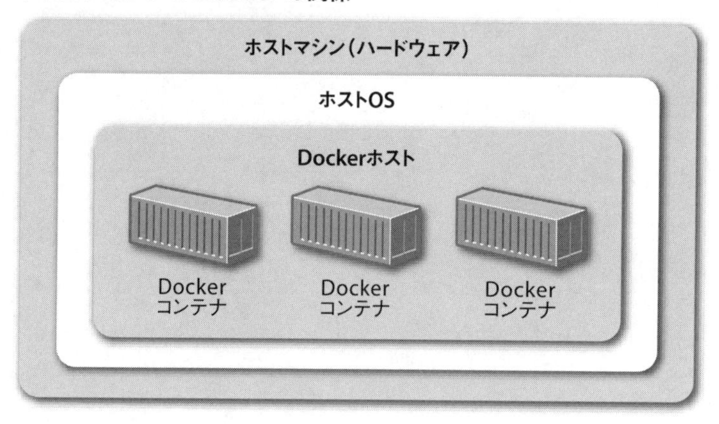

A-01 Docker

まずはDockerについて説明します。

A-01-01 Dockerとは

Dockerとはコンテナという仮想環境を統合的に扱うDocker社が作成したプラットフォームです。Dockerではアプリケーション実行に必要なファイルを配置し、実行環境となるベースイメージを作成します。そのベースイメージをもとにコンテナを実行するため、影響をコンテナ内部にとどめられます。

従来Web開発でよく使用されたハイパーバイザーを使用する仮想化ソフトウェアでは、仮想マシン(Virtual Machine/VM)をホストマシン上に作成し、OSをインストールしていました。しかし、コンテナ技術ではホストマシン上でコンテナを管理するレイヤーを作成することで実現しています。コンテナから見ると、ホストのマシンや他のコンテナはプロセスやメモリなどのリソースが分離されて見る事ができない状態となるため、コンテナ間でそれぞれ独立した環境として扱えます。

MEMO

コンテナを実現する技術やソフトウェアはいくつかあります。Dockerはその1つであり、他にPodmanやLXCなどがあります。

MEMO

昨今Appleが発売しているMacでは、Appleシリコン(M1 Macなど)というARMベースのCPUアーキテクチャを使用しています。ARMとはARM社が開発したCPUのアーキテクチャです。CPUのアーキテクチャには他にIntel社のx86(x86_64)があり、広く使われています。

Dockerイメージはx86のCPUで動作するよう作られていることが多いため、Appleシリコンを使用しているMacでは利用できないことがあります。その場合、ARMでビルドされたイメージを使うか、Rosetta2という、ARMのCPUで動作するプログラムをIntelのCPUで動作するように変換するソフトウェアを使用して動作させる必要があります。

A-01-02 Dockerのインストール

Dockerのインストールについて説明します。公式サイト※1から **[Docker Desktop for Mac with Apple silicon(または Intel chip)]** を選択し、dmgファイルをダウンロードします。その後、インストーラーに従いインストールします。

▼公式サイトのダウンロード画面

またAppleシリコン の場合は Rosetta2をインストールすることが推奨されているため、Rosetta2をインストールします。

※1 https://docs.docker.com/desktop/install/mac-install/

```
$ softwareupdate --install-rosetta
```

インストール完了後、OSのタスクバーから **[Dashboard]** を選択すると、以下のような画面が表示されます。

▼Docker Desktop のダッシュボード画面

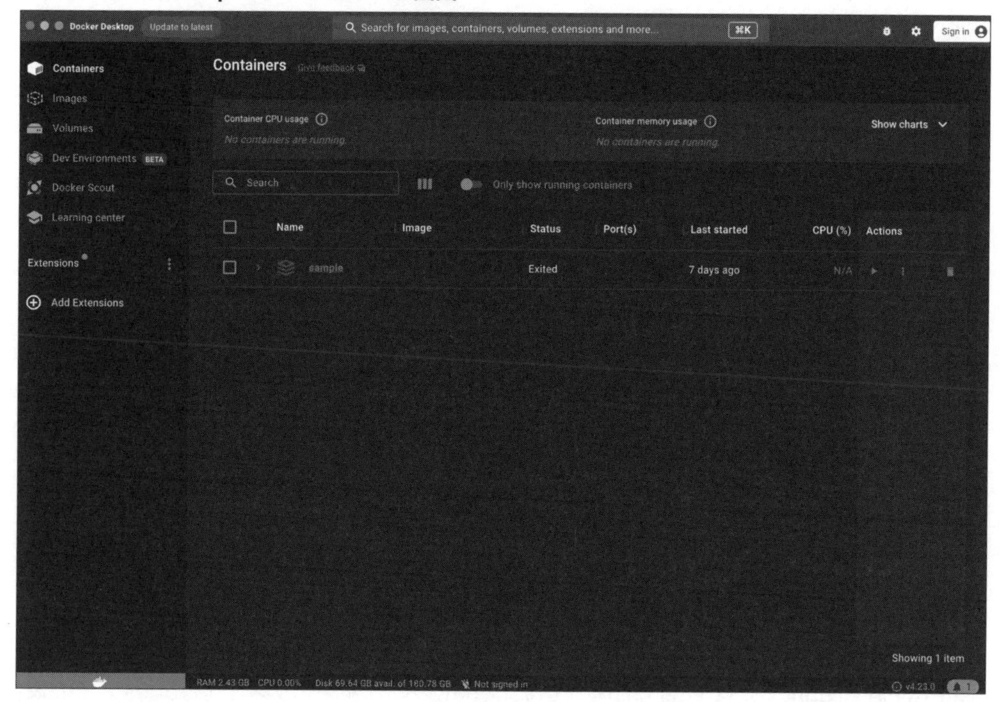

これで Docker のインストールは完了です。

A-01-03 Docker の使用例

試しにDockerをターミナルから使用してみます。以下のコマンドを実行するとPythonの対話環境が起動するので、`print('ok')`と入力してみます。ホストマシンで直接Pythonコマンドを実行したときと同じように、コンテナ内でPythonコマンドが実行されることが確認できます。

```
$ docker run --rm -it python:3.11
# Pythonの対話環境が起動する
Python 3.11.0 (main, Oct 24 2022, 23:32:37) [GCC 10.2.1 20210110] on linux
Type "help", "copyright", "credits" or "license" for more information.
>>> print('ok')
ok
```

また、よく使用するコマンドやオプションを表にしました。コマンドの詳細は`docker`と入力することで、さまざまな説明が出てきます。また、`docker run --help`など`--help`をつけるとコマンドごとの詳細なヘルプが確認できます。その他、詳細なドキュメントは公式サイトを参照するとよいでしょう。

コマンド	説明
docker ps	現在扱っているコンテナを一覧表示する
docker run	コンテナを起動する
docker exec.	起動したコンテナに接続する
docker rm	コンテナを削除する
docker rmi	イメージを削除する

オプション	説明
--rm	コンテナが終了した時点でコンテナを廃棄する(指定しない場合はコンテナ終了時も残り続ける)
-it(--interactive --tty)	インタラクティブかつ制御端末を使用する。主にシェルや対話環境を使用するときに指定する

A-01-04 Dockerfileとは

`python:3.11`は、Docker社が提供するリポジトリサービスであるDocker Hub上に存在する公式イメージです。このDocker Hubには誰でもアカウントを作成でき、Dockerイメージをアップロードして公開や共有できます。

しかし、`Dockerfile`というファイルに独自の記述をすると、Dockerイメージを自分で作成できます。ベースのDockerイメージを実行してコンテナを起動し、各種操作をします。そして最終的なコンテナの状態がDockerイメージになります。

第2章で作成するWebアプリの実行環境のイメージを作成してみましょう。このDockerfileでは、`python:3.11`というDockerイメージをベースとして実行しています。次に、Webアプリの実行に必要なPythonライブラリが記述されたファイル`requirements.txt`をホストマシンからコンテナ内にコピーし、pipで依存ライブラリをコンテナにインストールしています。その後、作業ディレクトリを指定して開発サーバーを起動しています。最終的な記述は以下になります。

▼Dockerfile

```
FROM python:3.11

COPY ./requirements.txt /tmp/
WORKDIR /tmp
RUN pip install -r requirements.txt
```

```
WORKDIR /code/yomilog

CMD ["python", "manage.py", "runserver"]
```

Dockerfileで使用している主な命令は以下になります。

指定	説明
FROM	どのDockerイメージをベースとするか
COPY	ホストマシンのローカルファイルをコンテナにコピーする
WORKDIR	作業ディレクトリを指定する
RUN	コマンドを実行する
CMD	コンテナ起動時に実行するデフォルトのコマンドを指定する

現状の記述だと /code/yomilog にはWebアプリで使用するファイル群が存在しないため動きませんが、この後に説明するDocker Composeに記述を追加することで動くようになります。

A-02 Docker Compose

次に、Dockerと合わせてよく利用されるDocker Composeについて説明します。

A-02-01 Docker Composeとは

Docker ComposeはDockerコンテナを複数まとめて扱うツールです。主に個人のホストマシン上で使用しますが、本番環境での運用に使用する場合もあります。Dockerを単体で使用する場合、先ほどの例のように起動時のオプションを毎回ターミナルで指定する必要がありますが、Docker Composeを使用するとオプションの指定を設定ファイルにあらかじめ記述ができるため、宣言的に扱えます。また、複数のコンテナ間で通信をするための設定やコンテナ間の依存関係の記述もできます。

A-02-02 Docker Composeのインストール

Dockerの公式サイトの記述※1 に従ってインストールします。先にインストールしたDocker Desktop内に含まれているので新たな操作は不要です。

A-02-03 Docker Composeの使用例

Docker Composeの設定ファイルは compose.yaml というファイル名で作成し、YAML形式で記述します。 この compose.yaml ではdockerコマンドの引数で指定していた内容を記述で

※1 https://docs.docker.jp/compose/install/index.html

きます。例えば、dockerコマンドではホストマシンのカレントディレクトリをコンテナ内の `/code` にマウントする場合に `--volume $(pwd):/code` と記述しますが、Docker Compose では `volumes: - ./:/code` と設定ファイル内に記述できます。

2章 Webアプリケーションを作るの「読みログ」アプリで使用した `compose.yaml` の内容は以下です。Dockerfileは前節で作成したDockerfileを指定しており、アドレスはホストマシンからのアクセスをするため `0.0.0.0` を指定し、ポートはホストマシンの8000をコンテナの8000にマッピングしています。カレントディレクトリにリポジトリがある想定で、`/code` にマウントしているため、ローカルファイルの変更をコンテナ内のファイルと同期しています。また、アプリとは別にデータベースとしてPostgreSQLのコンテナを起動しています。PostgreSQLのDB設定は環境変数で変更できるため、それぞれ指定しています。また、Docker ComposeのVolume機能を使用して、データベースの内容を永続化しています。

▼compose.yaml

```
services:
  yomilog:
    build:
      context: ./
      dockerfile: ./Dockerfile
    ports:
      - "8000:8000"
    command: python manage.py runserver 0.0.0.0:8000
    volumes:
      - ./:/code
    depends_on:
      db:
        condition: service_healthy
  db:
    image: postgres:15
    environment:
      POSTGRES_USER: "postgres"
      POSTGRES_PASSWORD: "example"
      POSTGRES_DB: "yomilog"
    volumes:
      - db-data:/var/lib/postgresql/data
    healthcheck:
      test: ["CMD-SHELL", "pg_isready -U postgres -d yomilog"]
      interval: 5s
      timeout: 3s
      retries: 3

volumes:
  db-data:
```

compose.yaml が存在するディレクトリに移動し、以下のコマンドを実行すると yomilog と db コンテナが起動します。

```
$ docker compose up
[+] Running 2/0
 ✓ Container sample-db-1       Created
 ✓ Container sample-yomilog-1  Created
Attaching to sample-db-1, sample-yomilog-1
...
#（以下のログは省略）
```

また、Docker Composeでコンテナ群の立ち上げや削除に使う主なコマンドを以下の表にまとめました。

説明	コマンド
コンテナ群をビルド	docker compose build
コンテナ群を起動	docker compose up
コンテナ群を起動(デタッチドモード / バックグランドで起動)	docker compose up -d
アプリのコンテナを新規作成してシェルを起動(実行後コンテナは削除)	docker compose run --rm web bash
コンテナ群を停止	docker compose stop
コンテナ群を削除	docker compose down
コンテナ群を削除(データベースを含むボリュームの削除)	docker compose down -v
コンテナ群を削除(関連するすべてのリソースを削除)	docker compose down -v --remove-orphans --rmi all
コンテナ群のログを閲覧する	docker compose logs
アプリのコンテナのシェルを起動(docker compose up した状態で別ターミナルから実行)	docker compose exec yomilog bash
データベースのコンテナのpsqlを起動(docker compose up した状態で別ターミナルから実行)	docker compose exec db psql -U postgres -w example -d yomilog

ここまでで紹介した内容で開発環境の新規作成、失敗した場合の再作成ができます。ぜひご活用ください。

索　引

数字・記号

A

B

C

D

E

F

G

H

I

R

S

T

U

V

W X Y

Z

あ行

か行

さ行

た行

な行

は行

ま行

や行

ら行

わ行

著者紹介

石上 晋

第3章、第7章、第8章を担当。

2016年12月よりBeProudに所属するSystem Creator。業務ではWeb案件、データサイエンス案件の要件定義、開発、ディレクションを担当している。共著書に『Pythonでチャレンジするプログラミング入門 ——もう挫折しない！10の壁を越えてプログラマーになろう』(2023 技術評論社刊)がある。『メイドカフェでノマド会』を主催し、新しい仕事のスタイルを提案する活動を行っている。趣味は街道歩き。最近は半月で東海道を踏破したり、1週間で「中国大返し」を歩ききったりした。

X/Twitter: @susumuis

鈴木 駿

第1章を担当。

電気通信大学 情報理工学研究科 総合情報学専攻 博士前期課程 修了、修士（工学)。2021年9月よりBeProud所属。好きなスケッチは「スペイン宗教裁判」。翻訳書に『Python Distilled』(2023 オライリー・ジャパン刊)、監訳書に『ロバストPython』(2023 オライリー・ジャパン刊)『入門Python 3 第2版』(2021 オライリー・ジャパン刊）がある。

X/Twitter: @CardinalXaro
Blog: https://xaro.hatenablog.jp

altnight

第2章、Appendixを担当。

BeProud所属。Web 2.0でなんやかんやした結果、現在は業務でWebアプリケーションを開発している。

X/Twitter: @altnight

鈴木たかのり

第4章、第5章を担当。

2012年3月よりBeProud所属。前職で部内のサイトを作るためにZope/Ploneと出会い、その後必要にかられてPythonを使い始める。現在の主な活動は一般社団法人PyCon JP Association代表理事、Pythonボルダリング部(#kabepy)部長、Python mini Hack-a-thon(#pyhack)主催など。共著書／訳書に『いちばんやさしいPython機械学習の教本 第2版』(2023 インプレス刊)、『Pythonによるあたらしいデータ分析の教科書 第2版』(2022 翔泳社刊)、『Python実践レシピ』(2022 技術評論社刊)、『最短距離でゼロからしっかり学ぶPython入門(必修編・実践編)』(2020 技術評論社刊)、『いちばんやさしいPythonの教本 第2版』(2020 インプレス刊）などがある。
フェレットとビールとレゴが好き。趣味は吹奏楽(トランペット)とボルダリング。

X/Twitter: @takanory
URL: https://slides.takanory.net

Yukie

第6章を担当。

2020年よりBeProud所属。UI/UXを嗜みたいソフトウェアエンジニア。業務では猫を吸いつつWebアプリケーションの開発をしている。最近、肩書がCat Snifferになった。

荻野真志

第9章を担当。

機械メーカーを経て、2019年5月よりBeProudに所属。BeProudではWebアプリケーション開発を担当している。仕事の疲れをリフレッシュしたい時は、バイクに乗るかサウナに行っている。

吉田花春

第10章、第13章を担当。

2017年4月よりBeProudに所属するSoftwareDeveloper。業務ではWebアプリケーション全般の開発を行う。DjangoやVimのドキュメントを日本語に翻訳したりしている。クライミングはライフワーク。

X/Twitter: @kashew_nuts
URL: https://about.me/kashew_nuts

降籏洋行

第11章を担当。

2015年よりBeProud所属。業務では主にWebアプリケーションの開発を行う。共著書に『いちばんやさしいPython機械学習の教本 第2版』(2023インプレス刊)がある。

川村愛美

第12章を担当。

2011年7月よりBeProud所属。細かいことが気になる性分から、気づいた時にはテストの道を進んでいた。マネージャー業も兼務。2012年からPyCon JPスタッフに継続参加。

的場達矢

第14章を担当。

2017年7月より、BeProudに所属。ソフトウェアエンジニア。大学院にてコンピュータサイエンスを学び、システムエンジニアを経てBeProudに入社。BeProudでは自社サービス開発、受託開発、執筆など幅広い業務に関わった。

X/Twitter: @mtb_beta
hatena: id:mtb_beta

『Python プロフェッショナルプログラミング 第３版（2018）』の執筆者

鈴木たかのり、清水川貴之、tell-k、清原弘貴、James Van Dyne、的場達矢、吉田花春、新木雅也、altnight、川村愛美、石上晋

『Python プロフェッショナルプログラミング 第２版（2015）』の執筆者

清水川貴之、岡野真也、drillbits、cactusman、東健太、tell-k、文殊堂、冨田洋祐、aodag、鈴木たかのり、清原弘貴

『Python プロフェッショナルプログラミング（2012）』の執筆者

清水川貴之、岡野真也、池田洋介、畠弥峰、drillbits、cactusman、東健太、tell-k、今川館、ナツ、文殊堂、aita、冨田洋祐

会社紹介

株式会社ビープラウド

2008年よりPythonを主言語として採用、Pythonを中核にインターネットプラットフォームを活用したシステムの自社開発・受託開発を行う。優秀なPythonエンジニアがより力を発揮できる環境作りに努め、Python特化のオンライン学習サービス「PyQ（パイキュー）」・システム開発者向けクラウドドキュメントサービス「TRACERY（トレーサリー）」・研修事業・技術書「いちばんやさしいPythonの教本」「pandasデータ処理ドリル Pythonによるデータサイエンスの腕試し」「自走プログラマー ～Pythonの先輩が教えるプロジェクト開発のベストプラクティス120」執筆などを通してそのノウハウを発信。
IT勉強会支援プラットフォーム「connpass（コンパス）」の開発・運営や勉強会「BPStudy」の主催など、技術コミュニティ活動にも積極的に取り組む。

本書サポートページ

■秀和システムのウェブサイト

https://www.shuwasystem.co.jp/

■本書ウェブページ

本書の学習用サンプルデータなどをダウンロード提供しています。

https://www.shuwasystem.co.jp/support/7980html/7054.html

・本書で紹介しているソフトウェアのバージョンや URL は、執筆時点のものです。変更される可能性をご留意ください。

Python（パイソン）プロフェッショナルプログラミング 第4版（だいはん）

発行日　2024年　2月25日　第1版第1刷

著　者　株式会社（かぶしきがいしゃ）ビープラウド

発行者　斉藤　和邦

発行所　株式会社　秀和システム

〒135-0016

東京都江東区東陽2-4-2　新宮ビル2F

Tel 03-6264-3105（販売）Fax 03-6264-3094

印刷所　日経印刷株式会社

ISBN978-4-7980-7054-4 C3055